10 Pièces Diverses.

Volume de 935 pages.

1815 —— 1837.

Table.

D'autre part ____ . . . . ___ pages 504

____ 10°. Du chemin de fer de natre à
marseille par la vallée de la mane,
par henri Fournel . juin 1833. ___ 31

Total des pages 535

DE L'ATTRACTION
DES SPHÉROÏDES.

DE L'ATTRACTION
DES SPHÉROÏDES.

THÈSE

Soutenue à Paris, le 28 Juin 1815, devant la Faculté des Sciences, par M. RODRIGUES, Docteur ès-sciences.

PREMIÈRE PARTIE.

Formules générales pour l'attraction des corps quelconques, et application de ces formules à la sphère et aux ellipsoïdes.

1. DÉSIGNONS par u la distance de l'élément du corps attirant au point attiré, par $\varphi(u)$ la loi de l'attraction, par dm l'élément du corps attirant, et faisons $\Sigma = \int \varphi(u) dm$, cette intégrale étant étendue à toute la masse du corps attirant. Soient ξ, φ, ψ les coordonnées du point attiré; les composantes de l'attraction du corps, suivant ces coordonnées, seront, comme on sait,

$$\frac{d\Sigma}{d\xi}, \quad \frac{d\Sigma}{d\varphi}, \quad \frac{d\Sigma}{d\psi}.$$

Soient a, b, c les coordonnées rectangulaires du point attiré, la loi de l'attraction, celle de la nature, ensorte que $\varphi(u) = \frac{1}{u^2}$; faisons $V = \int \frac{dm}{u}$, les composantes respectives désignées par A, B, C, seront

$$A = -\frac{dV}{da}, \quad B = -\frac{dV}{db}, \quad C = -\frac{dV}{dc}.$$

x, y, z étant les coordonnées rectangulaires de l'élément dm, ρ sa densité, on aura

$$dm = \rho\, dx\, dy\, dz, \quad u = \sqrt{(x-a)^2 + (y-b)^2 + (z-c)^2},$$

et

$$V = \int \frac{\rho\, dx\, dy\, dz}{\sqrt{(x-a)^2 + (y-b)^2 + (z-c)^2}}.$$

On emploie aussi fréquemment des coordonnées polaires, savoir, le rayon mené de l'origine (r), l'angle que ce rayon fait avec une droite fixe (θ), et enfin l'angle formé par le plan de ces deux droites avec un plan fixe passant par la droite fixe (ϖ). Alors on décompose l'attraction suivant le rayon et deux perpendiculaires à ce rayon, l'une dirigée dans le plan de l'angle θ, et tendant à le diminuer; l'autre, perpendiculaire à ce plan, et tendant à diminuer l'angle ϖ. Ces trois composantes seront respectivement

$$-\frac{dV}{dr}\,, \qquad -\frac{1}{r}\frac{dV}{d\theta}\,, \qquad -\frac{1}{r\sin\theta}\frac{dV}{d\varpi}.$$

2. La quantité $\dfrac{1}{u}$ (*) satisfait, comme il est aisé de le vérifier, à l'équation

$$\frac{d^2\cdot\frac{1}{u}}{da^2} + \frac{d^2\cdot\frac{1}{u}}{db^2} + \frac{d^2\cdot\frac{1}{u}}{dc^2} = 0.$$

On aura donc une relation pareille pour la fonction V, savoir

$$\frac{d^2V}{da^2} + \frac{d^2V}{db^2} + \frac{d^2V}{dc^2} = 0; \qquad (1)$$

cette conclusion suppose néanmoins que pour aucun point du corps, $\dfrac{1}{u}$ ne devient infini; ou, ce qui est la même chose, que le point attiré ne fait pas partie de la masse du corps attirant. Dans ce cas, voyons ce qui arrive. L'expression $\dfrac{d^2V}{da^2} + \dfrac{d^2V}{db^2} + \dfrac{d^2V}{dc^2}$ peut être remplacée par celle-ci :

$$-\left(\frac{dA}{da} + \frac{dB}{db} + \frac{dC}{dc}\right).$$

Pour calculer cette formule, transportons l'origine des coordonnées au point attiré, et puis à cette origine prenons des coordonnées polaires, nous aurons

$$x = a + r\cos\theta, \qquad y = b + r\sin\theta\cos\varpi, \qquad z = c + r\sin\theta\sin\varpi.$$

$$A = -\int\rho\cos\theta\sin\theta\,d\theta\,d\varpi\,dr,$$
$$B = -\int\rho\cos\varpi\sin^2\theta\,d\theta\,d\varpi\,dr,$$
$$C = -\int\rho\sin\varpi\sin^2\theta\,d\theta\,d\varpi\,dr.$$

(*) *Voyez* une note de M. Poisson sur cet objet, dans le Bulletin de la Société Philomatique pour le mois de décembre 1813, tom. III, pag. 388.

Ces intégrales doivent être prises depuis $r = 0$ jusqu'à la valeur de r relative à la surface du corps, et que nous appellerons R; et par rapport aux angles θ et ϖ, depuis $\theta = 0$ jusqu'à $\theta = \pi$, et depuis $\varpi = 0$ jusqu'à $\varpi = 2\pi$.

Posons

$$x' = r\cos\theta, \qquad y' = r\sin\theta\cos\varpi, \qquad z' = r\sin\theta\sin\varpi;$$

ρ sera fonction seulement des trois variables sommes $x' + a$, $y' + b$, $z' + c$; on aura donc $\dfrac{d\rho}{da} = \dfrac{d\rho}{dx'}$, etc. Désignons par ρ_1, la densité du corps attiré, et par ρ_2 la densité à la surface; et observons qu'en prenant les différences partielles $\dfrac{dA}{da}$, $\dfrac{dB}{db}$, $\dfrac{dC}{dc}$, il faut avoir égard à la variation de la limite R. De cette manière nous aurons

$$-\frac{dA}{da} - \frac{dB}{db} - \frac{dC}{dc},$$

ou

$$\frac{d^2V}{da^2} + \frac{d^2V}{db^2} + \frac{d^2V}{dc^2} = \int \frac{\sin\theta\, d\theta\, d\varpi\, dr}{r}\left(x'\frac{d\rho}{dx'} + y'\frac{d\rho}{dy'} + z'\frac{d\rho}{dz'} \right)$$
$$+ \int \frac{\sin\theta\, d\theta\, d\varpi}{R} \cdot \rho_2 \left(x'\frac{dR}{da} + y'\frac{dR}{db} + z'\frac{dR}{dc} \right);$$

mais il est évident que $x'\dfrac{d\rho}{dx'} + y'\dfrac{d\rho}{dy'} + z'\dfrac{d\rho}{dz'} = r\dfrac{d\rho}{dr}$. D'ailleurs, soit $F(x, y, z) = 0$ l'équation de la surface du corps; on aura, pour déterminer R,

$$F(a + R\cos\theta, \quad b + R\sin\theta\cos\varpi, \quad c + R\sin\theta\sin\varpi) = 0.$$

On tire de cette équation

$$x'\frac{dR}{da} + y'\frac{dR}{db} + z'\frac{dR}{dc} = -R;$$

on trouve donc

$$\frac{d^2V}{da^2} + \frac{d^2V}{db^2} + \frac{d^2V}{dc^2} = \int\sin\theta\, d\theta\, d\varpi\, \frac{d\rho}{dr}\, dr - \int\rho_2\sin\theta\, d\theta\, d\varpi.$$

Or il est évident que

$$\int \sin\theta\, d\theta\, d\varpi\, \frac{d\rho}{dr}\, dr = \int\rho_2\sin\theta\, d\theta\, d\varpi - \rho_1\int\sin\theta\, d\theta\, d\varpi;$$

d'ailleurs $\int \sin\theta\, d\theta\, d\varpi = 4\pi$. On a donc, en définitif,

$$\frac{d^2V}{da^2} + \frac{d^2V}{db^2} + \frac{d^2V}{dc^2} + 4\pi\rho_1 = 0. \qquad (2)$$

Application des formules précédentes à l'attraction des sphères.

5. Supposons que le corps attirant soit une sphère, ou plus généralement une couche sphérique ayant l'origine des coordonnées pour centre, et composées de couches sphériques homogènes et concentriques, ensorte que la densité ρ ne soit fonction que de la distance au centre de la couche. Soit r le rayon du point attiré, V ne sera fonction que de r, et l'on aura

$$r^2 = a^2 + b^2 + c^2, \quad \frac{d^2V}{da^2} + \frac{d^2V}{db^2} + \frac{d^2V}{dc^2} = \frac{d^2V}{dr^2} + \frac{2}{r}\frac{dV}{dr}.$$

Si le point attiré ne fait pas partie de la couche attirante, nous aurons

$$\frac{d^2V}{dr^2} + \frac{2}{r}\frac{dV}{dr} = 0\,;$$

d'où l'on tire, par l'intégration,

$$-\frac{dV}{dr} = \frac{A}{r^2},$$

A étant une constante. Cette formule exprime l'action totale de la couche sur le point attiré. Si ce point est situé à l'extérieur de la couche, et qu'on l'en éloigne indéfiniment, ensorte que r devienne infinie, l'attraction décroissant en raison inverse du carré de la distance, on devra, dans cette hypothèse, avoir

$$-\frac{dV}{dr} = \frac{M}{r^2},$$

M étant la masse de la couche; ainsi $A = M$ pour tous les points extérieurs à la couche. Si, au contraire, on considère l'action de la couche dans son intérieur, comme alors elle est évidemment nulle pour $r = 0$, il faut que $A = 0$ toujours. Ainsi, 1°. une couche sphérique homogène, ou seulement composée de couches sphériques homogènes et concentriques, attire un point extérieur, comme si toute sa masse était réunie à son centre. Ce théorème s'applique naturellement à une sphère entière. 2°. Une pareille couche n'exerce aucune action dans son intérieur.

Ces théorèmes subsistent encore lorsque le point attiré est situé à la surface extérieure de la couche sphérique, quant au premier, et à la surface intérieure, quant au second. De leur combinaison on peut aisément déduire l'attraction qu'exerce une couche sphérique sur un point de sa masse. Mais employons plutôt l'équation (2); elle devient

$$\frac{d^2V}{dr^2} + \frac{2}{r}\frac{dV}{dr} + 4\pi\rho = 0,$$

ρ étant fonction du seul rayon r. Multiplions cette équation par r^2; elle deviendra

$$d.r^2\frac{dV}{dr} + 4\pi\rho r^2 dr = 0;$$

intégrant, on trouve

$$-\frac{dV}{dr} = \frac{4\pi\int\rho r^2 dr + \text{const.}}{r^2},$$

l'intégrale étant prise depuis le rayon intérieur de la couche jusqu'au point attiré. Mais à la première limite, l'action de la couche est nulle; on a donc simplement

$$-\frac{dV}{dr} = \frac{4\pi\int\rho r^2 dr}{r^2},$$

ou bien

$$-\frac{dV}{dr} = \frac{M'}{r^2},$$

M' désignant la portion de la couche sphérique comprise entre sa surface intérieure, et la surface sphérique passant par le point attiré.

Attraction des Cylindres.

4. L'équation (1) s'intègre encore aisément dans le cas d'un cylindre infini, l'axe étant parallèle aux coordonnées z. En effet, V n'est alors fonction que des deux coordonnées a, b, et l'on a pour cette équation

$$\frac{d^2V}{da^2} + \frac{d^2V}{db^2} = 0;$$

d'où l'on tire $V = \varphi(a + b\sqrt{-1}) + \psi(a - b\sqrt{-1})$, résultat sans application directe. Si le cylindre est circulaire et qu'on fasse $a^2 + b^2 = r^2$, V ne sera plus fonction que de r, et l'on aura

$$\frac{d^2V}{dr^2} + \frac{1}{r}\frac{dV}{dr} = 0;$$

d'où $-\dfrac{dV}{dr} = \dfrac{H}{r}$. C'est la formule de l'attraction d'un cylindre homogène circulaire, ou plus généralement, d'une couche cylindrique circulaire et composée de couches pareilles homogènes, sur un point hors de sa masse. Pour les points intérieurs à cette couche, il est clair que H doit être nul; ainsi il en est d'une couche cylindrique, à cet égard, comme d'une couche sphérique. Soit a le rayon du cylindre, K l'attraction du cylindre sur un point de sa surface extérieure, on aura

$$aK = H, \quad \text{et} \quad -\frac{dV}{dr} = \frac{aK}{r}$$

pour les points extérieurs; reste à déterminer K. Mais prenons l'équation (2) dans le cas du cylindre circulaire; elle donne

$$\frac{d^2V}{dr^2} + \frac{1}{r}\frac{dV}{dr} + 4\pi\rho = 0,$$

et l'on en tire, par l'intégration,

$$-\frac{dV}{dr} = \frac{4\pi\int\rho r\,dr + \text{const.}}{r},$$

l'intégrale étant prise depuis la valeur de r égale au rayon intérieur de la couche cylindrique; mais pour cette valeur de r l'attraction est nulle; ainsi on a seulement

$$-\frac{dV}{dr} = \frac{4\pi\int\rho r\,dr}{r} = \frac{2A}{r},$$

en désignant par A la portion de la section circulaire de la couche cylindrique comprise entre son rayon intérieur et le rayon r du point attiré. Si $r = a$ on a $-\dfrac{dV}{dr} = K = \dfrac{2A}{a}$; ainsi la formule relative aux points extérieurs est

$$-\frac{dV}{dr} = \frac{2A}{r},$$

A représentant la section circulaire de la couche cylindrique.

Attraction des Ellipsoïdes.

5. Soient K, K', K'' les trois axes d'un ellipsoïde homogène (nous supposerons la densité égale à 1), x, y, z les trois coordonnées de l'élément dm; nous aurons $dm = dx\,dy\,dz$, et

$$V = \int \frac{dx\,dy\,dz}{\sqrt{(x-a)^2 + (y-b)^2 + (z-c)^2}}.$$

Nous rendrons toutes les limites de cette intégrale triple indépendantes, par la transformation suivante :

$$x = Kr\cos\theta, \qquad y = K'r\sin\theta\cos\varpi, \qquad z = K''r\sin\theta\sin\varpi.$$

Les variables r, θ et ϖ devant s'étendre depuis $r = 0$ jusqu'à $r = 1$, depuis $\theta = 0$ jusqu'à $\theta = \pi$, et depuis $\varpi = 0$ jusqu'à $\varpi = 2\pi$; nous aurons alors

$$dx\,dy\,dz = KK'K''r^2dr\sin\theta\,d\theta\,d\varpi.$$

Nous pouvons donner à cet élément une autre expression qui nous sera fort utile. Considérons la couche elliptique dont la surface intérieure aurait pour équation

$$\frac{x^2}{K^2} + \frac{y^2}{K'^2} + \frac{z^2}{K''^2} = r^2.$$

Soit ι l'épaisseur de cette couche, ds^2 l'élément superficiel correspondant pris sur sa surface ; on aura $dx\,dy\,dz = \iota ds^2$. Soient X, Y, Z les cosinus des angles que fait avec les axes des coordonnées la normale à la surface intérieure de la couche, dx, dy, dz les différentielles des coordonnées, en ne faisant varier que le paramètre r ; nous aurons

$$\iota = X\,dx + Y\,dy + Z\,dz.$$

On calcule aisément cette formule, et l'on trouve

$$\iota = \frac{r\,dr}{\sqrt{\dfrac{x^2}{K^4} + \dfrac{y^2}{K'^4} + \dfrac{z^2}{K''^4}}}.$$

Appelons M la masse de l'ellipsoïde, qui est égale, comme on sait, à $\frac{4}{3}\pi KK'K''$, et faisons $V = MZ$; nous aurons

$$\frac{4}{3}\pi Z = \int \frac{r^2dr\,\sin\theta\,d\theta\,d\varpi}{\sqrt{(x-a)^2 + (y-b)^2 + (z-c)^2}}.$$

Différentions cette équation par rapport aux axes K, K', K'', et désignons ces différentielles par la caractéristique δ. Or nous avons $\delta x = \dfrac{x\delta K}{K}$, $\delta y = \dfrac{y\delta K'}{K'}$, $\delta z = \dfrac{z\delta K''}{K''}$; et si nous supposons les excentricités constantes, ensorte que

$$K'^2 = K^2 + e^2, \qquad K''^2 = K^2 + e'^2,$$

e, e' ne variant pas, nous en déduirons $\delta x = \dfrac{Kx\delta K}{K^2}$,

(10)

$$\delta y = \frac{Ky\delta K}{K'^2}, \quad \delta z = \frac{Kz\delta K}{K''^2}, \quad \text{et par suite}$$

$$-\tfrac{4}{3}\pi\delta Z = K\delta K\!\int r'dr\sin\theta d\theta d\varpi \left\{\frac{(x-a)\frac{x}{K^2}+(y-b)\frac{y}{K'^2}+(z-c)\frac{z}{K''^2}}{[(x-a)^2+(y-b)^2+(z-c)^2]^{\frac{3}{2}}}\right\}.$$

Mais $KK'K''r^2 dr\sin\theta d\theta d\varpi = \epsilon ds^2$, $X = \dfrac{\epsilon x}{rdrK^2}$, $Y = \dfrac{\epsilon y}{rdrK'^2}$, $Z = \dfrac{\epsilon z}{rdrK''^2}$, résultats aisés à tirer de ce qui précède. On aura donc

$$-\tfrac{4}{3}\pi\delta Z = \frac{\delta K}{K'K''}\int rdr.\int\frac{(x-a)X+(y-b)Y+(z-c)Z}{[(x-a)^2+(y-b)^2+(z-c)^2]^{\frac{3}{2}}}ds^2.$$

La seconde de ces intégrales représente la somme de tous les élémens de la surface dont l'équation est

$$\frac{x^2}{K^2} + \frac{y^2}{K'^2} + \frac{z^2}{K''^2} = r^2,$$

multipliés chacun par le cosinus de l'angle qui forme la normale dirigée du dedans au dehors, avec le rayon mené au point attiré et divisés par le carré de ce rayon. Or on prouve aisément qu'une pareille somme est nulle ou égale à 4π, pour une surface quelconque fermée, selon que le point qui est l'origine des rayons est à l'extérieur ou à l'intérieur de la surface (*).

(*) L'élément $\dfrac{(x-a)X+(y-b)Y+(z-c)Z}{[(x-a)^2+(y-b)^2+(z-c)^2]^{\frac{1}{2}}}ds^2$ n'est autre chose que celui de la surface d'une sphère d'un rayon égal à 1, dont le centre serait au point qui a pour coordonnées a, b, c. Soit $u = 0$ l'équation de la surface, on a

$$X = \frac{\dfrac{du}{dx}}{\sqrt{\left(\dfrac{du}{dx}\right)^2 + \left(\dfrac{du}{dy}\right)^2 + \left(\dfrac{du}{dz}\right)^2}} \quad \text{etc.};$$

le signe de l'expression de l'élément dont il s'agit sera le même que celui de la quantité

$$(x-a)\frac{du}{dx} + (y-b)\frac{du}{dy} + (z-c)\frac{du}{dz},$$

or faisons ,

$$x = a + r\cos\theta, \quad y = b + r\sin\theta\cos\varpi, \quad z = c + r\sin\theta\sin\varpi.$$

'Par conséquent, si le point attiré est extérieur à l'ellipsoïde, nous aurons $\delta Z = 0$, l'intégrale multipliée par rdr étant nulle pour toutes les valeurs de r, ainsi

« La fonction $\dfrac{V}{M}$, calculée pour les points extérieurs à l'el- » lipsoïde, ne dépend que des excentricités de cet ellipsoïde. »

Mais si le point attiré est dans l'intérieur de l'ellipsoïde, et situé sur une surface dont l'équation soit

$$\frac{x^2}{K^2} + \frac{y^2}{K'^2} + \frac{z^2}{K''^2} = r'^2.$$

L'intégrale multipliée par rdr ne sera nulle que pour toutes les valeurs de r moindres que r', et sera égale à 4π pour toutes les autres ; intégrant donc depuis $r = r'$ jusqu'à $r = 1$, nous aurons

$$\delta Z = \frac{3\delta K}{2K'K''} (r'^2 - 1) = \frac{3\delta K}{2K'K''} \left(\frac{a^2}{K^2} + \frac{b^2}{K'^2} + \frac{c^2}{K''^2} - 1 \right);$$

et de là,

$$\delta \frac{dZ}{da} = \frac{3a}{KK'K''} \cdot \frac{\delta K}{K},$$

$$\delta \frac{dZ}{db} = \frac{3b}{KK'K''} \cdot \frac{\delta K'}{K'},$$

$$\delta \frac{dZ}{dc} = \frac{3c}{KK'K''} \cdot \frac{\delta K''}{K''}.$$

Pour intégrer ces expressions, j'observe que Z et ses dérivées doivent être nulles pour $K = \infty$. Représentons, pour plus de clarté, par h, h', h'' les axes de l'ellipsoïde, et faisons

---

Cette formule devient $r \dfrac{du}{dr}$.

Soient r_1, r_2, r_3 les racines réelles de l'équation u transformée. Ces racines étant rangées par ordre de grandeur. On sait que $\dfrac{du}{dr}$ sera alternativement positif ou négatif, lorsqu'on fera successivement $r = r_1$, $r = r_2$, etc... Si donc le nombre des valeurs de r est pair, la somme des élémens que nous considérons sera nulle pour chaque valeur de ϖ et de θ.

L'intégrale entière sera donc nulle. La surface étant fermée, c'est bien le cas où le point aux coordonnées a, b, c est extérieur. Si au contraire ce point est intérieur, le nombre des valeurs de r sera impair, et alors la somme des mêmes élémens sera positive et égale à un seul d'entr'eux. L'intégrale entière prise pour toutes les valeurs de θ et de ϖ sera donc égale à 4π, surface d'une sphère d'un rayon égal à 1.

$K = \dfrac{h}{x}$. Les intégrations devront s'étendre depuis $x = 0$ jusqu'à $x = 1$. Or nous avons

$$K'^2 = K^2 + e^2, \qquad K''^2 = K^2 + e'^2;$$

faisons $e = \lambda h$, $e' = \lambda' h$, il viendra

$$K' = \frac{h \sqrt{1 + \lambda^2 x^2}}{x}, \qquad K'' = \frac{h \sqrt{1 + \lambda'^2 x^2}}{x},$$

et l'on trouvera, en intégrant,

$$-\frac{dZ}{da} = \frac{3a}{h^3} \int \frac{x^2 dx}{\sqrt{1 + \lambda^2 x^2} \sqrt{1 + \lambda'^2 x^2}} = \frac{A}{M},$$

$$-\frac{dZ}{db} = \frac{3b}{h^3} \int \frac{x^2 dx}{\sqrt{1 + \lambda'^2 x^2}(1 + \lambda^2 x^2)^{\frac{3}{2}}} = \frac{B}{M},$$

$$-\frac{dZ}{dc} = \frac{3c}{h^3} \int \frac{x^2 dx}{\sqrt{1 + \lambda^2 x^2}(1 + \lambda'^2 x^2)^{\frac{3}{2}}} = \frac{C}{M}.$$

Posons $F = \displaystyle\int \frac{x^2 dx}{\sqrt{1 + \lambda^2 x^2} \sqrt{1 + \lambda'^2 x^2}}$, nous trouverons

$$A = \frac{3aM}{h^3} F, \quad B = \frac{3bM}{h^3} \frac{d.\lambda F}{d\lambda}, \quad C = \frac{3cM}{h^3} \frac{d.\lambda' F}{d\lambda'}.$$

Il est aisé de s'assurer que ces expressions vérifient l'équation (2); en effet, on a

$$\delta \left(\frac{d^2 Z}{da^2} + \frac{d^2 Z}{db^2} + \frac{d^2 Z}{dc^2} \right) = -3\delta \cdot \frac{1}{KK'K''};$$

intégrant de manière que l'intégrale soit nulle pour $K = \infty$, on en tire

$$\frac{d^2 Z}{da^2} + \frac{d^2 Z}{db^2} + \frac{d^2 Z}{dc^2} + \frac{3}{KK'K''} = 0,$$

et remettant pour Z sa valeur,

$$\frac{d^2 V}{da^2} + \frac{d^2 V}{db^2} + \frac{d^2 V}{dc^2} + 4\pi = 0.$$

Cette équation peut s'écrire ainsi :

$$\frac{A}{a} + \frac{B}{b} + \frac{C}{c} = 4\pi.$$

Les formules d'attraction ci-dessus ne sont, comme on le voit, fonctions que des rapports des axes ; d'où l'on peut conclure que l'attraction exercée par une couche elliptique homogène sur un point intérieur, est nulle.

6. Supposons actuellement le point attiré extérieur à l'ellipsoïde; nous savons qu'alors la fonction $\frac{V}{M}$ ne dépend que des excentricités e, e' ; il en sera de même des rapports $\frac{A}{M}$, $\frac{B}{M}$, $\frac{C}{M}$. Soient donc M', l, l', l'' la masse et les axes d'un nouvel ellipsoïde décrit des mêmes foyers que le premier, et dont la surface passerait par le point attiré. Soient A', B', C' les composantes de son attraction, nous aurons

$$A = \frac{A'M}{M'}, \quad B = \frac{B'M}{M'}, \quad C = \frac{C'M}{M'},$$

$$l'^2 = l^2 + e^2, \quad l''^2 = l^2 + e'^2, \quad \frac{a^2}{l^2} + \frac{b^2}{l'^2} + \frac{c^2}{l''^2} = 1.$$

Ces trois dernières équations n'admettent qu'un seul système de valeurs pour l, l', l''.

A', B', C' pourront être calculées par les formules qui servent pour les points intérieurs. Posons $e = \mu l$, $e' = \mu' l$, ...

$$F = \int \frac{x^2 dx}{\sqrt{1 + \mu^2 x^2}\,\sqrt{1 + \mu'^2 x^2}}, \text{ nous avons}$$

$$A' = \frac{3aM'}{l^3} F, \quad B' = \frac{3bM'}{l^3} \frac{d\,\mu F}{d\mu}, \quad C' = \frac{3cM'}{l^3} \frac{d.\mu'F}{d\mu'},$$

et par suite

$$A = \frac{3aM}{l^3} F, \quad B = \frac{3bM}{l^3} \frac{d\mu.F}{d\mu}, \quad C = \frac{3cM}{l^3} \frac{d.\mu'F}{d\mu'}.$$

7. En repassant les calculs qui ont conduit à la fonction F, on trouve que les quantités $\frac{F}{l^3}$, $\frac{1}{l^3}\frac{d.\mu F}{d\mu}$, $\frac{1}{l^3}\frac{d.\mu'F}{d\mu'}$ peuvent être remplacées par ces trois intégrales

$$-\int \frac{dK}{K} \times \frac{1}{KK'K''}, \quad -\int \frac{dK'}{K'} \times \frac{1}{KK'K''}, \quad -\int \frac{dK''}{K''} \times \frac{1}{KK'K''},$$

prises depuis $K = \infty$ jusqu'à $K = l$. Désignons-les respective-ment par P, Q, R, nous aurons

$$\frac{dA}{da} = 3MP + 3Ma\,\frac{dP}{da},$$

$$\frac{dB}{db} = 3MQ + 3Mb\,\frac{dQ}{db},$$

$$\frac{dC}{dc} = 3MR + 3Mc\,\frac{dR}{dc},$$

et par suite,

$$\frac{dA}{da} + \frac{dB}{db} + \frac{dC}{dc} = 3M(P+Q+R) + 3M\left(a\frac{dP}{da} + b\frac{dQ}{db} + c\frac{dR}{dc}\right).$$

Or, $\qquad \dfrac{dP}{da} = -\dfrac{\frac{dl}{da}}{l} \times \dfrac{1}{l'l''}, \qquad \dfrac{dQ}{db} = -\dfrac{\frac{dl'}{db}}{l'} \times \dfrac{1}{l l''},$

$$\frac{dR}{dc} = -\frac{\frac{dl''}{dc}}{l''} \times \frac{1}{l l' l''};$$

par ce que nous avons vu plus haut,

$$P + Q + R = \frac{1}{l l' l''}.$$

Ainsi, $\dfrac{dA}{da} + \dfrac{dB}{db} + \dfrac{dC}{dc} = \dfrac{3M}{l l' l''}\left(1 - a\dfrac{\frac{dl}{da}}{l} - b\dfrac{\frac{dl'}{db}}{l'} - c\dfrac{\frac{dl''}{dc}}{l''}\right).$

Or, de l'équation $\dfrac{a^2}{l^2} + \dfrac{b^2}{l'^2} + \dfrac{c^2}{l''^2} = 1$, on tire

$$\frac{a}{l^2} = l\,\frac{dl}{da}\left(\frac{a^2}{l^4} + \frac{b^2}{l'^4} + \frac{c^2}{l''^4}\right),$$

$$\frac{b}{l'^2} = l'\,\frac{dl'}{db}\left(\frac{a^2}{l^4} + \frac{b^2}{l'^4} + \frac{c^2}{l''^4}\right),$$

$$\frac{c}{l''^2} = l''\,\frac{dl''}{dc}\left(\frac{a^2}{l^4} + \frac{b^2}{l'^4} + \frac{c^2}{l''^4}\right),$$

en observant que $l\,dl = l'\,dl' = l''\,dl''.$

Multiplions la première équation par $\dfrac{a}{l^2}$, la deuxième par $\dfrac{b}{l'^2}$, la troisième par $\dfrac{l''a}{c}$, et ajoutons, nous trouverons

$$a\,\dfrac{\frac{dl}{da}}{l} + b\,\dfrac{\frac{dl'}{db}}{l'} + c\,\dfrac{\frac{dl''}{dc}}{l''} = 1.$$

Ainsi, $\dfrac{dA}{da} + \dfrac{dB}{db} + \dfrac{dC}{dc} = 0$, ce qui vérifie l'équation (1).

8. De la comparaison des formules d'attraction sur les points intérieurs et extérieurs, on déduit très-simplement le théorème suivant, dû à M. Yvory.

« Si l'on a deux ellipsoïdes homogènes qui aient le même
» centre et les mêmes foyers, l'attraction, suivant chaque axe,
» que l'un des deux corps exerce sur un point de la surface
» de l'autre, est à l'attraction de celui-ci sur le point *correspon-*
» *dant* de la surface du premier, comme le produit des deux
» autres axes du premier ellipsoïde, est au produit des deux
» autres axes du second. »

M. Yvory appelle points correspondans sur les surfaces de deux ellipsoïdes rapportés aux mêmes axes, deux points dont les coordonnées sont entr'elles dans le rapport des axes auxquels elles sont parallèles.

La démonstration directe de ce théorème est très-facile, et M. Poisson a même observé qu'elle s'appliquait à une loi quelconque d'attraction et conduisait toujours au même résultat (*). Ainsi, par exemple, considérons deux sphères concentriques, l'attraction de la première sur un point de la surface de la seconde, est à l'attraction de celle-ci sur un point de la surface de la première, dans le rapport des carrés des deux sphères, indépendamment de la loi de l'attraction. Soient A, A', r, r' les attractions et les rayons des deux sphères, on aura la relation

$$A = \frac{A'r^2}{r'^2},$$

qui servira à faire connaître l'attraction d'une sphère sur un point extérieur, lorsqu'on connaîtra celle qu'elle exerce sur un point intérieur, et réciproquement. Si $r > r'$, et si la loi de l'attraction est celle de la nature, on aura $A' = \frac{4}{3}\frac{\pi r'^3}{r^2}$, et $A = \frac{4}{3}\pi r'$, pour l'attraction de la sphère dont le rayon est r sur un point intérieur. A étant indépendant du rayon r, il

---

(*) *Voyez* le Bulletin de la Société Philomatique, année 1812, tome III, pag. 180.

s'ensuit que l'action d'une couche sphérique sur un point inté‑
rieur est nulle. Réciproquement, pour que ce théorème existe,
il faut que A soit indépendant de r; mais alors on a $A' = \dfrac{H}{r^2}$,

H étant une constante par rapport à r, c'est-à-dire que dans
ce cas les sphères attirent les points extérieurs en raison in‑
verse du carré de la distance à leur centre, ce qui exige évi‑
demment que l'attraction même d'une molécule suive la même
loi. « La loi de la nature est donc la seule dans laquelle une
» couche sphérique n'exerce aucune action dans son intérieur. »

SECONDE PARTIE.

*Attraction des Sphéroïdes infiniment peu différens d'une sphère,
et développement général de la fonction V.*

9. Nous emploierons dans toute cette seconde Partie les coor‑
données polaires, et nous désignerons toujours par r, μ, ϖ
celles du point attiré, et par r', μ', ϖ' celles du corps, μ, μ'
étant mis pour $\cos\theta$, $\cos\theta'$.

On a $a = \mu r$, $b = \sqrt{1-\mu^2}\cos\varpi\, r$, $c = \sqrt{1-\mu^2}\sin\varpi\, r$,
et

$$V = \int \frac{\rho' r'^2 dr' d\mu' d\varpi'}{\sqrt{r'^2 - 2rr'\left[\mu\mu' + \sqrt{1-\mu^2}\sqrt{1-\mu'^2}\cos(\varpi'-\varpi)\right] + r^2}}.$$

L'origine des coordonnées étant prise dans le corps même,
soit

$$T = T^{(0)} + T^{(1)}t + T^{(2)}t^2 + \text{etc.}\dots \qquad (3)$$

le développement du radical

$$\left[1 - 2\left[\mu\mu' + \sqrt{1-\mu^2}\sqrt{1-\mu'^2}\cos(\varpi'-\varpi)\right]t + t^2\right]^{-\frac{1}{2}};$$

V pourra se développer dans les deux séries suivantes :

$$V = \frac{V^{(0)}}{r} + \frac{V^{(1)}}{r^2} + \frac{V^{(2)}}{r^3} + \text{etc.}\dots, \qquad (4)$$

$$V = v^{(0)} + v^{(1)}r + v^{(2)}r^2 + \text{etc.}\dots, \qquad (5)$$

dans lesquelles

$$\left.\begin{array}{l} V^{(m)} = \int\rho' T^{(m)}r'^{m+2} dr' d\mu' d\varpi' \\ v^{(m)} = \int\rho' T^{(m)}r'^{1-m} dr' d\mu' d\varpi' \end{array}\right\}. \qquad (6)$$

La série (4) sera convergente si r est toujours $> r'$, ce qui est
le cas d'un point extérieur à un sphéroïde infiniment peu diffé‑

rent d'une sphère, l'origine étant au centre du sphéroïde. La série (6), au contraire, sera convergente si r est toujours $< r'$, ce qui est le cas d'un point intérieur à une couche sphéroïdique. Ces conditions de convergence sont indispensables pour la certitude des résultats.

Développement de la fonction T.

10. La fonction T' n'est autre chose que le radical........
$[(x-a)^2 + (y-b)^2 + (z-c)^2]^{-\frac{1}{2}}$, dans lequel on ferait $x=\mu t$, $y=\sqrt{1-\mu^2}\cos\varpi' t$, $z=\sqrt{1-\mu^2}\sin\varpi' t$; $a=\mu'$, $b=\sqrt{1-\mu'^2}\cos\varpi$, $c=\sqrt{1-\mu'^2}\sin\varpi$; or on a

$$\frac{d^2T}{dx^2} + \frac{d^2T}{dy^2} + \frac{d^2T}{dz^2} = 0.$$

Cette équation devient, par la transformation,

$$\frac{d.(1-\mu^2)\frac{dT}{d\mu}}{d\mu} + \frac{\frac{d^2T}{d\varpi^2}}{1-\mu^2} + t\frac{d^2.Tt}{dt^2} = 0, \qquad (7)$$

Si l'on y substitue pour T la série (3), on trouve, pour déterminer $T'^{(m)}$, l'équation

$$\frac{d(1-\mu^2)\frac{dT^{(m)}}{d\mu}}{d\mu} + \frac{\frac{d^2T^{(m)}}{d\varpi^2}}{1-\mu^2} + m(m+1)T^{(m)} = 0.$$

Représentons par Z_m l'intégrale de cette équation; cherchons-en l'expression, puis nous en déduirons $T'^{(m)}$ par quelques conditions particulières à ce coefficient. On aura

$$\frac{d.(1-\mu^2)\frac{dZ_m}{d\mu}}{d\mu} + \frac{\frac{d^2Z_m}{d\varpi^2}}{1-\mu^2} + m(m+1)Z_m = 0. \qquad (8)$$

Posons

$$Z_m = y_0 + y_1(A^{(1)}\sin\varpi + B^{(1)}\cos\varpi) + y_2(A^{(2)}\sin2\varpi + B^{(2)}\cos2\varpi),...etc.$$

le coefficient général y_n sera donné par l'équation

$$\frac{d.(1-\mu^2)\frac{dy_n}{d\mu}}{d\mu} + \left[m(m+1) - \frac{n^2}{1-\mu^2}\right]y_n = 0.$$

Pour le développement le plus général de Z_m, il faudrait pouvoir supposer n purement algébrique dans cette équation ; mais nous n'avons pu intégrer qu'en le supposant un nombre entier, ce qui, du reste, n'influera en rien sur l'application que nous voulons faire au coefficient $T^{(m)}$ (*).

Faisons $y_n = (1 - \mu^2)^{\frac{n}{2}} x_n$, il vient

$$(m - n)(m + n + 1)x_n - 2(n+1)\mu \frac{dx_n}{d\mu} + 1 - \mu^2 \frac{d^2 x_n}{d\mu^2} = 0. \qquad (9)$$

Si au contraire nous faisons $y_n = (1 - \mu^2)^{-\frac{n}{2}} x_{-n}$, nous avons

$$(m+n)(m-n+1)x_{-n} - 2(n-1)\mu \frac{dx_{-n}}{d\mu} + (1 - \mu^2) \frac{d^2 x_{-n}}{d\mu^2} = 0. \qquad (10)$$

Ces deux équations ne diffèrent que par le signe de n, ce qui tient à ce que ce signe est indifférent dans l'équation qu'on transforme. On aura

$$x_n = (1 - \mu^2)^{-n} x_{-n}.$$

Les équations (9) et (10), différentiées p fois de suite et multipliées après la différentiation, la première par $(1 - \mu^2)^{n+p}$, la seconde par $(1 - \mu^2)^{p-n}$, donnent

$$(m - n - p)(m + n + p + 1)(1 - \mu^2)^{n+p} \frac{d^p x_n}{d\mu^p}$$

$$+ \frac{d \left((1 - \mu^2)^{n+p+1} \frac{d^{p+1} x_n}{d\mu^{p+1}} \right)}{d\mu} = 0, \qquad (11)$$

$$(m + n - p)(m - n + p + 1)(1 - \mu^2)^{p-n} \frac{d^p x_{-n}}{d\mu^p}$$

$$+ \frac{d \cdot (1 - \mu^2)^{p-n+1} \frac{d^{p+1} x_{-n}}{d\mu^{p+1}}}{d\mu} = 0. \qquad (12)$$

Supposons d'abord $n < m$, ou tout au plus égal à m, et faisons $p = m - n$ dans l'équation (11), nous aurons

$$d \cdot (1 - \mu^2)^{m+1} \frac{d^{m-n+1} x_n}{d\mu^{m-n+1}} = 0 ;$$

(*) L'analyse qui va suivre avait été employée en très-grande partie dans un deuxième Mémoire de M. Ivory, sur l'attraction des sphéroïdes (Transactions philosophiques , tom. 102 , année 1812 , 1re partie) et dans la Section xi du troisième Supplément aux Exercices du Calcul intégral, par M. Legendre. Je ne connaissais aucun de ces ouvrages lorsque je fis mon travail.

d'où, par l'intégration, on tire

$$\frac{d^{m-n}x_n}{d\mu^{m-n}} = A + B \int \frac{d\mu}{(1-\mu^2)^{m+1}}.$$

Faisons maintenant $p = 0$, $p = 1, \ldots p = m - n - 1$ dans la même équation ; nous trouvons

$$(1-\mu^2)^n x_n = -\ \frac{d.(1-\mu^2)^{n+1}\frac{dx_n}{d\mu}}{d\mu} \times \frac{1}{(m-n)(m+n+1)},$$

$$(1-\mu^2)^{n+1}\frac{dx_n}{d\mu} = -\ \frac{d.(1-\mu^2)^{n+2}\frac{d^2x_n}{d\mu^2}}{d\mu^2} \times \frac{1}{(m-n-1)(m+n+2)},$$

etc. . . .

$$(1-\mu^2)^{m-1}\frac{d^{m-n-1}.x_n}{d\mu^{m-n-1}} = \frac{d.(1-\mu^2)^m\frac{d^{m-n}x_n}{d\mu^{m-n}}}{d\mu} \times \frac{1}{1.2m}.$$

Si l'on substitue l'expression du premier membre de la dernière équation dans le second membre de la précédente, et ainsi de suite jusqu'à la première équation, on trouve

$$x_n = \frac{d^{m-n}.(1-\mu^2)^m\frac{d^{m-n}x_n}{d\mu^{m-n}}}{(1-\mu^2)^n d\mu^{m-n}} \times \frac{(-1)^{m-n}}{1.2.3\ldots m-n.m+n+1\ldots 2m}.$$

Si dans cette expression l'on met pour $\frac{d^{m-n}.x_n}{d\mu^{m-n}}$ la valeur que nous en avons donnée plus haut, et qu'on change les constantes, on aura

$$x_n = \frac{d^{m-n}.(1-\mu^2)^m.\left(C + D\int\frac{d\mu}{(1-\mu^2)^{m+2}}\right)}{(1-\mu^2)^n d\mu^{m-n}}.$$

Cette expression, contenant deux constantes arbitraires, est précisément l'intégrale complète de l'équation (9) ; elle se compose d'une partie irrationnelle et d'une autre entière et rationnelle du degré $m - n$. Car il est facile de s'assurer, par la différentiation, que cette dérivée $\frac{d^{m-n}(1-\mu^2)^m}{d\mu^{m-n}}$ est exactement divisible par $(1-\mu^2)^n$.

11. Au lieu de faire $p = m - n$ dans l'équation (11), faisons $p = m + n$ dans l'équation (12) ; elle devient immédiatement

intégrable et donne

$$\frac{d^{m+n}x_{-n}}{d\mu^{m+n}} = E + G \int \frac{d\mu}{(1-\mu^2)^{m+1}}.$$

Faisons dans cette équation $p=0$, $p=1\ldots.p=m+n-1$; traitons les résultats comme ci-dessus, et nous en tirerons

$$x_n = (1-\mu^2)^n \frac{d^{m+n}.(1-\mu^2)^m\left[F+K\int\frac{d\mu}{(1-\mu^2)^{m+1}}\right]}{d\mu^{m+n}};$$

mais $x_n = (1-\mu^2)^{-n}x_{-n}$. On aura donc encore pour x_n cette expression, aussi générale que la première,

$$x_n = \frac{d^{m+n}.(1-\mu^2)^m\left[F+K\int\frac{d\mu}{(1-\mu^2)^{m+1}}\right]}{d\mu^{m+n}}.$$

Identifiant les parties entières et rationnelles, dans les deux expressions, et en déterminant les constantes pour que les premiers termes soient les mêmes, on a cette relation remarquable,

$$(-1)^n(m-n+1)(m-n+2)\ldots.(m+n)\frac{d^{m-n}.(1-\mu^2)^m}{d\mu^{m-n}}$$
$$= (1-\mu^2)^n \frac{d^{m+n}(1-\mu^2)^m}{d\mu^{m+n}}.$$

Supposons maintenant $n > m$; aucune valeur de p ne peut alors rendre l'équation (11) immédiatement intégrable; mais si dans l'équation (12) nous faisons $p=n-m-1$, que nous intégrions, etc.; enfin si nous traitons cette équation par un procédé pareil à celui que nous avons employé ci-dessus, nous trouverons

$$x_n = \frac{d^{n-m-1}.(1-\mu^2)^{-m-1}\left[H+L\int(1-\mu^2)^m d\mu\right]}{d\mu^{m-n-1}}.$$

Cette formule ne contient aucune partie entière et rationnelle, ainsi l'on ne doit pas supposer $n > m$, lorsqu'on ne veut pour x_n que des valeurs de cette espèce.

Nous aurons donc dans cette hypothèse, qui est la seule qui convienne pour la fonction $T^{(m)}$,

$$x_n = J \frac{d^{m+n}(1-\mu^2)^m}{d\mu^{m+n}},$$

et par suite,

$$y_n = J(1-\mu^2)^{\frac{n}{2}} \frac{d^{m+n}(1-\mu^2)^m}{d\mu^{m+n}},$$

J étant une constante; mais elle peut être censée comprise dans $A^{(n)}$ et $B^{(n)}$. Si nous posons $R_m = \dfrac{d^m(1-\mu^2)^m}{d\mu^m}$, nous aurons

$$(13) \quad Z_m = B^{(0)}R_m + (1-\mu^2)^{\frac{1}{2}}\frac{dR_m}{d\mu}(A^{(1)}\sin\varpi + B^{(1)}\cos\varpi) + \text{etc...}$$

$$+ (1-\mu^2)^{\frac{n}{2}}\frac{d^n R_m}{d\mu^n}(A^{(n)}\sin n\varpi + B^{(n)}\cos n\varpi),$$

$B^{(0)}$, $A^{(1)}$ $B^{(1)}$.....$A^{(n)}$ $B^{(n)}$ étant des constantes arbitraires, au nombre de $2m+1$. Avec un peu d'attention, on voit que cette formule donne pour Z_m une fonction entière et rationnelle des trois quantités μ, $\sqrt{1-\mu^2}\cos\varpi$, $\sqrt{1-\mu^2}\sin\varpi$, la plus générale qui satisfasse à l'équation (8).

Réciproquement, toute fonction entière et rationnelle de ces trois quantités peut se développer en une suite de fonctions telles que Z_m. (Voyez la Mécanique Céleste.)

12. Pour déduire $T'^{(m)}$ de l'expression générale (13), j'observe que $T'^{(m)}$ doit être symétrique par rapport aux variables μ, μ', ϖ, ϖ', et ne doit contenir que les cosinus des multiples de $\varpi'-\varpi$. Si donc on fait R'_m égal à ce que devient R_m en accentuant μ, on aura d'abord

$$T^{(m)} = L_0 R_m R'_m + L_1 (1-\mu^2)^{\frac{1}{2}}(1-\mu'^2)^{\frac{1}{2}}\frac{dR_m}{d\mu}\frac{dR'_m}{d\mu'}\cos(\varpi'-\varpi)....$$

$$+ L_n(1-\mu^2)^{\frac{n}{2}}(1-\mu'^2)^{\frac{n}{2}}\frac{d^n R_m}{d\mu^n}\frac{d^n R'_m}{d\mu'^n}\cos n(\varpi'-\varpi),$$

$L_0, L_1....L_n$ étant des coefficiens numériques. Pour les déterminer, je suppose $\mu = \mu'$; alors le coefficient de $\cos n(\varpi'-\varpi)$ devient $L_n(1-\mu^2)^n\left(\dfrac{d^n R_m}{d\mu}\right)^2$. Le terme le plus élevé par rapport à μ, dans ce coefficient, est égal à

$$(-1)^n L_n(2m.2m-1......m-n+1)\mu^{2m};$$

mais si $\mu = \mu'$, $T = \left\{1 - 4t[\mu^2\sin^2\tfrac{1}{2}(\varpi'-\varpi) + \tfrac{1}{2}\cos(\varpi'-\varpi)] + t^2\right\}^{-\frac{1}{2}}$, et il est aisé de s'assurer que dans $T^{(m)}$ le terme du plus haut exposant est

$$\frac{1.3.5...2m-1}{2.4.6...2m}\, 2^{2m}\sin^{2m}\tfrac{1}{2}(\varpi'-\varpi).\mu^{2m}.$$

Or le coefficient de $\cos n\,(\varpi'-\varpi)$, dans le développement de $2^{2m}\sin^{2m}\frac{1}{2}(\varpi'-\varpi)$, est égal à

$$(-1)^n.2.\frac{2m\;\;2m-1\ldots\ldots m+n+1}{1.2.3\ldots\ldots m-n};$$

en supprimant le facteur 2 pour $n=0$, on aura donc, par la comparaison,

$$L_n=\frac{2}{2^{2m}\times(1.2.3\ldots.m)^2}\times \overline{m-n+1}\,.\,\overline{m-n+2}\ldots\overline{m+n}.$$

De tout cela il résulte, en posant

$$M=\frac{d^{2m}(1-\mu^2)^m(1-\mu'^2)^m}{d\mu^m d\mu'^m}\times\frac{1}{2^{2m}.(1.2.3\ldots m)^2}\;\mu=\cos\theta\;\mu'=\cos\theta',$$

$$T^{(m)}=M+\frac{2\sin\theta\sin\theta'\cos(\varpi'-\varpi)}{m(m+1)}\frac{d^2 M}{d\mu\,d\mu'}+\text{etc}\ldots\ldots$$

$$+\frac{2\sin^m\theta\sin^m\theta'\cos m(\varpi'-\varpi)}{1.2.3\ldots 2m}\frac{d^{2m}M}{d\mu^m d\mu'^m}.$$

La comparaison de cette formule avec le type général (13) donne

$$\left.\begin{array}{l}B^{(0)}=\dfrac{R'_m}{2^{2m}(1.2.3\ldots.m)^2}\ldots\ldots B^{(n)}=\cos n\varpi\\[2mm]A^{(0)}=0\ldots\ldots\ldots\ldots\ldots\ldots A^{(n)}=\sin n\varpi\end{array}\right\}$$

$$\times\frac{2(-\mu'^2)^{\frac{n}{2}}\dfrac{d^n R'_m}{d\mu'^n}}{2^{2m}(1.2.3\ldots.m)^2(m-n+1)(m-n+2)\ldots.(m+n)}.$$

13. L'équation (11) devient, en y faisant $n=0$, $x_0=R_m$,

$$(m-p)\,(m+p+1)\,(1-\mu^2)^p\frac{d^p R_m}{d\mu^p}+\frac{d.(1-\mu^2)^{p+1}\dfrac{d^{p+1}R_m}{d\mu^{p+1}}}{d\mu}=0;$$

changeant m en m', on aura cette autre :

$$(m'-p)(m'+p+1)(1-\mu^2)^p\frac{d^p R_{m'}}{d\mu^p}+\frac{d.(1-\mu^2)^{p+1}\dfrac{d^{p+1}R_{m'}}{d\mu^{p+1}}}{d\mu}=0,$$

Si nous multiplions la première par $\dfrac{d^p R_{m'}}{d\mu^p}$, et que nous inté-

-grions ensuite depuis $\mu = -1$ jusqu'à $\mu = +1$, il viendra

$$(m-p)(m+p+1)\int (1-\mu^2)^p \frac{d^p R_m}{d\mu^p} \frac{d^p R_{m'}}{d\mu^p} d\mu$$

$$= \int (1-\mu^2)^{p+1} \frac{d^{p+1} R_m}{d\mu^{p+1}} \frac{d^{p+1} R_{m'}}{d\mu^{p+1}} d\mu.$$

La seconde équation, multipliée par $\frac{d^p R_m}{d\mu^p}$ et intégrée pareillement, fournira un résultat qui ne différera de celui-ci que par le signe de m. La comparaison de ces deux résultats donne, lorsque m et m' sont différens,

$$\int (1-\mu^2)^p \frac{d^p R_m}{d\mu^p} \frac{d^p R_{m'}}{d\mu^p} d\mu = 0. \qquad (14)$$

Si $m = m'$, on a successivement, en faisant $p+1 = n$,

$$\int (1-\mu^2)^n \left(\frac{d^n R_m}{d\mu^n} \right)^2 d\mu$$

$$= (m+n)(m-n+1)\int (1-\mu^2)^{n-1} \left(\frac{d^{n-1} R_m}{d\mu^{n-1}} \right)^2 d\mu,$$

$$\int (1-\mu^2)^{n-1} \left(\frac{d^{n-1} R_m}{d\mu^{n-1}} \right)^2 d\mu$$

$$= (m+n-1)(m+n-2)\int (1-\mu^2)^{n-2} \left(\frac{d^{n-2} R_m}{d\mu^{n-2}} \right)^2 d\mu,$$

etc....

$$\int (1-\mu^2) \left(\frac{d R_m}{d\mu} \right)^2 d\mu = (m+1)m \int R^2_m d\mu,$$

et de là,

$$\int (1-\mu^2)^n \left(\frac{d^n R_m}{d\mu^n} \right)^2 d\mu = (m-n+1)(m-n+2)\ldots.m+n.\int R^2_m d\mu.$$

Faisons $n = m$, on aura $\left(\frac{d^n R_m}{d\mu^n} \right)^2 = (1.2.3....2m)^2$, et

$$\int R^2_m d\mu = 1.2.3....2m \int (1-\mu^2)^m d\mu = \frac{2^{2m+1} \times (1.2....m)^2}{2m+1};$$

d'où enfin

$$\int (1-\mu^2)^n \left(\frac{d^n R_m}{d\mu^n} \right)^2 d\mu$$

$$= \frac{(m-n+1)(m-n+2)\ldots(m+n).(1.2.3\ldots m)^2 2^{2m+1}}{2m+1}. \qquad (15)$$

Cela posé, considérons l'intégrale double $\int Z_m Y_{m'} d\mu d\varpi$, prise depuis $\mu = -1$ jusqu'à $\mu = +1$, et depuis $\varpi = 0$ jusqu'à $\varpi = 2\pi$, $Y_{m'}$ étant une fonction de même forme que Z_m, ensorte que

$$Y_{m'} = b^{(0)} R_{m'} + (1 - \mu^2)^{\frac{1}{2}} \frac{dR_{m'}}{d\mu} \cdot (a^{(1)} \sin\varpi + b^{(1)} \cos\varpi) \text{ etc.} \ldots$$

Si l'on a égard aux théorèmes (14) et (15), et aux résultats suivans :

$$\int \sin p\varpi \sin q\varpi . d\varpi = 0,$$
$$\int \sin p\varpi \cos q\varpi . d\varpi = 0,$$
$$\int \sin p\varpi \cos p\varpi . d\varpi = 0,$$
$$\int \sin^2 p\varpi \, d\varpi = \int \cos^2 p\varpi \, d\varpi = \pi,$$
$$\int d\varpi = 2\pi,$$

on verra que si m et m' sont différens,

$$\int Z_m Y_{m'} d\mu d\varpi = 0, \quad \text{et par suite,} \quad \int Z_m d\mu d\varpi = 0,$$

et que si $m' = m$,

$$\int Z_m Y_m d\mu d\varpi = \frac{2^{2m+1}(1.2.3\ldots m)^2 \pi}{2m+1}$$

$$\times \Sigma(A^{(n)} a^{(n)} + B^{(n)} b^{(n)})(m-n+1.m-n+2\ldots m+n),$$

le signe Σ s'étendant depuis $n = 0$ jusqu'à $n = m$, et le premier terme de la somme $A^{(0)} a^{(0)} + B^{(0)} b^{(0)}$ devant être remplacé par $2 B^{(0)} b^{(0)}$.

Si $Z_m = T^{(m)}$ et qu'on substitue pour $B^{(n)}$ et $A^{(n)}$ leurs valeurs données plus haut, on trouve ce théorème bien remarquable,

$$\int T^{(m)} Y_m d\mu d\varpi = \frac{4\pi Y'_m}{2m+1},$$

Y'_m étant ce que devient Y_m en accentuant μ, ou bien,

$$\int T^{(m)} Y'_m d\mu' d\varpi' = \frac{4\pi Y_m}{2m+1}. \qquad (16)$$

Formules pour l'attraction des sphéroïdes infiniment peu différens d'une sphère.

14. Supposons d'abord le point attiré extérieur au sphéroïde, et ce sphéroïde homogène, faisons $\rho = 1$. Soit $r' = a(1 + \alpha y')$ l'équation de sa surface, α étant un très-petit coefficient dont nous négligerons le carré. Cela posé, nous aurons la valeur de V par la série (4), dans laquelle

$$V^{(m)} = \int T^{(m)} r'^{m+2} dr' d\mu' d\varpi'.$$

Intégrant par rapport à r', depuis $r'=0$ jusqu'à $r'=a(1+\alpha y')$, on trouve

$$V^{(m)} = \int T^{(m)} a^{m+3} \left(\frac{1}{m+3} + \alpha y'\right) d\mu' d\varpi'.$$

Si $m=0$, $T^{(0)}=1$, $V^{(0)} = \frac{4}{3}\pi a^3 + a^3\alpha\int y' d\mu' d\varpi'$; en général, $\int T^{(m)} d\mu' d\varpi' = 0$, et

$$V^{(m)} = a^{m+3}\alpha \int T^{(m)} y' d\mu' d\varpi'.$$

Faisons $Q_m = \int T^{(m)} y' d\mu' d\varpi'$, nous aurons

$$V^{(m)} = a^{m+3}\alpha Q_m.$$

y' ne contenant que μ' et ϖ', et $T'^{(m)}$ étant une fonction entière et rationnelle des trois quantités μ, $\sqrt{1-\mu^2}\cos\varpi$, $\sqrt{1-\mu^2}\sin\varpi$, Q'_m le sera de même et satisfera à l'équation (9).

De cette valeur générale de $V^{(m)}$, on tire

$$V = \frac{4}{3}\frac{\pi a^3}{r} + \frac{a^3\alpha}{r} Q_0 + \frac{a^4\alpha}{r^2} Q_1 \ldots + \frac{a^{m+3}\alpha}{r^{m+1}} Q_m$$

$$-\frac{dV}{dr} = \frac{4}{3}\frac{\pi a^3}{r^2} + \frac{a^3\alpha}{r^2} Q_0 + \frac{2a^4\alpha}{r^3} Q_1 \ldots + \frac{m+1}{r^{m+2}}a^{m+3}\alpha Q_m.$$

Le premier terme est, comme on voit, l'attraction d'une sphère d'un rayon égal à a, et les autres sont de l'ordre α. Les deux autres composantes de l'attraction du sphéroïde seraient aussi du même ordre, d'où il résulte qu'au carré près de α, toute l'attraction est exprimée $-\dfrac{dV}{dr}$.

Si le point attiré est à la surface du sphéroïde, alors $r=a(1+\alpha y)$, y étant ce que devient y' lorsqu'on y change μ' et ϖ' en μ et ϖ, et les formules sont alors

$$V = \frac{4}{3}\pi a^2(1-\alpha y) + a^2\alpha(Q_0 + Q_1 + Q_2 \ldots)$$

$$-\frac{dV}{dr} = \frac{4}{3}\pi a(1-2\alpha y) + a\alpha(Q_0 + 2Q_1 + 3Q_2 \ldots).$$

15. Traitons directement ce cas particulier. Nous avons

$$V = \int \frac{r'^2 dr' d\mu' d\varpi'}{u} \qquad u^2 = r^2 - 2rr'[\mu\mu' + \sqrt{1-\mu^2}\sqrt{1-\mu'^2}\cos(\varpi'-\varpi)]$$

$$-\frac{dV}{dr} = \int \frac{r'^2 dr' d\mu' d\varpi'}{u^3}[r - r'(\mu\mu' + \sqrt{1-\mu^2}\sqrt{1-\mu'^2}\cos(\varpi'-\varpi)].$$

On tire de ces expressions,

$$- 2r \frac{dV}{dr} - V = \int \frac{r'^2 dr' d\mu' d\varpi'}{u^3} (r^2 - r'^2).$$

Cette intégrale doit être prise depuis $r' = 0$ jusqu'à $r' = a$, et ensuite depuis $r' = a$ jusqu'à $r' = a(1 + \alpha y')$. La première intégration suppose α nul; mais alors $V = \frac{4}{3} \frac{\pi a^3}{r}$, $- \frac{dV}{dr} = \frac{4}{3} \frac{\pi a^2}{r}$,

ensorte que la première partie de l'intégrale est égale à $\frac{4}{3} \frac{\pi a^2}{r^2}$. Le reste de l'autre est égal, aux infiniment petits près de l'ordre α^2, à $a^3(r^2 - a^2)\alpha \int \frac{y' d\mu' d\varpi'}{u^3}$.

En prenant le rayon r pour origine des μ', on a $u^2 = a^2 - 2\mu' ar + r^2$,

et

$$\int \frac{y' d\mu' d\varpi'}{u^3} = \int \frac{y' d\mu' d\varpi'}{(a^2 - 2ar\mu' + r^2)^{\frac{3}{2}}}.$$

Posons $a = rt$, $t < 1$, le reste de l'intégrale cherchée sera

$$a^2 \alpha t(1 - t^2) \int \frac{y' d\mu' d\varpi'}{(1 - 2t\mu' + t^2)^{\frac{3}{2}}}.$$

Or $t = 1$, aux quantités près de l'ordre α, de sorte que cette quantité sera évidemment du premier ordre en α, tant que μ' sera sensiblement différent de 1, ou, ce qui revient au même, tant que y' différera sensiblement de y. Nous pouvons donc supposer toujours $y' = y$; mais alors

$$\frac{(1 - t^2)}{t} \int \frac{d\mu' d\varpi'}{(1 - 2t\mu' + t^2)^{\frac{3}{2}}} = 4\pi;$$

on aura donc $\quad - 2r \frac{dV}{dr} = V + \frac{4}{3} \frac{\pi a^3}{r} + 4\pi a^2 \alpha y.$

Mettant pour r sa valeur $a(1 + \alpha y)$, et observant que......
$- \frac{dV}{dr} = \frac{4}{3} \pi a^2$, aux quantités près de l'ordre α, on trouve

$$- \frac{dV}{ar} = \frac{V}{2a} + \frac{2}{3} \pi a.$$

Substituant dans cette équation les valeurs de V et de $- \frac{dV}{dr}$ données plus haut, on en tire

$$4\pi y = Q_0 + 3Q_1 + 5Q_2 + \text{etc.....} (2m + 1) Q_m \ldots$$

Ainsi y se trouve essentiellement développé en une série de la forme $\quad y = Y_0 + Y_1 + Y_2.$

Y_m étant une fonction entière et rationnelle des trois quantités μ, $\sqrt{1-\mu^2}\cos\varpi$, $\sqrt{1-\mu^2}$ satisfaisant à l'équation (9). Mais alors on a $Q_m = \int T^{(m)} y'\, d\mu'\, d\varpi' = \dfrac{4\pi Y_m}{2m+1}$; et comme, par ce que nous avons vu sur les fonctions telles que $T^{(m)} Y_m$,

$$\int T^{(m)} Y'_m\, d\mu'\, d\varpi' = 0,$$

il en résulte $\int T^{(m)} Y'_m\, d\mu'\, d\varpi' = \dfrac{4\pi Y_m}{2m+1}$, ce qui confirme le théorème (16).

Les valeurs de V et de $-\dfrac{dV}{dr}$, peuvent donc s'écrire ainsi :

$$V = \tfrac{4}{3}\frac{\pi a^3}{r} + 4\frac{\pi a^3\alpha}{r}\left[Y_0 + \frac{aY_1}{3r} + \frac{a^2 Y_2}{5r^2} \dots \frac{a^m Y_m}{2m+1 . r^m} \dots \right]$$

$$-\frac{dV}{dr} = \tfrac{4}{3}\frac{\pi a^3}{r^2} + 4\frac{\pi a^3\alpha}{r^2}\left[Y_0 + \frac{2aY_1}{3r} + \frac{3a^2 Y_2}{5r^2} \dots \frac{m+1}{2m+1}\frac{a^m Y_m}{r^m} \right].$$

En prenant pour a le rayon de la sphère égale en solidité au sphéroïde, et pour origine son centre de gravité, Y_0 et Y_1 sont nuls. (Mécanique Céleste.)

Lorsqu'on connaîtra d'avance le développement de y, ces formules seront employables immédiatement. Mais dans le cas contraire, elles n'auront aucun avantage sur les précédentes, puisqu'on ne pourra calculer Y_0, Y_1, etc. que par les intégrales doubles $\int T^{(m)} y'\, d\mu'\, d\varpi'$, etc.

Je termine ici mon Mémoire ; tout ce qui reste à dire se trouve dans la Mécanique Céleste, et je n'aurais rien à y changer ; je me bornerai seulement aux observations suivantes.

Les séries (4) et (5) peuvent s'appliquer à des corps quelconques et fournir une théorie de leurs attractions, *pourvu* qu'elles ne cessent pas d'être convergentes, et j'ai montré en quoi consistait leur convergence ou leur divergence. On trouve dans la Mécanique Céleste deux théorèmes généraux, l'un sur les solides de révolution, l'autre sur les solides symétriques, par rapport à trois axes, basés sur la considération de ces séries et sur les propriétés des fonctions Z_m relatives aux intégrales doubles. Pour que ces théorèmes soient certains, il faut ne les appliquer qu'à des corps pour lesquels les séries employées soient essentiellement convergentes, et de plus, qu'à des corps continus ; car les propriétés des fonctions Z_m relatives aux intégrales doubles, supposent les intégrales prises dans toute l'étendue des variables μ' et ϖ', ce qui ne pourrait plus avoir lieu si la forme du rayon changeait brusquement dans l'intervalle des limites de ces variables.

LETTRES

A MM. LES DÉPUTÉS

COMPOSANT LA COMMISSION DU BUDGET,

SUR LA PERMANENCE

DU SYSTÈME DE CRÉDIT PUBLIC.

IMPRIMERIE DE F. LOCQUIN,
RUE NOTRE-DAME-DES-VICTOIRES, N 16.

LETTRES

A MM. LES DÉPUTÉS

COMPOSANT LA COMMISSION DU BUDGET,

SUR LA PERMANENCE

DU SYSTÈME DE CRÉDIT PUBLIC,

ET SUR LA NÉCESSITÉ DE RENONCER à TOUTE ESPÈCE DE REMBOURSEMENT DES CRÉANCES SUR L'ÉTAT.

PAR M. G. D. E.

PARIS.

A LA LIBRAIRIE CENTRALE,
PALAIS-ROYAL, GALERIE NEUVE, N°⁸ 1, 49, 190, 191;
ET CHEZ L'ÉDITEUR, RUE DAUPHINE, N° 24.

1829.

LETTRES

A MM. LES DÉPUTÉS

COMPOSANT LA COMMISSION DU BUDGET,

SUR LA PERMANENCE

DU SYSTÈME DE CRÉDIT PUBLIC.

LETTRE I.

Messieurs ,

Parmi les questions si variées sur lesquelles l'examen du budget appelle vos investigations, il en est peu d'aussi importantes que celles qui se rattachent à l'existence du système de crédit public. Nulle institution, en effet, ne touche par tant de points aux plus chers intérêts de la société, à ceux de l'État comme à ceux de la famille, à ceux du pauvre comme à ceux du riche.

Cependant la difficulté du sujet est au moins égale à son importance ; long-temps il est demeuré rebelle aux efforts de ceux qui ont tenté de l'éclaircir. J'ose même l'affirmer, parce que je me sens capable d'en offrir au besoin la démonstration. Parmi tant d'écrivains illustres qui se sont occupés de cette matière, il n'y en a pas un seul qui ait encore conçu d'une manière suffisamment générale la théorie du crédit public ; et par cette raison il n'y en a pas un seul auquel on ne puisse reprocher un nombre plus ou moins grand d'erreurs et de contradictions. Il est certain d'ailleurs que cette théorie, telle qu'on la trouve encore dans les écrits des économistes contemporains les plus distingués, n'a pas dépassé le point ou l'avaient laissée les publicistes du dernier siècle qui s'en sont occupés ; quelques opinions, aussi justes que neuves, récemment publiées, ont été le premier progrès essentiel que la science ait fait depuis un siècle. Loin d'avancer, elle avait plutôt rétrogradé à certains égards. Car la bizarre théorie du docteur Price sur la puissance de l'amortissement à intérêt composé, avait introduit dans la question une complication singulière, qui subsiste même encore, au moins en France, malgré les savantes réfutations de l'antagoniste de Price, du docteur Hamilton. Le rapport fait en votre nom, Messieurs, dans lequel le maintien de l'amortissement à intérêt composé est si vivement recommandé, est un éclatant témoignage de la puissance que ces doctrines fascinantes conservent encore sur les esprits les plus éclairés de notre nation.

Ayant voué à l'étude du crédit public une attention toute spéciale, n'ayant épargné ni temps ni recherches pour connaître les travaux les plus intéressans auxquels ce sujet a donné lieu, ayant pu profiter des lumières nouvelles que des publications récentes, soit en Angleterre, soit surtout en France, ont répandu sur cette importante théorie ; je crois enfin avoir réussi à coordonner, compléter ces élémens divers d'une manière satisfaisante ; je crois être arrivé à un ensemble de principes qui permettent de résoudre par une déduction simple et rigoureuse les difficultés dont le sujet est encore entouré.

Cependant les mesures pratiques, dont l'adoption serait une conséquence nécessaire de l'établissement de ces principes, sont aussi opposées que possible à celles généralement adoptées aujourd'hui. Et lorsque je considère quelle vaste influence le système de crédit public exerce sur la société ; lorsque je songe à l'étendue du mal qui résulterait d'une fausse direction imprimée à cette institution, il me semble que c'est un devoir pour moi de communiquer à mes concitoyens mes appréhensions, ou plutôt, pourquoi ne pas le dire hautement? ma conviction, que la marche suivie jusqu'ici à l'égard du système de crédit public est directement contraire aux intérêts véritables de la société.

Mais n'est-ce pas à vous, Messieurs, vous délégués par les mandataires de la nation pour prendre en considération tout ce qui touche aux intérêts financiers du pays, que je dois soumettre spécialement mes objections contre le système actuellement suivi, mes vues sur celui qu'on doit adopter ? N'est-il pas du devoir de tout citoyen de venir vous apporter le tribut de ses observations et de ses travaux, lorsqu'il les croit utiles à l'accomplissement de la mission dont vous êtes chargés, puisque c'est par votre entremise qu'ils peuvent recevoir l'application la plus immédiate, l'extension la plus utile?

Je sens, Messieurs, combien il me serait flatteur de conquérir les suffrages de juges tels que vous; car nul autre tribunal n'est plus compétent pour prononcer sur l'importante question que j'ai l'honneur de vous soumettre aujourd'hui. Je m'abstiendrai toutefois de solliciter votre indulgence, elle serait hors de saison en pareille matière. Quelque opinion que vous vous formiez définitivement de mes théories, je suis bien sûr au moins que vous me rendrez cette justice, que je ne parle pas sans préparation, et sans avoir approfondi la matière sur laquelle je prends la liberté d'appeler votre attention. La seule grâce que je vous demande est de ne point précipiter votre jugement.

En venant défendre devant vous une doctrine nouvelle du crédit public, je ne me dissimule pas l'étendue des difficultés qui m'attendent ; je sais que j'ai à combattre des préjugés universellement reçus, profondément enracinés, appuyés sur des autorités imposantes. Une vive conviction, résultat de longues méditations, de recherches persévérantes sur le système du crédit public, a pu seule me donner aujourd'hui le courage nécessaire pour venir attaquer un ordre de choses défendu avec tant d'unanimité. Quoi qu'il en soit, c'est de la discussion, pour laquelle j'ose vous prier de vouloir bien m'accorder une bienveillante attention, et c'est de là seulement, que je puis attendre ma justification.

J'espère que cette apparence paradoxale qui malheureusement, j'en conviens, s'attache d'abord aux propositions que j'aurai l'honneur de vous présenter, et qui doit leur nuire auprès des bons esprits, ne tardera pas à se dissiper devant l'évidence des faits, devant les lumières qui naîtront d'un examen raisonné du système de crédit public.

Je puis maintenant entrer en matière. Et afin de donner à mes idées une forme plus précise et plus saillante, qui prévienne les méprises, et rende la discussion plus nette et plus facile, j'essayerai de les présenter sous la forme d'une série de résolutions, qui auront l'avantage de faire connaître tout d'abord les modifications que je crois devoir être opérées dans la constitution du crédit public. Voici ces résolutions :

1°. Les rentes actuellement inscrites au grand-livre de la dette publique française, et celles qui pourront être créées à l'avenir, seront déclarées rentes perpétuelles, non rachetables ni remboursables, sous quelque forme et par quelque mode que ce puisse être.

2°. A partir du 22 juin 1830, la dotation de 40,000,000 de francs, affectée à l'amortissement de la dette publique, sera supprimée. Les 37,503,204 francs de rente acquis à la caisse d'amortissement seront annulés au profit de l'Etat.

3°. La prétention élevée par l'Etat de rembourser au pair les rentes 5 p. 100 actuellement existantes, sera abandonnée.

Messieurs,

Les défenseurs du système actuel proclament qu'une dette publique est une espèce de fléau pour un Etat ; et, par une conséquence parfaitement logique, ils concluent que l'État doit faire ses derniers efforts pour l'éteindre et s'en débarrasser.

Les mêmes personnes regardent l'amortissement et le remboursement au pair comme des opérations éminemment avantageuses à l'Etat, et par une conséquence également juste, ils concluent qu'il faut autant que possible mettre en pratique ces opérations.

Pour les combattre, pour renverser leur système, il est clair que je dois démontrer la justesse des propositions contraires.

Je dois démontrer qu'une dette publique (1),

---

(1) Il est singulier qu'on attache en général un sens fâcheux au mot de *dette*, soit *dette publique*, soit *dette privée*. Cependant, si l'on ne veut pas réduire chacun à exploiter exclusivement son propre capital, il faut bien qu'il y ait des *dettes* dans la société. Parce qu'elles servent aux prodigalités de quelques dissipateurs, il ne faut pas oublier qu'elles sont en général un résultat avantageux du crédit, et l'instrument nécessaire de la production.

ou, pour me servir ici d'une expression moins fautive, moins étroite, moins sujette à nous induire en erreur, qu'un système de crédit public est une institution éminemment utile à l'Etat; loin de chercher à la supprimer, il faut donc, par tous les moyens possibles, la conserver, la développer, la fortifier.

Je dois démontrer que le remboursement au pair et l'amortissement sont des opérations sans avantage, ou même onéreuses pour l'Etat; c'est-à-dire que, même en admettant l'utilité d'éteindre la dette, d'autres modes de remboursement seraient préférables à ceux-là : il convient donc de supprimer l'amortissement et la faculté du remboursement au pair.

Ces deux principes étant une fois établis, il en résultera la convenance, *en général,* de rendre les créances publiques permanentes, sans faculté de rachat ni de remboursement. Il en résultera, par exemple, que cette mesure doit être adoptée pour les rentes qui pourront être créées à l'avenir. Mais avant d'appliquer cette mesure aux créances publiques actuellement existantes, un troisième point restera encore à examiner, savoir : si elle ne blesse pas des droits acquis soit au profit de l'Etat, soit au profit des rentiers.

Qu'elle est l'action d'un système de crédit public sur l'économie intérieure de la société ?

Quels sont les résultats de l'amortissement et du remboursement au pair ?

La suppression de ces deux opérations appliquée aux rentes françaises actuellement existantes, blessera-t-elle des droits acquis ?

Telles sont les questions que je me propose d'examiner successivement.

PREMIÈRE QUESTION.

QUELLE EST L'ACTION D'UN SYSTÈME DE CRÉDIT PUBLIC SUR L'ÉCONOMIE INTÉRIEURE DE LA SOCIÉTÉ ?

LETTRE II.

Des préjugés existans sur la nature des dettes publiques.

MESSIEURS,

JE sais que les idées généralement reçues au sujet de ce qu'on appelle communément une dette publique, sont loin d'être très-favorables à cette institution; et, pour être mieux compris, pour frayer la voie aux développemens dans lesquels je dois entrer, je pense qu'il est nécessaire de rectifier d'abord, autant que je le pourrai, quelques-unes des opinions erronées maintenant prédominantes à ce sujet.

On entend répéter continuellement qu'une dette publique est un fardeau, dont le passé s'est déchargé sur l'avenir; on prétend que nos pères, ne pouvant avec leurs ressources faire face aux exigences du temps, ont jugé à propos d'appeler à leur secours, par anticipation, les ressources de la postérité. Ce sont là des phrases comme il y en a tant, qui ont le privilége d'être données et reçues comme monnaie courante, sans que personne prenne jamais la peine d'en vérifier la valeur. Elles contiennent cependant une monstrueuse absurdité. Par quelle magie veut-on que les hommes d'une génération puissent soudainement réaliser les ressources des générations à venir? On a prétendu jadis évoquer les âmes de la postérité; mais des capitaux sont une chose trop matérielle, et qui résistent à un pareil sortilége. Non, Messieurs, ce n'est point avec les ressources de l'avenir qu'une génération fait face aux dépenses qui lui sont imposées. Ce n'est point avec les canons de la postérité qu'elle se bat; ce n'est point le pain de la postérité qu'elle mange, les hommes de la postérité qu'elle tue : c'est sa poudre, son pain, ses hommes qu'elle consomme.

La création des rentes sur l'Etat n'a pas la propriété tout-à-fait inconcevable de permettre à une nation de suffire à ses besoins avec d'autres ressources que celles du présent. Mais si elle ne diminue pas l'étendue du sacrifice imposé à l'Etat, il est vrai qu'elle le rend moins douloureux pour les individus. L'Etat, en empruntant en leur nom, et les obligeant par contre au payement d'une redevance annuelle envers ceux qu'on appelle les créanciers de l'Etat, mais qui ne sont, dans le fait, que les créanciers de certains individus; l'Etat dis-je, par cette opération, permet aux contribuables de conserver le capital qui alimente leur industrie, et dont la privation leur serait extrêmement pénible. Il est vrai que ceux-ci et leurs successeurs restent grevés de la redevance annuelle envers les créanciers de l'Etat. Mais cette redevance n'est que l'intérêt annuel du capital qu'ils ont été admis à conserver, et dont la privation leur eût été bien plus onéreuse que le payement de la redevance. Reprochera-t-on à un particulier d'acheter une propriété payable à certains termes, plutôt que de l'acheter comptant, sous prétexte qu'il grève sa fortune et celle de ses enfans d'une redevance pour l'avenir? Dans la plupart des circonstances, cette conduite ne sera-t-elle pas au contraire la plus sage qu'il puisse adopter? Eh bien! il en est de même du contribuable, qui, pour ne pas se dépouiller d'un ca-

pital nécessaire, s'oblige au payement d'une redevance annuelle envers les créanciers de l'Etat.
A côté de cette redevance qui figure à son débit ;
vous devez tenir compte du capital qu'il a conservé, et qui figure à son crédit.

Il est donc complétement faux que la création
des rentes publiques ait été un moyen de rejeter
sur l'avenir les charges du passé. La dépense qui
a donné lieu à la création de ces rentes a été dès
long-temps effectuée, consommée ; elle ne reste
pas à faire. La création des rentes publiques n'a
pas pu empêcher qu'elle n'eût lieu. Elle ne saurait la reporter sur l'avenir. Tout ce qu'elle fait,
c'est d'établir une relation de débiteur à créancier
entre les contribuables et les rentiers : ce sont
des individus qui sont grevés d'une certaine obligation envers d'autres ; mais ils sont grevés dans
leur intérêt même, je le répète, puisque la redevance annuelle qu'ils payent n'est que l'intérêt
du capital qu'ils ont été admis à conserver, les
rentiers faisant pour eux l'avance de la contribution.

D'autres personnes ne vont pas jusqu'à dire
que les créances publiques représentent une
charge dont le présent a été grevé par le passé.
Mais considérant que ces créances ont été, la plupart du temps, créées à l'occasion de dépenses de
guerre, ils les proscrivent à ce titre seul, sans

examiner si ces créances, quoique devant leur origine à des circonstances très-fâcheuses pour la société, ne peuvent cependant pas être en elles-mêmes une chose fort salutaire. Or, ces créances pourraient tout aussi bien avoir été instituées à l'occasion de dépenses très-utiles : par exemple, pour des constructions de routes, de canaux, etc. ; et alors ces mêmes personnes, pour être conséquentes dans leur manière de raisonner, devraient se faire les apologistes de la dette publique, et y voir une création tout-à-fait admirable, sans que cependant la nature en eût été le moins du monde changée. Telle est la contradiction où les conduit leur principe.

Mais quel homme de bon sens ne voit pas que l'existence d'un système de crédit public dans la société, c'est-à-dire, l'ensemble des relations de débiteur à créancier qui existent entre les contribuables et les rentiers, la seule chose dont il s'agisse ici, n'a rien de commun avec les circonstances heureuses ou malheureuses qui y ont originairement donné lieu ? Parce qu'une source d'une eau fraîche et vive a jailli des commotions d'un tremblement de terre, son onde en est-elle moins bienfaisante ; et proposera-t-on de la tarir ? Et si, d'aventure, les créances publiques n'ont été créées qu'à l'occasion de dépenses désastreuses ; si elles sont comme les fastes dans lesquels se trouvent écrits en grosses lettres les frais de toutes les guerres depuis cent années, cette association d'idées ne me semble être qu'une utile leçon pour les peuples et les gouvernemens, et n'est en aucune façon un motif pour attirer sur cette institution l'aversion des hommes sensés. Ce n'est point là une raison pour confondre les effets, quels qu'ils soient, du crédit public, avec ceux des dépenses ruineuses à l'occasion desquelles il s'est formé.

D'autres personnes enfin, et c'est le plus grand nombre, voyant les intérêts des créances publiques figurer au budget de l'Etat, à côté des dépenses courantes, prennent ces intérêts pour une dépense réelle; c'est-à-dire, pour un revenu consacré aux services productifs ou improductifs de l'administration. Ils ne voient pas qu'il y a entre les deux emplois une différence énorme : car, pour la partie du revenu public appliquée au payement des intérêts de la dette, le gouvernement n'est qu'un intermédiaire, une espèce de banquier placé entre certains débiteurs et certains créanciers; et les fonds employés à ce service ne sortent point des canaux ordinaires de la circulation.

Ainsi, Messieurs, il est faux qu'une somme quelconque de créances publiques soit un fardeau légué par le passé à l'avenir, et qui grève actuellement l'État considéré collectivement. Il est ridicule de faire retomber sur l'institution du crédit public le caractère fâcheux des circonstances à l'occasion desquelles elle s'est formée. Enfin, il est faux que l'application d'une portion des revenus de l'État au payement des intérêts des créances publiques soit une dépense aucunement analogue aux autres dépenses de l'État.

J'ai dit ce que le système de crédit public n'est pas ; voyons maintenant ce qu'il est.

Messieurs, *un système de crédit public n'est autre chose qu'une relation de débiteur à créancier, établie entre la totalité des contribuables d'une part, et un nombre plus ou moins grand de rentiers, d'autre part, l'État servant d'agent intermédiaire entre les uns et les autres.*

D'après cela, toute la théorie d'un pareil système me paraît pouvoir être résumée dans les deux principes suivans :

1° *Le système de crédit public, en établissant une relation de débiteur à créancier entre la totalité des contribuables, d'une part, et un nombre plus ou moins considérable de rentiers d'autre part, ne fait que reproduire sur une plus grande échelle, et avec certains caractères particuliers, la relation ordinaire de débiteur à créancier, telle qu'elle résulte du crédit privé. Sous le* rapport de la transmission et du placement des capitaux, il présente les mêmes avantages que le crédit privé, et d'autres en outre beaucoup plus grands. Il est un puissant promoteur de l'accumulation des richesses, de la sécurité des familles, et du perfectionnement moral et intellectuel des individus. Il est enfin une véritable institution politique, profondément inhérente à l'organisation des sociétés modernes.

Mais si, d'une part, le crédit public, considéré dans son essence même, nous apparaît sous des traits si favorables, d'un autre côté, il y a dans son organisation actuelle un vice extrêmement grave, et que je vais signaler.

2° Le caractère si éminemment utile du crédit public se trouve voilé pour ainsi dire, et même plus ou moins altéré par l'intervention du Gouvernement comme intermédiaire entre les débiteurs et les créanciers ; et les intérêts des créances publiques étant prélevés au moyen des taxes ordinaires, le payement de ces intérêts emporte avec soi tous les inconvéniens qui résultent de la perception des taxes en général, ainsi que de la hausse artificielle produite par les mêmes taxes sur le prix des denrées.

A ces deux principes qui me paraissent renfermer toute la théorie du crédit public, correspondent naturellement deux autres principes relatifs aux mesures pratiques qu'il convient d'adopter pour le perfectionnement de cette institution.

Le crédit public étant dans son essence une institution bienfaisante, appendice nécessaire de l'organisation sociale actuelle, et dont la tendance à devenir permanente est d'ailleurs clairement marquée par la série des faits historiques :

3° Il serait aussi inutile que déraisonnable de s'opiniâtrer à l'abolir. Il convient de proclamer sa permanence, et de renoncer aux tentatives essayées jusqu'ici, sous quelque forme que ce soit, pour éteindre les dettes nationales.

L'emploi de l'impôt pour le payement des intérêts du crédit public, entraînant des inconvéniens très-graves, mais qui sont évidemment proportionnels à la quotité de l'impôt, et diminuent aussi proportionnellement à la diminution de cette quotité :

4° Les excédans des recettes sur les dépenses, qui ont été jusqu'ici employés, ou du moins destinés au remboursement de la dette, doivent être dorénavant employés à des dégrèvemens d'impôts, afin de soulager directement et immédiatement la nation des seuls inconvéniens que lui occasionne l'existence du système de crédit public.

Nous examinerons successivement ces divers principes.

LETTRE III.

Analyse des rapports créés dans la société par le système de crédit public.—Avantages qui résultent de ces rapports pour la société.

AVANT de m'engager dans l'analyse des rapports créés dans la société par le système de crédit public, j'ai besoin que l'on m'accorde deux prolégomènes.

1° Que les taxes sont, *en général*, payées uniquement par les capitalistes, parce que si les salariés en font souvent l'avance, elle leur est ordinairement remboursée par ceux qui les emploient.

2° Que chaque capitaliste paye, *en général*, une somme de taxes proportionnelle au montant de son revenu.

Si l'on refusait de m'accorder ces deux prolégomènes, je serais obligé de m'en référer pour

la démonstration aux ouvrages spéciaux d'économie politique (1).

Cela posé, et si nous observons que chaque
individu contribue au payement des intérêts des
créances publiques en proportion de la somme
totale de taxes qu'il paye, nous pouvons réduire
aux faits suivans les rapports créés dans l'Etat par
un système de crédit public.

1° Un capital plus ou moins considérable est
dû, et un intérêt annuel est payé à un certain
nombre d'individus, appelés assez improprement
créanciers de l'Etat, par la totalité de ceux qui
payent l'impôt, c'est-à-dire, par la totalité de
ceux qui possèdent un capital dans le pays.

2° Les capitalistes sont obligés solidairement
envers les créanciers de l'Etat; car il est évident
qu'un contribuable paye ce que l'autre ne peut
plus payer.

3° L'obligation envers les créanciers de l'Etat
n'est point attachée aux personnes, mais aux
capitaux. Chacun contribue au payement des intérêts de la dette, précisément en proportion de
son revenu à chaque moment donné, et sa contribution augmente et diminue justement dans la
progression de son revenu. Il est clair que l'obli-

------

(1) Voyez dans le *Producteur* de mars 1826 un article
fort remarquable sur le système d'emprunt.

gation s'étend d'ailleurs aux capitaux qui se forment continuellement par accumulation, ou qui peuvent être importés dans le pays : elle devient ainsi de plus en plus légère pour chaque capitaliste.

Si nous considérons l'ensemble de ces rapports, nous n'y verrons rien, il me semble, qui justifie la sinistre notion qu'on se fait ordinairement d'une dette publique. Il n'y a point là de charge imposée à l'Etat, il n'y a point de consommation actuelle de capitaux. Nous n'y voyons qu'une simple relation de crédit qui fait, comme dans mille autres circonstances, qu'un capital demeure entre les mains de certains individus, tandis que d'autres en ont la propriété, et qu'un certain intérêt est payé en conséquence par les premiers aux seconds. Que la transmisssion de l'intérêt annuel du débiteur au créancier soit faite par l'Etat au lieu de l'être par un banquier, ou tel autre agent, peu importe, cela ne change point au fond la nature de la relation. Et comme la masse des dettes privées dans un Etat, toujours égale à celle des créances, loin de prouver la détresse publique, prouve au contraire la multiplicité des transactions, et l'activité du travail, il en est de même de la dette publique. Son étendue correspondra toujours plus ou moins à celle de la richesse nationale ; et, loin qu'elle soit un symptôme d'appauvrissement, elle est au contraire un signe de la vigueur et de la puissance de l'Etat.

Plus on y songe, plus on trouve que le crédit public offre, et à la partie débitrice, et à la partie créancière, des avantages égaux, et d'autres très-supérieurs à ceux du crédit privé.

Le crédit public est éminemment favorable à la partie débitrice. Et en effet il emprunte pour elle les capitaux dont elle a besoin ; il les lui procure à un taux infiniment plus avantageux que celui qu'aurait pu obtenir chaque débiteur individuellement. De plus, ce débiteur n'est pas lié, comme dans le cas du crédit privé, par une obligation personnelle. Si la fraude, si les vicissitudes de l'industrie et du commerce le dépouillent de sa fortune, il ne reste pas sous le poids d'un engagement contracté aux jours de la prospérité, tandis qu'un concurrent moins honnête ou plus heureux hérite de sa dépouille, sans être substitué à ses obligations. La part pour laquelle il contribue au payement des intérêts de la dette est toujours proportionnelle au montant actuel de son revenu. L'obligation, je le répète, s'attache non pas à la personne, mais au capital, et c'est là une modification immense dans le régime de la propriété, modification inaperçue jusqu'ici, et qui mérite cependant une sérieuse considération.

Le crédit public est éminemment favorable à la partie créancière. Ici, Messieurs, un champ immense s'ouvre devant moi, et je regrette que les bornes que je dois me prescrire m'empêchent de le parcourir en entier. C'est ici que je dois établir ce que j'ai avancé plus haut : *que le crédit public est un puissant promoteur de l'accumulation des richesses, de la sécurité des familles, du perfectionnement moral et intellectuel des individus; qu'il est enfin une véritable institution politique, profondément inhérente à l'organisation des sociétés modernes.*

C'est un fait qui n'a pas besoin de démonstration, que la stabilité des fortunes dans une société a la plus grande influence sur les mœurs nationales ; qu'elle encourage la pratique des vertus publiques et privées; qu'elle aide puissamment au progrès des sciences et des beaux-arts. L'homme, dont l'esprit est absorbé par les soins qu'exige la conservation de sa fortune et la crainte de la perdre, demeure nécessairement étranger à beaucoup de sentimens élevés et généreux; il n'a pas le temps de s'occuper du perfectionnement moral, ni de lui-même, ni de ceux qui l'entourent.

Le régime féodal, dans l'intérêt exclusif, il est vrai, de quelques classes privilégiées, et avec plus ou moins d'efficacité, avait pourvu de différentes manières à la stabilité des fortunes.

Pour les fortunes immobilières il avait créé le droit d'aînesse et les substitutions.

Pour les fortunes mobilières, il avait créé les restrictions commerciales, les lois des maîtrises et jurandes, qui défendaient les individus engagés dans l'industrie contre les empiétemens de la concurrence.

Pour la même classe bourgeoise, il avait aussi créé les *rentes publiques*, et c'est la seule de ces diverses institutions qui soit en rapport avec l'ordre social actuel.

Une rente publique, ou, pour mieux dire, une créance publique, est une cause puissante de la stabilité des fortunes, *parce qu'elle place un capital sous la garantie solidaire d'une communauté d'individus. De cette manière, le risque de perte est restreint au cas où la somme des pertes l'emporte sur la somme des bénéfices dans la communauté, résultat beaucoup moins probable par rapport à une communauté que par rapport à un individu quelconque.*

Il est clair que ce caractère de solidité augmente, toutes choses égales d'ailleurs, avec le nombre des individus engagés solidairement. Il devient donc infini, pour ainsi dire, lorsque la communauté est une grande nation, chez laquelle le progrès naturel de la richesse est secondé par de bonnes institutions.

Les avantages que la société retire de la création des créances publiques, furent de bonne heure aperçus et mis à profit. Dès l'origine du système social moderne, c'est-à-dire, dès la formation des communes, au treizième siècle, en Italie, en France, les monumens historiques nous montrent des emprunts contractés, et des rentes publiques constituées par ces corps politiques subalternes (1).

En France, au commencement du seizième siècle, François Ier transporta dans l'Etat cette institution enfantée par le régime communal, et devint le fondateur de notre système de crédit public. Depuis ce prince, le besoin d'emprunter, d'une part; le goût des capitalistes pour les rentes sur l'Etat, de l'autre, ne cessant pas d'augmenter, la dette publique, malgré l'usage fréquent des réductions et des banqueroutes, alla sans cesse croissant. A la fin du règne de Louis XIV, elle s'élevait en capital à 2,600,000,000 fr. (à 28 fr. le marc d'argent); en 1789, elle s'élevait à 140 millions de rente; elle est aujourd'hui de 170 millions (les rentes de l'amortissement non comprises).

C'est un fait constaté par d'anciens écrivains, qu'en France les rentes sur l'Etat, qui se trou-

---

(1) Voyez Thierry, *Lettres sur l'Histoire de France*, *commune de Reims*.

vaient presque entièrement entre les mains de la riche bourgeoisie, de la classe parlementaire, contribuèrent puissamment à fonder l'importance politique de cette classe, en lui donnant le loisir de s'occuper de l'administration de la justice et des affaires de l'Etat (1).

Cependant, jusqu'à l'époque de la révolution française, le bénéfice des placemens dans les fonds publics avait été réservé exclusivement à une bourgeoisie privilégiée, à la classe des rentiers. S'il en devait être encore de même, on pourrait douter si l'État a un bien grand intérêt à conserver un système de crédit public pour entretenir la paisible sécurité de quelques oisifs. Il est certain que dans le dernier siècle, un des plus graves inconvéniens que les esprits philosophiques, et Montesquieu entre autres, voyaient dans l'existence d'une dette publique, était précisément la formation et la conservation de cette classe oisive.

Mais depuis la révolution française, un grand changement s'est opéré. A l'exemple de ce qui existait déjà en Angleterre et en Hollande, la population tout entière a été appelée à prendre part aux avantages du crédit public. Tous ceux

_____

(1) Le président Hénault, *Histoire de France. Remarques sur la troisième race.*

qui ne peuvent diriger et surveiller par eux-
mêmes l'emploi de leur capital, la classe des salariés en particulier, doivent trouver dans les
fonds publics un asile où ils mettront ce capital
en dépôt, comme dans une arche sacrée.

Il avait un juste sentiment de la véritable destination du crédit public, le ministre qui, en 1819,
proposa la création dans les départemens des
livres auxiliaires du grand-livre de la dette publique; et il est vivement à regretter qu'au lieu
de marcher dans la même voie, on ait, après lui,
adopté au contraire des mesures bien propres à
dépouiller le crédit public, aux yeux de la nation,
du caractère de stabilité qui fait sa valeur comme
sa force. Les discussions qui eurent lieu sur ce
projet de loi dans les deux Chambres, sont certainement celles où furent jamais professés les
principes les plus justes sur la nature du système
de crédit public; on était alors sur le vrai terrain
de la question; les aberrations n'étaient pas possibles.

« On applaudit avec raison, disait dans cette
» circonstance M. Becquey, à la création des
» Caisses d'épargne, qui reçoivent les moindres
» deniers du pauvre, pour lui en rendre compte
» au moment de ses besoins. Eh bien! les inscrip-
» tions départementales ne sont que des Caisses
» d'épargne offertes à toutes les classes de la société,

» elles ont les mêmes avantages dans un cercle
» plus étendu, et ne peuvent entraîner plus
» d'inconvéniens.

» En Angleterre, en Hollande, disait M. le
» comte Mollien dans son excellent rapport à la
» Chambre des Pairs, les créanciers de la dette
» publique se trouvaient dans toutes les classes
» des citoyens, dans toutes les parties des deux
» États. En Hollande surtout, il n'était pas de
» province, pas de ville, pas de circonscription
» politique où des registres ne fussent ouverts
» aux échanges que voulaient faire entre eux les
» vendeurs ou les acheteurs des divers effets de
» la dette : de là sans doute cet accord de prin-
» cipes, cette nationalité d'opinions, cette con-
» fédération d'intérêts, qui, dans ces deux pays,
» protègent la dette de l'État comme la propriété
» de chaque famille ; et sans doute aussi c'est à
» l'observation des mêmes faits, que nous devons
» la proposition d'une mesure dont l'efficacité a
» été constatée ailleurs par une longue et heureuse
» expérience. »

En France, le nombre des familles propriétaires de rentes est évalué maintenant à environ
80,000. La somme des rentes non rachetées s'é-
lève à 170,000,000 fr., ce qui fait en moyenne à
peu près 2,100 fr. de rente par propriétaire.
Sur cette somme de 170,000,000 fr., environ

40,000,000 fr. ou le quart sont immobilisés, et dans le surplus on ne peut évaluer qu'à quelques millions la partie flottante sur le marché. Des reports à l'intérêt de 2 p. 100; des transferts, qui en 1828 n'ont pas excédé pour les 5 p. 100, 76,000 en nombre, et 57,000,000 de francs en valeur prouvent assez combien les rentes françaises sont recherchées comme placement de fonds.

D'après un état communiqué au parlement anglais, il paraît qu'en 1823 l'énorme masse des rentes publiques anglaises s'élevant à 28,000,000 liv. sterl. (700,000,000 fr.), était divisée en 288,000 inscriptions, dont 235,000 étaient au-dessous de 50 liv. sterl. (1250 fr.). Comme le même individu possède quelquefois des inscriptions dans des fonds de diverses espèces, on doit admettre que le nombre des propriétaires était moindre que celui des inscriptions, et supposant qu'il fût seulement de 250,000, la somme moyenne de rentes pour chaque propriétaire serait alors de 110 liv. sterl. environ, ou 2,750 fr.; moyenne qui se rapproche assez de celle que nous avons trouvée pour les inscriptions de rentes françaises. Là aussi, comme en France, la plus grande partie des rentes est hors de la circulation; et chaque jour elles pénètrent plus avant dans les classes mêmes les moins élevées de la société.

J'ai prononcé tout à l'heure le nom des caisses d'épargne, Messieurs ; c'est là un autre des bienfaits que nous devons au système de crédit public. Et quoique l'institution soit d'une date encore trop récente pour qu'elle ait pu donner des fruits bien importans, tels qu'ils sont, ils méritent cependant d'être signalés.

Nées en Écosse au commencement de ce siècle, où elles ne furent qu'une extension du système de banques, si admirablement organisé dans ce pays, les caisses d'épargne furent introduites en Angleterre dans les années 1816 et 1817 ; elles s'y propagèrent bientôt rapidement, et aujourd'hui il n'est pas de petite ville où l'on n'en rencontre une. Quoique leurs progrès aient été peu considérables là précisément où ils auraient été le plus nécessaires, c'est-à-dire, dans les districts manufacturiers, il est certain qu'elles ont, à tout prendre, produit de grands avantages : une somme de 350 millions de francs, qui, en 1828, était déposée à la banque d'Angleterre au nom des caisses d'épargne, en est une preuve suffisante.

Introduites en France dans l'année 1818, les caisses d'épargne y ont prospéré (1) sans y produire des résultats aussi brillans. La différence

____

(1) La caisse d'épargne de Paris avait reçu depuis sa fon-

dans la richesse des deux pays en est peut-être une cause ; mais les répugnances contre les placemens en fonds de l'Etat, répugnances que d'anciens souvenirs ont jusqu'ici maintenues dans la plupart de nos provinces, en sont une autre cause bien plus certaine : les comptes rendus de quelques caisses d'épargne provinciales contiennent à cet égard des témoignages décisifs (1). Grande leçon pour les législateurs, de ne point donner, par des mesures imprudentes, un aliment à cette disposition fâcheuse de la population.

Dans notre ordre social, où la classe laborieuse est encore réduite à un véritable ilotisme ; où l'exploitation des capitaux lui est refusée, sinon

dation, en 1818, jusqu'au 31 décembre 1828. . 37,000,000 fr.
Celle de Bordeaux, environ.............. 7,000,000
Celles de Marseille, Rouen, Lyon, environ.. 3,000,000

47,000,000 fr.

Nous pouvons donc supposer qu'à peu près 50,000,000 de francs ont été accumulés par l'entremise des caisses d'épargne depuis leur origine. Le montant des rentes inscrites au nom des caisses d'épargne, non comprises celles dont elles ont délivré les transferts à leurs déposans, s'élève à 1,700,000 francs.

(1) Voyez le rapport de la caisse d'épargne de Marseille, du 17 février 1827.

3.

aux conditions les plus onéreuses ; où les avantages d'une culture morale et intellectuelle lui sont interdits, parce que la classe des gens bien nés s'en réserve le monopole ; on a poussé l'indifférence, disons mieux, la cruauté à son égard, jusqu'à ne pas même lui fournir le moyen, toujours facile au riche, de déposer en sûreté le faible capital qu'elle a gagné au prix de ses sueurs. La seule banque ouverte pour l'ouvrier, c'est la boutique du marchand de vin ; c'est là aussi son temple et son académie ; c'est là qu'il doit aller consommer dans de funestes désordres son pécule chèrement acquis, en même temps qu'il y ruine sa santé et y abrutit son intelligence ; ou si chez lui le goût de l'épargne l'emporte sur ces funestes séductions, presque toujours il devient la victime de quelque homme artificieux, qui le fait tôt ou tard repentir de sa confiance. Chaque année, nos provinces ne sont-elles pas témoins de quelqu'une de ces scandaleuses banqueroutes qui plongent dans la misère la population laborieuse de toute une ville ? Sous le rapport du placement des capitaux, la création des caisses d'épargne fait donc rentrer la classe ouvrière dans le droit commun. Par elle, le plus pauvre partage avec le plus riche l'avantage de pouvoir confier son modique capital à l'État, à un créancier qui ne lui en paye, il est vrai, qu'un intérêt modique, mais avec lequel il ne court aucune chance de perte. C'est là un premier pas vers la réhabilitation de la classe ouvrière, pas peu important encore, il est vrai, si on le compare à ceux qui restent à faire, mais qui effectue cependant une amélioration réelle dans la condition de cette classe si maltraitée jusqu'ici. Or, cette amélioration, n'est-ce pas au crédit public qu'elle est due? N'est-ce pas le crédit public qui rend la nation tout entière débitrice solidairement de l'obole qu'un simple ouvrier lui a confié?

Parmi les autres avantages que la société retire du système de crédit public, je dois citer encore ces institutions, fondées sur un principe tout-à-fait analogue au sien, ces compagnies d'assurance de toute nature, qui, en compensant les unes par les autres les bonnes et les mauvaises chances auxquelles un grand nombre de capitaux sont soumis, garantissent à chaque capitaliste un bénéfice moyen qui ne peut faillir. Ces compagnies, qui doivent posséder un vaste capital constamment disponible, eussent difficilement pu se former, si elles n'avaient pas eu la ressource des créances sur l'Etat pour le placement de leurs fonds.

Jusqu'ici je n'ai parlé que de la stabilité donnée aux existences individuelles par le système de crédit public ; celle qu'il tend à imprimer à l'état social lui-même a été observée dès long-temps. Il est clair qu'en rendant les citoyens matériellement et directement intéressés à la prospérité de l'Etat, il donne une énergie nouvelle à l'association politique ; et, en inspirant à la population une aversion de plus en plus forte pour les guerres, dont les dépenses compromettent le revenu public, il tend à fonder l'état de paix entre les nations.

J'ai cherché, Messieurs, à analyser dans cette lettre l'ensemble des rapports qui constituent un système de crédit public, ou ce qu'on appelle communément une dette publique. J'ai cherché à faire voir les avantages qui en résultaient pour la société.

La véritable nature d'une dette publique s'est montrée clairement à nous ; pour la reconnaître, il suffit d'ouvrir les yeux à l'évidence.

Que voyons-nous en effet dans une dette publique? L'existence de certaines créances ou assignations données à certains individus sur le capital de la communauté, et le payement d'un certain intérêt par la communauté à ces individus, le Gouvernement servant d'intermédiaire. Voilà le seul fait dont nous ayons à nous occuper dans l'appréciation de l'influence d'une dette publique sur l'économie intérieure de la société.

Comment, à quelle occasion ces rapports, ces obligations se sont-ils formés? Ces questions sont parfaitement étrangères à l'objet que nous avons en vue, et ne peuvent servir en rien à l'éclaircir.

Pour le dire en peu de mots, cependant, ces rapports, ces obligations reposent sur une avance de fonds faite par les créanciers primitifs aux débiteurs primitifs. Les premiers ont fait pour les seconds l'avance de leur quote-part à certaines dépenses publiques; ce qui équivaut très-certainement à un prêt direct. Depuis lors, ces créanciers primitifs ont cédé les reconnaissances dont ils étaient porteurs à d'autres individus qui ont succédé à leur droit sur le capital originairement prêté.

Que les dépenses auxquelles ces sommes empruntées ont dû servir aient été productives ou non (et cela est fort difficile à déterminer; car des dépenses de guerre, par exemple, ne sont pas toujours des dépenses improductives), peu importe; tout cela est dans le passé. Si l'emploi a été productif, la nation est devenue plus riche; s'il a été improductif, elle a été appauvrie. Quoi qu'il en soit, la seule chose que nous ayons à examiner, c'est l'influence des relations de crédit, telles qu'elles existent maintenant par le fait de la dette, sur la société telle qu'elle est.

Or, il est impossible de voir comment l'influence de ces relations de crédit peut être essentiellement différente de celle qui résulte des relations ordinaires établies par le crédit privé.

Si d'un jour à l'autre on voulait charger une banque de distribuer aux rentiers les dividendes qu'ils ont le droit de recevoir, et de percevoir des contribuables, sur une évaluation plus ou moins exacte, la part pour laquelle ils sont astreints à concourir au payement de la dette, il n'y aurait plus possibilité de concevoir une différence entre les rapports résultant du crédit publie, et ceux résultant du crédit privé. Et cependant toute la différence de l'ordre de choses actuel avec celui-là, c'est qu'aujourd'hui le Gouvernement fait l'office du banquier.

Il est vrai que le système de crédit public a quelques caractères qui lui sont particuliers.

Dans ce système, l'obligation du débiteur, avons-nous dit, ne s'attache pas à sa personne, mais au capital. Elle se proportionne dans chaque moment à la fortune de chaque individu, et suit le capital, dans quelque main qu'il passe ou qu'il se forme.

De plus, dans le système de crédit public il y a solidarité entre les débiteurs; ce qui donne aux créanciers une garantie à peu près infinie pour la conservation de leur capital. Peu à peu la jouissance de cet avantage cesse d'appartenir à une classe privilégiée; les créances se subdivisent;

un plus grand nombre d'individus sont appelés à confier leurs capitaux à la communauté nationale. Et la classe des débiteurs se fondant insensiblement avec celle des créanciers, le crédit public devient une espèce de vaste système d'assurance mutuelle entre les citoyens, le capital déposé par chacun lui étant garanti solidairement par tous; tandis que lui-même n'est obligé envers la communauté, pour le payement de l'intérêt annuel, que personnellement, et en proportion des variations de sa fortune (1).

Hors ces particularités, qui sont entièrement en faveur du système de crédit public, il est impossible, je le répète, de concevoir comment les

____

(1) On peut dire que le système de crédit public, tel qu'il commence à se constituer aujourd'hui, et tel que nous le représentons amené à sa perfection, est une société de *prévoyance contre les revers de fortune*, comme il y a des sociétés de prévoyance contre les maladies. Dans l'un et dans l'autre cas, lorsque le sinistre arrive, l'on a l'avantage de toucher le dividende, en cessant de payer la prime. Un individu qui possède 100 francs de rente sur l'État, et paie 100 francs de contributions pour la dette, doit se considérer dans une position bien plus favorable que si la redevance et le revenu étaient annulées à la fois, parce qu'il a droit, en tout état de choses, à toucher les 100 francs de rente sur l'État, tandis que, s'il perd sa fortune, il est dispensé de payer la redevance annuelle de 100 francs.

effets de ce système peuvent différer en aucune façon de ceux du crédit privé ; comment quelques milliers de comptes courans inscrits dans les livres de la dette publique, peuvent avoir d'autres conséquences pour la société, que les milliers bien plus nombreux de comptes courans inscrits dans les livres des banquiers.

Comment admettre, par exemple, ainsi qu'on l'a souvent prétendu, que la dette publique absorbe tous les ans une portion du revenu national? N'est-il pas clair qu'elle ne fait qu'opérer la transmission d'une portion du revenu de certains débiteurs à certains créanciers, sans en annuler un seul atome?

Comment admettre qu'elle arrête le développement de l'industrie, puisque, ne détruisant aucune partie du revenu annuel, elle ne lui enlève aucune de ses ressources ?

Comment admettre qu'elle réduit le taux des salaires, puisque ce taux étant réglé par la proportion entre la quantité de capitaux disponibles et la quantité de travail, offerts sur le marché, la dette, qui ne diminue pas le capital, qui n'augmente pas l'offre du travail, ne peut par conséquent en aucune façon diminuer le taux des salaires ; puisqu'elle n'est qu'un arrangement particulier, un système d'assurance entre les seuls capitalistes ; arrangement tout-à-fait étranger, tout-à-fait indifférent aux producteurs.

Comment admettre qu'elle réduit le taux du profit des capitaux, puisque la portion du revenu qu'elle enlève aux capitalistes, pour le donner aux rentiers, n'est que l'intérêt légitimement dû par les premiers, pour un capital qu'ils ont en main, mais qui ne leur appartient pas?

Comment admettre enfin que la dette atténue les ressources de l'Etat pour sa défense extérieure, puisque, n'ôtant pas à la nation un seul denier de son revenu annuel, il est impossible d'imaginer comment elle affaiblirait sa puissance?

Il y a cependant quelque chose de vrai au fond de la plupart de ces assertions; mais elles sont présentées sous une forme tout-à-fait inexacte.

Quelques-uns des inconvéniens qu'on signale sont bien, à dire vrai, occasionnés par la dette, mais seulement à raison du vice actuel de son organisation. Ce ne sont point les résultats essentiels de son existence ; un simple changement dans ses formes extérieures les ferait disparaître.

Nous sommes donc conduits à examiner quels sont les effets de l'organisation actuelle du système de crédit public, c'est-à-dire quels sont les effets de l'intervention du Gouvernement comme intermédiaire entre les contribuables et les rentiers, et de l'emploi de l'impôt pour le prélèvement des intérêts des créances publiques.

LETTRE IV.

Conséquences fâcheuses de l'intervention du Gouvernement comme intermédiaire entre les contribuables et les rentiers, et de l'emploi des taxes pour le prélèvement des intérêts de la dette publique.

MESSIEURS,

Si le payement des intérêts de la dette avait pu avoir lieu par l'intermédiaire d'une agence spéciale, et au moyen d'un simple réglement de comptes, comme cela se pratique, par exemple, dans une banque, qui perçoit sur ses débiteurs les intérêts qu'elle transmet ensuite à ses créanciers, il est certain que la simplicité de ce mécanisme purement commercial eût rendu facile l'appréciation de la véritable nature, et je puis dire des avantages du crédit public.

Mais malheureusement la levée des fonds pour le payement des intérêts des créances publiques, a dû être jointe à celle des fonds pour les dépenses de l'Etat , elle a dû s'opérer par l'intermédiaire des mêmes agens et à l'aide des mêmes taxes.

Telle est en grande partie la cause du préjugé défavorable qui existe si généralement contre la dette publique. Par-là, en effet, les rapports mutuels des contribuables et des rentiers sont couverts comme d'un voile qui les rend difficiles à distinguer. Les uns comprennent mal leurs obligations, et les autres comprennent mal leurs droits. Au moment où le Gouvernement vient exiger une contribution dont lui même ne touchera rien, et dont le montant est destiné à un tiers, on croit voir encore ce dissipateur insatiable comme impitoyable, qui trop souvent arrache au pauvre le fruit de ses sueurs, pour le consacrer à de coupables prodigalités. Le contribuable oublie qu'il a réellement dans sa fortune une portion de capital appartenant, non pas à lui, mais aux créanciers de l'Etat, un capital qui a été avancé au débiteur primitif, par le créancier primitif, dont les droits, après des transferts plus ou moins nombreux, sont échus au rentier actuel. Il oublie que l'intérêt qu'il paie pour l'usage de ce capital, est une charge aussi légitime, aussi sacrée que tout autre engagement pécuniaire; et, au lieu de l'empressement, de la résignation au moins avec laquelle il devrait s'acquitter d'une pareille obligation, il cherche à s'y soustraire, parce qu'il ne la comprend pas, et qu'il n'a devant les yeux d'autre créancier que le fisc.

Et comment la masse des contribuables pourrait-elle avoir une juste idée de sa véritable position vis-à-vis des créanciers de l'Etat, lorsque les philosophes eux-mêmes s'égarent dans l'appréciation des rapports si simples en réalité, si compliqués en apparence, de ces deux classes? Les économistes ne disent-ils pas que la dette publique réduit dans un état le taux de la rente des capitaux, ce qui veut dire au fond qu'elle oblige les capitalistes à payer un intérêt, pour l'usage d'un capital qu'ils ont en main, quoiqu'il appartienne à d'autres; et que leur revenu serait augmenté, s'ils pouvaient frustrer leurs créanciers de cette redevance légitime.

Ainsi les résistances qu'occasionne mal à propos l'intervention du gouvernement pour le payement des intérêts de la dette, l'emploi des moyens violens de coërcition que ces résistances nécessitent, sont un vice incontestable de l'organisation actuelle du crédit public. Et malheureusement on ne voit pas comment, pour le présent du moins, on y pourrait remédier. Plus tard peut-être il sera possible de transférer à un autre agent la direction du crédit public ; c'est que j'examinerai ailleurs.

Les inconvéniens qui résultent de l'intervention du Gouvernement pour le payement des intérêts de la dette, sont d'une nature purement morale. Il en est d'autres tout-à-fait matériels qui résultent de l'emploi des taxes, comme instrument servant à prélever les intérêts de créances publiques.

« Je crois qu'une dette de 800 millions de liv.
» sterl. est un mal très-sérieux, disait M. Ricardo
» à la Chambre des communes (1) ; et je le crois
» ainsi, à cause des souffrances que les taxes em-
» ployées pour desservir les intérêts de cette
» dette, occasionnent tantôt à l'une, tantôt à
» l'autre des différentes classes de la commu-
» nauté. N'y a t-il pas la dépense des frais de
» perception ? n'y a-t-il pas l'immoralité de la
» contrebande et des réglemens de l'accise ? La
» contrebande n'est-elle pas extrêmement préju-
» diciable au commerce ? et les profits du contre-
» bandier ne sont-ils pas un impôt sur toute la
» nation ? L'existence de ces taxes n'a-t-elle pas le

____

(1) Séance du 7 mars 1823.

» désavantage, sous le point de vue constitu-
» tionnel, de donner un immense patronage au
» Gouvernement? Leur suppression, si nous pou-
» vions nous en débarrasser, ne serait-elle pas un
» grand bienfait pour notre commerce en le
» plaçant dans une situation naturelle : car à
» présent avec le système restrictif des douanes
» et de l'accise, sa situation est tout-à-fait arti-
» ficielle. »

Aux considérations présentées par l'illustre économiste, il en faut ajouter une autre non moins importante. Toutes nos taxes, celles même sur les biens-fonds, ne sont, quelle que puisse être l'opinion commune à cet égard, que des taxes sur la consommation. C'est une vérité aujourd'hui unanimement admise par les économistes. Et en effet, quelle différence peut-il exister entre les résultats d'une taxe sur un fonds de terre, et ceux d'une taxe sur les produits de ce fonds? Or, lorsqu'une taxe est imposée sur une denrée, elle la suit dans tout son cours, jusqu'au moment où elle est consommée. Les taxes payées par les ouvriers qui ont manufacturé cette denrée, s'ajoutent de même à son prix naturel, et le tout retombe en définitive sur le capitaliste consommateur qui doit rembourser toutes les avances faites par les producteurs, et qui n'est lui-même remboursé par personne.

Ainsi une taxe sur les objets de consommation va, en définitive, frapper le capitaliste seul débiteur réel des rentiers; elle va prendre dans sa bourse le montant de l'intérêt dont il est débiteur, pour le transmettre, par l'intermédiaire du commerçant, du fabricant et des ouvriers, au trésor public, qui le remet à son tour au créancier de l'Etat. Par le moyen de cette circulation continuelle, de ces remboursemens successifs, le payement de l'intérêt de la dette ne grève pas plus *en général* les producteurs, que ne le ferait le payement direct de cet intérêt par les capitalistes aux rentiers; il ne les grève pas plus que ne les grève le payement des intérêts dus en compte courant par un capitaliste à l'autre, dans toute la nation. On peut dire que pour le payement des intérêts de la dette publique, au moyen des taxes de consommation, les commerçans, les fabricans, les ouvriers, ne sont que de simples messagers qui vont porter au Trésor public les fonds qui leur sont remis par les capitalistes; ils transmettent, ils avancent ces fonds; ils ne les fournissent pas.

Cette avance n'entraîne, en général, aucun inconvénient notable pour les producteurs qui la font, tant qu'ils restent sur le marché national, parce que, les frappant tous également, elle ne change rien à leur position relative, et élève dans une égale proportion le prix qu'ils obtiennent pour leurs produits; mais il n'en est plus de même, dès qu'ils doivent paraître sur le marché étranger. Là, en effet, obligés de demander à l'acheteur non-seulement le prix naturel de leurs produits, mais encore le remboursement des taxes qu'ils ont avancées pour le service des intérêts de la dette nationale, avance qui à l'intérieur leur eut été remboursée par le capitaliste consommateur, ils se trouvent ainsi dans une position désavantageuse, à l'égard des rivaux dont ils ont à soutenir la concurrence.

Ajoutez encore, qu'à l'époque des crises commerciales, la marchandise cessant de se vendre, et les ouvriers cessant d'être employés, ces débours imposés aux producteurs par les taxes, et qui ordinairement ne sont qu'une avance, cessent de leur être remboursés, restent définitivement à leur charge, et aggravent extrêmement leurs souffrances.

Ainsi l'emploi des taxes, pour le prélevement des intérêts de la dette publique, taxes qui aujourd'hui sont toutes et partout, sans aucune exception, des taxes sur les objets de consommation, est funeste à l'Etat, par les frais de perception qu'il occasionne, par la contrebande qu'il suscite, par le patronage administratif qu'il donne au gouvernement, par la direction fausse qu'il imprime à l'industrie et au commerce; par la position désavantageuse dans laquelle il place le producteur national vis-à-vis du producteur étranger, par les souffrances, surtout, auxquelles il expose la classe des producteurs dans les temps de crises commerciales. Ce sont là des inconvéniens incontestables, qui proviennent de l'organisation vicieuse du système de crédit public, quoique parfaitement étrangers à son essence même; mais qui ne sont pas plus une raison de supprimer ce système, que la mauvaise organisation des établissemens d'instruction publique dans un pays, ne serait une raison de supprimer tout à fait les établissemens de cette nature.

Quoique la dette, ainsi que je l'ai dit ailleurs, n'étant qu'un ensemble de relations de crédit, ne puisse par elle-même gêner en aucune sorte le développement de l'industrie dans l'Etat, une pareille gêne résulte cependant de l'action des taxes employées pour prélever l'intérêt des créances publiques. Ce que nous venons de dire des inconvéniens de ces taxes, nous dispense d'entrer ici dans de plus longs détails à ce sujet.

Ce sont encore les mêmes inconvéniens qui, dans un pays où existe une dette publique, entravent jusqu'à un certain point l'exercice de la puissance extérieure de l'Etat. Il est clair que ces entraves ne peuvent pas provenir de l'influence propre de la dette; car, n'étant qu'un ensemble de relations de crédit, elle change il est vrai l'arrangement du capital dans la société; elle le classe de la manière la plus conforme aux besoins de la production; mais elle ne le diminue pas, elle ne soustrait pas un atôme aux sommes disponibles que l'état peut prélever, soit par l'impôt, soit par l'emprunt, pour les dépenses de la guerre. Son étendue ne peut pas même nuire, comme on le prétend au crédit de l'Etat, au moins auprès d'un public éclairé; car la suppression de la dette, si elle venait à être effectuée à l'instant même, ne devant pas rendre l'Etat plus riche d'un denier qu'il ne l'était auparavant, l'existence actuelle de cette dette ne diminue en rien le degré de confiance que mérite l'Etat. Ce degré de confiance doit être proportionné au degré de richesse, au degré de solvabilité du pays, élémens qui ne sont altérés en rien par cette combinaison intérieure de crédit, qu'on appelle la dette publique.

Mais l'inconvénient réel d'une dette préexistante, dans le cas où l'on aurait besoin de contracter de nouveaux emprunts, est d'avoir grevé par avance la matière imposable d'une charge plus ou moins considérable pour le service des rentes sur l'Etat.

La portion du revenu public qui se laisse attendre par l'impôt, est certainement très-inférieure à la partie reellement disponible de ce revenu ; après une certaine limite , l'encouragement donné à la fraude par l'excès des taxes, la nécessité de recourir à des mesures violentes pour assurer la rentrée des contributions , la crainte de faire peser sur le peuple une avance qui ne lui sera peut-être pas remboursée, et aggravera sa misère ; ces diverses considérations forcent le Gouvernement à user avec beaucoup de réserve d'un instrument imparfait, insuffisant pour l'opération à laquelle il est employé, et qui souvent perce jusqu'au vif, lorsqu'il ne faudrait toucher que la superficie.

Sous ce rapport il est certain que l'existence de la dette nuit à l'action de la puissance entérieure de l'Etat, et peut quelquefois lier les bras au Gouvernement, lorsqu'il aurait besoin d'agir avec énergie. Toutefois, il est bon d'observer que les diverses nations de l'Europe se trouvant à cet égard dans une position semblable, l'inertie à laquelle elles se trouvent par-là simultanément condamnées, fait que cet espèce d'affaiblissement de la puissance militaire de chacune, est une garantie qui doit rassurer toutes les autres contre les craintes qu'elles pourraient éprouver pour le maintien de leur indépendance; elle devient par là un promoteur de cet état de paix générale entre les nations de l'Europe, dont on ne peut méconnaître aujourd'hui la tendance à s'établir.

On a souvent prétendu que l'existence de la dette publique est propre à déterminer une exportation de capitaux hors du pays. Si le fait était **vrai**, il prouverait seulement la manière défectueuse dont sont constitués les rapports de débiteur à créancier, dans l'organisation actuelle du crédit public. Car cette exportation de capitaux, dans le but de se soustraire au payement des intérêts de la dette, ne serait au fond rien autre chose qu'une violation d'un engagement sacré. Dans les relations commerciales ordinaires, un homme qui exporterait son capital dans le but de se soustraire aux justes demandes de ses créanciers, serait considéré comme un banqueroutier, et serait obligé, pour éviter un pire inconvénient, de s'éloigner lui-même avec son capital. Mais dans le cas du crédit public, l'obligation du débiteur envers le créancier, est si vague, si obscure, si mal définie, que personne ne se ferait scrupule d'exporter ainsi son capital, en l'affranchissant de la redevance dont il est grevé, s'il pouvait trouver ailleurs pour ce capital un emploi suffisamment avantageux. Et personne n'imaginerait qu'il pût y avoir quelque chose de répréhensible, d'irrégulier dans cette manière d'agir. Quoiqu'il en soit, il est certain que d'après la nature des taxes universellement en usage , l'existence de la dette publique n'a jamais pu donner lieu à une pareille exportation de capitaux. Ce n'est point en effet à la formation du revenu que les taxes de consommation l'atteignent. C'est seulement lorsqu'il vient à être dépensé. Pour se soustraire aux charges de la dette, il n'est pas nécessaire d'exporter son capital; il suffit d'en aller consommer le revenu à l'étranger; par-là on échappe aux taxes de consommation , les seules au moyen desquelles s'exerce l'action fiscale. Ainsi l'existence de la dette en Angleterre a bien pu déterminer l'émigration de quelques milliers d'individus sur le continent; mais elle n'a jamais pu causer l'exportation d'une seule particule de capital.

On peut encore observer que les taxes, suivant qu'elles portent également ou inégalement sur les diverses classes de la société, modifient la proportion dans laquelle les unes et les autres supportent les charges de la dette.

En résumé, Messieurs, vous voyez que si le système de crédit public est en lui-même une excellente institution , son organisation actuelle est au contraire éminemment vicieuse. Vous voyez que la véritable nature des rapports entre la partie débitrice et la partie créancière , surtout à cause de l'intervention du Gouvernement comme intermédiaire entre l'une et l'autre, est en général tout à fait méconnue; que l'emploi de l'élément fiscal pour le prélevement des intérêts de la dette cause à la société les plus graves inconvéniens; qu'il compromet le bien être de la classe ouvrière, nuit au développement du commerce et de l'industrie, entrave l'exercice de la puissance extérieure de l'Etat; enfin peut déterminer, sinon l'exportation des capitaux, au moins l'émigration des individus.

Quelles mesures doivent être adoptées de préférence, pour remèdier à ces inconvéniens? Je remets à ma prochaine lettre l'examen de cette question.

LETTRE V.

TROISIÈME ET QUATRIÈME PRINCIPE DE LA THÉORIE DU CRÉDIT
PUBLIC.

1°. *Le système de crédit public étant une institution éminemment avantageuse à la société,
ne doit point être supprimé.*

2°. *Les excédans des recettes sur les dépenses au
lieu d'être employés au remboursement des
créances publiques, doivent être appliqués à
des dégrèvemens d'impôts.*

MESSIEURS,

Nous avons examiné l'institution du credit
public, et dans sa nature intime qui est éminemment bienfaisante, et dans son organisation, dans
sa forme extérieure qui offre de graves imper-
fections.

Nous devons maintenant rechercher les conséquences qui résultent de cet examen relativement à la convenance de rembourser les créances publiques (1).

Quels motifs pourraient nous engager à effectuer cette opération? Voyons ceux que peut suggérer la considération de la nature intime du système de crédit public, et ceux que peut suggérer l'examen des circonstances accessoires propres à son organisation actuelle.

Envisageant le système de crédit public sous le premier rapport, dirons-nous comme on l'a répété tant de fois, qu'il appauvrit l'Etat, qu'il paralyse l'industrie, qu'il prive la société d'une partie de ses moyens de défense extérieure ?

Mais la dette, nous l'avons démontré, n'est

---

(1) Dans les considérations qui suivent, j'ai dû faire abstraction du mode particulier de remboursement employé. Un mode de remboursement, quel qu'il soit, et sous quelque forme qu'il se présente, ne peut jamais être que le payement d'une portion du principal, faite en sus du payement de l'intérêt. Tantôt cette portion est payée conjointement avec l'intérêt, comme dans le cas des annuités à terme. Tantôt elle est payée séparément, comme dans le cas de l'amortissement. Mais laissant de côté ces petites différences peu importantes, je n'ai à m'occuper ici que du fait essentiel, le payement annuel d'une portion du principal. Voyez la lettre VI.

rien , absolument rien , qu'une simple relation de crédit entre certains débiteurs et certains créanciers, le tout sous l'agence intermédiaire du trésor public. Or, une relation de crédit
n'appauvrit pas la société, pas plus qu'elle ne
l'enrichit actuellement; tout ce qu'elle fait, c'est
de faciliter le progrès de la richesse en effectuant
le transport des capitaux d'un individu à l'autre , pour le plus grand avantage des deux intéressés. A cet égard , le crédit public agit d'une
manière parfaitement analogue au crédit privé ,
et même avec des avantages très-supérieurs pour
les deux parties contractantes. Supprimez la dette
dans un Etat, c'est-à-dire la relation de débiteur
à créancier qui existait entre les contribuables et
les rentiers; supprimez-la, soit en déclarant l'o-
bligation du débiteur annulée, c'est-à-dire en
faisant banqueroute , soit en obligeant le débiteur
à rembourser le créancier; dans le premier cas,
vous aurez donné à l'un ce qui appartenait à
l'autre, vous aurez causé une immense pertur-
bation dans les fortunes; dans le second cas vous
aurez privé le producteur de certaines ressources
que lui fournissait le crédit, vous aurez jeté le
trouble dans les opérations de l'industrie; mais
dans l'une et dans l'autre supposition, par la
suppression de la dette vous n'aurez ni ajouté
ni retranché un obole à la somme totale des ca-

pitaux et du revenu de la nation. L'opération aura exactement le même résultat que si vous aviez fait supprimer toutes les avances de fonds en compte courant et en commandite, qui existent actuellement de particulier à particulier. Il est clair qu'après cette liquidation il n'y aurait plus de dettes privées, tout comme après votre remboursement il n'y aurait plus de dette publique. Mais je ne pense pas que l'une ni l'autre de ces deux opérations fût d'une nature très-avantageuse.

L'État ne peut donc avoir aucun intérêt à la suppression d'une relation de crédit qui n'ajoute ni n'ôte rien à la somme de ses richesses, qui ne peut par conséquent nuire au progrès de son industrie, ni au développement de sa puissance militaire; dont le seul effet est au contraire, comme celui de toutes les relations de crédit, d'accélérer dans la société la multiplication des capitaux, et, dans le cas actuel, par une combinaison toute spéciale, d'en assurer la conservation.

Si l'Etat n'a aucun intérêt au remboursement des créances publiques, en serait-il autrement des individus réciproquement engagés?

Voyons donc quelle partie pourrait avoir intérêt à réclamer le remboursement? Sont-ce les débiteurs? Quels seraient leurs motifs?

Supposez-vous que leur position soit telle qu'ils

éprouvent une gêne excessive à remplir leurs engagemens ? A ce mal, il n'existe qu'un remède ;
la banqueroute ou totale ou partielle ; la loi des
lois, la nécessité veut qu'il en soit ainsi. Mais si
vous pensez que la position des débiteurs ne soit
pas assez critique pour légitimer l'emploi d'un
pareil moyen, du moins pour soulager les souffrances de cette partie de la nation, n'allez pas leur
imposer l'obligation de payer annuellement en
outre de l'intérêt de la dette une portion du capital. Car, en vérité, ils vous auraient peu de
reconnaissance de ce prétendu bienfait.

Admettez-vous que les débiteurs, quoique parfaitement, en état de faire face à leurs engagemens,
pourraient individuellement emprunter des capitaux à des conditions meilleures que celles qu'ils
obtiennent des créanciers de l'État. Dans ce cas,
en effet, il serait parfaitement raisonnable de les
laisser rembourser annuellement une partie du
capital de leur dette. Mais la supposition dans
laquelle vous raisonnez est inadmissible ; il est
impossible, sauf quelques exceptions dont on ne
doit pas tenir compte, il est impossible que des
emprunts faits sous une garantie individuelle,
soit aussi avantageux que des emprunts faits sous
la garantie solidaire de la grande communauté
nationale. Le souvenir des emprunts français
de 1817 tend à établir de fausses notions à cet

égard. Mais une invasion européenne n'est pas un événement de tous les jours, et si l'on songe que le taux des emprunts contractés par l'Angleterre dans la dernière guerre, n'a point ou a peu dépassé 5 p. %, il faudra bien avouer que les capitaux obtenus des créanciers de l'État, coûtent moins que ceux qui pourraient être obtenus par toute autre voie.

Le mode le plus avantageux aux débiteurs, d'obtenir des fonds pour rembourser la Dette, serait un emprunt collectif; ainsi on devrait refaire la dette publique, pour la défaire.

Ajoutez encore que dans le cas de l'emprunt individuel, le débiteur n'obtienda pas cet immense avantage, de n'être point obligé personnellement, mais seulement en raison de sa fortune croissante ou décroissante; avantage dont il jouit dans le cas du crédit public.

La partie débitrice n'a aucun intérêt à ce que les créances de l'Etat soient remboursées. La partie créancière en a-t-elle d'avantage?

Quel serait cet intérêt de la part des créanciers?

Serait-ce la crainte de ne pouvoir recouvrer plus tard leur capital?

Cette crainte est chimérique; aussi je pose en fait qu'elle n'existe point chez les créanciers de l'Etat. Ils se sont constamment opposés au contraire à tout système ayant pour but de limiter la durée de leurs créances.

Dira-t-on que sans avoir cette inquiétude sur le sort ultérieur de leur capital ; ils peuvent cependant à raison de circonstances particulières, désirer d'en recouvrer la disposition ? Mais le marché des fonds publics est ouvert. Le créancier, qui a besoin de capitaux , peut emprunter sur sa créance , et devenir débiteur ; tandis que l'ancien débiteur, qui ne veut plus mettre en œuvre son capital , le transmet au précedent en échange de son titre, et devient à son tour créancier. Ces besoins divers se mettent d'eux-mêmes en équilibre , sans le secours d'aucun remboursement.

Ainsi, Messieurs, que nous considérions l'Etat collectivement , ou la partie débitrice , ou la partie créancière, nous trouvons que le remboursement de la dette publique est contraire à ces divers intérêts.

Il est contraire à l'intérêt de l'Etat, parceque l'existence de la dette , loin d'absorber , comme on le dit sans se comprendre , une portion du capital de la nation, ne fait que distribuer ce capital de la manière la plus avantageuse pour l'œuvre de la production.

Il est contraire à l'intérêt de la partie débitrice, parceque si elle se trouve dans une position critique et difficile , l'obligation de rembourser an-

nuellement une portion du capital de la dette,
ne fait qu'augmenter ses embarras ; et qu'en tous
cas , les capitaux qu'elle a obtenus par le crédit
public , lui coûtent moins cher que ceux qu'elle
pourrait obtenir par toute autre voie.

Il est contraire à l'intérêt de la partie créancière , parcequ'elle la prive d'un moyen de placement qu'elle affectionne, et que d'ailleurs elle
n'en a pas besoin pour réaliser son capital , lorsqu'il lui convient d'y rentrer.

Jusqu'ici j'ai examiné la question du remboursement d'une dette publique , comme j'aurais pu
faire celle du remboursement d'une dette particulière. J'ai consulté séparément l'intérêt du
débiteur, et l'intérêt du créancier. Et trouvant le
remboursement contraire à l'un et à l'autre , je
l'ai repoussé. Mais cette considération déjà déci-
cisive en elle-même, n'est cependant que secondaire en comparaison de celles qui militent d'ai-
leurs contre le système de remboursement.

En effet la dette a plus que le caractère et les
avantages d'une simple relation de crédit ; elle a
tous ceux d'une grande institution sociale. Au
moyen de l'obligation solidaire des débiteurs ,
elle donne aux créanciers pour la conservation
du capital déposé , une garantie qu'ils ne trouveraient point ailleurs. Et la qualité de créancier
ne devant plus être le partage d'une classe par-

ticulière d'individus, mais être mise à la portée de tous ; chaque homme, dans la société, étant appelé à devenir soit alternativement soit simultanément, débiteur et créancier, l'institution du crédit public se transforme en un contrat d'assurance entre les citoyens, pour la garantie mutuelle de leurs capitaux. Par la stabilité qu'elle donne, soit aux existences individuelles, soit à l'Etat lui-même elle est donc un véritable élément d'organisation sociale ; elle est le plus beau résultat de cet esprit d'association , base de la civilisation moderne.

Vouloir la supprimer par le remboursement des créances publiques , est un véritable attentat contre les intérêts de la société. Et si ceux qui réclament cette suppression veulent bien y réfléchir, ils seront étonnés, effrayés de l'immense désorganisation que, bien à leur insu sans doute, entraînerait l'exécution de leur projet (1).

Nous avons examiné la nature intime, l'action essentielle du système de crédit public sur la

______

(1) Si l'on demandait aujourd'hui aux détenteurs de rentes s'ils veulent abandonner leur dividende, à condition d'être dégrevés d'une somme égale d'impôts, je ne doute pas qu'ils ne se refusassent à la transaction ; au moins leur intérêt devrait-il les décider à le faire , en raison des avantages attachés à la possession de la rente. Supposez le plus grand nombre des capitalistes dans l'État, devenus possesseurs de rentes, et voyez quel sera l'avantage du remboursement.

société ; et loin d'y trouver quelques raisons pour admettre le remboursement des créances publiques, nous en avons tronvé au contraire de décisives pour le repousser.

Mais l'organisation actuelle du système de crédit public est vicieuse ; elle entraîne les plus graves inconvéniens pour la société.

Peut-être le remboursement est propre à faire cesser, à atténuer ces inconvéniens ; et alors nous pourrions nous décider à l'admettre, si toutefois l'avantage de faire cesser ces inconvéniens ne devait pas être contre-balancé ou surpassé par le désavantage d'éteindre en même temps les bienfaits que la société retire de l'existence du système de crédit public.

Mais nous n'avons pas besoin de recourir à cette dernière considération. Le remboursement qui détruirait par leur base, avec l'existence même du système de crédit public, les avantages que la société retire de ce système, n'aurait pas même la propriété d'obvier aux inconvéniens qui résultent des vices de son organisation : bien loin de là , il les aggraverait.

Quoi ! dirais-je à ceux qui se font les défenseurs du système de remboursement, vous vous plaignez que l'emploi de l'impôt pour le prélèvement de l'intérêt de la dette est une source de souffrances pour la société ; et dans le seul but de remédier à ces souffrances *qui naissent de l'emploi de l'impôt* (non pas dans le but de supprimer les créances publiques en elles-mêmes puisqu'en elles-mêmes, nous l'avons démontré, elles n'ont rien que d'utile) ; dans le but, dis-je, de remédier aux inconvéniens qui *naissent de cet emploi de l'impôt*. Que faites-vous ?.... Vous voulez appliquer l'impôt ; non plus seulement au prélèvement de l'intérêt de la dette, mais encore au remboursement d'un portion de cette dette. En France, par exemple, vous avez 170 millions de rente à servir par le moyen de l'impôt, et pour amoindrir autant qu'il est en vous le dommage qu'éprouve la société des inconvéniens attachés à la perception de ces 170 millions, vous en prélevez 77 autres !...

Je sais bien que vous allez me dire que dans quarante ans, *juvante Deo*, et avec l'intérêt composé, vous aurez racheté toute la dette, et qu'alors vous pourrez faire sauter ces maudites taxes toutes à la fois, ce qui fera une journée très-récréative pour ceux qui vivront alors. Je ne vous répondrai pas que votre fonds de remboursement, au lieu de servir à racheter la dette, ne servira jamais qu'à l'augmenter, à faire quelque expédition chevaleresque, ou à payer quelque indemnité. C'est une question à part, et qui trouvera sa place ailleurs. Je veux bien supposer que le fonds de remboursement servira à rembourser, et je raisonne dans cette hypothèse.

Mais si vous admettez que les souffrances causées à la société par la perception de l'impôt soient d'une nature très-grave, croyez-vous qu'il soit bien raisonnable d'attendre quarante ans pour y porter remède? Croyez-vous que tandis que votre fonds de remboursement s'accumule à intérêt composé, les pertes et les souffrances causées à la société ne s'accumulent pas dans une même progression? Croyez-vous qu'en grevant la génération actuelle de frais énormes de perception, en lui imposant le fardeau d'une armée administrative, en troublant son commerce par des droits prohibitifs, en la plaçant dans un état d'infériorité envers les nations rivales sur les marchés étrangers par l'élévation artificielle du prix de ses produits, vous ne lui fassiez pas de profondes blessures, dont se ressentira sa postérité? Ainsi, tandis que vous croyez travailler pour nos successeurs, vous agissez comme leurs plus cruels ennemis.

N'est-il pas évident que la véritable manière de soulager la société des maux que lui cause la perception de l'impôt, est non pas d'augmenter la quotité de cet impôt, mais bien de la diminuer au contraire par des dégrèvemens, à mesure que, par l'accroissement du revenu public, ces dégrèvemens pourront avoir lieu, en laissant la recette au niveau de la dépense? Ce sera le moyen, comme je le disais ailleurs , *de soulager directement et immédiatement la nation des seuls inconvéniens que lui occasionne l'existence du crédit public.*

Ici , Messieurs, je suis heureux de pouvoir m'appuyer de l'autorité d'un homme connu pour la franchise et la droiture de ses opinions dans le parlement anglais, de Sir Henri Parnell , président du comité de finances de 1828. Le comité avait demandé que l'amortissement fût réduit à l'excédant présumé de la recette sur la dépense , c'est-à-dire, à la somme d'à peu près 3 millions de livres sterling. Lors de la discussion qui eut lieu à ce sujet, dans le parlement, le très-honorable baronet alla plus loin : il demanda la suppression entière de l'amortissement.

« Les inconvéniens causés au pays, disait-il ,
» par la perception d'un surcroît de taxes de trois
» millions de livres sterling , font infiniment plus
» de mal que l'amortissement ne fait de bien.
» Telle est mon opinion ; et si la Chambre veut
» bien examiner attentivement l'influence parti-
» culière de chacune de nos taxes , je suis per-
» suadé que beaucoup d'honorables membres se
» rangeront à mon avis. D'après un papier com-
» muniqué au comité de finances, je trouve qu'il
» y a dans ce moment-ci un revenu brut de près
» de six millions de livres sterling , provenant

» de taxes sur des matières premières employées
» dans nos manufactures. Il est évident que de
» pareilles taxes, en élevant le prix de nos pro-
» duits , mettent nos fabricans dans une position
» désavantageuse pour soutenir la concurrence
» sur les marchés étrangers. La première chose
» à faire serait donc de supprimer ou de dimi-
» nuer cette espèce nuisible de taxes. Viennent
» ensuite des impôts très-lourds sur trois bran-
» ches des plus importantes de notre industrie ,
» le papier, le verre, le cuir. Parlerai-je ici de
» la condition du manufacturier , obligé de tra-
» vailler sous l'inspection de l'accise ? n'est-il pas
» certain que l'incommode sujetion à laquelle il
» est soumis augmente les frais de production , et
» par l'obligation de suivre les méthodes pres-
» crites , arrête les perfectionnemens ? N'y a-t-il
» pas d'autres taxes qui occasionnent dans le pays
» une contrebande fort étendue, une contrebande
» dont la répression, plus ou moins efficace,
» coûte 700,000 livres sterling par an ? Si le
» parlement voulait retrancher les profits des
» contrebandiers en abaissant les droits, la con-
» trebande serait inévitablement arrêtée, et sans
» frais pour l'Etat. Enfin, n'y a-t-il pas des taxes
» établie en apparence pour la protection du
» commerce , qui, en réalité lui causent le plus
» grave préjudice ? Tout le système de taxes sur

» les produits coloniaux n'est-il pas mauvais,
» désastreux? D'après toutes ces considérations,
» si l'on me demande, dans le cas où il y aurait
» un excédant de revenu, à quel objet il devra
» être employé de préférence, je répondrai sans
» hésiter : *très-certainement à degréver l'im-*
» *pôt* (1). »

Plus on y réfléchit, plus on voit que le dégrèvement procure à la société, froissée par le prélèvement de l'impôt, un soulagement bien plus

---

(1) Je dois à la vérité d'ajouter que, dans l'opinion du très-honorable baronet, le remboursement devait être repris lorsque, par suite de l'accroissement naturel du revenu public, et des dégrèvemens faits en conséquence, l'impôt serait devenu plus léger pour la nation. Cette opinion prouve qu'il n'avait pas apprécié la valeur du système de crédit public comme institution sociale; car autrement il n'eût pas pu consentir à sa suppression par le remboursement à aucune époque. Il y a cependant une condition moyennant laquelle je pourrais être de son avis. C'est que l'institution du crédit public se fût préalablement constituée dans la société, sous une autre forme; c'est qu'*un bon système de banque* fût établi, qui pût remplir, pour le placement des capitaux, les mêmes fonctions que nos fonds publics. Dans ce cas, et si l'action oppressive de l'impôt avait été préalablement réduite par des dégrèvemens, ainsi que le suppose sir Henri Parnell, on pourrait peut-être songer à rembourser la dette. C'est ce que j'examinerai dans une lettre suivante.

effectif que celui qu'on attend du remboursement. Qu'il en soit ainsi pour ce qui touche aux intérêts de l'industrie , cela est déjà suffisamment démontré. N'en sera-t-il pas de même pour tout ce qui est relatif aux moyens d'attaque et de défense? Nous avons vu que la dette publique nuisait au développement de ces moyens , non pas en détruisant aucune partie des ressources de l'Etat , mais en grevant pour le service des rentes publiques , la matière imposable , et rapprochant ainsi le point où cette matière devient rebelle aux efforts du Gouvernement qui cherche à la frapper. Car, l'impôt sous un Gouvernement doux et humain , est loin de saisir la portion réellement disponible du revenu. Or , en opérant des dégrèvemens à mesure que le permet l'accroissement progressif du revenu , ne met-on pas en liberté une portion de matière imposable, qui deviendra disponible de nouveau , lorsque les circonstances l'exigeront? Cela ne revient-il pas au même que de libérer cet impôt par le remboursement ?

Les économistes anglais ont souvent proposé d'établir une taxe des revenus , destinée à rembourser la dette; et ils attachent une grande importance à cette idée. J'avoue que je ne puis être de leur avis.

Pourquoi une taxe des revenus , plutôt que toute autre dans cette circonstance ? Est-ce parceque vous la regardez comme la moins oppressive de toutes? Mais alors le plan le plus simple serait d'appliquer cette taxe aux besoins des services courants, et au payement des intérêts de la dette. Vous obtiendriez ainsi le plus grand allégement possible pour la société, sans la priver de ses institutions de crédit public, qui lui sont indispensables; sans la grever du fardeau additionnel d'un fonds de remboursement.

Nous avons vu précédemment que le remboursement des créances sur l'État aurait pour résultat de priver la société des avantages aussi variés qu'importans que lui procure l'institution du crédit public; notre conclusion a été : Permanence de la dette, et pas de remboursement.

Nous voyons maintenant que cette même opération, loin de remédier aux inconvéniens qui résultent pour la société de l'organisation vicieuse actuelle du crédit public, ne fait que les rendre plus vifs; notre conclusion doit donc être : Dégrèvement des impôts, et pas de remboursement.

Eh bien. me diront peut-être quelques personnes, nous reconnaissons avec vous que le système de crédit public est une institution féconde en heureux résultats pour la société; nous reconnaissons qu'il serait déraisonnable de le supprimer, par le remboursement des créances publiques , et que cette dernière opération ne ferait qu'augmenter le malaise que cause à la société la perception des taxes pour le payement des intérêts de la dette ; nous avouons tous ces résultats, et nous sommes assez disposés à convenir que le remboursement ne sert à rien qu'à mal. Mais un scrupule nous arrête encore. Si le gouvernement est une fois affranchi de la nécessité de rembourser, il ne cessera plus d'emprunter.

J'avoue que cette faculté n'affaiblira pas chez les Gouvernemens la disposition à emprunter; quoiqu'à bien dire, je ne sache pas si leur position aujourd'hui , avec un fonds d'amortissement disponible sous leur main, ne doive pas leur paraître préférable. Quoi qu'il en soit, pour emprunter il faut être deux ; un emprunteur et un prêteur. Et si l'exemption de rembourser rend l'emprunteur plus facile, elle pourra bien rendre le prêteur plus difficile. C'est une circonstance qu'il ne faut pas négliger, pour décider si la suppression du remboursement tend ou non à accroître le montant des dettes publiques.

Il y a d'ailleurs à la faculté d'emprunter certaines limites naturelles, qui subsistent en tout état de choses, avec ou sans le remboursement, et qui ne peuvent être dépassées.

Tantôt c'est le manque de confiance du public envers le Gouvernement ; voyez si le Directoire , voyez si Bonaparte, ont jamais pu contracter des emprunts considérables.

Tantôt c'est la difficulté de hausser l'impôt au-dessus du taux actuel ; c'est ce qui est arrivé aux Anglais dans la dernière guerre. N'osant plus recourir aux emprunts, dans la crainte de trop élever la quotité des impôts, ils durent renoncer à l'emploi de cette ressource, et recourir, pour le prélèvement des dépenses de la guerre, à une taxe sur les revenus.

Il faut bien admettre enfin que la part, de plus en plus grande, que les peuples prennent à l'administration de leurs propres affaires, sera dans l'avenir un frein efficace aux folles entreprises, et par conséquent à l'abus des emprunts de la part des Gouvernemens. Il faut bien admettre qu'un état de paix générale entre les nations, état qui est en grande partie le résultat même de cette participation des peuples à leurs propres affaires, ou plutôt qui est comme ce fait lui-même un résultat du progrés général de la civilisation, mais un résultat visible, certain, qui ressort et de l'étude du passé, et de la vue du présent, et de la connaissance des dispositions actuelles de toutes les nations de l'Europe ; il faut bien admettre, dis-je, que cet état de paix, en mettant fin aux dépenses des guerres, les seules pour lesquelles il convient au Gouvernement

d'emprunter, empêchera la multiplication ulté-
rieure, à un degré excessif, des créances de l'Etat.

Cependant, en admettant ce résultat, je suis
loin d'admettre que les progrès du système de
crédit public, en prenant ce mot dans l'acception
la plus générale, puissent être aucunement circon-
scrits. Ce serait méconnaître un des besoins les
mieux marqués de la société moderne ; car à
mesure que les capitaux augmentent, il faut bien
que les relations de crédit augmentent en même
temps ; et sur quel principe pourraient-elles s'é-
tablir qui fût plus avantageux à la fois et au débiteur et au créancier, et à l'Etat lui-même, que le
principe du crédit public, c'est-à-dire la solidarité
entre les débiteurs ? Ainsi le système de crédit public ne cessera pas de se développer et de grandir ;
mais il se transformera, il se perfectionnera, il se
dégagera de la tutelle du gouvernement, pour
revêtir sa forme naturelle qui est celle d'une
banque ou d'un système de banques nationales,
qui en offrant aux capitalistes pour le placement
de leurs capitaux les mêmes ressources que
l'institution actuelle, aura en outre une action
puissante pour développer et gouverner l'industrie. Mais je dois m'occuper ailleurs de l'a-
venir du crédit public.

Messieurs, j'ai terminé l'examen de la première des questions sur laquelle j'ai pris la liberté

d'appeler votre attention : *Quelle est l'action d'un système de crédit public sur la société ?*

L'examen de cette question m'a donné lieu de poser deux principes théoriques.

Le premier que le crédit public n'était qu'un simple développement du crédit privé ; mais que par la solidarité qu'il établissait entre tous les contribuables à l'égard des rentiers, il avait des conséquences morales et politiques aussi vastes que bienfaisantes, et s'élevait au rang d'une véritable institution sociale.

L'autre, que son organisation actuelle, à raison de l'intervention du Gouvernement comme intermédiaire entre les débiteurs et les créanciers, et à raison de l'emploi de l'impôt pour le prélèvement des intérêts des créances publiques, était éminemment vicieuse et funeste à la société.

Chacun de ces principes m'a donné comme conséquence un principe pratique.

D'une part, permanence du système de crédit public, et pas de remboursement.

D'autre part, dégrèvement de l'impôt, et pas de remboursement.

Je me suis efforcé, Messieurs, d'établir à vos yeux la justesse de ces principes. Je m'estimerai heureux si j'ai pu déterminer votre conviction.

Ces principes ne semblent avoir rien que de simple et de facile à saisir ; on devrait croire que l'étude la plus superficielle du système de crédit public suffisait pour les révéler, et qu'ils n'étaient ni malaisés à découvrir, ni pénibles à appliquer.

Mais l'esprit humain, à côté de ses grandeurs, a quelquefois d'étranges faiblesses; et dans un laps de temps qui a commencé par Newton et fini par Lagrange, il était dit que parmi tous les hommes d'état et les philosophes de l'Europe, il ne s'en rencontrait pas un seul capable de s'élever à la hauteur des principes si simples du crédit public. Troublés par l'effroi qu'ils avaient d'une dette publique, de ce fantôme sans cesse menaçant à leurs yeux, tout au contraire de ce que commandait la raison, les philosophes conseillèrent, les hommes d'Etat s'efforcèrent d'extirper du sein de la société le système de crédit public qu'il eût fallu soigneusement développer, et pour y réussir, ils augmentèrent le poids de l'impôt qu'il eût fallu dégrever.

Toutefois, comme on l'a fort bien dit, il y a quelqu'un qui a plus d'esprit que tous les gens d'esprit ensemble; et ce quelqu'un, c'est tout le monde. En d'autres termes, il y a dans la société une sorte d'instinct, de force organique, qui, par des degrés insensibles la conduit toujours à son insu, au point où il importe d'arriver. Tandis que les philosophes déclamaient contre ces fâcheuses dettes publiques, que les peuples les

maudissaient, que les législateurs s'évertuaient
de la meilleure foi du monde à en débarrasser
l'Etat, et que tout enfin semblait conjuré pour
leur anéantissement; il est arrivé que la force des
choses, un sentiment sourd, mais actif, du véritable intérêt des parties engagées, a donné aux
mesures adoptées un caractère indécis, dilatoire,
inefficace, qui a complétement paralysé l'action
qu'elles devaient avoir pour la suppression du
système de crédit public, et en a même fait
naître des conséquences toutes contraires. C'est
ainsi que la société est arrivée insensiblement, à
son insu, et contre son vœu formel, au système
de la permanence de la dette publique, système
que le préjugé commun faisait originairement
considérer avec effroi, et dont l'établissement ne
pouvait avoir lieu que par l'emploi de ces termes
moyens et de ces mesures bâtardes. Aujourd'hui,
en Angleterre au moins, on commence à se fami-
liariser avec l'idée d'une dette permanente; les
uns par supériorité de lumières et par conviction, les autres de guerre lasse, et, en déses-
poir de cause, parce que la dette s'est tellement
accrue, qu'il n'est plus raisonnable d'en espérer
le remboursement.

On a beaucoup écrit sur l'amortissement et le
remboursement au pair, qui, dans notre système
financier, ont pris la place du remboursement à

terme fixe, et des annuités à terme et à vie. On s'est beaucoup occupé de l'efficacité de ces combinaisons pour produire la diminution, et en définitive, l'extinction totale des dettes publiques. C'était là cependant le moindre de leurs mérites; leur grande valeur, tout au contraire, a été de ne pas diminuer, de ne pas éteindre les dettes, tout en promettant de le faire, et de servir ainsi à effectuer le passage redouté dont je parlais tout à l'heure, d'une dette remboursable à une dette perpétuelle.

Ainsi la permanence du système de crédit public, qui ressort de la considération *à priori* de la nature de ce système, est confirmée par l'étude *à posteriori* de sa marche et de son développement. C'est sur quoi je prendrai la liberté d'appeler votre attention dans mes prochaines lettres.

TABLE

DES MATIÈRES.

INTRODUCTION.

Les Lettres suivantes paraîtront très-incessamment.

DEUXIÈME QUESTION.

QUELS SONT LES RÉSULTATS DE L'AMORTISSEMENT ET DU REMBOURSEMENT AU PAIR?

TROISIÈME QUESTION.

LA SUPPRESSION DE L'AMORTISSEMENT ET DU REMBOURSEMENT
AU PAIR, APPLIQUÉE AUX RENTES FRANÇAISES ACTUELLEMENT
EXISTANTES, BLESSERA-T-ELLE DES DROITS ACQUIS?

Lettre IX. La suppression des deux opérations sus-
dites ne blessera pas de droits acquis.

QUATRIÈME QUESTION.

QUELLES MODIFICATIONS LE SYSTÈME DE CRÉDIT PUBLIC
DOIT-IL ÉPROUVER DANS L'AVENIR?

Lettre X. Une banque nationale substituée au Gouvernement pour la direction du système
de crédit public.

NOTICE

Sur la carbonisation de la tourbe à Crouy-sur-Ourcq ;

Par M. CHEVALIER Élève-Ingénieur des Mines.

Cette notice sera partagée en deux parties : la première renfermera quelques observations sur les propriétés du charbon de tourbe, et sur sa fabrication en général. Dans la seconde j'exposerai avec détail le procédé de carbonisation que l'on suit à Crouy, et je le comparerai à ceux mis en usage ailleurs, notamment avec celui de Rothau, décrit ci-dessus par M. Bineau, élève-ingénieur des mines.

De la Tourbe carbonisée.

Le charbon de tourbe est en général un combustible très friable, poreux, et presque pyrophorique ; il prend feu très facilement, et une fois embrasé, il est rare qu'il ne brûle pas jusqu'à l'entière disparition de la partie charbonneuse : dès lors il est d'une extinction très difficile ; aussi le défournement est-il, dans la carbonisation de la tourbe, l'opération la plus embarrassante. Son peu de ténacité fait qu'il ne peut être transporté sans éprouver un déchet considérable en menu et poussier. Sa friabilité et sa combustibilité sont sans doute une conséquence de sa porosité, c'est pourquoi l'on doit, de tous les modes de carbonisation, préférer, toutes choses compensées d'ailleurs, celui qui donnerait une moindre diminution en poids pour la même contraction de volume.

Caractères du charbon de tourbe.

1

3

D'après les caractères de ce charbon, on conçoit que toutes les tourbes ne sont pas également convenables à sa fabrication : il devient évident qu'on ne saurait y employer les tourbes mousseuses et légères qui recouvrent ordinairement les bancs tourbeux, et que cependant l'on est obligé d'enlever pour atteindre aux parties plus compactes. L'expérience prouve en effet qu'elles ne produisent qu'un charbon sans consistance et en moindre quantité. Les autres variétés donnent chacune un charbon particulier suivant leur nature, les circonstances et la date de leur extraction, et leur état hygrométrique. Voici, à ce sujet, quelques observations recueillies principalement à Crouy.

1°. La tourbe noire compacte, dans laquelle la fermentation putride des matières végétales a atteint son dernier terme, donne un charbon plus lourd, plus dur, mais plus cassant que les autres. Lorsque la tourbe est terreuse par le mélange intime d'une certaine proportion d'argile ténue, son charbon gagne en dureté. C'est pourquoi il me semble qu'une tourbe de cette variété, qui serait mélangée d'une proportion médiocre d'argile calcaire, serait celle dont le charbon aurait en sa faveur les plus grandes chances de succès pour la fusion des minérais de fer dans les hauts-fourneaux.

2°. La tourbe rouge, moins avancée que la précédente, produit un charbon plus léger, moins fragile, mais plus friable; ce qui revient à dire qu'il s'y formerait plus de poussier et moins de fragmens.

Les deux qualités précédentes de tourbe gagnent à être mêlées pour la carbonisation.

3°. Avec la tourbe au louchet on obtient un charbon plus entier, mais moins dur, qu'avec la tourbe moulée. *(Tourbe au louchet.)*

4°. La tourbe humide, outre l'inconvénient d'une carbonisation beaucoup plus lente (1), présente celui de donner une proportion énorme de poussier : aussi à Crouy trouve-t-on beaucoup d'avantage à conserver long-temps la tourbe crue en magasin, quoique l'on soit ainsi obligé à de plus fortes avances de fonds. *(Tourbe humide.)*

5°. Une dessiccation rapide nuit à la solidité de la tourbe et par suite à celle de son charbon.

La grêle paraît exercer sur l'une et l'autre une influence très nuisible.

D'après la nature des défauts graves attachés à l'essence même du charbon de tourbe, et qui rendent difficile son emploi dans les opérations métallurgiques, il est naturel de penser qu'on l'améliorerait beaucoup en soumettant la tourbe crue à une compression préalable. On ne pourra exécuter cette opération que sur la tourbe sortant du sein des marais, qui, molle et humide, se prêtera aux modifications qu'on voudra lui faire subir, sans s'écraser et sans tomber en poussière. Or, du volume de la tourbe récemment extraite à celui de la tourbe bien sèche (en ne considérant que celle qui est compacte et propre à la carbonisation), le rapport est moyennement de 4,5 à 1, et de la tourbe fraîche au charbon ce rapport est 13,5 : 1. Si maintenant on remarque *(Compression de la tourbe.)* *(Puissance de la compression.)*

____

(1) Avec des différences de siccité assez peu considérables, la durée de l'opération à Crouy varie de vingt-deux à trente heures.

I.

que la compression ne peut chasser toute l'eau
qui existe interposée dans la tourbe et qui constitue la cause principale du gonflement, on concevra qu'une action des plus puissantes pourra
seule condenser assez la tourbe fraîche pour qu'il
en résulte un changement notable dans la compacité du charbon.

Essais faits à
Servance.
Je vais indiquer ici les résultats de quelques
essais faits à cet égard par M. Adrien Chenot, qui
a eu l'obligeance de me les communiquer.

La tourbe sur laquelle on opérait s'extrayait
des plateaux de Servance (Haute-Saône); elle
était noire, compacte; on l'exploitait à la bêche
en grandes mottes, dont chacune était immédiatement soumise à l'action d'une presse hydrau-
lique, provenant de la sucrerie de Châtillon-sur-
Seine, et exerçant une pression de 80,000 kilogrammes.

Ainsi comprimée, la tourbe était carbonisée en
tas. On a obtenu un charbon compacte, qui pa-
raissait propre à donner une vive chaleur, mais
qui a offert une grave difficulté : à l'air humide,
il se délitait et tombait en boue presque comme
aurait pu faire de la chaux vive. Par un temps sec,
cet inconvénient ne se présentait pas ; cependant
le charbon donnait toujours beaucoup de déchet
au transport.

La carbonisation fournissait 20 pour 100 du
poids de la tourbe crue en charbons assez gros
pour être jetés dans un haut-fourneau : on avait
de plus 8 pour 100 d'un mélange de cendres et
de menu.

Il est une circonstance qui a dû beaucoup contribuer à l'énormité de ce déchet : les tourbes
que l'on comprimait immédiatement après leur

extraction ne pouvaient ensuite être laissées à l'air pour atteindre une dessiccation plus complète que celle que leur procurait le fait même de la compression : abandonnées à elles-mêmes, elles se gonflaient et devenaient des masses sans consistance ; il était donc urgent de les carboniser sans retard, et l'humidité qu'elles contenaient encore tendait à augmenter la production du menu, ainsi que nous l'avons déjà remarqué.

Peut-être cet inconvénient est-il particulier à la tourbe de Servance ; il est probable qu'on ne le retrouverait pas, du moins au même degré, dans de la tourbe qui serait encore un peu filamenteuse.

Ces essais paraissent très peu favorables à la compression ; cependant en ne considérant que la question du déchet produit pendant la cuite, on doit remarquer que le mode de carbonisation pratiqué à Servance présente sous ce rapport beaucoup d'inconvéniens, et qu'il a pu faire complétement disparaître les avantages qu'on pouvait se promettre de cette opération préalable, et qu'elle aurait probablement procurés si l'on eût carbonisé non en tas, mais dans des fourneaux.

Une difficulté réelle attachée à l'emploi de la compression, c'est l'accroissement de dépense qui en résulterait, on en aura une idée si l'on observe d'une part que pour 100^k. de charbon il faudra exécuter cette opération sur 800 à 1000 tourbes de dimension ordinaire (c'est au moment de l'extraction $0^m,3$ sur $0,1$ en carré), et d'autre part, que la compression devra être considérable ; ce qui exigera une forte dépense de temps et de

Frais de compression.

force motrice. L'expérience seule apprendra si l'amélioration des produits et la diminution du déchet peuvent compenser ces frais.

Je passe maintenant aux modes de carbonisation.

Carbonisation en tas.

On pourrait carboniser la tourbe en tas comme on le pratique pour le bois, et il semble au premier abord que ce procédé doit présenter beaucoup d'avantages par sa simplicité ; mais en réalité il offre de graves inconvéniens : le défournement surtout y est difficile, comme l'a éprouvé M. Moser. Lorsqu'on retire le charbon des meules, il prend feu et se consume à l'air. Ce mode donnerait encore une plus grande perte en menu, d'autant plus que, pour empêcher l'accès de l'air, on serait obligé de tenir la tourbe pressée sous une plus grande masse de terre.

La tourbe rendrait un poids beaucoup moindre de charbon par ce procédé que par tout autre : c'est en effet celui où l'influence de l'air atmosphérique serait le plus sensible, et comme la réduction (1) de volume est très probablement la même dans tous les cas, il en résulterait une friabilité plus grande encore que celle qui constitue habituellement le vice principal du charbon de tourbe.

Ajoutons que ce procédé aurait pour résultat infaillible de mêler à la tourbe carbonisée une quantité notable de matière terreuse, à cause de

---

(1) A Rothau, à Weissenstadt, à Crouy, le volume du charbon varie entre 33,33 et 35 pour 100 de celui de la tourbe, quoiqu'il y ait de grandes différences de l'un à l'autre des procédés qu'on y pratique.

la surface âpre et raboteuse que présentent les fragmens.

Enfin, en n'envisageant que le résultat des essais de Servance, il serait douteux qu'on pût rendre ce procédé plus applicable au moyen de la compression : nous voyons en effet que, dans ces expériences, une partie du charbon a été complétement brûlée, et que le déchet a été considérable, malgré l'énorme pression à laquelle on avait eu recours.

Par tous ces motifs, je pense que, dans l'état actuel de la carbonisation en tas, on doit lui préférer la carbonisation dans des fours.

Les fourneaux de carbonisation sont de deux espèces. Dans les uns, on donne accès à l'air par des ouvreaux placés à la base de la cuve à peu près cylindrique où se tient la tourbe. On allume le fourneau au moyen de matières enflammées que l'on jette à la partie inférieure par un espace vide ménagé au milieu de la charge ; l'opération continue ensuite entretenue par l'air qui arrive des ouvreaux. Ce mode d'opérer exige un arrangement préalable des mottes au moins pour la partie voisine des ouvreaux, et le défournement s'y fait attendre long-temps, parce qu'il ne peut avoir lieu qu'après l'entier refroidissement de la masse. On peut, il est vrai, le hâter par une injection d'eau, mais il en résulte une dégradation dans les parois du fourneau. Je pense même que la ténacité du charbon doit en souffrir et qu'il doit y avoir une plus grande production de menu.

C'est de cette manière que se carbonise la tourbe à Rothau (voir le Mémoire ci-dessus de

Carbonisation dans un four à ouvreaux.

M. Bineau); c'est aussi le mode employé par
M. Moser, à Weissenstadt (Bavière).

Dans l'autre espèce de fourneau, la carbonisation a lieu en vase clos. C'est une cuve cylindrique, ne communiquant à l'extérieur que par un
tuyau qui donne issue aux gaz et aux matières
volatiles. La chaleur nécessaire à l'opération est
fournie par une chauffe aboutissant à des canaux qui enveloppent la cuve. On y brûle, autant que possible, de la menue tourbe, des rebuts, et on y fait arriver les gaz provenant de la
décomposition des matières à carboniser.

C'est dans un fourneau de ce genre que se fait
la carbonisation à Crouy-sur Ourcq. Nous allons
entrer dans quelques détails sur la fabrication de
cette usine.

Carbonisation de la tourbe à Crouy.

Construction
du fourneau
de Crouy.

Crouy se trouve à 2 myriamètres nord-nord-
est de Meaux. Les marais qui l'avoisinent fournissent de la tourbe qu'on carbonise pour la
vendre à Paris.

Le fourneau qui sert à cette opération, *fig.* 7,
Pl. V, se compose d'une cuve *l*, circulaire, élevée, représentant à peu près l'intérieur d'un haut-
fourneau à fer. Sa capacité est de $2^{m.c.},70$; autour de la chemise intérieure s'étend une galerie *aa*, qui l'enveloppe entièrement et qui est
parcourue par la flamme. La galerie est partagée
en trois étages par des cloisons en briques, où
sont réservées des ouvertures carrées, dont le
côté a $0^{m},108$ (4 pouces), au nombre de trois
dans la première et la dernière, et de quatre dans
celle du milieu ; elle communique par six ou-

vreaux carrés, de 0^m,108, avec la chauffe circulaire *dd*, qui s'étend autour de la base du fourneau; au moyen de ces compartimens, la flamme se trouve également répartie.

Pour diminuer la perte de chaleur, on pratique une deuxième galerie *ff* derrière la première, à 0,108 d'intervalle.

Le chargement se fait par un orifice ménagé à la partie supérieure du fourneau, que, pendant l'opération, on recouvre d'une porte *o*, en tôle, sur laquelle on étend des cendres. La galerie-cheminée vient déboucher en dessus; elle est terminée par un deuxième couvercle mobile en tôle *i*, dans lequel est laissée une ouverture de 0^m,1 de diamètre, par où s'échappent les gaz provenant de la chauffe.

Le fond du fourneau est formé par une culasse en fonte *h*, qu'on peut faire avancer et reculer dans une coulisse horizontale au moyen d'une tige de fer *p*, qui se prolonge au dehors de la maçonnerie. C'est par là qu'on décharge la cuve : il suffit pour cela de retirer la culasse, et le charbon tombe dans un étouffoir en fonte placé préalablement sous la voûte *e*.

Grâce à cette disposition, la carbonisation est continue.

Pendant l'opération, les ouvertures de chargement et de déchargement sont exactement closes : on donne issue aux gaz et aux matières volatiles par un tuyau qui aboutit à la partie supérieure de la cuve et qu'on ajuste à volonté avec une trompe *s* au moyen de laquelle tout ce qui sort du fourneau se rend d'abord dans l'espace *b*, où les produits liquides tombent en *c*, et d'où les gaz continuent d'aller, à droite et à gauche de la porte de la chauffe, contribuer, en brûlant, à la carbonisation.

Dans les premiers établissemens où l'on a tenté de carboniser la tourbe en vase clos, les parois de la cuve étaient formées en tôle ou en fonte. On a été forcé d'y renoncer, à cause de l'action corrosive exercée sur le fer par les vapeurs acides qui se dégagent de la tourbe. Actuellement, à Crouy, c'est un mur fait en briques larges de 0^m,108. On ne peut en employer d'une épaisseur moindre sans nuire à la solidité et à l'exacte fermeture du fourneau.

Disposition de l'atelier. Les fours sont placés à la file les uns des autres le long des côtés d'un vaste atelier, dans un même massif de maçonnerie, de telle sorte que la distance de deux de leurs axes successifs est de 2^m,27. La partie supérieure du massif s'étend en une longue plate-forme, au niveau de laquelle ou élève avec un treuil les paniers de tourbe pour le chargement. Le sol de l'atelier est au niveau de la chauffe ; c'est à l'extérieur que se fait toute la manœuvre des étouffoirs.

Frais de construction. La construction d'un pareil fourneau exige :

1400 briques cintrées (*fig.* 9) de 0,04 d'épaisseur, à 45 fr. le mille, c'est. . . . . 63 fr. »

7600 autres briques de deux classes :

    1°. briques pointues (*fig.* 8) } sur une épais-
    2°. briques carrées de 0^m,108 }

seur de 0^m,054, à 40 fr. le mille, c'est. . . . 304 »

Ferrures, tirans et pattes, 125 k., à 80 fr. les 100 k. . . . . 100 »

Une toise de maçonnerie en pierre pour la voûte. 24 »

Culasse en fonte. . . . . 50 »

Argile pour mortier. . . . . 30 »

Main-d'œuvre. . . . . 480 »

951 fr. »

Soit. . . 1000 fr. »

Ce prix doit être considéré comme un *maximum*, parce que les matériaux et la main-d'œuvre sont très chers à Crouy.

La *fig.* 7 représente le nouveau modèle de fourneau. On est arrivé à cette forme par une série de corrections qu'on a fait subir au type primitivement conçu. Dans les premières constructions, on lui avait donné un diamètre beaucoup plus considérable et une hauteur bien moindre, il en résultait des produits mal carbonisés et surtout une grande lenteur dans l'opération, parce que la chaleur, venant des parois, ne se communiquait qu'à grand'peine aux tourbes situées vers le centre, et comme dans une pareille fabrication les dépenses sont proportionnelles au temps, il en résultait un chiffre élevé pour les frais de carbonisation. Depuis, on a pensé que la durée de l'opération pour une tranche horizontale quelconque de la charge croissait suivant une progression très rapide avec le diamètre du fourneau, et que la durée totale de l'opération, pour toute la fournée, devait être sensiblement indépendante de la hauteur de la cuve, pourvu que cette hauteur ne dépassât pas le point auquel peut atteindre la flamme de la chauffe; d'autant plus qu'au fur et à mesure de la carbonisation les couches successives descendent, en vertu de l'énorme contraction qu'éprouve la tourbe crue en passant à l'état de tourbe carbonisée. On est parti de là pour changer complétement les dimensions du fourneau sans lui rien retrancher de sa capacité, de manière à obtenir une grande économie de temps et par conséquent d'argent. Les prévisions qui avaient inspiré ces modifications se sont réalisées

Modifications apportées à la forme du four.

pleinement ; la cuite qui, au milieu de 1828; durait moyennement quarante-quatre heures, a été réduite à vingt-six heures par l'adoption du nouveau fourneau.

Tourbe employée.La tourbe employée à Crouy provient des marais situés au lieu même de la carbonisation. On en retire de la tourbe mousseuse et de la tourbe compacte, passant l'une à l'autre par une variété moyenne. La première, provenant de la surface, s'extrait au louchet, on la réserve principalement pour la chauffe. La deuxième s'extrait sous l'eau, à la drague, et se moule ensuite comme dela brique; on en distingue deux variétés selon l'état plus ou moins avancé de consomption des matières végétales, la noire et la rouge.

La tourbe mousseuse coûte, pour extraction et premier empilage de mille mottes. . . . . 1 fr. 50

Emmagasinage, empilage en grands tas. »f.,40 ⎫
Paille pour la recouvrir. . . . . » ,10 ⎭ »   50

____

Total. . . . 2 fr. »

Elle pèse, au millier, 300^k, et au mètre cube 250^k environ.

Le prix est donc :

Par 100 k. . . . . »f.,667
Par mètre cube . . . . . 1 ,667

La tourbe compacte coûte :

Extraction et premier empilage. 2f.,25
Emmagasinage. . . . . » ,50

____

Total. . . 2f.,75

Après une longue dessiccation de dix-huit mois, elle pèse moyennement, au mille, 315^k, et au mètre cube 310^k. On ne l'emploie pas plus nouvelle. Il y a à cela l'inconvénient d'une plus grande mise de fonds; mais la diminution des déchets en poussier et menu fait plus que compenser ce désavantage. Elle coûte ainsi :

Par 100 k...... »,87 c.
Par mètre cube.... 2,71

J'ai fait l'essai de quelques échantillons de la tourbe de Crouy, j'en ai obtenu les résultats suivans :

	Tourbe noire.	Tourbe compacte.	Tourbe un peu mousseuse.	Tourbe légère.
Poids du charbon en 100e. de celui de la tourbe...	35,2	40,3	35,20	30,20
Composition du charbon : carbone.....	65,05	53,34	65,06	62,92
cendres.......	32,95	46,66	34,94	37,08

Du charbon fait à Crouy a donné 33 pour 100 de cendres.

Je passe à la description de l'opération.

Dès qu'on a retiré une cuite, on repousse la culasse et on jette dans la cuve environ 25k. de poussier de charbon. C'est une mesure de précaution qui a pour but de préserver la culasse des liqueurs acides que dégage la tourbe pendant la carbonisation. Un autre effet de ce poussier est d'empêcher l'accès de l'air, qui pourrait arriver par les interstices que laisse la culasse entre elle et la maçonnerie. On remplit ensuite le fourneau, en y jetant 12 mannes ⅓ de tourbe (un peu plus de 25 hectolitres), qui sont d'avance

Détails de l'opération.

placées à portée. On ferme les orifices de chargement, et une cuite nouvelle succède, après quelques minutes, à celle qui vient de se terminer. On distingue dans l'opération plusieurs phases.

1°. Pendant quatre à cinq heures, il se dégage des fumées épaisses, très abondantes en vapeur d'eau : on les laisse se dissiper par le tuyau de sortie, sans emmancher la trompe *s*.

2°. Après quatre à cinq heures, les fumées diminuent, le goudron se distille accompagné de gaz inflammable; on adapte la trompe au tuyau de dégagement, le goudron tombe et s'arrête dans le récipient *c*, et les gaz vont s'enflammer dans la chauffe.

3°. Après dix à douze heures, la quantité de goudron s'affaiblit, les gaz dominent et forment bientôt le seul produit de la distillation : ils brûlent, pendant quelque temps, avec une flamme blanche, qui, enfin, perd son éclat et bleuit, signe certain auquel on reconnaît que la carbonisation touche à son terme. Lorsque la flamme est presque entièrement bleue, l'opération est achevée et l'instant du défournement est venu; c'est vingt-deux à trente heures après le chargement. On introduit alors sous la voûte *e* un étouffoir muni d'un large entonnoir, un homme retire la culasse, le charbon tombe aussitôt; on ramène l'étouffoir, on le bouche avec un couvercle muni encore d'un tuyau ouvert d'environ 0^m,08 de diamètre, qu'on ferme seulement lorsque le dégagement des gaz a cessé. Ce n'est qu'après trente-six heures que le charbon est bien éteint.

Étouffoirs. Les étouffoirs sont des cylindres en tôle de 0^m,0023 d'épaisseur; ils ont un mètre de diamètre et 1^m,3o de haut. Vides, ils ne pèsent que 1o5 à 12o^k. Ils sont donc faciles à manœuvrer. On les enlève de terre avec une petite grue, et on les place sur un chariot à quatre roulettes, qu'on pousse lui-même sous la voûte *e* : quand le charbon y est descendu, on retire l'étouffoir avec le chariot et on y adapte le couvercle.

Dès qu'un étouffoir vient d'être rempli, deux hommes se mettent à boucher, avec de la terre glaise, tous les petits trous qui peuvent s'y trouver. Il est très important d'arriver à une fermeture hermétique.

Les étouffoirs coûtent 16o fr. les 1oo^k.; c'est donc, pour un étouffoir à 12o^k., 192 fr.

A cause des fréquentes réparations qu'ils exigent, on est obligé d'en avoir soixante pour vingt-cinq fourneaux.

Le service, pour vingt-un fourneaux, occupe :

Six carboniseurs à 2 fr. 25 c., se relevant trois à trois, par poste de vingt-quatre heures; ils entretiennent le feu de la chauffe et conduisent l'opération.

Huit chargeurs, à 1 fr. 75 c., partagés de même quatre à quatre : ils chargent et déchargent le fourneau, et mettent le charbon en magasin.

Sept manœuvres, ne travaillant que le jour; leur principale occupation est d'aller remplir les mannes de tourbes aux tas qui sont moyennement un peu éloignés, à cause de l'énorme quantité qu'on a en provision.

La dépense, en main-d'œuvre, est donc, par jour, 38 fr., et par opération de vingt-six heures, pour tous les fourneaux, de 41 fr. 17 c.

Chaque opération consomme 12 mannes $\frac{1}{2}$, un peu plus de 25 hectolitres, pesant moyennement 62^k. la manne: c'est, en tout, 775^k. A cela il faut ajouter la tourbe brûlée dans la chauffe. On y emploie, autant que possible, la tourbe mousseuse et les débris de tourbe moulée. La dépense, par vingt-quatre heures, selon qu'on se sert de l'une ou de l'autre, est de 350 ou 250^k: c'est, par vingt-six heures, 386 à 270^k. En supposant qu'on brûle de la tourbe compacte, ce que parfois on est obligé de faire, la dépense sera, pour 270^k., 2 fr. 35 c.

380^k. de tourbe mousseuse coûtent 2 fr. 53 c.

Pour faire une petite part aux débris, qui n'auraient aucune valeur sans l'usage qu'on en fait dans la chauffe, nous admettrons le premier chiffre pour tous les cas.

Le produit se compose:

1°. De 0,8$^{m.c}$. (4 mannes) d'un beau charbon solide, pesant 250^k., plus 50^k. de poussier, dont la moitié est rejetée dans le fourneau sur la culasse: c'est donc un poids total de 275^k.

Il se subdivise ainsi:

Gros charbon. . . . . 225 k.
Petit charbon ou braisette.. 25
Poussier.. 25

2°. Du goudron et des huiles; au lieu de les séparer, et de recuire à part le goudron, on verse le tout dans la chauffe sur la tourbe, pour aviver la combustion.

3°. Des eaux acides qu'on perd.

4°. Des cendres dont on pourrait tirer un parti avantageux. Selon M. l'ingénieur en chef

Garnier, l'hectolitre pesant 57^k. se vend, à Beauvais, o fr. 75 c. (*Annales des mines*, 1re. liv. 1827.) A ce taux chaque opération, en produisant avec la tourbe mousseuse 38^k., créerait une valeur de o fr. 5o c. : ce serait, par an, avec vingt-cinq fourneaux, chômant un mois, 3,865 f.

Cela posé, il est facile d'établir le prix coûtant du charbon :

Calcul du prix du charbon.

    Tourbe chargée, à o,87 les 100 k. 6f,75
    Tourbe brûlée, 270 k. 2,35

    Main-d'œuvre :

    C'est pour tout l'atelier, actuellement composé de vingt et un fours, 41,17, ou, par fourneau 1f,96
    A quoi nous ajouterons, pour chômage d'un mois par an, u n 11e. en sus. . . . . o ,17
    ci . . . . 2,13. . 2 ,13

    Solde du commis :

    A 1,5oo fr. par an, avec vingt et un fourneaux, faisant chacun, en trois cent trente-cinq jours, 3o9,23 opérations, ci par opération. . . . . o ,23

    Entretien des bâtimens, contributions, etc. :
    A 1,8oo fr. par an, ci par opération . . . . o ,28

    Entretien des fourneaux :
    A 2,5oo fr. par an, ci par opération. . . . . . . o ,38

    Surveillance, menus frais :
    A 2,5oo fr. par an, ci par opération. . . . . . . o ,38

    Réparations d'outils :
    A 1,5oo fr. par an, ci par opération. . . . . . . o ,23

A reporter. . 12^f,73

2

Report... 12f,73

Frais d'établissement :

1°. Pour la tourbe :

Achat des marais. . . . . . . 35,000 fr.
Tourbe d'un an d'avance. . . 50,000
Matériel. 10,000

2°. Carbonisation :

Bâtimens. 36,000
Fourneaux. 21,000
60 étouffoirs. 11,520
800 caisses , à 3 fr. 2,400
Râbles, cribles, etc. 1,000

Total. . . . 166,620

dont l'intérêt, à 5 pour 100, est 8,346 fr., ci par
opération. . . . . 1 ,29

Frais de roulement :

C'est, par opération, 12f,73 , dont l'intérêt à
6 pour 100 par an, pour huit mois , est. . . . . o, 50

Total du coût de 275 k. de charbon.. 14f,52

C'est par 100 k. 5f,28
et en ne tenant pas compte du poussier . 5 ,81
Par mètre cube (311k,5) de charbon
sans poussier. 18,15

Les frais de production pour 100k de charbon se partagent ainsi :

	Poussier compris.		*Poussier non compris.*
	Poids.		Poids.
Tourbe chargée, 281 k .	2f,45	310 k..	2f,71
Tourbe brûlée, 98 k..	0 ,85	108.	0 ,94
Main-d'œuvre.	0 ,77		0 ,85
Commis.	0 ,08		0 ,09
Entretien de l'usine , contributions.	0 ,08		0 ,11
Entret. des fourneaux..	0 ,14		0 ,15
Surveillance, menus frais.	0 ,14		0 ,15
Outils.	0 ,08		0 ,09

A repoter.... 4f,61   5f,09

Report 4f,61   5f,09

Frais d'établissement... . 0 ,47. . . . . 2 ,72
Frais de roulement. . . . . 0 ,18. . . . . 0 ,20
Millimes négligés. . . . . 0 ,02 . . . . 0 ,03
                          —————   —————
                          5 ,28   5,84

Les frais de carbonisation, proprement dits, rapportés à 100^k. de charbon , sont :

	Poussier compris.	*Pous. non comp.*
Main-d'œuvre.	0f,77	0f,85
Commis.	0 ,08	0 ,09
Entret. de l'usine, contributions.	0 ,10	0 ,11
Entretien des fourneaux.	0 ,14	0 ,15
Surveillance, menus frais.	0 ,14	0 ,15
Réparation des outils.	0 ,08	0 ,09
Millimes négligés.	0 ,01	0 ,01
	1,31	1,45

C'est, par fournée. 3f,64
Par mètre cube de charbon sans poussier. 4 ,55

Supposons actuellement l'usine en train avec vingt-cinq fourneaux, comme ce sera dans peu. Il résulte des renseignemens que nous avons recueillis que le même nombre d'ouvriers suffira : dès lors les frais seront par fournée :

775 k., tourbe chargée. 6f,75
270 k., tourbe brûlée. . . . . 2 ,35
Main-d'œuvre. 1 ,80
Solde du commis . . . . 0 ,09
Entretien des bâtimens, contributions. . . . . . . 0 ,23
Surveillance, menus frais. . . . . 0 ,32
Réparation d'outils. . . . . 0 ,19
                                                  —————
                                                  12, 15

Intérêts à 5 p^r. 100 des frais d'établissement, évalués à 180,000 fr. , c'est par an 9,000 fr. ; ci, par
                                                  —————
À reporter. . 12,15

2.

Report . . 12f,15

opération. 1,16

Intérêts à 6 p. 100 par an, pendant huit mois,
des frais de roulement, évalués à 12f,15 par opéra-
tion.. 0,48

Coût total d'une opération. 13,79

C'est par 100 k., poussier compris 5,00
poussier non compris. 5,52
et par mèt. cube (312k,5) de charbon sans poussier. 17,24

Les frais de carbonisation sont :

Par fournée. 3f,05
Pour 100 k., poussier compris. . . 1 ,11
Pour 100k., poussier non compris. 1 ,22

Il résulte des nombres précédens que la tourbe
chargée rend à la carbonisation 55, 48 pour 100
en poids et autant en volume, et qu'un seul fourneau, ne chômant qu'un mois par an, peut fournir 247^{mc}.; ou 84,327^k. de charbon, tout compris,
77,300^k., poussier non compris.

. Les prix précédens sont élevés : cela tient à un
ensemble de circonstances défavorables, à la mise
de fonds primitive, au prix de l'extraction, au
matériel en outils qu'elle exige, et à la valeur de
la main-d'œuvre à une petite distance de Paris.

Comparaison des vases clos aux fours à ouvreaux.

Comparons maintenant, sous le point de vue
économique, le procédé de Crouy à la carbonisation dans le fourneau à ouvreaux.

Pour cela, supposons les fours des deux espèces établis au même lieu, et employant la même
tourbe; prenons pour exemple la localité de Rothau avec toutes ses circonstances : nous admettrons, ce que je crois approximativement vrai,
que la tourbe y pèse 275^k. le mètre cube, et nous
établirons de plus les conditions suivantes :

Que la carbonisation se fasse sur la tourbière même, indépendamment des difficultés
qui pourraient s'y opposer. Le prix du mètre
cube de tourbe sèche sera alors de 1$^{fr.}$,33.

Pour fixer le nombre des ouvriers de part et
d'autre, nous partirons de ce qu'il suffit à Crouy
de vingt et un hommes pour vingt-cinq fourneaux, tandis qu'il y en a trois pour trois fourneaux à Rothau; et cependant, à Crouy on est
obligé d'aller chercher la tourbe à une distance moyenne faible, mais appréciable, à
cause de la grande étendue de terrain qu'occupent les tas ou magasins, tandis qu'à Rothau on
la prend dans une petite baraque voisine de celle
qui renferme les fours; observons encore qu'à
Crouy l'on trie le charbon suivant diverses grosseurs, et on l'expédie dans des sacs pour Paris,
toutes opérations qui n'ont pas leurs analogues
à Rothau. C'est à cause de ce travail accessoire
qu'on est obligé d'ajouter à Crouy sept manœuvres aux charbonniers; et pareille addition sera
nécessaire partout où il y aura une grande fabrication, et par conséquent de vastes approvisionnemens. Cependant, laissant de côté le triage et
quelques autres préparations qui s'exécutent
à Crouy, nous admettrons que le rapprochage
de la tourbe occupe cinq manœuvres seulement
avec les vases clos, et trois avec les fours à ouvreaux, où la fabrication est moindre. La main-
d'œuvre sera répartie alors ainsi :

Pour les vases clos :

6 carboniseurs, à 2 fr. . . . . . . 12 fr.
8 aides, à 1 fr. 50. 12
5 manœuvres, à 1 fr. 25 6   25
____
Total par 24 heures. . . . 3 ,   25.

Ce sera , par opération de 26 heures.. 32 fr. 77

Pour les fours à ouvreaux, où l'on aura trois manœuvres dans l'atelier en sus des ouvriers employés à Rothau, ce sera

```
8 carboniseurs, à 2 fr......  16 fr.
8 aides, à 1 fr. 50. . . . . . .. 12
8 manœuvres, à 1 fr. 25.... 10
3 id. pour rapprochage.. . .  3      75
                                ────────
        Total, par 24 heures. 41      75

Ce sera , par opération de 3 jours. 125    25
```

Nous admettrons aussi que le prix d'un fourneau soit le même dans l'un et l'autre cas, que les frais de régie, de réparations, soient identiques aussi, et qu'il y ait de part et d'autre un mois de chômage.

La durée de l'opération est de vingt-six heures à Crouy sur de la tourbe compacte : nous supposerons qu'en transportant ce procédé à Rothau sur de la tourbe moins lourde cette durée ne diminue pas.

Après avoir posé ces bases, dont aucune, certes, n'a été forcée à l'avantage des vases clos, évaluons le prix du charbon qu'on retirerait de la tourbe de Rothau dans les deux espèces de fourneaux, et d'abord dans celui de Crouy.

Soit donc un atelier de vingt-cinq de ces fours, calculons les dépenses et les produits d'une fournée.

Tourbe chargée, 2^{m.c.},6 (715 k.) à 1f,33 le mètre cube (0f,48 les 100 k.)............... 3f. 46 c.

Tourbe brûlée, 270 k. à 0,48 les 100 k....... 1 30

Main-d'œuvre, à 32 f.77 par 26 heures; c'est, chômage compensé.................... 1 45

Commis, à 1,500 fr. par an; ci, par opération, chômage compensé..................... » 19

Entretien des bâtimens, contribut., à 1,800 f. par an; ci, par opération, chômage compris... » 23

Réparation des fourneaux, à 2,500 fr. par an; ci, par opération, chômage compensé....... » 32

Surveillance, menus frais, à 2,500 fr. par an; ci, par opération, chômage compensé......... » 32

Entretien des outils, à 1,500 fr. par an; ci, par opération, chômage compensé........... » 19

Total, sans intérêts de capitaux. 7 44

Intérêts à 5 pour 100 par an des frais d'établissement, fixés à 70,000 fr. (1), c'est annuellement 3,500 fr.; ci, par opération......... » 45

Intérêts pendant 8 mois, à 6 pour 100 par an du capital de roulement établi à 7 fr. 44 par opération................................. » 30

Total.... 8f. 19

Le produit sera 32 pour 100 de la tourbe chargée, ou 216^k.

Le coût de 100^k. est donc de 3 fr. 79 c.

En comptant la tourbe chargée et la tourbe brûlée, l'on obtient en charbon 22,96 pour 100 du poids de la charge totale.

---

(1) Savoir :

Bâtimens........... 30,000 fr.
Fourneaux........ 25,000
Outils............ 15,000
                   ————
                   70,000

Le produit annuel d'un fourneau sera de 69,940^k.

Calculons maintenant la dépense qui correspond au fourneau à ouvreaux, tel qu'il existe à Rothau, en partant des résultats indiqués par M. Bineau, savoir que l'opération dure trois jours et que la tourbe rend 22 pour 100 de son poids en charbon; nous supposerons un atelier qui contienne vingt-cinq fourneaux.

La capacité du fourneau est de plus de 6 mètres cubes; mais à cause des vides qu'on est obligé d'y ménager, soit pour l'air, soit pour la cheminée qu'on pratique suivant l'axe, le volume de tourbe qu'on charge est un peu moindre : c'est 5^{mc},5 (1). Dès lors la dépense d'une opération se partage comme il suit :

5$^{m.c.}$,5 (1.512^k,5), à 1^f,33 le mètre cube....   7 f. 31 c.
Main-d'œuvre, chômage compensé.........   5   46
Commis, comme précédemment ....   »   54
Entretien des bâtimens, contributions, *id*....   »   64
Entretien des fourneaux, *id*. ....   »   88
Surveillance, menus frais, *id*. ....   »   88
Réparation des outils, à 1,000 fr. par an. ..   »   36

Total sans intérêts de capitaux. 16 f. 07 c.

Intérêts à 5 pour 100 par an du capital d'établissement, fixé à 60,000 fr., savoir :

Bâtimens. .... 30,000 fr.
Fourneaux......... 25,000
Outils........... 5,000

A reporter .. 16 f. 07 c.

(1) Ce nombre est calculé d'après la quantité du charbon produit par une opération (1$^{m.c.}$,907), et d'après le *rendement* en volume, fixé par M. Bineau à 35 pour 100.

Report. . . 16 fr. 07 c.

C'est par an 3 000 fr., et par opération...... 1 07
Intérêts pendant 8 mois, à 6 pour 100 par an du
capital de roulement établi à 16f,07 par fournée.. » 64
____
Total. . ....17 f. 78 c.

Le produit est de 533^k. de charbon.
C'est annuellement, par fourneau, 37,185^k.
Le coût de 100^k. est donc de 5 fr. 34 c.
C'est, en sus de l'autre procédé, 1 fr. 55 c.

Ainsi, en se plaçant sur un terrain qui n'a rien d'avantageusement choisi pour le procédé des vases clos, en adoptant de préférence des hypo- thèses qui lui sont défavorables, en ne tenant pas compte de ce qu'on brûle dans la chauffe des rebuts et des non-valeurs, en faisant abstraction des produits liquides et des cendres que fournit accessoirement cette méthode, l'avantage lui reste sous le point de vue économique de 41 pour 100.

En ce qui concerne la qualité des produits, il me semble que la supériorité lui est également acquise : en effet, le charbon obtenu en vase clos est plus compacte que tous ceux obtenus ailleurs, puisque pour une contraction qui paraît être la même dans tous les cas, la perte en poids y est nécessairement un *minimum*. Ainsi, à Rothau, la tourbe se réduit, par la carbonisation, à 35 p. 100 de son volume et 22 de son poids. Si l'on y in- troduisait le procédé de Crouy, le premier chiffre restant le même, le deuxième s'élèverait à 32, ce qui est presque moitié en sus. Indépendamment d'une compacité plus grande, le charbon serait plus tenace; car, par le procédé en usage à Rothau, on est obligé de l'éteindre par une injection d'eau dans le four.

Relativement à la conduite de l'opération, nous ajouterons qu'en vase clos elle est plus facile à régler, et plus indépendante de la bonne volonté de l'ouvrier.

Je ne comparerai pas avec le même détail le procédé de Crouy avec celui que M. Moser a pratiqué à Weissenstadt. Pour ménager son fourneau et ne pas altérer son produit, il ne fait pas usage d'eau injectée, et il laisse refroidir le charbon avant de le retirer: aussi l'opération dure-t-elle quatorze jours. Le résultat est de 278 p. c. de Bavière, valant 7 mètres cubes : or, dans le même temps, le fourneau de Framont fournirait 8^{mc},8; ainsi, dans l'état actuel des choses, ce dernier même présenterait de l'avantage.

Le prix indiqué par M. Moser revient à 4 fr. 40 c. au mètre cube. S'il est aussi faible, cela tient au bas prix des salaires dans la contrée où il a fait ses essais.

Au prix de *revient* que j'ai établi dans l'estimation comparative qui précède, j'ajouterai un dixième en sus, parce que le charbon sortant du fourneau est mêlé d'une quantité de poussier qui correspond à cette fraction, et qui en général sera sans valeur.

On a alors pour prix de 100^k. de charbon sans poussier :

Charbon des fourneaux à ouvreaux. 5 f. 87 c.
Charbon des vases clos........... 4 17

Si l'on voulait employer le charbon de tourbe dans un haut-fourneau, on serait obligé d'en distraire encore une certaine quantité de menu, ce qui élèverait encore de 10 pour 100 le prix du charbon réellement employé. Il deviendrait alors pour 100^k.

Charbon des fourneaux à ouvreaux... 6 f. 45 c.
Charbon des vases clos. 4   58

De l'emploi du charbon de tourbe dans les hauts-fourneaux.

L'inspection de ce dernier chiffre me semble propre à éclairer la question soulevée déjà plusieurs fois de savoir si, eu égard au prix actuel du charbon de bois, on peut espérer de le remplacer avec avantage par de la tourbe carbonisée dans la fusion des minérais de fer.

Et d'abord, sous le point de vue métallurgique, la question n'est pas résolue affirmativement : il n'a encore été fait que des essais peu prolongés dont il n'est possible de tirer aucune conclusion incontestable. Les expériences faites aux forges de Lauch-Hammer, près Dresde, sont médiocrement favorables au charbon de tourbe, et celles de M. Moser, qu'il regarde comme décisives à l'avantage de ce combustible, me semblent prêter à une interprétation opposée. Une solution positive est donc encore à intervenir (1).

Mais, en admettant la possibilité de substituer de fait la tourbe carbonisée au charbon de bois, il me paraît que le prix élevé auquel elle reviendra toujours ne permet pas de fonder sur elle

(1) Une Société, à la tête de laquelle était M. Thomas Nodler, s'était formée dans le but d'employer en grand la tourbe carbonisée des environs de Bourgoin (Isère) à la fusion des minérais de fer. Des circonstances, dont plusieurs étaient purement locales, l'ont forcée à abandonner ce dessein.

grande espérance de secours pour notre industrie du fer. En effet, le coût précédent, 4 fr.
58 c., est rapporté à un ensemble de circonstances qu'il sera presque partout bien difficile de
réaliser; car, d'une part, le prix de la tourbe crue,
à 1 fr. 33 c. le mètre cube, suppose

1°. Qu'il ne soit payé aucune redevance au
propriétaire de la tourbière, quoique aujourd'hui
ce genre de propriété acquière une valeur notable;

2°. Que les frais de transport de la tourbe sèche au magasin soient presque nuls, ce qui a lieu,
il est vrai, au Champ-du-Feu, près Rothau, parce
que l'exploitation très bornée ne s'est étendue
qu'à quelques pas du point de départ, ce qui cesserait d'être bientôt si l'on avait à alimenter un
haut-fourneau : dès lors, les frais de transport au
magasin croîtraient suivant une progression rapide, à cause de la difficulté qu'on éprouverait
à faire mouvoir des fardeaux sur un terrain tourbeux.

D'une autre part, le chiffre $4^f,58$ représente le
coût de la tourbe carbonisée au pied du fourneau
de carbonisation : il faudrait y joindre encore les
frais de transport jusqu'au haut-fourneau, et l'estimation du déchet qu'elle éprouverait en sus de
celui que subirait une quantité correspondante
de charbon de bois.

Je remarquerai encore que la consommation
de charbon de bois pour 1^k. de fonte ne dépasse
pas dans les usines passablement conduites $1^k,5$;
tandis que pour le coke l'on ne doit pas compter
sur moins de 2^k. à $2^k,5$, et qu'il n'est pas probable qu'un combustible aussi léger que le charbon

de tourbe présente, sous ce rapport, de l'avantage sur le coke. Dès lors on concevra que, même pour des forges peu distantes de la tourbière, la quantité de charbon de tourbe qui correspond à 100^k. de charbon puisse atteindre le prix de 8 fr. à 8 fr. 50 c., terme auquel le charbon de bois s'est élevé à peine sur des points des plus mal partagés lors de la hausse des dernières années.

Ajoutons enfin que les tourbes de vallées, presque sans exception, sont toujours terreuses, et que, carbonisées, il est rare qu'elles ne contiennent pas 25 à 30 pour 100 de cendres, et plus encore. Les tourbes des lieux élevés beaucoup plus pures seraient donc les seules qu'on pût utiliser dans les hauts-fourneaux : or, elles sont peu répandues ; leur position sur des plateaux humides en rend la dessiccation difficile, gêne l'exploitation, et accroît considérablement les transports.

La substitution dont il s'agit ici me paraît donc ne pouvoir présenter de l'économie que pour des localités placées dans une position particulière, telles seraient, par exemple, celles qui se trouveraient côte à côte de tourbières puissantes et profondes d'un asséchement facile, et dont la tourbe plus compacte que celle du Champ-du-Feu permettrait de retirer de chaque opération un plus grand poids de charbon.

Une circonstance qui rendrait moins coûteux l'emploi du charbon de tourbe, c'est qu'il paraît susceptible de remplacer très bien le charbon de bois en totalité ou en partie dans les foyers d'affinerie, les feux de chaufferie divers, les forges de maréchalerie, etc. On pourrait utiliser ainsi le menu, qui, dans les calculs précédens, est sans valeur, puisque j'ai reporté son prix sur celui du gros charbon.

Je dois faire observer encore que, pour arriver au chiffre 4 fr. 58 c., je n'ai pas tenu compte de quelques produits, tels que les cendres et les li-queurs grasses et acides de l'opération en vase clos.

Il me semble probable que c'est en introduisant la tourbe crue et non carbonisée dans les ateliers métallurgiques qu'on pourra étendre beaucoup l'emploi de ce combustible. Il est probable, en effet, que, comprimée et bien sèche (1), elle pourrait, dans beaucoup de cas, remplacer avec économie sur les grilles le combustible minéral qu'on ne peut souvent se procurer qu'à grands frais. Carbonisée, elle ne pourra servir avec suc-cès que dans quelques opérations pour lesquelles elle posséderait quelques propriétés spéciales, à raison du degré de chaleur qui lui est propre, et dans lesquelles la séparation d'une quantité con-sidérable de menu ne serait pas indispensable.

On trouvera des détails sur la carbonisation de la tourbe dans les ouvrages suivans :

Bulletin de la Société d'Encouragement, tomes 1 et 2, page 117. — *Rapport sur la tourbe carbonisée*, par M. Voland; tome 19, page 190.

Archives des Découvertes et des Inven-

---

(1) La dessiccation exerce une influence immense sur les effets de la tourbe. Elle s'opère très lentement ; après quatre à cinq mois, elle n'est pas à son terme. Il résulte d'expériences, faites à Crouy, que de la tourbe qui parais-

TIONS. — *Charbonnage de la tourbe,* par M. Blavier; tome 5, page 399. — *Carbonisation de la tourbe,* par M. Devigny; tome 13, page 408.

JOURNAL DES MINES. — *Mémoire sur le Charbonnage de la tourbe,* n°. 2, page 3.

INSTRUCTION SUR LES TOURBIÈRES, L'EXTRACTION DE LA TOURBE, etc., par Ribaucourt; n°. 6, page 41. — *Notice sur la carbonisation de la tourbe,* tome 11, page 253. — *Notice sur le charbonnage de la tourbe,* tome 30, page 373.

ANNALES DES MINES. — *Rapport sur la carbonisation de la tourbe,* par M. Blavier; tome 4, pages 177 et 200. — *Notice sur la carbonisation de la tourbe à Rothau,* par M. Binean, tome 5, 2ᵉ. livraison, 2ᵉ. série.

ANNALES DE CHIMIE. — *Carbonisation de la tourbe,* par M. Thillaye-Platel; tome 58, page 128.

ANNALES DES ARTS ET MANUFACTURES. — *Charbonnage de la tourbe,* par le procédé de M. Blavier; tome 45, page 302.

DICTIONNAIRE DES DÉCOUVERTES FAITES EN FRANCE. — *Carbonisation de la tourbe,* t. 16, page 126. — *Fourneaux pour la conversion de la tourbe en charbon,* tome 7, page 408.

MÉMOIRES DE L'ACADÉMIE DES SCIENCES. — *Notice sur la tourbe convertie en charbon,* par M. Porrot; année 1774, page 61.

Description des brevets d'invention. — Brevet

---

sait bien sèche a perdu, pendant un an d'emmagasinage, 12 pour 100 de son poids.

Suivant M. Thillaye-Platel, 1 1/4 à 1 1/2 de tourbe comprimée équivaut à 1 de bois, et avec de la tourbe non comprimée, il en faut deux, trois et même quatre parties.

de M. Thorin *pour la conversion de la tourbe en charbon*, tome 1, page 242. — Brevet de perfectionnement de M. Devigny, tome 3, page 65. — Brevet de M. Oyon, tome 5, n°. 113. — Brevet de perfectionnement de M. Callias, tome 7, page 183. — Brevet de M. Marcel *pour tirer parti des vapeurs qui se dégagent*, tome 7, page 300. — Brevet de M. Mollerat, tome 7, page 324. — Brevet de M. Potier, tome 8, page 361. — Brevet de M. Poullain Saint-Foix, tome 9, page 5. — Brevet de M. Griguet, tome 9, page 195.

Brevets dont la durée n'est pas expirée. — Brevet de M. Monicler, pris en 1820 pour quinze ans. — Brevet de M. Boislet, pris en 1823 pour quinze ans. — Brevet de M. Voland, pris en 1821 pour quinze ans. *Compression et carbonisation.* — Brevet de M. Guillois, pris en 1823 pour quinze ans. — Brevet de M. Ramiez pour quinze ans. — Brevet de MM. Thiébaud et Garnier, pris en 1822 pour dix ans. — Brevet de M. Roland de Buley, pris en 1827 pour dix ans. (Voir rue du Faubourg-Poissonnière, n°. 20, à Paris.)

Brevet de Victor Joly et Bruno Ewbork, pris en 1827 pour cinq ans. (Fabrique de produits chimiques, à la Glacière, près Paris.) — Brevet de la Société de Crouy-sur-Ourcq, pris en 1828 pour cinq ans, *pour amélioration au four de carbonisation de M. Blavier.* — Brevet de Cassagnieu, pris en 1828 pour dix ans. *Distillation et carbonisation de la tourbe.*

(Extrait des *Annales des Mines*, t. V, 2ᵉ. livr. 1829.)

IMPRIMERIE DE Mᵐᵉ. HUZARD (née VALLAT LA CHAPELLE), RUE DE L'ÉPERON-SAINT-ANDRÉ, N°. 7.

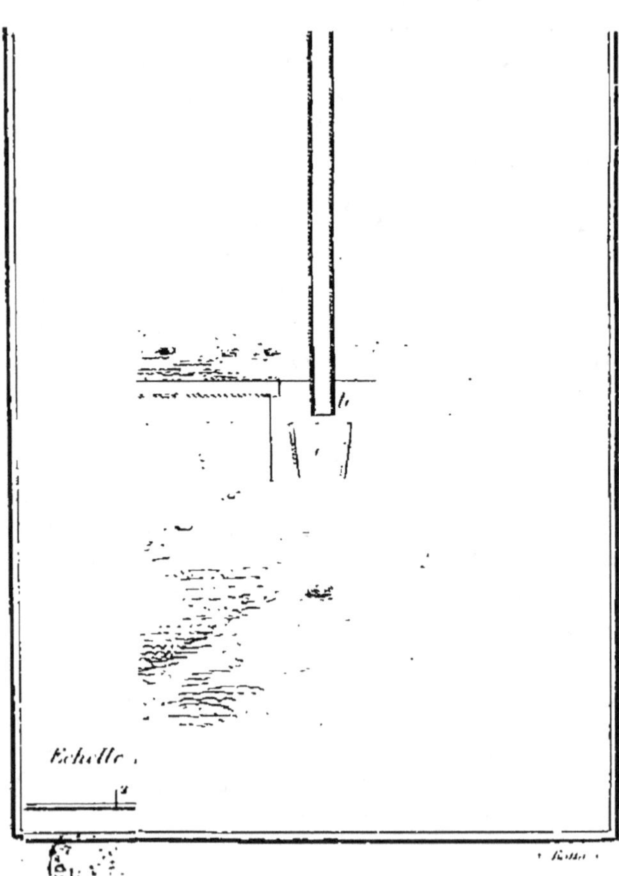
Echelle.

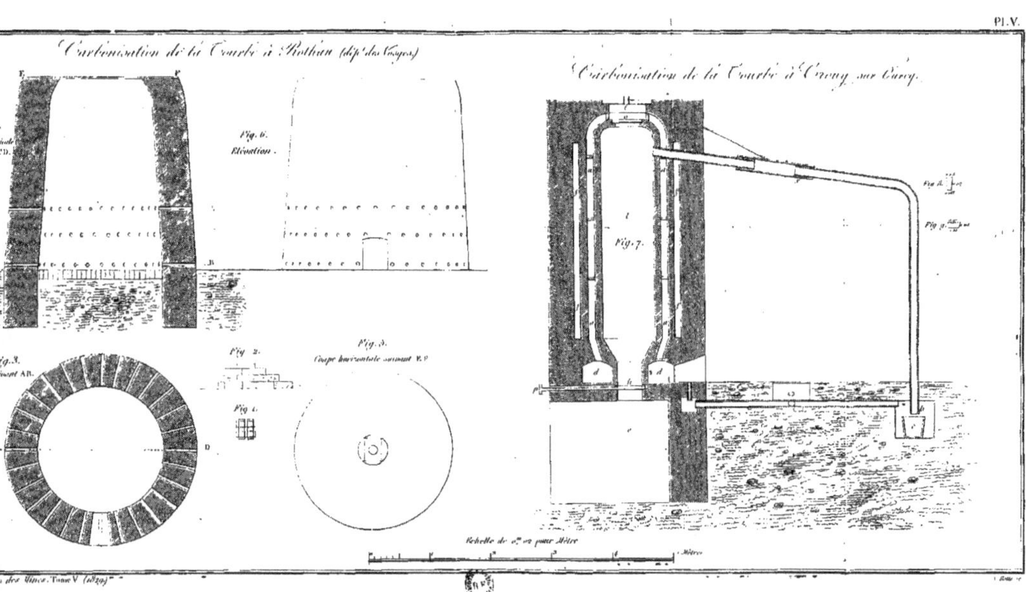
Carbonisation de la Courbe à Rothau (dép. des Vosges)
Carbonisation de la Courbe à Crouy sur Ourcq.
Fig. 6.
Élévation.
Fig. 2.
Fig. 3.
Coupe horizontale suivant V V
Fig. 4.
Fig. 7.
Fig. 8.
Fig. 9.
Échelle de 0m,02 pour mètre
Mètre

OBSERVATIONS

SUR

LES MINES DE MONS,

ET SUR

LES AUTRES MINES DE CHARBON

QUI APPROVISIONNENT PARIS.

Par M. Michel **CHEVALIER**, Ingénieur des mines.

(Extrait des *Annales de l'Industrie française et étrangère.*)

Jusqu'à l'ouverture du canal de Saint-Quentin, le charbon de terre consommé à Paris, provenait entièrement des mines de nos départemens du Midi, et principalement de celles de Saint-Etienne. Depuis une vingtaine d'années, les charbons du Nord, et presque uniquement ceux de Mons, sont venus leur susciter une concurrence redoutable qui a eu pour effet de perfectionner l'extraction dans les divers centres d'exploitation ainsi opposés les uns aux autres, de réduire les frais d'arrivage, et d'augmenter la consommation sur le marché de Paris.

On jugera de ce dernier effet par le tableau suivant qui indique les quantités de houille entrées à Paris depuis 1818 jusqu'en 1827.

1818	473,000 hect. ras (1).
1819	478,000
1820	500,000
1821	553,000
1822	716,000
1823	751,000
1824	727,000
1825	748,000
1826	946,000
1827	939,000

La consommation de la banlieue ne dépasse pas actuellement 300,000 hect.

Jusqu'à présent les mines du Nord ont fourni une fraction toujours croissante de la consommation totale. Cependant les mines du Midi y figurent aujourd'hui encore pour plus de la moitié.

A Paris, et dans toute la vallée de la Seine, les charbons de Mons ont eu pendant les premiers temps une réputation fâcheuse, source de beaucoup de préventions qui ne sont peut-être pas complètement dissipées aujourd'hui. Lorsque le canal de Saint-Quentin, et plus tard celui de Mons à Condé, ouvrirent aux houilles de Mons le chemin de Paris, les principaux exploitans se réunirent en une compagnie dite du *Flénu* qui exerça pendant plusieurs années un véritable monopole, et qui en profita pour répandre dans le commerce des produits fort impurs. Plus tard, cette compagnie s'est dissoute; l'incurie qui présidait à l'ensemble

---

(1) A Paris, le charbon se mesure à la voie de 15 hectolitres. Sur les mines et sur celles du Nord en particulier, l'hectolitre comble est plus usité. 4 hectolitres combles valent 5 hectolitres ras. La voie de la plupart des houilles, et de celle de Mons en particulier, pèse 1200 kil.

et aux détails de l'exploitation a cessé; les charbons
ont été dégagés des schistes que précédemment on y
laissait mêlés : une autre compagnie, qui avait inondé
les marchés de charbons inférieurs, a été forcée d'a-
bandonner ses travaux; peu à peu les houilles de
Mons ont repris faveur ; et le *Flénu* surtout est actuellement la plus estimée de toutes les houilles qui arrivent à Paris. Les beaux produits que la compagnie
d'Hornu et Wasmes a répandus en grande quantité,
n'ont pas peu contribué à cette réhabilitation.

Disposition générale du bassin de Mons.

Le bassin houiller de Mons est placé dans le cours
d'une série de bassins disposés en une zone allongée
qui part du département du Pas-de-Calais, traverse
le département du Nord, et s'étend jusqu'au Rhin, .
par Liège et Aix-la-Chapelle.

Le terrain houiller de Mons occupe une grande
étendue. Il est probable qu'il n'éprouve aucune solution de continuité d'Arras à Charleroi. D'espace en
espace il est resserré par des étranglemens, ou soumis à des brouillages qui le partagent, sous le rapport
de l'exploitation, en bassins partiels. Il existe un
étranglement prononcé entre les villages de Hérin et
de Saint-Léger, à l'ouest de Valenciennes; il y a aussi
une séparation à Quiévrain, à la frontière de France
et des Pays-Bas.

La portion la plus intéressante du gîte, par la qualité et l'abondance des charbons qu'elle livre, est située tout entière au couchant de Mons, entre cette
ville et le village de Boussu. Dans cet espace, il forme
une bande dirigée de l'Est à l'Ouest, d'environ 1 myria-
mètre de largeur, dans laquelle la partie reconnue

et exploitée n'est pas large de plus de 5 à 6 kilom.

Le terrain houiller de Mons repose sur un terrain de transition, composé de schiste, de Grauwacke, et d'un calcaire foncé, plus ou moins veiné de blanc, qu'on exploite comme marbre et comme pierre à bâtir sous le nom de *pierre bleue*.

Il est recouvert, sur une épaisseur variable, par un terrain à stratification horizontale, appelé *mort terrain*. C'est à la surface du sol une alluvion, mélange aquifère de sables, argiles et marnes. Au-dessous de l'alluvion, s'étendent des terrains d'âge secondaire qui se rapportent à la craie, et qui se composent de couches plus ou moins marneuses, se rapprochant quelquefois de la nature des grès, et mêlées de silex pyromaques.

Les bancs crayeux sont le siège de nappes d'eau, qui constituent ce qu'on appelle des *niveaux*. Dans le percement des puits, ces niveaux versent habituellement des masses d'eau énormes, dont l'épuisement nécessite le développement d'une force motrice considérable.

Entre les bancs crayeux et le terrain houiller, se trouvent placées des couches argileuses, compactes, connues sous le nom de *dièves* et de *fortes toises* qui, imperméables par leur nature, semblent destinées à préserver les mines de l'envahissement des eaux abondantes qui les recouvrent.

L'épaisseur du terrain aquifère est très-variable; sur un très-grand nombre de points situés dans la partie méridionale de la bande allongée qui constitue le terrain houiller, il y a à peine indice de *niveau*; dans le bois de Boussu et à Dour, l'on voit en quelque points affleurer le grès et le schiste houiller; il n'e est plus de même vers le centre du bassin : déduction faite de 15 à 30 ^{m} de terrain peu aquifère, situé à la surface du sol, il s'y trouve souvent 60 à 80 m. de *niveau* proprement dit, qu'on ne peut traverser qu'après dix-huit mois, deux ans de travaux, ou plus encore, et moyennant d'énormes dépenses (1).

La direction générale des couches du terrain houiller est de l'Est à l'Ouest, c'est-à dire dans le sens de la longueur de la bande houillère. Leur inclinaison est très-variable, car elles sont fort contournées. Dans leurs plis et replis, elles plongent tantôt vers le Nord, tantôt vers le Sud, quelquefois elles s'écartent peu de l'horizontalité. Ce qui rend ce fait plus curieux, c'est que les changemens d'inclinaison les plus considérables s'opèrent brusquement dans l'espace de quelques mètres. Malgré ces contournemens nombreux, qui attestent une action violente postérieure à leur dépôt, les couches du terrain houiller en général, et celles de charbon en particulier, n'ont pas éprouvé de dislocation considérable. Elles ont cédé à la cause puissante qui s'est emparée d'elles pour les retourner, sans se répandre en lambeaux, sans se déchirer ; les brouillages, les amincissemens, les crins, les failles et les dérangemens de toute espèce y sont rares et de peu d'étendue ; grace à une exploitation longue et active, on a d'avance des données nombreuses sur la situation, sur la nature de ces accidens, et sur les mesures à prendre dans chaque cas en particulier.

La disposition générale du terrain houiller est

---

(1) La présence d'un fort niveau élève les frais de percement d'un puits d'une somme de 100,000, 150,000 ou même 200,000 fr. Il en est qu'on n'a pu franchir à ce prix.

telle que chaque couche , après être revenue plusieurs fois sur elle-même dans la partie voisine du
midi du bassin, se prolonge suivant une grande surface
peu inclinée, qu'on appelle les *grands plats* , et qui,
après s'être un peu enfoncée vers le Nord , se relève
jusqu'aux *morts terrains*, en prenant la pente inverse.
La partie méridionale des *grands plats* porte le nom
de *combles du Midi*; la partie septentrionale celui de
combles du Nord. Dans les contournemens qui précè-
dent les *grands plats*, tout ce qui a pendage au Midi
porte le nom de *droits*, et ce qui a pendage au Nord
se désigne par le nom de *plats*. Il est au reste généralement vrai que les *plats* sont moins inclinés que
les *droits*.

Ce qui est plus important, c'est que dans les *plats* ,
les couches sont ordinairement plus puissantes , mieux
réglées que dans les *droits*, et qu'elles s'y exploitent en
fragmens mieux taillés. Sous le rapport de la beauté
et de la régularité du gîte et de la forme géométrique
des morceaux, les *grands plats* surtout sont remarquables. C'est sur ces *grands plats* que sont établies
les exploitations les plus productives.

Le nombre des *plats* et des *droits* que présentent les
diverses couches est variable. Au centre du bassin , il
n'existe que le comble du Midi et le comble du Nord.
En s'écartant vers le Midi , les *grands plats* sont pré-
cédés par plusieurs contournemens ; il n'y a jamais
plus de trois *droits* et trois *plats*. Au Nord , les *grands
plats* paraissent s'étendre jusqu'aux *morts terrains*.

De la disposition du terrain houiller , il résulte que
les couches se succèdent et s'enveloppent dans le même
ordre , à partir de la limite Nord , et à partir de la limite Sud du bassin.

Diverse nature des charbons de Mons.

En suivant ainsi les couches, de l'extérieur au centre du bassin, on trouve d'abord les veines d'un charbon non bitumineux, non collant, brûlant sans flamme ni fumée, très-propre à la cuisson de la chaux et des briques. Ce charbon a généralement peu de consistance; sa structure est schisteuse et le plus souvent contournée; il se réduit en poudre fine, tachant les doigts.

Deux échantillons différens m'ont donné les résultats suivans:

NUMÉRO DES ESSAIS.	PESANTEUR spécifique à 12° centigrades.	PERTE au feu en centièmes.	PROPORTION des cendres en centièmes.	COULEUR DES CENDRES.
1	1. 298	14. »	2. 20	Fauve.
2	1. 303	10. 80	2. 40	Fauve.

Il existe treize couches de ce charbon.

Après le charbon *sec* vient le charbon de *fine forge*, dont l'usage principal est la maréchalerie. Comme un grand nombre des charbons à forger, il est fragile, friable même, sans être cependant pulvérulent et tachant comme le précédent. Il a un éclat variable. Tantôt il est d'un aspect uniforme, assez mat, et d'un noir peu prononcé sans être terne, n'ayant de cassure plane un peu étendue que dans le sens du lit : tantôt il se compose de veines parallèles au lit de la couche, très-inégalement brillantes, et il se divise nettement, soit dans le sens du lit, soit dans un sens à peu près perpendiculaire. Tel est particulièrement le charbon extrait à la *Grande veine* des bois d'Epinoy près Elouges.

Il existe de ce charbon 23 veines, dont plusieurs sont rarement exploitables.

Celles qui fournissent les meilleurs produits sont la *Grande veine* qu'on exploite sur un grand nombre de points, et notamment à Elouges, à Grisœuil, aux Tas, et les *Cinq Paumes* à Grisœuil.

Ce charbon est très-convenable à la fabrication d'un coke serré, bien agglutiné, solide et sonore; j'ai fait à cet égard des expériences en grand très-concluantes. Ce coke serait certainement propre aux usages métallurgiques. On a employé pour essai dans les hauts fourneaux de Charleroi, du coke provenant de la *Grande Veine*; on en consommait 2 1/4 pour 1 de fonte tandis qu'avec le charbon de Charleroi, c'était 2 3/4.

Le rendement en coke est en grand de 65 à 68 pour 0/0 du poids de la houille, en vase clos.

Divers essais chimiques auxquels j'ai soumis ce charbon, m'ont fourni les résultats suivans :

NUMÉRO DES ESSAIS	PESANTEUR SPÉCIFIQUE à 12° centigr.	PERTE AU FEU en centièmes.	PROPORTION DES CENDRES en centièmes.	COULEUR DES CENDRES.
1	1. 265	25. 75	1. 11	Fauve.
2	1. 272	23. »	2. 156	Un peu fauve.

La couleur des cendres indique que ce charbon est à peine pyriteux ; il y a en effet rarement de la pyrite apparente.

Du coke fait en grand avec de la houille en morceaux a donné 3, 80 p. º/₀ de cendres.

Du coke fait avec du menu un peu inférieur en a donné 11, 20 p. °/₀.

La houille *fine forge* de Mons est inférieure pour les travaux de forgerie à celle de Saint-Etienne : elle a moins de *corps*, elle est plus *légère* que cette dernière, c'est-à-dire qu'elle résiste moins au vent du soufflet.

Ce sont les mines de charbon à forger qui sont le plus infestées de *grisou* ou gaz inflammable.

Aux charbons à forger succède une troisième enveloppe composée de *charbons durs*.

Ces charbons se distinguent des précédens par un aspect particulier. Ils offrent ordinairement deux sens de division, qu'on serait tenté de comparer aux *clivages* des minéraux, l'un parallèle, l'autre perpendiculaire au plan de la couche. Ces clivages sont plus ou moins faciles sur les diverses veines, mais ils sont toujours indiqués. Celui qui est perpendiculaire au lit a lieu généralement, suivant un plan parfaitement dressé ; et lorsque la division est faite, elle montre toujours deux faces brillantes : le clivage parallèle au lit, met à nu des faces moins planes, plutôt lisses que miroitantes. Les divers plans successifs suivant lesquels peuvent s'opérer ces divisions, sont fort rapprochés, ils sont rarement distans de plus d'un centimètre.

De la disposition de ces deux sens de division, il résulte que les fragmens de charbon *dur* affectent habituellement une forme rectangulaire.

Lorsque ces clivages sont faciles, le charbon vu en tas a de l'éclat, mais il renferme beaucoup plus de menu, et il supporte peu les transports ; si les clivages sont difficiles, la cassure du charbon est inégale, la surface des morceaux est grenue, sans éclat, mais ils sont beaucoup plus gros, et c'est principalement sur la grosseur que se règle le prix de vente.

Les *charbons durs* sont bitumineux, collans, très-propres à la fabrication d'un beau coke, susceptible d'être employé dans les fonderies et les hauts fourneaux à fer. Ils brûlent avec une chaleur vive et soutenue, et, sous ce rapport, ils conviennent aux verreries, aux fours à pudler, aux machines à feu un peu fortes, travaillant avec un effet constant; mais ils sont lents à s'embraser, et ne permettent pas de donner un coup de feu instantanément.

Ce charbon est très-peu pyriteux.

Voici le résultat des essais auxquels j'ai soumis cette qualité (1).

NUMÉRO DES ESSAIS.	NOMS DES COUCHES.	PESANTEUR SPÉCIFIQUE à 12° centig.	PERTE AU FEU en centièm.	PROPORTION DES CENDRES en centièmes.	COULEUR DES CENDRES.
1.	Plate veine.	1,263	30.80	1. 284	Fauve.
2.	«	1.275	30. «	1. 680	Id.
3.	«	1.287	33. «	2. 606	Id.
4.	«	1.273	29.60	1. 408	Id.
5.	«	1.265	28.40	1. 710	Id.
6.	«	1.272	32.80	3. 360	Id.
7.	«	1.266	27.50	1. 840	Id.
8.	Veine à 2 laies.	«	28.20	1. 22	Légèrem. fauve
9.	«	1.262	31.20	1. «	Fauve.
10	«	1.263	34.80	1. 60	Légèrem. fauve.
11.	Bouleau.	1.264	35. «	4. 40	Fauve.

(moyenne 1.98 pour les essais 1 à 7 ; moyenne 1.27 pour les essais 8 à 10.)

(1) Les charbons essayés ici provenaient de la concession du Nord du bois de Boussu.

Des essais en grand, faits en plein air sur ce charbon, ont donné 55 p. 0/0 d'un fort beau coke.

Le nombre des couches qui fournissent du *charbon dur* est de 29, parmi lesquelles on cite la *Plate veine*, le *Buisson*, les *Andriers*.

Le centre du bassin est occupé par une variété de charbon, dite *Flénu*; c'est un charbon brillant, bien taillé en rhomboïdes obliques, dont les faces portent des stries d'un aspect caractéristique, auxquelles on a donné le nom de *maille du Flénu:* il ne se réduit pas en poussière, mais en petits fragmens dont la surface est lisse. Lorsqu'il est en morceaux exempts de fissures, il se conserve très-long-temps. J'en ai vu des échantillons qui étaient dans les champs à la surface du sol sur d'anciennes haldes abandonnées depuis plus de cinquante ans, et qui avaient conservé leur solidité et leur cassure éclatante. Il ne présente pas les clivages si fréquens dans le *charbon dur*; il se partage cependant souvent parallèlement au lit, parce qu'il contient des plantes transformées en charbon de bois minéral, disposées par plans. Il est éminemment facile à embraser, brûle avec une flamme vive, longue et claire. Il est excellent pour chauffer à point nommé de grandes surfaces. On n'y trouve qu'une faible proportion de cendres, et très-peu de pyrites, aussi il ne donne pas de mâchefer. Il ne ronge pas les grilles des foyers qu'il alimente, et il ne corrode pas les appareils métalliques soumis à son action. Placé sur un feu allumé, il colle assez pour se tenir agglutiné, et pour que le menu ne passe pas à travers les barreaux, mais pas assez pour faire voûte, et pour exiger un travail continuel de la part du chauffeur. Tant de qualités, que lui seul présente réunies, ont été partout appréciées , et à Paris plus que nulle autre part, elles lui ont assuré une haute réputation, qui s'affermit tous les jours davantage. Il est spécialement recherché pour toutes les opérations des arts où l'évaporation joue un rôle important , et c'est le plus grand nombre. C'est par-dessus tout un charbon à chaudière.

Carbonisées en grand , les bonnes qualités de *Flénu* s'agglutinent bien, mais le coke qui en provient est moins serré, moins solide que celui qu'on fabrique avec le charbon dur ou avec le charbon de fine forge ; il serait moins convenable aux arts métallurgiques, il le serait davantage aux usages domestiques.

Pour la fabrication du gaz, il l'emporte aujourd'hui sur les charbons de Saint-Etienne eux-mêmes. En ce moment les charbons flénus de la compagnie de Wasmes et Hornu sont employés , exclusivement à toute autre houille., à l'usine anglaise du gaz ; et les autres établissemens d'éclairage paraissent portés à se servir aussi de houille de Mons (1).

Les couches du *Flénu* les plus éloignées du centre du bassin se ressentent un peu du voisinage du *charbon dur*. Sans cesser d'être d'une inflammation facile , elles résistent plus long-temps au feu ; sans se boursouffler, elles s'agglutinent mieux que celles qui terminent la série au centre. Elles forment une qualité intermédiaire très-recherchée dans le commerce.

Les importantes propriétés du *Flénu* n'ont pas contribué moins que l'heureuse situation géographique du bassin de Mons à exciter le vaste développement

----

(1) Le coke obtenu par la distillation du charbon de Saint-Etienne est cependant plus beau que celui qui provient du *Flénu.*

qu'y a pris l'industrie charbonnière. Elles assurent aux produits de ce bassin un écoulement facile, quand même des découvertes imprévues, ou de nouvelles lignes de navigation, viendraient à leur susciter des concurrences nouvelles sur les marchés où ils dominent aujourd'hui. Aussi le *Flénu* forme-t-il la majeure partie de l'extraction des mines de Mons.

Les divers essais auxquels j'ai soumis le charbon flénu ont fourni les résultats suivans (1) :

NUMÉRO DES ESSAIS.	NOMS DES COUCHES.	PESANTEUR SPÉCIFIQUE à 12° centig.	PERTE AU FEU en centièm.	PROPORTION DES CENDRES en centièmes.		COULEUR DES CENDRES.
1.	Grand Gaillet.	«	34. 80	2.86	} moy. 2.43	Blanc.
2.	Id.	«	34. 20	1.84		Id.
3.	Id.	«	34. «	2.60		Id.
4.	Gaillette.	1.269	35. «	2 80	} di. 2.80	Fauve.
5.	Id.	1.284	30. 80	2.80		Blanc.
6.	Renard.	1.279	38. 80	2 20	} moy. 1.75	Un peu fauve.
7.	Id.	1.274	32. 80	1.40		Fauve.
8.	Id.	1.287	37. «	1.40		Id.
9	Id.	«	35. «	2. «		Légèrem. fauve
10.	Gade.	1.254	37. 20	1.50	} m. 2.15	Blanc.
11.	Id.	1 277	35. 60	2.80		Id.
12.	Anas	1.269	34. 20	1.80	} m. 1.70	Id.
13.	Id.	1.269	33. 20	1.60		Id.
14.	Veine à l'aune.	1.272	37. 60	1.75	} moy. 2.05	Fauve.
15.	Id.	1.306	35. «	2.73		Un peu fauve.
16.	Id	1.266	33. 80	1.85		Id.
17.	Id.	«	39. 80	0.96		Id.
18.	Id.	«	35. 80	2. «		Blanc.
19.	Couch. de la Sentin.	1.303	28. 80	5.80	} moy. 4.03	Fauve.
20.	Id.	1.272	30. 40	2 40		Id.
21.	Id.	1.287	35. 40	2.40		Blanc.
22.	Id.	1.301	31. 60	5.60		Id.
23.	Houbarte.	1.280	33. 60	2.80		Blanc.
24.	Franois.	1.267	32. 20	1.10		Fauve.
25.	Corneillette.	1.294	33. «	5.20		Blanc.
26.	Carlier.	1.271	31. 20	1.90		Légèrem. fauve.

(1) Les essais du n° 1 au n° 22 ont été faits sur des charbons de la concession du nord du bois de Boussu. Ceux de 22 à 26, sur des charbons de la concession de Hornu et Wasmes.

Il résulte de ce tableau que le **Flénu** est un charbon très-pur, et qu'il est surtout exempt de pyrite plus encore que les qualités précédentes.

Les couches qui fournissent le Flénu sont au nombre de 49, parmi lesquelles on distingue celles connues sous les noms de *Veine à l'aune*, *Carlier*, *les Franois*, *Belle et Bonne*, *Cossette*, *Veine à mouche*, *Houbarte*, etc.

Le nombre total des couches de charbon du bassin est ainsi de 114. Toutes ne sont pas exploitables à l'intersection de l'ensemble par un seul et même plan vertical. Les diverses coupes transversales, menées par divers points de la longueur du bassin, présentent à cet égard des différences. Il est beaucoup de couches qui donnent lieu à une extraction fructueuse dans quelques établissemens, et qui, plus loin, se trouvent rétrécies jusqu'à devenir inexploitables.

Ces couches ont une épaisseur peu considérable: elles se composent d'un ou deux bancs, quelquefois trois ou même quatre, appelés *laies*, massifs, solides, séparés entre eux, et du toit et du mur, par un schiste charbonneux, friable (*havrit*), qu'on enlève préalablement, ce qui facilite singulièrement l'abattage en *gros*. L'épaisseur de l'havrit est rarement au-dessus de $0^m,10$, quelquefois il manque, ou du moins il est très-réduit, soit au toit soit au mur. Son absence au mur est une grande difficulté. Il est rare qu'alors l'exploitation soit productive.

L'épaisseur du charbon, proprement dit, varie, pour la généralité des couches, de $0^m,40$ à $0^m,70$; cependant il est un petit nombre de couches qui en présentent jusqu'à 2 mètres.

La régularité du terrain houiller de Mons est remarquable, surtout dans les grands plats. Nulle part la houille n'y est en nids séparés par des rétrécissemens. Les variations de puissance ou de qualité ne s'opèrent que progressivement sur de grandes étendues. Lorsqu'il y a des changemens brusques, ils ont lieu, soit auprès des crochets que forme l'ensemble des couches, soit à quelques failles qui traversent le bassin. Il paraît qu'il existe près de Quiévrain, à la frontière de France, de grandes failles, et probablement aussi un resserrement de la formation houillère, qui séparent les exploitations de la compagnie d'Anzin du champ des travaux belges.

Il ne faudrait pas croire que tous les charbons de Mons, soumis à l'essai, donneraient des résultats semblables à ceux que j'ai présentés plus haut. Il existe plusieurs concessions, dont les produits ont ce haut degré de pureté; telles sont celles d'*Hornu et Wasmes*, *Douze actions*, *Vingt actions*, *Belle et Bonne*, *Nord du bois de Boussu*; il en est beaucoup d'autres qui en sont plus ou moins éloignées. Les belles qualités de charbon de Mons sont peu fissurées, mais dans beaucoup d'établissemens, la houille est traversée par un très-grand nombre de fentes disposées en tous sens, tapissées de chaux carbonatée spathique blanche, mêlée çà et là de pyrite. Souvent les *laies*, au lieu d'être de charbon massif, renferment des filets épars ou barres d'un schiste charbonneux mêlé de pyrite, ou d'une argile noire, se délitant à l'air, très-pyriteuse. De pareils charbons, exposés à l'air, s'échauffent lorsqu'ils sont à l'état de menu, et s'embrasent. Il est assez fréquent de voir des tas de *fines* prendre ainsi feu dans les établissemens du Flénu. C'est même un des motifs qui obligent plusieurs compagnies charbonnières à suspendre leurs travaux pendant la fermeture des canaux.

Une cause d'impureté moins grave, en ce qu'elle ne dénature pas le charbon, consiste dans le mélange de pierres détachées du toit ou du mur. C'est un inconvénient auquel on remédierait aisément, soit par un triage soigné au jour, soit par des précautions spéciales qu'il serait facile d'apporter à l'abattage. Les meilleurs charbons de Mons laissent à désirer sous ce rapport; les concessionnaires d'Hornu et Wasmes sont cependant parvenus à ne livrer au commerce que des charbons bien nettoyés; ils y ont réussi à peu de frais.

De toutes les qualités de charbon de Mons, le *Flénu* est le seul qui vienne en grande quantité à Paris. Actuellement il domine sur le marché.

Le charbon *sec* ne peut y trouver aucun débouché. On ne consacre à la cuisson de la chaux et du plâtre que des rebuts, ou de la *Chaussine* d'Auvergne, ou surtout du charbon de Fresnes, qui est bien supérieur pour les mêmes usages.

Le charbon de *fine forge* arrive en petite quantité à Paris, et il n'y a pas de cours. On ne le débite que quand il y a défaut de charbon de Saint-Etienne. Il est plus pur, moins pierreux que ne l'est souvent ce dernier, tel qu'on le livre à Paris, mais il a bien moins de *corps*, il est bien moins soudant; il s'éparpille sous le vent du soufflet. On pourrait l'employer avec avantage pour la fabrication du coke, dans les fonderies.

Le charbon *dur* se répand soit en Hollande, soit dans les départemens du Nord; il en vient un peu à Paris, à l'état de *gros*, pour le chauffage domestique ou pour quelques établissemens particuliers. Il me paraît probable qu'il y sera bientôt plus recherché, et en effet il y aurait avantage à l'employer pour la fabrication du coke dans les fonderies. Mêlé au Flénu qui est souvent un charbon *léger*, il l'améliorerait singulièrement pour un grand nombre d'usages et surtout pour les machines à vapeur.

Tout porte à croire qu'à Paris l'emploi de la houille, dans le chauffage domestique, va prendre une extension considérable, et qu'on se servira de ce combustible en le mêlant au bois dans les cheminées ordinaires. Or, pour cet usage, le charbon dur me semble devoir être, dans plusieurs cas, préféré au Flénu, quoiqu'il soit moins flambant, parce qu'il tient le feu plus long-temps et que le mélange du bois est certainement suffisant pour l'enflammer.

Ce n'est pas ici le lieu d'entrer dans les détails techniques de l'exploitation des mines à Mons, je me bornerai à présenter à cet égard quelques observations générales.

Exploitation et produits.

Dans les établissemens les mieux conduits, l'exploitation a lieu par des puits de 300 à 400 mèt. de profondeur, ronds, ayant 3 mèt. de diamètre dans la partie non aquifère, rectangulaires et plus étroits dans le *cuvelage*.

Chaque puits est muni d'une machine à vapeur à basse pression, de la force de 30 à 40 chevaux.

Suivant que la couche est plus ou moins inclinée, on l'attaque par un système de gradins renversés ou par des tailles de front; dans l'un et l'autre cas on remblaie derrière soi ; on ne laisse aucune partie de la houille en piliers ou étais ; les bois de soutènement sont seuls perdus.

Les transports intérieurs sont faits par des hommes sur des chemins en fonte; récemment on a introduit dans une mine les chemins à ornières saillantes en fer, à peu près tels qu'ils existent à Anzin et à Aniche. Ils ne coûtent que 5 à 6 fr. le mètre courant, pose comprise, et ils exigent moins de *hercheurs* pour la même quantité de voiturage.

L'extraction a lieu par des tonnes ou cuffats d'une énorme capacité. Il y en a qui contiennent jusqu'à 1500 kil. de charbon, et plus. Ordinairement leur capacité est moindre, 12 hect. combles (1200 kil.), environ. On ne tire que pendant le jour.

Le produit journalier d'un pareil puits en pleine activité est de 1400 à 1800 hectolitres combles.

Chaque mine importante est munie d'une machine d'épuisement d'une force de 80 à 100 chevaux, dans le système de Newcomen. Le prix d'une pareille machine, y compris l'attirail des pompes en fonte, est d'environ 150,000 fr.

Dans des exploitations très-bien conduites, établies sur une grande échelle, où le gîte est d'une grande régularité, le prix coûtant de l'hectolitre comble s'élève à 63 cent. ou 65 cent. Au moyen de quelques améliorations de détail, il pourrait descendre à 60 cent.

A ces frais il faut joindre ceux de transport au bord du canal de Mons à Condé, frais qui sont à la charge de l'exploitant, car les charbons se vendent rendus au rivage. Pour le plus grand nombre des établissemens, ces frais s'élèvent de 10 à 15 cent. par hect. comble, y compris divers frais de manutention. Il y aura probablement bientôt sur cet article une diminution de moitié ou des deux tiers, au moyen de la construction d'un canal projeté et même commencé aujourd'hui sous le nom de canal du Flénu, et de divers chemins de fer, dont l'un est en exécution.

Le salaire des ouvriers est peu élevé et fort variable.

En hiver, c'est-à-dire en décembre , janvier, février, le prix du poste pour les ouvriers les plus habiles et les plus vigoureux descend à 1 fr. 10 c. ou 1 fr. 20 c. A dater de mars, il croît progressivement jusqu'en juillet et août, où il s'élève à 1 fr. 60 c., rarement à 2 fr. A partir de là, il retombe. Chaque homme fait assez habituellement poste et demi ; il reçoit alors en hiver 1 f. 65 c. environ, et pendant deux mois de l'été 2 fr. 40 cent. , et quelquefois 3 fr.

Le nombre des ouvriers du fond et de la surface est, dans un grand établissement, de 75 à 80 par 100,000 hectolitres combles d'extraction annuelle.

Le capital nécessaire à une exploitation est considérable dans un terrain à *niveaux* , et presque partout on rencontre un pareil terrain, lorsqu'on veut atteindre les *grands plats* : on peut estimer que la somme nécessaire à l'établissement d'un charbonnage composé de 3 à 5 fosses d'extractions, avec une pompe à feu pour l'épuisement, achat de matériel , constructions, et fonds de roulement compris, s'élèverait au moins à 400,000 fr. par fosse. Ce chiffre a même été beaucoup dépassé dans la plupart des charbonnages actuels, et le plus souvent à cause de l'incurie ou de l'ignorance des exploitans.

Au sortir de la mine les produits sont classés, d'après leur grosseur, en différentes qualités.

Au Flénu on en distingue ordinairement trois :

1° *Gaillette* formée des plus gros morceaux , jusqu'à ceux qui ont environ un décimètre cube ;

2° Lorsqu'on a enlevé du *trait* la *gaillette* , tous les morceaux qu'on peut en séparer avec un râteau , dont les dents sont espacées de 6 à 7 centimètres, forment la *gailletterie.*

3° Ce qui reste alors compose les *fines*.

C'est cette qualité dont le prix varie le plus ; lorsqu'elle est très-menue, ou mêlée de schiste, elle a beaucoup moins de valeur que quand elle est nette ou fragmentaire.

Au Flénu il y a peu de morceaux au-dessus de 8 à 10 décimètres cubes. Lorsqu'ils s'y trouvent un peu nombreux, on les met à part et on en forme une qualité très-recherchée, dite *gros à la main*.

La *gaillette* et la *gailletterie* réunies forment une qualité appelée *mélange* (1).

Lorsque les charbons ne sont pas aussi bien taillés ni aussi brillans que le sont ordinairement ceux qui proviennent de l'exploitation des grands plats, la division des produits se fait autrement, on ne distingue plus alors que deux qualités :

1° *Gros à la main.*

2° *Forge gailleteuse*, c'est-à-dire le *trait* d'où on a séparé le gros.

Ce mode de division est adopté dans les établissemens du *charbon dur*. Là il arrive quelquefois que l'on puisse, en outre du gros à la main, retirer du trait des gailleteries sans cesser d'avoir de belles forges gailleteuses.

Le charbon de *fine forge* se vend ordinairement tel qu'il sort de la fosse ; il est alors à l'état de *forge*, quelquefois peu *gailleteuse*. On peut parfois cependant en séparer un peu de *gros*.

Dans les meilleurs charbonnages du Flénu on peut estimer qu'en tenant compte des dérangemens acciden-

---

(1) Il se vend, sous ce nom, à Paris, beaucoup de charbons qui n'ont pas été achetés comme tels sur les rivages de Mons à Condé.

tels qu'éprouvent les couches, et déduction faite des déchets du voiturage au canal, *sur une grande quantité d'extraction il y a généralement moitié du trait en fines. L'autre moitié se partage à peu près également en gaillettes et gailleteries.*

Dans les établissemens de charbon dur les plus productifs, si la division se faisait de la même manière, les proportions seraient à peu près les mêmes, en rangeant la *gaillette* et le *gros* dans une seule et même classe (1). Ce sont au reste des nombres variables d'une exploitation à l'autre, d'une couche à la suivante. Ceux que j'ai indiqués sont regardés comme des résultats moyens annuels favorables. Il arrive parfois, mais seulement dans des circonstances exceptionnelles, que les fines n'entrent que pour 1/3 dans la masse totale.

Le produit des mines de Mons est extrêmement considérable. On ne peut l'évaluer à moins de 12 à 13 millions d'hectolitres combles, sur quoi 10 millions sont embarqués sur le canal de Mons à Condé.

Toutes les mines de France réunies ont fourni en 1825. . . . . 14,000,000 hect.

En 1826. . . . . 15,000,000 hect.

En 1828, sur 9,810,880 hectol. combles, embarqués sur le canal de Mons à Condé, il y avait

Charbon de *fine forge* et *charbon dur*   1,177,600 h.
Charbon *flénu*   7,245,600
Charbon mélange de toute espèce.   1,387,680
____
9,810,880

____

(1) Le charbon dur fournit plus de Gros et moins de Gaillette que le Flénu.

Vente et transport à Paris.

Les charbons se vendent pour l'exportation sur les rivages du canal de Mons à Condé.

L'unité de mesure est le *muid*, qui se compose de quatre *mannes* ou hectolitres combles.

Le poids de l'hectolitre comble varie avec la nature des charbons et la grosseur des morceaux.

L'hectolitre comble de gaillette, du Flénu le plus léger, pèse 106 kilog.

Pour les Flénus des diverses mines, il varie de 106 à 120 kilog.

Pour le *gros* du charbon dur, le poids ordinaire est de 125 kilog.

Le poids de l'hectolitre comble de forge gailleteuse varie de même de 100 à 110 kilog.

Les prix courans, par hectolitre comble, rendu sur les rivages, étaient

	en mai 1830,		en juin 1829	
Gros à la main.	2 fr.		1 fr.	875
Gaillette.	1	875	1	750
Gailleterie.	1	375	1	125
Mélange.	1	625	1	400
Forge gailleteuse.	0	962	0	850
Fines.	0	45 (1)	0	400

Depuis quinze ans les charbons ont été en baisse jusques et y compris l'année 1829. En 1810 l'hectolitre comble de forge gailleteuse pris sur les fosses, se vendait. (2). 1 fr. 63 c.

---

(1) C'est souvent beaucoup moins. Il est même des Fines qui restent invendues.

(2) Mémoire adressé au ministre de l'Intérieur par le préfet de Jemmapes (*Journal des mines*, tom. XI, pag. 257).

En 1829 il se vendait au rivage 85 c. ; le prix correspondant sur les fosses serait de 0 72 c.

A partir de 1830 , ils se sont un peu relevés, parce qu'aux conditions de 1829 le plus grand nombre des établissemens ne pouvaient plus subsister.

Mais ce mouvement de hausse me paraît ne devoir être que momentané , à cause de la tendance à la centralisation qui est manifeste parmi les mines de Mons. Ce bassin est partagé en un nombre très-considérable de concessions , fort restreintes pour la plupart , car il en est qui n'ont pas un kilom. carré de superficie , et qui ne comprennent que quelques-unes des couches renfermées dans leur périmètre. Tant que l'exploitation est restée sur une petite échelle , que chaque mine produisait peu et exigeait peu de capitaux , toutes les petites sociétés charbonnières , propriétaires chacune d'un lambeau de terrain houiller, ont pu exister les unes à côté des autres. Depuis quelques années des compagnies riches et puissantes qui avaient acquis des concessions plus étendues , ou qui les avaient formées de la réunion de plusieurs autres, ont élevé sur une grande échelle des charbonnages nouveaux, dont le vaste développement seul est une source de nombreuses économies. Ces grandes compagnies gouvernées aujourd'hui avec sagacité, munies de capitaux abondants, ont suscité aux anciennes sociétés charbonnières bornées dans leurs ressources et mal administrées , une concurrence redoutable dont l'effet a été de faire disparaître d'abord la classe des exploitans les plus pauvres , ceux qu'on appelle les *forfaiteurs* (1).

____

(1) C'étaient le plus souvent des ouvriers qui se réunissaient pour acheter à *forfait* le droit d'exploiter un petit périmètre déterminé.

La même cause continue à agir, c'est-à-dire que ceux des établissemens houillers qui sont les plus considérables par l'étendue de leurs concessions, par la quantité et la qualité des couches qui y sont renfermées, étendent incessamment leur développement de forces, et appliquent tous les jours de nouveaux perfectionnemens, dont la condition première est toujours une mise de fonds. Aussi le sort qu'ont éprouvé les forfaiteurs va être celui de la plupart des sociétés secondaires. Faute de pouvoir s'élever à la hauteur où se sont aujourd'hui placées les sociétés principales, de pouvoir porter leurs travaux et leurs relations commerciales au degré d'extension que celles-ci ont eu la puissance d'atteindre, elles vont se trouver engagées dans une lutte inégale, et elles ne tarderont pas à être absorbées par les grandes compagnies.

Une autre cause qui tend à diminuer le nombre des exploitations, consiste dans l'épuisement de quelques-unes d'entre elles qui figurent encore aujourd'hui parmi les plus importantes. Il est certain que plusieurs des établissemens du Flénu se trouveront arrêtés dans quelques années, parce que tout leur terrain sera dépouillé.

Une pareille centralisation ne s'opérera certainement pas sans que des intérêts particuliers ne soient gravement froissés; c'est la conséquence de l'état actuel de l'industrie, les malheurs individuels y sont presque toujours la condition du progrès.

Indépendamment d'une meilleure exploitation, qui amènera nécessairement une baisse dans les prix de vente, il en résultera un autre avantage par la diminution du capital nécessaire à l'exploitation du bassin de Mons. Pour une extraction de 12,000,000 à 13,000,000 d'hectolitres combles ; ce capital est aujourd'hui d'au moins 30,000,000 fr., et probablement beaucoup plus. Au moyen d'un système unitaire de travaux, il pourrait être réduit des 2/3.

La majeure partie des charbons de Mons s'embarquent sur le canal de Mons à Condé. Toutes les exploitations sont situées au midi de ce canal, à une distance de 3 à 4 kilom. au moins. Ce canal a été livré au commerce à la fin de 1814. Il est à grande section, d'une navigation très-commode.

De là pour arriver à Paris, voici la route suivant laquelle ils se dirigent : à Condé, ils entrent dans l'Escaut, qu'ils remontent jusqu'à Cambrai. Il y a du côté de Valenciennes quelques écluses simples à remplacer par des sas éclusés. Ces travaux vont être mis en adjudication.

A Cambrai ils passent dans le canal de Saint-Quentin qu'ils parcourent sur toute son étendue.

La partie la plus voisine de l'Oise, dite Canal Crozat, date de 1735, l'autre partie, de Saint-Quentin à Cambrai, n'a été livrée à la navigation qu'en 1810. C'est un canal à grande section.

A Chauny, ils rencontrent l'Oise qu'ils descendent jusqu'à son confluent avec la Seine, à Conflans Sainte-Honorine; de Conflans ils remontent à Paris.

L'Oise manque souvent d'eau. On s'occupe d'y remédier efficacement en la canalisant, et en la remplaçant sur une partie de son cours par un canal latéral.

La distance totale ainsi parcourue est de 340 kil. Savoir :

Sur le canal de Mons à Condé.	12 kil.
De Condé à Cambrai par l'Escaut.	53

A reporter   65

Report. 65 kil.

De Cambrai à Chauny, par le canal Saint-Quentin.	93. 40
De Chauny à Conflans, par l'Oise.	121. 50
De Conflans à Paris, par la Seine.	60. 00
	339. 90

Les charbons ne viennent pas directement à Paris. Ils sont d'abord déchargés à Compiègne, et là les marchands les remanient et les mélangent avant de les envoyer dans la vallée de la Seine.

Le déchet du transport est peu considérable dans le trajet par eau, avec certains charbons tels que ceux du *Grand Hornu*, de *Belle et Bonne*. Il ne dépasse pas alors 5 à 6 p. % sur le *mélange*. D'autres, tels que ceux de Hornu et Wasmes, donnent 2 ou 3 fois autant de menu ; ce n'est qu'un très-faible inconvénient, lorsque le menu n'est pas pulvérulent, mais fragmentaire, comme il arrive avec les produits de cette dernière compagnie.

Pendant long-temps la navigation de Mons à Paris a été fort difficile. Le canal de Saint-Quentin était dans le plus mauvais état, il manquait d'eau ; l'Oise était dans le même cas, et elle offrait des passes dangereuses. Le trajet durait quelquefois un an. On ne transportait plus par eau que les matières telles que le charbon, dont la valeur première est très-peu considérable. Le roulage apportait à Paris les huiles de Lille, et ramenait au Nord les vins de Bourgogne : le mal était au comble en 1827. C'est alors que le Gouvernement s'est décidé à pourvoir aux réparations du canal et à l'amélioration de l'Oise, et prochainement, cette importante ligne de navigation présentera

28

au commerce une voie prompte et facile. La durée du
voyage pourra être réduite à un mois environ.

En 1827, les frais de transport des rivages de Mons
à Paris s'élevaient, droits compris, par 1000 kilog.
à 30 fr. En 1829 ils étaient réduits à 21 fr. 50 c. (1).

A ce prix, les bateliers avaient peu ou point de bénéfice. Il existe cependant diverses considérations, d'a-
près lesquelles ce chiffre me semble encore susceptible de réduction. Je vais les exposer succinctement :

En 1829, les travaux qui doivent assurer une quantité d'eau suffisante dans le canal de Saint-Quentin et
de l'Oise, n'étaient pas terminés, ils ne le sont pas
encore. La charge des bateaux n'a pas été ce qu'elle
peut devenir. On n'a jamais navigué avec un tirant
d'eau de plus de $1^m,30$ correspondant avec les plus
grands bateaux, à une charge de 180 tonneaux. On
espère arriver à un tirant d'eau de $1^m,65$, ce qui cor-
respondrait à une charge de 200 à 220 tonneaux.

En ce moment la charge ordinaire est d'environ
120 tonneaux.

Au moyen de la transformation des écluses simples
de l'Escaut, en sas éclusés, et des divers travaux aujourd'hui en exécution sur l'Oise, la durée, et par conséquent la dépense du voyage sera notablement réduite.

De la réduction dans la durée du trajet, il résultera
que beaucoup de marchandises, qui étaient voiturées
par terre, se dirigeront par la voie fluviale. Il y aura
ainsi de la remonte du Midi au Nord, tandis qu'aujour-
d'hui tout le mouvement a lieu du Nord au Midi (2).

____

(1) Dans le moment actuel, c'est beaucoup plus. Par suite de
circonstances accidentelles, le prix de 1827 s'est rétabli.

(2) En 1829 il n'est remonté qu'une dizaine de bateaux chargés,
portant du plâtre et des cassons de bouteilles.

Ce sera l'origine d'une nouvelle économie dans les frais de transport, suivant cette dernière direction.

Enfin, actuellement les transports sont abandonnés à des bateliers isolés, dépourvus de capitaux ; les entrepreneurs de halage n'opèrent de même que sur une petite échelle. Si une compagnie puissante organisait sur toute la ligne de Mons à Paris, et surtout de Mons à Compiègne, un service de transports réguliers, comprenant conduite et halage, elle trouverait dans son unité, dans ses capitaux, la source d'une multitude de réductions que les bateliers actuels ne sauraient réaliser. Il est en ce moment peu d'industries qui méritent autant de fixer l'attention des capitalistes que la navigation intérieure de la France en général ; il en est peu qui soient susceptibles d'autant d'améliorations.

A son entrée en France, le charbon de Mons supporte un droit d'entrée de 30 c. par quintal métrique, décime non compris. Les droits d'entrée des charbons qui arrivent par la Meuse et la Moselle ne sont que de 10 cent.

Cet impôt a été établi pour protéger les mines françaises, et particulièrement celle d'Anzin. Or, s'il est constant, comme quelques personnes bien informées l'assurent, que ce vaste établissement réalise annuellement un bénéfice de 1,800,000 fr. (1) pour une extraction totale de 3,000,000 quintaux métriques, ou de 60 cent. par quintal métrique, il est évident que notre loi de douanes a pour unique effet aujourd'hui de doter d'une rente de 1,000,000 fr., aux dépens du consommateur français, une compagnie qui, livrée à

____

(1) Ce bénéfice s'est même élevé, dit-on, au-delà de 2,000,000 f.

elle-même n'aurait pas moins de 800,000 fr. de bénéfice.

Il est d'une administration paternelle et éclairée d'exciter le développement d'un art industriel là où il n'existe pas, lorsqu'il y a lieu de penser qu'un jour il pourra se soutenir de sa propre force. C'est en ce sens que tous les esprits impartiaux, persuadés qu'il existait en France des localités que la nature n'avait pas moins favorablement dotées en minerais de fer et en combustibles que le Staffordshire ou le pays de Galles, ont applaudi aux mesures protectrices récemment adoptées en faveur de notre industrie du fer : mais toute prime d'encouragement ainsi accordée ne peut être qu'un sacrifice momentané, imposé au pays, dans l'intérêt de l'avenir ; elle ne doit pas dégénérer en un impôt établi sur tous, au profit d'un seul.

La houille de Mons supporte, à la sortie du royaume des Pays-Bas, un droit de $2^c,5$ par hect. comble.

Elle est encore frappée, à l'entrée de Paris, d'un autre droit, qui pèse également sur les charbons de tous les pays. Il s'élève nominalement à 68 c. 75 par hectol. comble, non compris un droit de mesurage de 6 c. 2 ; mais à cause du mode de mesurage, il n'est réellement perçu que 60 c.

Ce droit date intégralement des premières années de la restauration.

J'ai indiqué dans le tableau suivant les divers élémens du prix de transport, droits compris, pour l'année 1829, et pour l'époque prochaine, où les travaux d'amélioration de la ligne de navigation de Mons à Paris, aujourd'hui entrepris, seront achevés, et où le fret aura pris un cours réglé :

	En 1829.	Aprés L'ACHÈVEMENT des travaux.
	f.	f.
Partie des frais de chargement.......	o. o25	o. o25
Droits de sortie de Belgique.........	o. o25	o. o25
Droits d'entrée en France...........	o. 33o	o. 33o
Fret..............................	1. 8oo	1. 5oo
Menus frais à Compiègne...........	o. 1oo	o. 1oo
Entrée à Paris....................	o. 6oo	o. 6oo
Droit de mesurage................	o. o62	o. o62
Débarquement et mesurage.........	o. o83	o. o83
Total par hec. comb. sur le port..	3. o25	2. 725
Ou par voie de 12 hect. comb.....	36. 3o	32. 7o

On en déduit, pour prix de la voie de *mélange* rendue chez le consommateur, en 1829, dans les circonstances les plus favorables :

Prix d'achat sur les rivages de

Mons à Condé.	16 f.	80
Transport, droits compris.	36.	30
Transport dans Paris.	2.	50
	55.	60

C'eût été pour la voie de forge gailleteuse 49 fr. A cette somme il faudrait ajouter divers menus frais de loyers, commissions, les frais généraux, l'intérêt des capitaux, et le bénéfice du marchand.

Cependant la voie de *mélange* se vendait alors à 6 mois de crédit à raison de 56 à 58 fr., quoiqu'il n'y eût pas d'encombrement sur le marché. Cela tient à ce que les marchands, à Paris, gagnent sur la mesure, et à ce qu'ils mêlent aux premières qualités des produits de moindre valeur, soit à Compiègne soit à Paris.

Les droits restant tels qu'ils sont aujourd'hui, le prix de la voie de *mélange* de charbon de Mons, après l'achèvement des travaux en exécution sur le canal de Saint-Quentin et sur l'Oise, sera probablement de 52 f. à 53 fr.

Mines d'Anzin.

Parmi les houillères qui peuvent faire concurrence sur le marché de Paris aux mines de Mons, les principales au Nord sont celles d'Anzin.

Le terrain houiller d'Anzin est le prolongement de celui de Mons. Il offre avec lui la plus grande conformité par sa composition et son allure générales, par sa régularité, par la direction des couches; en un mot, par l'ensemble de ses caractères. Comme lui il est recouvert par des *terrains morts* qui, là, varient de 50 m. à 100 m. d'épaisseur, et qui renferment des *niveaux* puissans. Comme lui, il se compose de zones parallèles renfermant des charbons de nature diverse; il en existe au moins deux nettement déterminées, l'une exploitée autour du village d'Anzin, qui fournit un charbon bitumineux, collant; l'autre plus au Nord, vers Raismes, séparée de la première par une épaisseur de 600 à 700 mètr. de terrain stérile, et d'où on retire du charbon *maigre*, flambant. On extrait en outre par les travaux de Fresne et de Vieux-Condé, du charbon *sec* de première qualité.

Les travaux récemment établis du côté de Denain, ont conduit à la découverte d'un autre système de couches, dont le charbon, non moins bitumineux que celui d'Anzin, n'est pas aussi collant, et qui, par conséquent, a quelques analogies avec le Flénu de Mons.

Les contournemens généraux du terrain de Mons se retrouvent à Anzin, mais le nombre d'inflexions y est beaucoup moindre. Dans toute l'étendue de l'exploitation centrale sise à Anzin, on n'a observé que deux *droits* inclinés ordinairement de 75° vers le Midi, réunis par un *plat* assez peu incliné, de 15° moyennement.

Les couches formant le faisceau du Nord, vers Raismes, n'ont qu'un seul pendage de 25 à 30° ordinairement. Celles de Fresnes et de Vieux-Condé, sur les rives opposées de l'Escaut, n'ont de même qu'un pendage dirigé de part et d'autre, vers le lit du fleuve.

Le nombre des couches est considérable. Mais il en est une très-grande partie dont l'épaisseur, moindre de 03, est trop faible pour qu'on puisse les exploiter. Dans l'exploitation d'Anzin, proprement dite, il n'en existe qu'une douzaine qui donnent lieu à des travaux. Leur puissance varie entre les limites qui comprennent les couches de Mons; elle est rarement supérieure à 0^m,70.

L'intervalle moyen entre ces douze couches, est de 60^m environ. Au Flénu, la distance moyenne de deux couches successives n'est que de 15^m.

Le mode général d'exploitation est le même à Anzin et à Mons. La profondeur des puits est de 300 à 400 mètres (1) ordinairement. Ceux que l'on perce actuellement sont établis sur une largeur de 3 mèt., avec

---

(1) Ceux de Denain ne dépassent pas 200 mètres.

un cuvelage octogone; ils fournissent une médiocre quantité de charbon; environ 600 à 700 hectolitres combles par jour. Les machines à vapeur, dont est muni chaque puits, sont de la force de 16 chevaux seulement.

L'établissement d'Anzin est colossal. En septembre 1829 j'ai compté à Anzin et à Raismes 13 fosses en activité; il y en a habituellement un plus grand nombre, et au besoin, la compagnie peut en mettre 40 en extraction. Indépendamment de ces immenses développemens de travaux souterrains, de vastes ateliers à la surface, tels que fonderie, scierie, corderie, tours et allésoirs, forges, charpenterie, etc., sont consacrés à la fabrication de toutes les machines, appareils, et simples pièces dont on a continuellement besoin.

Le plus grand ordre préside aujourd'hui à la distribution et à la combinaison de ces travaux du fond et du jour, et c'est cet ordre, cette unité, qui est la cause principale de la haute prospérité à laquelle se sont élevées ces mines, prospérité qui resterait encore brillante, quand même la protection de notre loi de douanes leur serait retirée.

L'extraction annuelle s'élève à Anzin à 3,000,000 hect. combles. Elle occupe environ 4,500 ouvriers (1).

Le prix coûtant d'un hectolitre comble peut être évalué de 70 à 75 cent., à quoi il faudrait joindre, pour transport au rivage et mise en bateaux, environ 12 c.

Il me paraît probable qu'il serait moins considérable, si les divers ateliers d'extraction étaient éta-

----

(1) Ce chiffre comprend tous les ouvriers de l'établissement : Je ne pense pas que l'exploitation proprement dite exige plus de 100 ouvriers par 100,000 hect. combl. de produit annuel.

blis sur une aussi grande échelle que ceux de Mons.

Les charbons d'Anzin sont de trois sortes :

1° Les uns, ceux d'Anzin, proprement dits, sont gras, collans, tenant bien le feu, peu sulfureux en général, assez propres à la fabrication du coke, médiocrement convenables pour la forge, relativement à ceux de Saint-Etienne, et même aux fines forges de Mons. Ils présentent beaucoup d'analogie avec le charbon *dur :* ils ne sont employés à Paris que pour les chaudières, les grilles grandes et petites ; aujourd'hui, le Flénu leur est généralement préféré. Ils sont plus terreux que lui, donnent plus de mâchefer, et ménagent moins les appareils métalliques avec lesquels ils sont en contact. Ils se boursoufflent sur la grille, font voûte, et fatiguent davantage le chauffeur (1). C'est un charbon taillé irrégulièrement, offrant, comme le charbon *dur* de Mons, des sens de division perpendiculaires au lit, mais beaucoup plus fragile que lui.

On le partage principalement en deux qualités, le *gros* ou *gaillette* et le *gailleteux* ou *forge gailleteuse*. Le *gros* y est en petite quantité 1/20 environ. Les charbons menus et impurs forment une troisième qualité qu'on n'exporte pas.

Les charbons que fournissent les trois puits de Denain, sont moins collans que ceux d'Anzin proprement dits. Ils sont plus flambans ; en un mot, ils se rapprochent du Flénu.

2° Les mines de Raismes fournissent un charbon

______

(1) Cette dernière considération, qu'on pourrait croire d'une médiocre importance, est très-puissante à Paris, parce que les propriétaires laissent les chauffeurs seuls juges de la qualité du charbon qui convient à leur établissement.

de grille *maigre*, plus brillant, plus gailleteux que celui d'Anzin, mais traversé de barres; plus sulfureux, plus difficile à embraser, brûlant plus lentement, avec moins de chaleur, sujet à s'effleurir, et à perdre ainsi une partie considérable de leur puissance calorifique.

3° Des mines de Fresnes et de Vieux-Condé on extrait un charbon *sec*, brûlant lentement, sans flamme et sans fumée, tantôt solide, à cassure conchoïde, semblable à l'anthracite, tantôt se divisant suivant des plans perpendiculaires au lit; d'autres fois fragile, et portant des stries parfaitement pareilles à la *maille du Flénu*. Vu la construction vicieuse de la plupart des cheminées à Paris, il y est quelquefois recherché pour le chauffage domestique, quoiqu'il ne donne pas un feu ardent, même mêlé au bois. Son usage spécial est la cuisson de la chaux et des briques.

Les essais auxquels j'ai soumis quelques échantillons choisis de charbons d'Anzin ont donné les résultats suivans :

NUMÉRO des ESSAIS.	INDICATION des CHARBONS.	PESANTEUR spécifique A 12° CENTIGR.	PERTE au feu EN CENTIÈM.	CENDRES en CENTIÈMES.	COULEUR des CENDRES.
1.	Fresnes anthracite.	1. 360	7. 20	0. 75	brun fauve.
2.	Fresnes strié. . . .	1. 569	9. 60	4. 25	blanc.
3.	Fresnes très-strié. .	1. 554	9. 40	2. 25	Id.
4	Anzin.	1. 284	25. 1	5. 50	brun.

En 1828, l'extraction des mines d'Anzin, Raismes, Fresnes et Vieux-Condé, s'est élevée à 3,050,000 hect, combl. savoir :

Fresnes et Vieux-Condé	900,000 h.
Anzin et Raismes	2,150,000
	3,050,000

Composés ainsi qu'il suit :

Gros	160,000 h
Gailleteux	2,500,000
Menu	390,000
	3,050,000

A la vente, on mêle ordinairement les produits d'Anzin et de Raismes.

La compagnie livre ses charbons rendus sur l'Escaut, et mis en bateau, aux prix suivans :

Forge gailleteuse d'Anzin	1. f. 375 l'hect. com.
Id. Denain	1. 375
Id. Fresnes	1. 40
Gros d'Anzin, Denain ou Fresnes	2. 25

La quantité de ces charbons qui vient à Paris est très-variable. Aujourd'hui elle est fort bornée ; ils ne descendent guère au-delà de Compiègne. De Fresnes il arrive annuellement 20 bateaux environ, exclusivement destinés à la cuisson de la chaux, à part un peu de gros qui sert au chauffage domestique.

Le trajet parcouru par les charbons d'Anzin pour venir à Paris est de 323 kilom. , savoir:

De Valenciennes à Cambrai , sur l'Escaut	48 kil.
De Cambrai à Paris , par le canal Saint-Quentin , l'Oise et la Seine	275
	323

Le tableau suivant contient le détail des frais de transport par hectolitre comble de charbon d'Anzin , pour l'année 1829, et pour l'époque prochaine où les travaux d'amélioration du canal de Saint-Quentin et de l'Oise seront achevés.

	En 1829.	Après l'achèvement des travaux.
Fret d'Anzin à Paris	1. 500	1. 300
Menus frais à Compiègne	0. 100	0. 100
Entrée à Paris	0. 600	0. 600
Droit de mesurage	0. 062	0. 062
Débarquement et mesurage	0. 083	0. 083
Total.	2. 345	2. 145
C'est par voie de 12 hect. comb.	28. 14	25. 70
Plus prix d'achat	16. 50	16. 50
Transport dans Paris	2. 50	2. 50
Total	47. 14	44. 70

Pour Denain, ce serait de même ; pour Fresnes, ce serait 10 c. en sus, par hect. comble ; ou 1 f. 20 c. par voie. A Anzin, la mesure est moins favorable à l'acheteur qu'à Mons. Il y a une différence de 3 à 4 p. 0/0.

Mines d'Aniche.

Sur le prolongement de la même bande houillère à l'ouest d'Anzin, sont situées les mines d'Aniche. Le charbon qu'elles fournissent est assez analogue à celui des mines d'Anzin : mais, à beaucoup d'égards, les circonstances de l'exploitation y sont moins favorables. Les niveaux y existent plus puissans, les terrains morts atteignent jusqu'à 200 mètres d'épaisseur. Les couches de charbon y sont moins épaisses, les frais d'épuisement y sont énormes. On peut évaluer à 1 fr. 15 le prix coûtant actuel d'un hectolitre comble. Ce chiffre me paraît, il est vrai, susceptible de réduction.

Les charbons d'Aniche sont plus propres que ceux

d'Anzin à la forge et à la fabrication du coke; ils sont ordinairement menus, et le triage en est généralement peu soigné.

L'extraction annuelle s'élève à 300,000 hectolitres combles environ, dont 1/3 au plus est vendu sur l'Escaut à Bouchain, à raison de 1 fr. 52 c. l'hectolitre comble. A part une très-petite portion de gros, le reste se compose de menus inférieurs.

Il vient fort peu de charbon d'Aniche à Paris. Le fret serait à peu près le même que pour Anzin, 5 c. de moins par hect. combl. ; et la distance parcourue de 300 kilom. environ. Ainsi la voie de 12 hectol. combl. , rendue chez le consommateur, coûterait, au prix de 1829,

achat sur le rivage ,	18	fr.	24 c.
fret , etc.	27		40
transport dans Paris .	2		50
	48		14

Le terrain houiller se prolonge en France, à l'ouest d'Aniche. Divers travaux de recherches ont été établis dans le département du Pas-de-Calais pour le découvrir. Un puits foncé à Mouchy-le-Preux près Arras, en 1806, rencontra à 152 mètres de profondeur, des terrains qui offraient de grandes analogies avec les terrains houillers de Valenciennes et de Mons : cependant, après avoir dépensé 242,000 fr. , les actionnaires, saisis d'une terreur panique, à la suite d'une suspension de travaux qui ne devait être que momentanée, renoncèrent à leur entreprise ; et depuis lors, ce puits , profond de 172 mèt. , est resté sans que personne ait voulu en reprendre le foncement, malgré les chances de succès que présenterait une exploitation de houille , placée aux portes d'Arras , au centre d'un pays où la consommation de combustible minéral est énorme (1).

Indépendamment des recherches de Mouchy-le-Preux , il en a été effectué d'autres autour de Valenciennes. Le succès qui a couronné celles de la compagnie d'Anzin à Denain , et le désir général dans la contrée de se soustraire au monopole de cette compagnie , ont donné l'éveil ; des sondages ont constaté l'existence du charbon hors des périmètres qu'elle possède , et en ce moment plusieurs demandes en concession sont en instance.

Mines de Charleroi.

Il est encore dans le Nord des charbons qui pourront venir un jour à Paris ; ce sont ceux de Charleroi : mais leur arrivage est subordonné à l'établissement d'un canal de jonction entre la Sambre et l'Oise, canal depuis long-temps projeté , mais dont la réalisation n'est encore qu'une éventualité. Je me bornerai donc , au sujet de ces mines , à quelques observations succinctes.

Le terrain houiller de Charleroi est le prolongement de celui de Mons ; il offre des contournemens généraux d'une nature particulière.

Son étendue est considérable. Il a environ 2 myriamètres de long sur 16 kilom. de large. Il est partagé en un très-grand nombre de concessions.

---

(1) Le détail des travaux exécutés à Mouchy-le-Preux, des dépenses nécessaires pour terminer aujourd'hui l'entreprise, et des chances de succès qu'elle offrirait, a été exposé, entre autres considérations, par M. l'ingénieur en chef des mines, Garnier, dans un mémoire couronné par la Société d'Agriculture, du Commerce et des Arts de Boulogne.

La houille qu'il fournit est d'excellente qualité pour le chauffage domestique, et pour les usages métallurgiques : elle convient également à la forgerie ; on l'emploie aujourd'hui principalement à l'état de coke (1) pour la fusion des minerais de fer dans les hauts fourneaux des environs de Charleroi. Telle est la qualité de ce charbon et du minerai traité dans ces usines, que l'on est parvenu, dès l'origine, à y fabriquer des quantités considérables de fonte de qualité constamment supérieure. L'industrie des fers va, sans doute, prendre à Charleroi un immense développement.

L'arrivage à Paris des charbons de Charleroi, lorsqu'il aura lieu, nuira probablement à tous les charbons autres que le flénu, et même à ceux de Saint-Etienne.

La longueur du trajet sera de 370 kilom. environ.

Le prix de l'hect. comble de forge gailleteuse est, à Charleroi, de 70 cent. Le prix du transport, droits compris, peut être évalué approximativement à 3 fr. ce qui porterait le prix de la voie rendue chez le consommateur à 47 fr.

Mines de Saint-Etienne.

Parmi les charbons du Midi, qui figurent sur le marché de Paris, ceux de Saint-Etienne occupent le premier rang. On en jugera par le tableau suivant, qui indique le nombre des bateaux de charbon qui ont traversé le canal de Briare, et le lieu de leur départ.

---

(1) On en retire en grand dans des fours 67 p. o/o de coke.

	SAINT-ÉTIENNE.	AUVERGNE.	MOULINS.	NEARSY.	DECIZE.	TOTAUX.
Du 1er juillet 1825 Au *Idem.* 1826	1500	400	109	56	75	2140
Du *Idem.* 1826 Au *Idem.* 1827	1700	364	35	54	69	2222
Du *Idem.* 1827 Au *Idem.* 1828	1100	302	109	137	116	1754

Le terrain houiller de Saint-Etienne, y compris le territoire de Rive de Gié, a dans sa plus grande longueur 46. 250 mètr., sa plus grande largeur est de 1300 m., sa superficie de 221 kilom. carrés.

Il repose soit sur des gneiss, soit sur des schistes micacés ou talqueux.

A part un petit nombre de sommités, où l'on voit à la surface un terrain d'une origine assez problématique, le terrain houiller est partout à jour; on est ainsi affranchi des *niveaux*, causes si graves de dépenses et d'accidens dans le bassin de Mons.

Le bassin est partagé en deux parties distinctes, ayant pour centres l'une Saint-Etienne, l'autre Rive de Gié, qui diffèrent l'une de l'autre par leur étendue, par le nombre des couches qu'elles renferment, par la disposition du gîte houiller et les difficultés de l'exploitation, et par leurs débouchés. Nous ne nous occuperons que de la première, qui est la plus vaste, la plus riche et la plus commodément disposée pour l'exploitation, parce que seule elle verse ses produits dans la vallée de la Loire. Les exploitations de Rive de Gié envoient les leurs vers le Rhône et la Saône.

Autour de Saint-Etienne le terrain houiller est très-dilaté. Ce n'est plus, comme à Mons, un ensemble de couches de direction fixe, remplissant un énorme sillon tracé dans le terrain environnant ; c'est une formation gisant sur un terrain inégal, ondulé, dont elle reproduit, par l'inflexion des couches qui la composent, les inégalités et les ondulations, et qui est elle-même découpée en divers sens par des vallons plus ou moins profonds (1). De cette configuration montueuse, commune au terrain primitif, sur lequel est moulé le terrain houiller, et au terrain houiller lui-même, il résulte que ce dernier se compose d'un ensemble de bassins partiels qui constituent autant de centres isolés d'exploitation.

Dans chaque centre en particulier, la forme des couches est habituellement celle d'une calotte renversée : cette allure est connue sous le nom de *cul-de-bateau.*

---

(1) Dans un travail remarquable à tous égards, dont un extrait a été publié dans les *Annales des Mines* (1816), et auquel j'ai emprunté une partie des renseignemens contenus ici sur les mines de Saint-Etienne, M. Beaunier, inspecteur divisionnaire au corps royal des Mines, a fait remarquer que « à quelques excep-« tions près, toutes les couches du terrain houiller sont inclinées « en sens opposé des monticules isolés ou des coteaux qui appar-« tiennent à la formation : et que l'on voit ainsi les affleuremens des « couches ceindre, presque de toute part, ces monticules ou co-« teaux, et se projeter sur les cartes par des lignes sinueuses, dont « les points diffèrent généralement peu de niveau. » D'où il a été conduit à conclure que « les points les plus bas du terrain primitif, « sur lequel la formation des houilles a été déposée, répondent pré-« cisément aux points de cette formation, qui sont aujourd'hui les « plus élevés; ou, en renversant la proposition, que les dernières « vallées creusées dans la formation des houilles courent générale-« ment sur des points qui correspondent aux sommités primitives « que cache le sol actuel. »

M. Beaunier a partagé ainsi le terrain des environs de Saint-Etienne en six groupes (1), savoir :

Celui de Firminy , comprenant 18 couches reconnues.

Celui de Roche-la-Molière, 9

Celui de la Ricamarie et la Beraudière , 21

Celui du Cluzel , de Villards , de Montaud, 11

Celui du Treuil , du Cros, de Fay, etc. , 13

Celui de Côtes-Thiollière , du bois d'Aveize , 12

Celui de Saint-Chamond, 3

Les diverses couches , renfermées dans chaque groupe , ne sont pas toutes exploitées. L'abondance du gîte est telle que , jusqu'à présent, les travaux ont été principalement dirigés sur celles qui sont les plus productives, sur celles surtout dont la qualité est la meilleure. Il en sera de même pendant long-temps encore.

La puissance des couches est très-variable, soit lorsqu'on les compare entre elles , soit lorsqu'on en considère une seule et même , en différens points. Ce ne

---

(1) Dans les intervalles qui séparent ces groupes , et notamment entre ceux de Firminy et de Roche-la-Molière , le terrain houiller est d'une allure très-peu réglée, la houille s'y trouve par sacs plus tôt qu'en couches suivies , ce qui tendrait à faire penser que , postérieurement à son dépôt, le terrain houiller a été soumis à des dislocations et à des soulévemens , dont l'effet a été de séparer un système unique primitivement déposé, en plusieurs systèmes partiels, isolés par des brouillages. Cependant M. Beaunier a émis une opinion contraire, et il a cité, à l'appui, des faits multipliés qui paraissent très-concluans.

sont pas , comme dans les mines du Nord , des couches bien réglées , comprises entre des plans parallèles ; ce sont des bancs très-souvent accidentés , par des renflemens qui leur donnent subitement une épaisseur considérable (16 à 20 mètres), ou par des rétrécissemens (*coufflées*) , qui souvent les réduisent tout à coup à un simple filet charbonneux , ou même qui ne conservent plus aucune trace du combustible.

Il n'y a aucune relation nette entre le nombre et l'étendue des *coufflées* qui affectent les couches et la qualité de la houille. Il arrive cependant que quelques-unes des couches qui donnent des charbons de bonne qualité et purs , soient plus exemptes que 'd'autres de variations subites , et surtout des étranglemens produits par les *coufflées*. Cette observation se vérifie entre autres sur la couche dite *Saignat* (Roche-la-Molière), dont les produits sont si recherchés à Paris , et sur la *grande Masse* de Firminy.

La puissance moyenne des couches exploitées , à part les coufflées et les renflemens , va quelquefois jusqu'à 8 ou 10 m. Elle est néanmoins rarement au-dessus de 5 à 6 m. , plus rarement au-dessous de 1 m. Elle est généralement plus grande à la partie inférieure des berceaux qu'elles forment , que sur les bords , lorsque ceux-ci sont en talus prononcé.

La plus grande inclinaison des couches est le plus souvent à leur affleurement , et là elle ne dépasse pas 30° ; elle y est ordinairement de 15 à 18°.

La plupart des couches sont coupées en deux ou trois parties par des nerfs d'un schiste appelé dans le pays , *Gore*.

A Saint-Etienne on n'a pas , comme à Mons , au toit et au mur des couches , ce schiste friable , appelé *Ha-*

vrit, qui sépare la houille de la roche solide , et qui donne tant d'avantage pour la facilité de l'abattage , et pour la proportion du *Gros*. Un très-grand nombre de couches s'y trouvent immédiatement comprises entre deux bancs de grès.

Le bassin de Saint-Etienne fournit deux variétés de houille.

L'une est la houille maréchale, la seule qu'on exporte aujourd'hui à Paris et celle qui donne lieu à la plus grande partie des exploitations. Elle est très-brillante , d'un beau noir, à structure schisteuse , laminaire ou grenue, tendre, supportant peu les transports , éminemment collante. En général , elle est passablement pyriteuse, celle qui provient de la couche dite *Saignat* l'est moins que les autres.

Deux expériences, faites pour déterminer sa pesanteur spécifique , ont donné , l'une   1. 288

                 l'autre   1. 347

Elle est évaluée (*Journal des Mines*, tom. XI , page 412) à   1. 287

Elle perd au feu 30 à 33 p. 0/0 de son poids.

Les meilleures qualités renferment 2 à 2 1/2 p. 0/0 de matières terreuses.

Sur la grille, elle colle et brûle avec une chaleur extrême ; les matières terreuses dont elle est mêlée, se fondent, et forment du mâchefer sur les barreaux. La pyrite qu'elle renferme ronge les barreaux et attaque les appareils en tôle , en fonte ou en cuivre en contact avec la flamme : c'est un charbon de grille bien moins *doux*, bien moins commode que le Flénu , plus difficile à régler, mais beaucoup plus chaud.

Il y a de grandes différences entre les produits des diverses exploitations , sous le rapport de la proportion des cendres et de la pyrite qui sont intimement associées au charbon, et des schistes qui s'y trouvent accidentellement mêlés.

La 2me variété de charbon de Saint-Etienne diffère de la précédente, en ce qu'elle est beaucoup plus inflammable, plus solide, qu'elle s'abat mieux en gros; c'est spécialement un charbon de grille et de chauffage. Elle s'échauffe trop vite à la forge, et brûle le fer. Plusieurs houilles, appartenant à cette variété, s'améliorent pour la forgerie par l'exposition à l'air, ou par le transport par eau à l'état de menu.

La houille maréchale menue est celle qu'on carbonise de préférence pour les hauts fourneaux qui existent dans les environs de Saint-Etienne. Elle fournit en grand

dans des fours   60 p. 0/0 de coke.
en plein air   50 p. 0/0.

La fabrication du coke pour les usines métallurgiques, soit des environs, soit éloignées, est un des débouchés les plus importans des mines de Saint-Etienne. Plusieurs exploitans en fabriquent ainsi qu'ils vendent à raison de 12 fr. les 1000 kil. pris sur la mine.

Les analyses de trois cokes différens, fabriqués en plein air pour la consommation des hauts fourneaux du Janon, faites par M. J. A. Raby (*Industriel*, *avril* 1829), de manière à fournir des indications moyennes très-exactes, ont donné les résultats suivans :

	COKE DE LA CHAUX.	COKE DU GAZ.	COKE DE POYETON.
Carbone............	87.959	85.759	85.80
Soufre............	0.301	0.900	0.60
Cendres............	11.740	13.150	13.69
Total............	100.00	99.809	100.29

L'analyse complète des cendres a donné

	COKE DE LA CHAUX.	COKE DU GAZ.	COKE DE POYETON.
Silice............	53.404	50.316	51.5170
Alumine............	30.800	31.985	33.6010
Pérox. fer............	11.086	11.295	12.8330
Chaux............	0.377	0.353	0.4100
Manganèse............	0.100	0.075	0.0003
Pérox. manganèse..	0.940	0.023	0.0300
Acide sulfurique...	0.464	0.105	0.1625
Acide phosphorique.	0.019	0.048	0.0570
Potasse et soude...	0.030	0.014	0.0230
Perte............	1.870	5.606	1.3661
	100. «	100. «	100. «

Ces cokes provenaient des mines de la compagnie du Janon, dont les produits sont d'assez bonne qualité.

Le coke de Saint-Etienne est très-solide, très-serré; dans un fourneau à courant d'air forcé, il brûle avec une très-vive chaleur. Il paraît néanmoins être peu propre à la production de la fonte douce dans les fourneaux et à sa conservation dans les fourneaux à la Wilkinson. Plusieurs fondeurs de Paris lui reprochent de blanchir la fonte et de l'aigrir à la seconde fusion. Il est vrai qu'ils ne se servent que de coke obtenu en vase clos. Cependant celui qui est fabriqué dans les mêmes circonstances avec du charbon *dur* de Mons n'a pas le même inconvénient, il rend même la fonte graphiteuse. C'est d'après ces observations que l'un des plus habiles fondeurs de Paris, M. Laurent Thiébault, mélange, pour la carbonisation, le charbon de Saint-Etienne et le charbon *dur* de Mons.

Le terrain houiller de Saint-Etienne est partagé en un grand nombre d'exploitations. Le bassin entier, y compris le territoire de Saint-Chamond et Rive de Gié, a été divisé en 56 concessions très-inégales, parmi lesquelles on n'en exploite que 35, dont 18 sont situées dans l'arrondissement houiller de Saint-Etienne.

Le mode d'exploitation y est simple et peu dispendieux. Il n'exige pas ce grand développement de travaux, indispensable dans les mines du Nord.

On atteint les couches, soit par des galeries d'écoulement; soit par des *fendues*, c'est-à-dire par des galeries inclinées, en s'enfonçant suivant leur propre pente; soit par des puits verticaux, au fond desquels on conduit une galerie à travers bancs. Ce dernier mode domine aujourd'hui (1).

La profondeur des puits est très-peu considérable. Ils ont 40, 50, 70 m. Il est très-rare qu'ils aillent jusqu'à 100 m. (2).

Lorsqu'on est arrivé à une couche, on y conduit des galeries horizontales dites *fonds*, larges au moins de 2 mètres, le plus souvent de 3 à 5 m. Les piliers laissés

---

(1) Il existe encore à Firminy une exploitation à ciel ouvert.

(2) Il n'est question ici que des mines situées sur le versant de la Loire. A Rive de Gié, l'exploitation exige l'emploi de moyens beaucoup plus puissans: les puits y ont jusqu'à 360 mètres.

entre elles, ont 8 à 10 mètres d'épaisseur, lorsque la couche est très-puissante ou que la houille en est friable. Avec des couches peu épaisses et solides, on leur donne beaucoup moins, 2, 3 ou 4 mètres. Ils sont recoupés par des galeries d'inclinaison dites *descentes* ou *pointes*, ordinairement moins larges que les *fonds*. Lorsqu'on a poussé ce système de galeries rectangulaires aussi loin qu'on se l'était proposé, on revient sur ses pas, en enlevant le plus possible de la houille laissée en piliers.

Le *dépilement* s'opère sans esprit d'aménagement. Il est rare qu'on ne sacrifie pas alors une grande quantité de charbon : lorsque les couches sont puissantes, on en abandonne au toit ou au mur, souvent à l'un et à l'autre, des bancs intacts, qu'aux prix courans on ne saurait extraire sans perte. Il arrive ainsi quelquefois qu'on ne retire pas la moitié de la houille : cependant il existe quelques exploitations où, à l'aide d'un boisage bien entendu, au moyen de remblais, et sur des couches minces, on l'enlève entièrement.

Le roulage intérieur a lieu sur des chemins à ornières en fonte. La hauteur des couches et la bonté du toit permettent le plus souvent de donner aux galeries des dimensions telles qu'on puisse se servir de chevaux pour ces charrois. Depuis un petit nombre d'années on emploie ainsi beaucoup de chevaux dans les travaux souterrains (1).

L'extraction s'opérait autrefois par de petites galeries d'écoulement ou par des *fendues*, soit à dos d'homme, soit à l'aide de machines à molettes. Ac-

---

(1) En 1827 il y avait, d'après M. Beaunier, 200 chevaux mis en action dans les travaux souterrains à Saint-Etienne et à Rive de Gié. En 1820 il n'y en avait pas un seul (*Enquête sur les fers*).

tuellement elle a lieu par des puits verticaux, au moyen d'un manège ou d'une machine à vapeur.

On épuise les eaux, soit par des pompes mises en mouvement par les machines d'extraction, soit simplement avec une tonne.

Quelques-unes des mines de Saint-Etienne sont sujettes à prendre feu. Ces incendies sont heureusement arrêtés par les *coufflées*. Ils sont plus fréquens à Rive de Gié. Ils sont dus à la fermentation qui s'établit au milieu des menus abandonnés dans les travaux, lorsqu'ils sont mélangés de schiste et de pyrite. Il en est peu où l'on ait à craindre le *grisou*.

Arrivé au jour, le charbon de Saint-Etienne est partagé, d'apres la grosseur des morceaux, en quatre qualités, *pérat*, *chapelet*, *grèle* et *menu*, qui correspondent assez bien à celles connues à Mons sous les noms de *gros*, *gaillette*, *gailleterie* et *fines*.

Souvent on supprime l'une des qualités intermédiaires ; quelquefois même l'on n'en fait que deux, *gros* et *menu greleux*.

Au reste la composition de ces divers produits est variable d'une mine à l'autre.

Les meilleurs charbons à forger donnent beaucoup de menu, les 9/10, les 3/4 ou les 2/3 au moins ; tels sont ceux de *Roche-la-Molière*, de la mine de l'*Etang* ; le Pérat surtout ne forme qu'une faible part de leur produit, encore se réduit-il considérablement à l'air, et par les transports. D'autres mines, comme le *Treuil*, le *Soleil*, *Firminy*, où le charbon est plus dur, ne produisent en menu que la moitié ou même le tiers du trait. Le gros de Saint-Etienne est généralement moins solide que celui de Mons.

Les débouchés n'ont eu jusqu'à ces derniers temps

qu'une importance médiocre ; en 1812 le produit total des mines de Saint-Etienne n'était encore que de 1,050,000 quintaux métr. ; aujourd'hui l'extraction totale s'élève à 3,000,000 quint. métr. Elle occupe 1400 ouvriers et 175 chevaux dans l'intérieur.

Les mines de Saint-Etienne sont toutes établies sur une petite échelle, et il ne saurait en être autrement, dans un pays où l'exploitation est facile, où elle n'exige qu'une dépense préparatoire modique, et où la propriété souterraine est très-divisée. Il en est très-peu dans lesquelles les frais d'établissement, c'est-à-dire toute mise de fonds autre que le capital de roulement, s'élève au-dessus de 60 à 80,000 fr. Il n'en est pas où l'extraction annuelle dépasse 400,000 quinaux métriques.

Le présent état de choses est certainement peu favorable à un prudent aménagement des précieuses richesses souterraines que recèle le bassin houiller de la Loire. Les intérêts généraux de l'avenir y sont sacrifiés aux intérêts du jour, mal entendus par les concessionnaires. Il paraît cependant de nature à durer long-temps encore. Ce sera seulement lorsque les charbons les plus voisins de la surface auront été extraits ou rendus inabordables, et lorsque les difficultés de l'exploitation se seront accrues, que l'on pourra espérer de voir de l'unité, de l'ensemble, et en même temps un système salutaire de conservation s'introduire dans les mines de Saint-Etienne. Jusque-là, malgré l'écoulement large et facile que paraissent promettre aux charbons de Saint-Etienne les nouvelles lignes de transport qui s'ouvrent entre les mines et les vallées de la Loire et du Rhône, on ne verra point surgir à Saint-Etienne ces grands charbonnages tels que ceux du Nord, comprenant dans un plan régulier d'exploitation un vaste gîte houiller, remarquables par l'étendue de leurs ressources, par la puissance dès moyens qu'elles emploieraient, par l'abondance de leurs produits ; et en effet, les frais généraux, ceux d'épuisement, ceux d'entretien des travaux, les seuls à peu près pour lesquels un grand établissement présente de l'avantage, ne forment maintenant qu'une fraction assez faible du prix total d'extraction.

La condition des ouvriers est assez favorable, à Saint-Etienne. On estime qu'un *piqueur* (ouvrier qui abat le charbon à la taille) y gagne 3 f. à 3 f. 50 c. par jour.

L'exploitation est grevée d'une redevance considérable en faveur des propriétaires de la surface. Lorsque le bassin houiller, depuis long-temps exploité, fut partagé en concessions, l'administration dut respecter les droits qu'elle leur trouvait acquis en vertu d'usages locaux. Elle y satisfit, en leur accordant à perpétuité un prélèvement en nature sur le produit brut de la mine (1). Ce mode fut jugé plus supportable pour

---

(1) Le tableau suivant indique les fractions du produit brut qui doivent être livrées au propriétaire de la surface.

PROFONDEUR DES TRAVAUX.	PUISSANCE DES COUCHES.			
	2 mètres et au dessus.	2 à 1 mètre.	1 m. à 0 m. 50	au-dessous de 0 m. 50
À ciel ouvert,.........	1/4	1/6	1/8	1/16
Par puits jusqu'à 50 m.	1/6	1/9	1/12	1/24
Idem. de 50 à 100 m.	1/8	1/12	1/16	1/32
Idem. de 100 à 150 m.	1/10	1/15	1/20	1/40
Idem. de 150 à 200 m	1/12	1/18	1/24	1/48
Idem. de 200 à 250 m.	1/15	1/21	1/28	1/56
Idem. de 250 à 300 m.	1/16	1/24	1/32	1/64
au des. de 300 mèt.	1/20	1/30	1/40	1/80

Pour introduire l'usage de l'exploitation par remblais, on a réduit les redevances d'un tiers en faveur de ceux qui emploieraient cette méthode.

les concessionnaires , que ne l'eût été une somme d'argent une fois payée. Il offre cependant l'inconvénient grave de gréver l'avenir d'une lourde charge.

Le prix d'extraction par *bène* (1), redevance comprise, varie de 30 à 50 cent., plus ordinairement entre 35 et 40 cent.

Le prix de vente sur la mine est très-variable : à ce sujet nous donnerons les indications suivantes :

Pérat supérieur	1 f. 70 la *bène*.			
Pérat de bonne qualité	1 15 à 1 f. 25.	moyenne	1 f. 20	
Chapelet id.	0 90 à 1	id.	0 95	
Grêle id.	0 60 à 0 80	id.	0 70	
Menu supérieur	0 70			
Menu de bonne qualité	0 40 à 0 50	id.	0 45	

Avec des charbons moins beaux , les prix sont plus ou moins inférieurs à ceux-là. C'est surtout la valeur du menu qui présente de grandes variations.

Le Pérat, le Chapelet et le Grêle sont principalement consommés sur les lieux pour le chauffage domestique et les fours à réverbère. Le menu est employé à l'entretien des machines à vapeur et à la fabrication du coke pour les hauts fourneaux. Il s'en exporte une grande quantité par la Loire (2). Les der-

----

(1) La *bène* est une mesure pesant environ 100 kil. avec le menu plus ou moins grêleux, et beaucoup plus avec le *gros*.

(2) On envoie en ce moment, par la voie de terre, un peu de *gros* de Saint-Etienne à Lyon et dans la vallée du Rhône. Le chemin de fer de Saint-Etienne à Lyon va ouvrir un important débouché aux exploitations de Saint-Etienne. Grace à cette voie économique, ils se répandront dans les bassins du Rhône et de la Saône en concurrence avec ceux de Rive de Gié ; et en effet , en admettant que les premiers aient à parcourir de plus que les seconds 30 kil. (la distance des deux villes n'est que de 22 kil.), ils supporteront de plus des frais de 29 c. 4/10 par 100 kil. Ce sera

nières expéditions annuelles ont ainsi varié de 700,000 à 1,050,000 quint. mét.

A Paris, la houille de Saint-Etienne ne vient presque qu'à l'état de menu, principalement pour l'usage des forges maréchales. Elle a été d'abord employée exclusivement pour la fabrication du gaz. Aujourd'hui le Flénu lui est préféré pour cet usage.

Il en vient quelques bateaux de *gros* qui sont destinés, soit aux usines à gaz, soit à quelques fours à réverbère, soit aux fondeurs qui ont besoin d'un coke très-pur.

Presque toujours le charbon de Saint-Etienne, lorsqu'il arrive à Paris, est mélangé de schiste, soit qu'il en contienne au départ, soit qu'on l'ait associé pendant le voyage au charbon d'Auvergne, qui est très-mal trié.

Pour l'introduire en quantité notable dans le chauffage domestique, on a essayé, pendant le rigoureux hiver de 1829, d'en fabriquer avec du menu des briquettes, auxquelles on a donné le nom de *tablettes stéphanoises*.

Les briquettes qui se fabriquent ordinairement à Paris sont faites avec des rebuts mêlés de proportions d'argile quelquefois très-fortes, et cependant elles résistent peu au transport. Au feu elles se consument

---

beaucoup moins pour les exploitations du Treuil, de la Côte Thiollière, de Saint-Chamond. Or la différence des frais d'extraction est à peu près de 20 à 30 c. à l'avantage de Saint-Etienne.

Le bassin de Rive de Gié, qui est peu étendu, où il n'y a que deux couches de houille, qui est fouillé depuis une longue suite d'années, et où l'extraction est considérable, (4,000,000 quint. métr. aujourd'hui), serait d'ailleurs hors d'état de fournir pendant long-temps encore à la consommation des pays qu'il alimente actuellement.

sans flamme, sans chaleur vive, et se dissipent en fragmens. Dans les *tablettes stéphanoises* on n'a employé que du menu de Saint-Etienne de bonne qualité ; elles sont très-solides, quoique la proportion d'argile y soit très-faible, de 6 à 8 p. %, parce qu'on s'est servi d'une argile très-divisée et très liante qui fait mastic. C'est celle qui provient du *terrage* dans les raffineries de sucre : au feu elles dégagent d'abord de la flamme, et se convertissent en coke. La houille de Saint-Etienne, éminemment collante, convient mieux que toute autre à cette fabrication.

Les charbons sont conduits aux ports d'Andrezieux et de Saint-Just, où ils sont livrés à la navigation intermittente de la Loire. Ce fleuve n'est navigable que par des crues subites à la suite des grandes pluies ou des orages qui éclatent dans les montagnes de la Haute-Loire et de l'Ardèche. Au-dessus de Roanne, son cours est hérissé de dangers, interrompu par des bancs de sable et des cataractes, bordé souvent de rochers à pic. On ne peut le parcourir que par des hauteurs d'eau moyennes, aussi n'y compte-t-on que 60 jours environ de navigation effective.

Au-dessous de Roanne la navigation est fort incertaine, mais elle cesse d'être aussi périlleuse. A Briare, les charbons entrent dans le canal qui porte ce nom ; de là ils passent dans celui de Loing qui débouche dans la Seine à Moret. Ils suivent ce dernier fleuve jusqu'à Charenton, où ils restent jusqu'à ce que les besoins de la consommation les appellent à Paris ; le voyage dure ainsi 25 jours au moins, et quelquefois 3 à 4 mois.

Les bateaux employés à ces transports ne remontent pas la Loire. Ils sont déchirés en route ou à Paris. Aussi les construit-on le plus légèrement qu'il est pos-

sible, avec les sapins des montagnes au milieu des
quelles court la Loire dans son origine. Leur charge
dépend de la hauteur des eaux ; ils partent par *équippes*
de 8 à 12. A Roanne on transborde la charge de quelques-uns dans les autres. On donne une nouvelle surcharge à Briare, une autre à Saint-Mamert.

Communément, au départ d'Andrezieux, chaque
bateau porte   25 tonnes.
   à Roanne   36
   à Briare   42 (1).
   à Saint-Mamert   55

A Paris, un bateau n'est vendu que 110 f. (2). Il
coûtait en 1828 à Andrezieux 300 fr. environ ; un peu
auparavant il valait 600 fr.

Le trajet parcouru, d'Andrezieux à Paris, est
de 552 kilomètres, savoir :

     de Saint-Etienne à Andrezieux   22 kil.
     d'Andrezieux à Roanne   80
     de Roanne à Briare   250
     Canaux de Briare et de Loing   108
     Seine   92
                        ——
                     552 kil.

D'importantes améliorations vont être apportées à
cette ligne de transport. Un chemin de fer est achevé
entre Saint-Etienne et Andrezieux. Un autre est en
construction entre Andrezieux et Roanne. Un canal
latéral à la Loire est commencé entre Digoin et Briare.
Cependant l'exécution entière de tous ces ouvrages ne

---

(1) La charge pourrait être beaucoup plus forte sur les canaux
de Briare et de Loing ; on pourrait y avoir un tirant d'eau de 0m,86,
mais les dispositions vicieuses du tarif obligent les bateliers à ne
pas dépasser 0m,65.

(2) L'acheteur du charbon ne paie le bateau que 60 fr., et le re-
vend 110.

paraît pas devoir amener une baisse notable dans le prix du fret d'Andrezieux à Paris. Il est probable que leur effet se bornera, en ce qui concerne les charbons, à assurer la régularité des transports, et à mettre fin à ces variations subites, qui sont si fréquentes dans leur cours commercial. Il s'en faut, au reste, que ces divers travaux touchent à leur terme. Rien n'a encore été commencé ni même décidé pour les 55 kil. compris entre Roanne et Digoin, et les versemens imposés à la compagnie soumissionnaire du canal latéral de Digoin à Roanne, sont bien loin d'être suffisans.

A la fin de 1829, le prix du transport de Saint-Etienne à Paris coûtait, par hectol. comble de 12 à la voie de Paris,

De Saint-Etienne à Andrezieux par le chemin de fer	0. fr.	380 c.
Faux frais à Andrezieux, déchet	0.	180
D'Andrezieux à Charenton, à raison de 61. 50 la voie d'Andrezieux (1)	2.	720
De Charenton au port Saint-Paul	0.	060
Entrée à Paris, et droit de mesurage	0.	662
Débarquement et mesurage	0.	083
	4.	085
A déduire pour bénéfice sur le bateau	0.	09
	3.	995
Ou par voie	47.	94

On espère que le prix de transport d'Andrezieux à Roanne se réduira de 0. fr. 27 cent.

____

(1) A Andrezieux, le charbon se vend à la voie de 20 bènes : la bène d'Andrezieux est 1/5 en sus de celle de Saint-Etienne. On estime que 106 voies d'Andrezieux en font 200 de Paris.

Savoir : Par la suppression des droits
de navigation sur la Loire   0.   21
Par une meilleure disposition du tarif
des canaux de Briare et de Loing   0.   06

                                0.   27

Le prix du transport par hectol.
comble se réduirait à   3.   725
Ou par voie à   44.   70

Ce qui porterait la voie, rendue chez le consommateur, aux prix suivans, sauf les frais généraux et
le bénéfice du marchand,

	En 1829.		Après la réduction.	
Prix d'achat sur la mine	6 f.	»	6 f.	»
Transport	47	94	44	70
Transport dans Paris	2	50	2	50
	56	44	53	20

Avec des menus supé-
rieurs, ce serait en sus
2 f. 60 environ, ou   59   04   55   80
Avec du gros qui arrive-
rait à Paris à un état
peu différent du mé-
lange de Mons, ce serait
en sus 8 f. environ, ou   67   04   63   80

A la fin de 1829 la fine forge de Saint-Etienne se
vendait, en bonne qualité, à raison de 55 à 57 f. la voie.

Mines d'Auvergne.

Les charbons, dits d'Auvergne, proviennent des
environs de Brassac, petite ville voisine de l'Allier.
Le terrain houiller occupe une grande surface entre
l'Allier et l'Alagnon. Il n'est recouvert par aucune
autre formation.

L'exploitation des mines d'Auvergne date d'une longue suite d'années. La mine du Gros-Menil, en particulier, est ouverte depuis plusieurs siècles. Depuis long-temps l'extraction y est assez considérable (1).

Ce bassin houiller est riche. Il est partagé en plusieurs concessions, parmi lesquelles figure au premier rang celle du Gros-Menil, qui a une étendue superficielle de 12 kilom. carrés, et où l'on exploite une couche, ou plutôt une masse très-inégale dont la puissance varie ordinairement de 12 à 20 mèt. et atteint quelquefois 40 mètr.

Les autres concessions sont beaucoup moins considérables; celle de Fondary, qui est aujourd'hui la plus importante après celle du Gros-Menil par l'abondance et la qualité de ses produits, n'a que 1 kilom. carré 18 hectares. On y exploite une couche de 2 mètres 30.

Celle de la Taupe, qui a fourni pendant long-temps des produits estimés, est, dit-on, presque épuisée aujourd'hui. On y exploite une masse analogue à celle du Gros-Menil. Elle occupe 3 kilom. carrés 4 hectares.

La stratification générale des couches est verticale, ou très-inclinée. La couche exploitée à Fondary est, de toutes, celle dont l'inclinaison est la plus faible, de 45° environ.

D'après des expériences rapportées dans le *Journal des Mines*, tome XI, la pesanteur spécifique de la houille d'Auvergne est :

Pour le charbon de la Taupe   1.351
            des Barthes   1.453
            de la Combelle   1.364

(1) En 1802 elles fournissaient 250,000 quint. métr
   En 1812   270,000
   En 1826   370,000

Le charbon du Gros-Menil, de Fondary et de la Taupe, est très-fragile, collant, susceptible de donner un coke solide, bien agglutiné, argentin. D'après M. Fournet (*Annales d'Auvergne*, 1829), un échantillon pur, provenant de la concession de Fondary, a fourni, à l'essai, les résultats suivans :

Carbone	71. 46
Cendres	7. 24
Produits volatils	21. 30
	100.000

Cette houille brûle avec une flamme vive, claire, et une chaleur soutenue. Elle est un peu difficile à allumer et convient aux grands foyers qui exigent une haute température. A Paris elle alimente, soit les verreries, soit les fortes machines. En ce moment le service de la pompe à feu de Chaillot est fait avec des charbons de Fondary. Les marchands en débitent encore en la mêlant avec celle de Saint-Etienne, dont le prix est plus cher et la qualité supérieure.

Ce charbon est très-souvent fort impur. Par suite d'un mode vicieux d'abattage, et faute d'un triage exact, il s'y trouve beaucoup de pierres ou de schiste divisé.

La concession de la Combelle fournit un charbon différent du précédent, qui ne colle pas, qui est facile à embraser, flambant, moins fragile, et qui résiste moins au feu. Il n'en arrive pas à Paris; il est consommé sur les lieux pour le chauffage domestique, dans les fabriques de Thiers, etc.

Les mines d'Auvergne fournissent une troisième qualité de charbon; c'est une houille sèche, dite *Chaussine*, propre à la cuisson de la chaux, terreuse, mêlée de schiste, prenant l'eau comme de l'argile. Il en vient une petite quantité à Paris, à l'usage des chaufourniers. Tels sont les charbons de Mégécoste et Saint-Blaise.

L'exploitation de ces mines est variable suivant l'épaisseur des couches. Dans tous les cas elle se fait en remontant. Au Gros Menil, où l'on exploite une masse considérable, chaque étage se compose d'une série de galeries perpendiculaires à la direction de la couche, menées à partir d'une galerie d'allongement. C'est une sorte d'*ouvrage en travers*. A Fondary, où l'on opère sur une couche de 2 mètr. 30, un étage de travaux se compose de deux galeries dans la houille, à 6 mètres de distance l'une de l'autre, dites galeries d'*écourtaison*. On enlève, autant que possible, le massif laissé entre deux.

Le mode d'abattage est complètement vicieux. Les piqueurs renversent le charbon en frappant dans la masse à tour de bras, sans faire préalablement d'entaille, soit en dessous, soit sur les côtés, sans séparer d'abord les petits bancs de schiste qui suivent la couche; ils ne font que du menu : et quoique le charbon soit très-tendre, ils n'en abattent par jour que 20 à 25 hectol. combles (1).

Les transports intérieurs ont lieu à dos d'homme. Au Gros-Menil il y a aujourd'hui un chemin de fer.

Les puits d'extraction ont dans œuvre 1 m. 25 sur 2 m. 50. Leur profondeur est de 200 m. à la Combelle, c'est encore davantage au Gros-Ménil. Celui de Fondary n'a que 80 m. environ. A la Combelle et au Gros-Ménil, ils sont munis d'une machine à vapeur ; partout ailleurs il n'y a que des manèges.

Il y a des exemples fréquens d'incendie dans ces

______

(1) Les piqueurs de Rive-de-Gié, beaucoup plus habiles, en fournissent 45 par jour dans un charbon plus dur

mines. Ils sont provenus le plus souvent de ce qu'on y avait abandonné des menus pyriteux et mêlés de schiste.

L'épuisement est très-peu dispendieux , il a lieu or-dinairement par la tonne.

Le prix d'extraction s'élève , pour la plupart des mines , à 75 cent. par 100 kil. (60 c. par hect. ras de 80 kil.) Au moyen de chemins intérieurs , d'un abattage moins barbare , il pourrait être réduit de 10 à 15 cent. , l'exploitation restant comme elle est au-jourd'hui sur une petite échelle (1).

Les mines sont toutes situées à quelques kil. de l'Allier. Les frais de transport varient , suivant les dis-tances , entre 12 et 20 c. par 100 kil. C'est un article susceptible de réduction.

La vente en gros sur les bords de l'Allier se faisait en mai 1829 , à raison de 15 fr. la voie de 20 hectol. ras, pesant 1600 quint. C'est, par 100 kil.   0 fr. 938

Ce prix, comme on voit , était bien peu favorable aux exploitans , car le prix coûtant, au port, est de 0, fr. 87 à 95 kil. pour les établissemens qui n'ont ni chemin de fer ni machine à vapeur.

La navigation de l'Allier offre les mêmes incerti-

---

(1) Il est probable qu'il y aurait lieu à donner une grande acti-vité aux mines d'Auvergne ; la consommation locale pourrait rece-voir un grand développement de l'établissement d'usines à fer. Il existe aux environs d'Issoire, dans un grès très-argileux apparte-nant géologiquement à la formation d'argile plastique , des amas stratiformes, reconnus sur plusieurs points, de fer hydraté con-crétionné, fort riche. Ce gisement est le même que celui des excel-lentes mines que l'on fond aujourd'hui dans les usines de Charleroi. Cette uniformité d'âge n'est pas le seul rapprochement qu'on puisse établir entre les minerais de Charleroi et d'Issoire. Les uns et les autres offrent, dans leur structure et dans leur aspect, des carac-tères particuliers qui leur sont communs. Il existe aussi à Brassac des indices de minerai de fer des houillères ; ceux que l'on voit dans la concession des Aumois mériteraient d'être remarqués.

tudes et les mêmes difficultés que celle de la Loire. De Brassac à Pont-du-Château surtout, elle est dangereuse. Elle se fait de la même manière, par *équippes* sur des bateaux construits en sapin, destinés à être déchirés en route ou à Paris. Le prix des bateaux était très-bas en mai 1829. Ils se vendaient 300 fr. à 320 fr.

Leur charge varie, au départ, de 20 à 30 tonnes, suivant la hauteur des eaux. Le plus souvent elle est de 25 tonnes au moins.

De l'Allier, les bateaux passent dans la Loire à Bec d'Allier; de là ils suivent la même route que ceux qui apportent à Paris les charbons de Saint-Etienne.

Le trajet parcouru est, savoir:

De Brassac au Bec d'Allier	220 kilom.
De Bec d'Allier à Briare	188
De Briare à Paris	200
Total.	608

Le pris du fret jusqu'à Charenton était, droits compris, de 35 fr. la voie de 1600 kil.,

soit par 100 kil.	2. f.	190
Plus, descente de Charenton	0.	060
Droits d'entrée et de mesurage	0.	662
Débarquement et mesurage	0.	083
	2.	995
D'où il faut déduire, pour bénéfice sur la vente du bateau	0.	09
	2.	905
C'est par voie	34.	86
Plus, prix d'achat de la voie sur le rivage	11.	35
Transport dans Paris	2.	50
Prix de la voie chez le consommateur	48.	61

Dans cette somme ne sont pas compris les frais généraux et le bénéfice du marchand.

La fourniture de la pompe à feu de Chaillot a lieu dans ce moment à raison de 48 f. 90 c. la voie. Il n'est pas probable qu'à ce prix le fournisseur fasse quelque bénéfice, malgré le boni du mesurage.

Par la suppression des droits de navigation sur la Loire, et par une autre disposition des tarifs des canaux de Briare et de Loing, il y aurait sur le transport une réduction d'environ 21 cent. par hect. comble; ou 2 f. 50 cent. par voie ; ce qui mettrait la voie à 46 fr. 21 cent.

Mines de Blanzy et du Creuzot.

Sur le bord du canal du Centre il existe une vaste étendue de terrain houiller, qui n'a été jusqu'ici exploitée que par les Compagnies qui se sont succédé au Creuzot. Une superficie, non encore délimitée, dont l'étendue a été fixée à 120 kil. carrés, a été concédée aux ayant-droits de la dernière Société. Le reste est en ce moment l'objet d'un grand nombre de demandes en concessions. Ce bassin sera donc dans quelques années l'objet de plusieurs exploitations distinctes et rivales.

En ce moment il n'existe que deux centres puissans d'extraction, l'un au Creuzot, l'autre à Blanzy.

L'exploitation du Creuzot est principalement dirigée aujourd'hui sur une couche verticale ou très-inclinée, d'épaisseur inégale, ayant moyennement de 15 à 20 mèt., formée d'un charbon brillant, peu schisteux, et cependant très-fragile, convenable à la forgerie et à la fabrication du coke, et dont la pesanteur spécifique est évaluée à 1. 178. (*Journal des Mines*, tom. XI.)

Un essai fait sur un échantillon choisi, provenant du puits des Nouillots, a donné :

Coke 68. 80 p. %	Carbone	65. 40
	Cendres rouges	3. 40
	Produits volatils	31. 20
		100. 00

Un mélange de morceaux de coke a donné 12 p. 0/0 de cendres rouges.

L'exploitation de la mine a jusqu'à présent été très-barbare. Elle s'opérait par étages en descendant ; la quantité de houille sacrifiée s'élevait à près des 3/4 de la masse totale, et cependant la dépense en bois était énorme. De nouveaux ateliers mieux disposés, sont ouverts aujourd'hui.

Les travaux n'ont jamais dépassé la profondeur de 250 mètres.

Les produits des mines du Creuzot sont à peu près exclusivement consommés par les grandes usines dont elles ne sont qu'une dépendance, et dans lesquelles la fabrication est depuis quelques années devenue très-active.

Les frais d'extraction seront toujours assez élevés au Creuzot, à moins que la houille cesse d'être aussi tendre, parce qu'elle exige une énorme quantité d'étais, et que le bois est devenu cher dans le pays.

Les houilles du Creuzot sont venues à Paris, et il est probable que la Compagnie actuelle s'efforcera de relever ce commerce. Dans ce cas elle rechercherait sans doute le prolongement du gîte du Creuzot dans le voisinage du canal. Elle pourrait aussi embarquer du charbon provenant de l'exploitation actuelle, à Torcy, surtout au moyen d'un chemin de fer de 4500 mètres, qui aboutirait à ce dernier point.

Il se trouve encore au Creuzot des gisemens puissans de charbons maigres flambans, très-*légers*, dont la consommation est extrêmement bornée : tels sont ceux des Allouettes, de Mont-Cenis. Il est probable qu'ils ne trouveraient aucun débouché à Paris.

Du Creuzot à Paris, au moyen du chemin de fer de Torcy, les frais de transport seront à peu près les mêmes que de Blanzy à Paris.

Les charbons du Creuzot tels qu'ils sont aujourd'hui, ne pourraient susciter de concurrence qu'à ceux de Saint-Etienne, dont la qualité est supérieure, ou à ceux d'Auvergne qui, moins purs à la vérité, tiennent cependant plus long-temps le feu.

Les charbons de Blanzy proviennent, soit de l'exploitation sise à Blanzy, soit de celle plus considérable qui est établie à une demi-lieue de là, à Monceau ; l'une et l'autre à 1500 mèt. environ du canal du Centre. Dans cette dernière localité l'extraction annuelle s'élève à 500,000 hect. ras, pesant l'un 80 kil, soit 400,000 quintaux mét. La mine de Blanzy, proprement dite, ne fournit que 50,000 à 60,000 hect.

A Monceau l'on n'exploite qu'une couche ou masse, verticale près du jour, et très-peu inclinée ensuite, dont l'épaisseur va jusqu'à 20 mèt. dans la profondeur. Elle est divisée en trois bancs par deux nerfs de schiste de 1 mètr. à 1 mètr. 20 c. de puissance. L'extraction s'opère par des puits, munis de machines à vapeur, dont la profondeur ne dépasse pas 110 mèt. Il y a à Blanzy un puits d'épuisement qui a 50 m. de plus.

Les transports intérieurs se font sur des chemins de

fer, et avec des chevaux. La houille s'abat en *gros*, elle se vend *tout venant*, aux grands acheteurs, et aux principaux consommateurs, à raison de 90 c. l'hect. ras, (1 fr. 12 c. 1/2 l'hect. combl.) sur le bord du canal. Là elle revient à 60, 62 c. l'hect. ras (75 à 78 c. l'hect. comble.)

Ce prix coûtant me semble susceptible de réduction.

Le charbon de Blanzy, tel qu'il arrive maintenant à Paris, est solide, non tachant, très-gailleteux, peu pierreux, mais pyriteux. Il est composé de lits alternatifs de pureté et d'éclat très-différens : sa cassure en petit est conchoïde et unie. Dans un creuset recouvert, il s'agglutine sans se boursoufler, mais il ne colle pas assez pour qu'en grand on ait pu parvenir à le convertir en coke ; il y a eu à ce sujet beaucoup de tentatives qui toujours ont été vaines. Sur les grilles, il ne se soude pas notablement. Récemment extrait, il est ordinairement de belle apparence, brûle avec une flamme vive mais de peu de durée : on ne saurait l'employer aux usages qui exigent une forte chaleur. C'est un charbon *léger*, plus *léger* que le Flénu, et surtout que le Flénu d'Hornu et Wasmes, ou du nord du bois de Boussu : aussi dans les usines où l'on s'en sert pour l'affinage du fer à l'anglaise, on le mêle avec la houille de Rive de Gié ou de Saint-Etienne (1).

Celui qui arrive actuellement est plus pur, plus gailleteux que celui qui venait il y a deux ou trois ans.

Après quelque temps d'exposition à l'air, cette houille s'échauffe, s'effleurit, et perd une grande partie

------

(1) Aux forges de Sainte-Colombe, près Châtillon-sur-Seine, où l'hect. ras de houille de Saint-Etienne revient à 4 fr. 5o, et celui de Monceau à 3 fr. 5o, on ne peut employer ce dernier que dans la proportion de 1/3.

de sa puissance calorifique. Cet effet est surtout mar
qué lorsqu'elle est menue et mêlée de schiste pyriteux.
Elle est même sujette alors à s'embraser spontanément.

Un échantillon choisi à dessein, très-pur, a donné :

Coke imparfait { Carbone 59 50 } 60. »
{ Cendres 0 50 }

Produits volatils   40. »
                          ―――――――
                          100. »

Un mélange de quelques fragmens pris au hasard,
a donné :

Coke imparfait { Carbone 54 32 } 60. 40
{ Cendres 6 08 }

Produits volatils   39. 60
                        ―――――――
                        100. 00

Sa pesanteur spécifique est,

  Avec un échantillon très-pur   1. 219
  Avec un échantillon ordinaire 1. 287

Les charbons de Blanzy se répandent, au moyen du
canal du Centre, soit dans la vallée de la Loire, dans
les usines d'Imphy, de Fourchambault, et jusqu'à
Paris, soit dans la vallée de la Saône, d'où ils s'écoulent, par le canal de Monsieur, en Franche-Comté,
et jusqu'à Mulhausen.

Le trajet de Blanzy à Paris est de 437 kilomètres,
savoir :

De Blanzy à Digoin sur le canal du Centre, 47 kil.
De Digoin à Briare par la Loire   190
De Briare à Paris   200
                                          ―――――――
              Total   437

En 1829, le transport coûtait par hectolitre comble
jusqu'à Charenton, déduction faite du boni provenant
de la vente du bateau   2 fr. 20

Report.	2:	20
Plus, descente de Charenton, droits d'entrée et de mesurage, débarquement et mesurage	0.	745
	2.	945
Ce serait par voie de 12 hect. combl.	35	34
Plus, prix d'achat à 90 c. l'hect. ras.	10	80
Transport dans Paris	2	50
Total par voie	48	64

Par la suppression des droits de navigation perçus sur la Loire, et par une meilleure disposition du tarif des canaux de Briare et de Loing, ce prix pourrait être réduit à 46 f.

En 1829, la voie rendue chez le consommateur se vendait 48 à 49 fr. A ce prix le charbon de Blanzy ne pouvait soutenir la concurrence des houilles de Mons.

Mines de Decize.

Les mines de Decize, qui ne fournissent aujourd'hui à Paris que très-peu de charbon, sont situées à 6 kil. de la Loire sur la rive droite.

Il y existe plusieurs couches parmi lesquelles 2 seulement sont exploitées. Leur puissance est ordinairement de 1 mètr. 20 à 1 mètr. 50; leur inclinaison est de 20 à 30°. Le gîte est assez souvent traversé par des failles et des dérangemens; le toit y est souvent mauvais. La qualité du charbon de Decize est aujourd'hui devenue très-médiocre. Il est flambant et sulfureux comme celui de Blanzy, mais plus collant, plus durable au feu; depuis quelque temps celui qu'on livre au commerce est impur, peu gailleteux, mêlé de terres pyriteuses; il s'effleurit, et même prend feu souvent.

C'est actuellement l'un des charbons les moins estimés de ceux qui viennent à Paris.

Sa pesanteur spécifique est (*Annales des Mines,* tom. XI), 1. 255.

Un échantillon que j'ai essayé, a fourni les résultats suivans :

Carbone	61. 08
Produits volatils	30. »
Cendres d'un brun fauve	8. 92
	100. »

Les prix de vente au rivage de la Loire est de 1 f. 50 par hect. ras, et 1 f. 25 à quelques acheteurs privilégiés. Quoique les frais de transport de la mine au rivage ne s'élèvent qu'à 23 cent. par hect. , la Compagnie ne fait encore à ce prix que de très-médiocres bénéfices. Un tel résultat doit être imputé à tort moins aux choses qu'aux hommes.

Le trajet de Decize à Paris est de	325 kilom.
Savoir : de Decize à Briare	125
De Briare à Paris	200
	325

Dans des circonstances favorables , le prix du fret de Decize à Paris est, par hectol.

comble, d'environ	1 fr. 90	
Plus, descente de Charenton, droits, etc.	0	745
	2	645
Ce serait, par voie,	31 fr. 74	
Plus, prix d'achat au rivage à raison de 1. 25 l'hect. ras	18	75
Transport dans Paris	2	50
	52	99

Par les dispositions déjà énoncées au sujet des tarifs de la Loire, et des canaux de Briare et de Loing, ce chiffre pourrait tomber à 50 fr. 50 c.

En 1829, le prix de la voie était de 52 à 53 fr.

La construction du canal latéral à la Loire exercera une influence salutaire sur les mines de Blanzy, et surtout sur celles de Decize, d'abord à cause de la réduction du prix du fret, réduction qui sera plus sensible que pour des mines éloignées telles que celles de Saint-Etienne; en second lieu, parce que la facilité des transports atténuera l'inconvénient que présentent leurs charbons de produire peu d'effet lorsqu'on les brûle après quelque temps d'exposition à l'air; et en effet, l'on pourra les avoir ainsi à Paris toujours frais, en les conduisant au fur et à mesure de la consommation.

Mines de Fins.

En 1829, le département de l'Allier envoyait à Paris la houille de Fins : cette mine est située à 20 kilomèt. environ S. O. de Moulins. Le gîte houiller y est extrêmement irrégulier, et par suite l'exploitation y est sujette à beaucoup de frais généraux et d'accidens.

Le charbon de Fins est d'excellente qualité. Il arrive à Paris en petits fragmens, mais non en menu pulvérulent. Par l'ensemble de ses propriétés il se rapproche de celui de Saint-Etienne; aussi s'en est-on servi avec succès pour la forgerie. A la distillation en grand, il a rendu une proportion considérable d'un gaz très-éclairant, et un peu moins sulfuré que celui de Saint-Etienne; mais le coke s'est toujours trouvé mêlé de pierres et de schistes, quoiqu'au dire du directeur de la mine, on eût apporté un grand soin au triage.

Un essai, fait au laboratoire de l'Ecole des Mines, a
fourni les résultats suivans :

Coke 70 p. %	Carbone	64. 60
	Cendres	5. 40
Bitume et eau		19. 40
Gaz		10. 60
		100. 00

Malheureusement les dépenses considérables de l'exploitation, jointes aux frais de transport jusqu'à Moulins, ne permettent pas aux mines de Fins de soutenir à
Paris la concurrence de Saint-Etienne. Aussi paraît-il
que, faute de débouchés, soit locaux, soit éloignés,
leur exploitation va être encore une fois abandonnée.

Le prix de vente sur le bord de l'Allier était, par
hectol. comble, 1. fr. 85.

La distance des mines à Paris est : de la mine à
Moulins, 20 kilom.

De Moulins à Bec-d'Allier,	70
De Bec-d'Allier à Briare,	87
De Briare à Paris,	200
	377

Le transport de Moulins à Charenton coûtait, par
hectolitre comble, en 1829, 1 fr. 90

Plus, descente de Charenton, mesurage, droits d'entrée, etc.

	0	745
	2	645
Ce serait par voie	31	74
Achat sur les bords de l'Allier	22	20
Transport dans Paris	2	50
Total chez le consommateur	56	44

Le prix de la voie était, en 1829, de 55 à 56 fr.

Les mines de Noyant , voisines de Fins , sont abandonnées depuis quelques années.

Dans le même département se trouvent les mines
de Comentry , qui fournissent un charbon de bonne
qualité, très-propre à la fabrication du coke, un peu
léger à la forge, un peu pyriteux.

Il a donné à l'essai, les résultats suivans :

Coke 66 p. %	Carbone	60
	Cendres	06
Produits volatils		34
		100

Ce gisement a été peu exploité faute de débouchés ,
et peu reconnu. Il est vraisemblable que l'ouverture
du canal du duc de Berry, en lui ouvrant une communication facile avec les vallées de la Loire et du Cher,
lui donnera une grande importance. Les houilles de
Comentry pourront alors arriver à Paris, si toutefois
une ligne de transport plus économique qu'une route
ordinaire, telle qu'un chemin de fer, est ouverte de
la mine à Montluçon.

Dans ce cas, le trajet serait de	419 kilom.
Savoir :	
De Comentry à Montluçon	15 kil.
De Montluçon à Bec-d'Allier	117
De Bec-d'Allier à Briare	87
De Briare à Paris	200
	419

Les frais de transport jusqu'à Charenton peuvent
être évalués approximativement pour l'avenir à 2 fr.
l'hectolitre comble pesant environ 100 k.

Mines d'Epinac.

Il existe dans le département de Saône et Loire une vaste étendue de terrain houiller disséminé par grandes masses dans un rayon de près de 2 myr. autour d'Autun. Ce pays a été fouillé en un grand nombre de points, mais presque partout les recherches ont été infructueuses; on n'a rencontré que des couches minces, mêlées de schistes et inexploitables. Il n'y a eu de découvertes importantes que dans un lambeau de 15 à 20 kil. carrés, compris tout entier dans la concession d'Epinac.

Cette concession forme un bassin encaissé de toute part dans le terrain ancien, excepté au sud-ouest où il paraît se rattacher à l'ensemble de la formation houillère. Elle est aujourd'hui la propriété d'une compagnie puissante qui s'occupe avec activité de l'établissement d'un chemin de fer de 28,000 mèt. de long, destiné à lier le gîte houiller au canal de Bourgogne.

L'exploitation de la houille est ancienne à Epinac; jusqu'à présent elle avait eu lieu principalement à Ressille, dans un petit vallon latéral au bassin central, sur deux couches de houille médiocre, très-pyriteuse, sujette à s'embraser spontanément, que cependant l'on a employée avec avantage à l'usine de Précy près Semur, pour l'affinage de la fonte.

Aujourd'hui les travaux ont été transportés dans le bassin principal. A part quelques recherches établies çà et là sur quelques affleuremens, ils sont tous réunis près du domaine du *Curier*. Ils se composent principalement de deux puits d'extraction, profonds, l'un de 83 met., l'autre de 150 mèt., munis chacun d'une machine à vapeur de 25 chevaux.

On a, sur ce point, reconnu trois couches plongeant avec une inclinaison de 30 à 40°, d'une allure très-régulière, et puissantes, l'une, dite de *Fontaine-Bonnard*, de 11 mèt., les deux autres, dites couches *inférieure* et *supérieure du Curier*, de 2 mèt. 30 chacune.

Les couches de houille d'Epinac se composent par lits minces alternatifs, de 2 à 3 centimètres au plus, de deux charbons très-différens; l'un très-brillant, homogène, peu pyriteux, dur, ne tachant pas les doigts, se brisant en petits grains anguleux, et ne tombant pas en poussière; par son éclat gras, par sa cassure conchoïde, il a de la ressemblance avec quelques houilles sèches, telles que celle de Fresnes, par exemple. Au feu il se boursoufle, colle très-bien, brûle avec une grande vivacité; il ne contient que 2 à 2 1/2 p. 100 de cendres.

Le charbon associé au précédent est plus terne, plus tachant, peu homogène, très-veiné, beaucoup plus terreux, et plus pyriteux. Au feu il se boursoufle, et colle aussi, mais il est moins chaud que le charbon brillant.

Cette composition par lits très-minces de charbons d'éclat différent, n'est point particulière aux mines d'Epinac. Ce qu'elles offrent de particulier c'est que l'inégalité d'éclat entraîne une grande différence de pureté (1).

Dans la couche inférieure du Curier, le charbon brillant domine. C'est de toutes celles d'Epinac, celle qui l'emporte en qualité. Elle s'emploie à la forge; carbonisée en grand, à l'air libre, elle fournit 48 à 50 p. % d'un coke de la plus belle apparence.

____

(1) Les houilles de Blanzy sont dans le même cas: à Saint-Etienne et surtout à Mons, les parties brillantes, dans les charbons veinés, ne sont pas terreuses à un degré moindre que les parties plus ternes.

Voici le résultat de quelques essais auxquels j'ai soumis divers échantillons pris en divers points de la couche.

N° des essais.	PARTIES volatiles en centièmes.	CENDRES en centièmes.	COULEUR des cendres.	OBSERVATIONS.
1	35.40	2.66	rouge.	charb. brillant.
2	32.»	2.84	blanc.	charbon terne.
3	34.80	2.40	rouge.	
4	30.10	3.20	gris.	
5	36.10	5.90	rose clair.	
6	32.50	10 30	idem.	
7	38.20	4.40	rougeâtre.	
8	34.40	2.76	rouge.	
9	37.»	6.60	fauve.	
10	33.»	4.34	fauve.	
11	36.20	4.90	blanc.	
12	33.30	5.10	rose clair.	
13	33.50	4.»	rougeâtre.	
Moyenne	34.35	5.338		

La pesanteur spécifique, prise sur échantillon ordinaire, s'est trouvée de   1. 242

Un autre essai a donné   1. 311

La cendre de cette couche est fusible, et produit du mâchefer très-adhérent.

Le charbon de la couche supérieure du Curier est bitumineux, collant, très-chaud, comme celui de la précédente, mais un peu plus terreux. La proportion moyenne des cendres, déduite de plusieurs essais, y est de 8, 50 p. 0/0 ; on l'a essayé en grand comparativement avec celui de Rive-de-Gié dans les fours à pudler de l'usine de Sainte-Colombe, près Châtillon-sur-Seine. Il a brûlé avec une chaleur plus vive mais de moindre durée ; il est résulté de ces expériences que 8 parties de cette houille équivalaient à 7 de celle de Rive-de-Gié ; mais comme les essais ont été faits sous l'empire de diverses circonstances défavorables

au charbon d'Epinac; comme, par exemple, les chauffeurs, habitués au charbon de Rive-de-Gié qui encrasse
très-peu les grilles, n'ont pas su conduire le feu avec
le charbon d'Epinac qui donne beaucoup de scories,
il est permis d'en conclure qu'il n'y aurait qu'une
faible différence dans un fourneau à réverbère entre
les pouvoirs calorifiques respectifs de l'un et de l'autre.

La couche de Fontaine-Bonnard, qui renferme moins
de charbon brillant que celles du Curier, est aussi plus
terreuse. La proportion moyenne de cendres s'y élève à
12 p. 0/0. C'est du reste un charbon collant, assez
chaud pour être employé dans les fours à pudler; il
alimente en ce moment ceux de Précy. Il serait très-
convenable au chauffage domestique, et tient très-long-
temps le feu; abandonné à lui-même dans un foyer, il
s'y consume entièrement, sans s'éteindre lorsqu'il est
converti en coke. C'est encore lui que l'on consomme
à la verrerie d'Epinac.

Les charbons d'Epinac sont en général solides, très-
durs; ils s'abattent en *gros*. Il s'y trouve quelquefois,
et surtout dans la couche supérieure du Curier ou plus
encore dans celle de Fontaine-Bonnard, des filets schisteux ou de petits bancs terreux qui exigeraient un
triage très-soigné, et que jusqu'ici on a trop négligé
de séparer du *trait*, ce qui excite chez quelques esprits des préventions défavorables à ces mines.

Indépendamment de la consommation locale qui
pourra devenir très-considérable, de vastes débouchés
sont ouverts aux mines d'Epinac. Par le canal de Bourgogne, la Saône et le canal Monsieur, elles seront à
portée des nombreuses usines métallurgiques de la Côte-
d'Or, de la Haute-Saône, de la Haute-Marne, du Doubs.
Par l'Yonne et la Seine leurs produits arriveront jus-

qu'à Paris, où ils pourront surtout être mêlés avec beaucoup d'avantage aux autres charbons de grille.

A 9 kilom. d'Epinac, au grand Moloy, des recherches récemment entreprises par la compagnie Maître Humbert, Louis Basile, etc., de Châtillon-sur-Seine, ont conduit à une couche réglée de 2 mèt. de puissance composée, comme celles d'Epinac, de deux variétés de charbon, l'une brillante, l'autre assez terne. J'ai visité ces travaux en novembre 1829 : sur un développement de galerie de 30 mèt., la houille était disposée en lits de $0^m,08$ à $0^m,20$ au plus, séparés par des lits de schiste de $0^m,03$ à $0^m,05$, qu'il était impossible d'en isoler. On assure que depuis lors on est arrivé à une épaisseur massive de 1 mèt. de charbon. La houille du grand Moloy est très-pure, parce que la variété brillante y domine ; elle est collante, peu pyriteuse, très-bitumineuse, et brûle avec une extrême vivacité. Des essais faits par M. Coste, ingénieur des mines, sur des échantillons, il est vrai, choisis, ont fourni les résultats suivans :

N° des essais.	PERTE au feu en centièmes	PROPORTION des cendres en centièmes.	COULEUR des cendres.
1	47.60	4.»	rouge.
2	52 60	3.30	id.
3	49.»	1.60	id.
4	47.20	1.20	id.
Moyenne.	49.10	2.52	

Si la couche actuellement en reconnaissance au grand Moloy ou quelques autres qui affleurent près de là, sont exploitables, ce qui était douteux à la fin de 1829, et qu'elles fournissent un pareil charbon, il est probable qu'elles seules auront la fourniture des usines à gaz.

D'Epinac à Paris le trajet est de 387 kilomètres,

Savoir :

D'Epinac à Pont-d'Ouche sur le canal de Bourgogne, par le chemin de fer,	28 kil.	
De Pont-d'Ouche à la Roche par le canal,	169	50
De la Roche à Paris par l'Yonne et la Seine,	190	
	387 kil. 50	

Cette ligne de transport sera bientôt complète, car le canal de Bourgogne, déjà navigable de Pont-d'Ouche à Saint-Jean-de-Losne sur le versant de la Saône, et de Montbar à la Roche sur le versant de l'Yonne, sera livré à la navigation sur tout son développement en 1833 (1). Le chemin de fer d'Epinac à Pont-d'Ouche sera achevé bien avant ce terme.

Le prix du fret d'Epinac à Paris ne peut aujourd'hui s'évaluer que très-hypothétiquement. On peut prévoir cependant qu'il sera peu élevé, car l'Yonne et la Seine sont d'une navigation commode ; l'Yonne manque quelquefois d'eau pendant l'été, mais on y remédie temporairement par des éclusées qu'on lâche au-dessus d'Auxerre. Le canal de Bourgogne, où l'on a eu à racheter sur le versant de l'Yonne 311^m de pente et sur le versant de la Saône 309^m, est coupé par un grand nombre de sas éclusés ; mais cet inconvénient est compensé par la modicité des droits de navigation qu'y supportera la houille. Par ordonnance du roi du 5 avril 1829 ces droits ont été réduits à 4 c. 1/2 par

---

(1) Aux termes de l'adjudication il devrait l'être le 1er janvier 1833.

mètre cube et par distance de 5 kil. ; sur la plupart des autres canaux c'est au moins le double.

Il me paraît possible que d'Epinac à Paris le coût du transport tombe à   1 fr. 70 c. par 100 kil.

Ce serait par voie   20 fr. 40 c.

Le prix d'achat sur la mine ou à Pont-d'Ouche dépendra nécessairement des frais d'extraction. Tout porte à croire que ces frais seront peu considérables, si toutefois la compagnie propriétaire adopte un système de travaux vastes et bien coordonnés, en rapport avec l'importance commerciale de ses mines.

Telles sont les diverses mines de houille dont les produits sont vendus à Paris. J'ai compris dans le tableau suivant les principaux renseignemens numé riques relatifs à ce commerce.

INDICATION des charbons.	DISTANCE parcourue en kilomét.	COUT approximatif d'extraction par hect. comb. en centim.	COUT approximatif du transport au rivage en centimes.	PRIX DE VENTE par hect. comb. au rivage en centimes.	TRANSPORT et frais jusque chez le consommateur en 1829.	PRIX DE VENTE et prix de transport réunis.	PRIX COURANS à Paris, Par hectol. comb. en 1829.
Mons mélange....	340	63 à 65	10 à 15	140	3f.25	4f.65	4f.75
— fse gse......	«	«	Id.	85	3.25	4.10	4.25
Auzin fse gse.....	323	70 à 75	12,5 (1)	137.5	2.57	3.945	«
Aniche menu.....	300	115	22 (1)	152	2.52	4.04	«
Charleroi........	370	«	«		«	«	«
St.-Etienne menu.	552	30 à 50	38	106	3.82	4.88	4.66
Auvergne menu...	608	75	12 à 20	93.8	3.13	4.068	4.075
Blanzy fse gse....	437	60	«	112.5	3.15	4.275	4.04
Decize id.......	325	«	28	157	2.95	4.52	4.38
Fins	377	«	«	185	2.95	4.80	4 63

(1) Frais de mise en bateaux compris.

On sait que dans les dépenses ci-dessus ne sont pas compris les frais généraux du marchand ni l'intérêt de ses capitaux, et cependant les prix de vente sont à peine égaux ou mêmes inférieurs aux frais portés en ligne de compte; ce qui tient, ainsi qu'il a déjà été dit, à la différence des mesurages et au mélange de qualités inférieures.

J'ai déjà fait observer que plusieurs des frais ci-dessus sont susceptibles de réduction. Savoir :

Le prix d'extraction pour les mines d'Auvergne, de Blanzy, de Decize; pour les autres, il ne pourra s'abaisser que de quelques centimes.

Le prix du transport au rivage, pour toutes celles dont les débouchés sont étendus, et qui n'ont pas de chemins de fer ou de canaux d'embranchement à cet usage.

Le prix du fret proprement dit, ne tombera pas notablement en ce qui concerne les mines de Saint-Etienne et d'Auvergne; pour toutes les autres, il éprouvera quelque diminution, peu considérable il est vrai. La suppression des droits sur la Loire, et les modifications au tarif des canaux de Briare et de Loing, seront un avantage spécial en faveur des mines du Midi.

Conclusions.

De l'ensemble de ce qui précède on peut tirer les conséquences suivantes :

Pour le chauffage domestique, pour la fabrication du gaz, pour la plupart des évaporations, et en général pour tous les foyers peu considérables, ou pour ceux où l'on a besoin de coups de feu instantanés, le Flénu est et doit continuer d'être universellement préféré.

Pour les grands foyers , pour les machines à vapeur un peu fortes , pour les verreries , le charbon d'Auvergne, vu son bas prix, doit continuer de trouver un débit assez considérable. Sur ce point , les charbons durs de Mons, et peut-être ceux du Creuzot , rivaliseront probablement avec lui.

Pour le même objet , les charbons d'Anzin sont aussi très-convenables.

Pour les fours à réverbère , en petit nombre à Paris, qui exigent de gros morceaux , et une haute température, le charbon de Saint-Etienne , ou certains charbons durs de Mons , sont préférables. Les charbons de Charleroi et de Comentry , pourront un jour leur faire concurrence pour ces usages.

Pour la forgerie, le charbon de Saint-Etienne jouit d'une faveur méritée qui augmentera encore lorsqu'il sera possible de l'avoir exempt du mélange des houilles d'Auvergne.

Pour la fabrication du coke dans les usines (1), le charbon de Saint-Etienne est de bonne qualité. Il paraît qu'il y a avantage à y mêler des charbons durs de Mons. Ceux de Charleroi et Comentry sont susceptibles du même emploi.

Les charbons de Blanzy, de Decize, lorsqu'on aura la faculté de les avoir frais, pourront, dans beaucoup de cas, être mêlés au Flénu.

Les charbons de Fresnes et de Vieux-Condé sont de qualité supérieure pour la cuisson de la chaux. La *Chaussine* d'Auvergne, beaucoup moins pure , a sur eux l'avantage d'un prix moins élevé.

---

(1) Ce n'est là qu'un article très-peu important, parce que les usines à gaz fournissent de coke la plupart des fondeurs.

Tout porte à croire que les charbons d'Epinac seraient associés avec avantage à la plupart des charbons de grille.

Il paraît que ceux de Fins ne peuvent être transportés à Paris avec bénéfice.

Dans la plupart des cas, il y aurait bénéfice à employer, non pas une seule nature de charbon, mais des mélanges; presque tous les charbons, et surtout ceux de grille, gagneraient, le plus souvent, à être associés à une autre variété, où serait développée telle ou telle propriété particulière qui manquerait aux premiers. C'est même parce qu'à une grande pureté, et aux qualités ordinaires des charbons légers très-inflammables, le Flénu réunit, à un degré variable, suivant les exploitations qui le fournissent, celles des charbons collans et tenant bien le feu, qu'il est arrivé à la haute réputation dont il jouit aujourd'hui. Ces mélanges qui, faits avec discernement, seraient très-propres à améliorer les divers charbons, et se résoudraient, comme plusieurs expériences l'ont démontré, en une économie ou en quelque avantage de fabrication, n'ont cependant été pratiqués encore qu'au détriment des consommateurs, pour donner écoulement à des marchandises très-inférieures.

Il serait important de comparer la puissance des divers charbons pour leurs divers usages. Il n'a été fait, à ce sujet, qu'un petit nombre d'essais en grand, encore quelques-uns laissent-ils à désirer, sous le rapport de l'adresse et de l'impartialité des expérimentateurs. Je terminerai en présentant ici les résultats principaux de ceux qui me paraissent mériter le plus de confiance, parmi ceux qui sont à ma connaissance.

En février 1830 la fourniture de la pompe à feu de Chaillot fut mise en adjudication ; les charbons des divers concurrens furent essayés, comme il suit, à la dose de 20 hect. ras.

On échauffait le fourneau avec d'autre houille, de manière à mettre la machine en pleine activité , on vidait alors la chauffe, et on la chargeait du charbon à éprouver ; on faisait ainsi passer les 20 hectolitres , et on les laissait consumer jusqu'à extinction. A chaque fois on mesurait, le plus exactement possible , le volume de l'eau évaporée, l'élévation du niveau de l'eau dans les bassins , et la hauteur de l'eau de la Seine au-dessous d'un point fixe. Un compteur donnait le nombre des coups de piston. On tenait aussi note du temps compris entre le chargement de la grille , et le commencement du jeu de la machine.

La hauteur à laquelle on élève l'eau est $35^m,80$ au-dessus de l'étiage.

A l'époque où ont eu lieu les essais , la hauteur de la Seine était environ de 2^m au-dessus de l'étiage.

Les résultats de ces expériences diverses sont compris dans le tableau suivant :

INDICATION DES CHARBONS.	DURÉE de la combustion.	HEURES d'activité de la machine.	COUPS de piston.	EAU ÉVAPORÉE. Litres.	ÉLÉVATION de l'eau dans les bassins.	HAUTEUR de la Seine dans le puisard au dessous du point fixe.
Grisœuil (Mons) (1)...............	4.11^l	3.46^l	2160	8.255	1.340	1.70
Fondary (Auvergne)...............	4.55	4.33	2490	9.910	1.610	1.80
Aniche........................	4.30	4.15	2400	9.207	1.530	1.80
Belle-et-Bonne (Flénu)............	4.35	4.27	2380	9.221	1.512	1.93
Blanzy........................	4.10	3.56	2130	9.026	1.345	1.98
Ste.-Barbe l'Escouffiaux (2) (Mons).	5.10	4.48	2618	9.149	1.680	2.06
L'Escouffiaux (3).................	5.15	4.48	2675	10.258	1.705	1.86
Charbons mêlés (Mons)...........	4.58	4.40	2545	9.903	1.603	1.80
St.-Etienne (Mine du Soleil)......	5.09	4.55	2670	9.603	1.695	1.70
Anzin.........................	5.29	5.12	2748	10.631	1.815	2.03

(1) L'essai de ce charbon a probablement été fait dans des circonstances très-défavorables.

(2) Charbon *dur*.

(3) Ce charbon faisait voûte au-dessus de la grille ; il donnait du mâchefer collant.

Les bassins sont évasés et le fond en est incliné : leurs dimensions réduites sont : Longueur 58^m,630

Largeur 19 550

Hauteur 2 885

Celle de toutes les séries de résultats qui fut jugée la plus concluante fut celle des quantités d'eau évaporées.

A la suite de ces essais, eu égard aux prix différens proposés par les soumissionnaires, la fourniture fut adjugée au propriétaire de Fondary, qui offrait ses charbons à 48 fr. 90 c. la voie.

On a fait un grand nombre d'essais dans les trois usines à gaz de Paris, dans le but de déterminer les qualités spéciales des diverses houilles pour cette fabrication. Ici la question était très-complexe. Il y avait à tenir compte d'un grand nombre d'élémens, qui varient avec les charbons dans de très-larges limites. Ce sont principalement,

Le temps nécessaire au dégagement du gaz,

Le volume de ce gaz,

Sa puissance éclairante,

Sa pureté : le gaz, tel qu'il sort des cornues, et même après les préparations auxquelles on le soumet dans les usines d'éclairage, contient de l'hydrogène sulfuré, des sels ammoniacaux, des goudrons et des huiles très-fétides. Il en résulte qu'il répand une odeur très-désagréable lorsqu'il s'échappe sans être complétement brûlé, et que les produits de sa combustion, par l'acide sulfureux qu'ils renferment, exercent sur les tissus une action décolorante. Ce dernier inconvénient est très-grave à Paris, parce qu'une grande partie de la clientelle des usines à gaz se compose de magasins renfermant des étoffes délicates.

La quantité et la qualité du coke qui reste après la distillation :

Le coke est très-cher à Paris, parce qu'il est très-recherché pour le chauffage domestique. La valeur du coke, provenant de la distillation, est à peu près égale, quelquefois même supérieure à celle du charbon chargé dans les cornues.

Ces nombreux élémens varient non-seulement d'une nature de charbon à une autre, mais encore pour celui qui provient de la même couche, du même point, suivant la grosseur des morceaux. Le menu est généralement d'un emploi beaucoup moins avantageux que le gros, principalement sous le rapport de la quantité du gaz et de l'état du coke. L'influence du volume des fragmens sur le produit en gaz, est surtout très-marquée, avec les charbons sujets à s'échauffer et à s'effleurir.

Il y a trois ans, une longue série d'expériences fut entreprise et achevée avec le plus grand soin à l'usine anglaise du gaz. M. Martin, négociant en charbon de terre, en a publié les résultats. (*Paris*, Everat, 1828.) Je vais transcire ici ceux qui offrent le plus d'intérêt.

INDICATION DES CHARBONS.	QUANTITÉS DISTILLÉES		PRODUCTION		CONSOMMATION	NOMBRE D'HEURES	ESTIMATION	VALEUR TOTALE
	en poids.	en vol. hect. res.	en coke hectolit. combl.	en gaz pi. cub.	d'un bec de gaz: p. cub. par heure.	d'un bec correspondant au pr. en gaz.	à vue d'un hect. comb. de coke.	du gaz et du coke produits (3)
Gros. { St-Etienne (Seignat)......	1000 k	»	16	6870	4 3/7	1552	4 f.	159 f
Gros. { Mons (Grisœuil)..........	1000	»	15 1/2	7633	6 1/4	1221	3.50	129
Gros. { Id. Bellevue (1)........	1000	»	14 1/2	6250	6 2/7	995	3.50	112
Menu. { Fius...................	1000	13	18	8281	3 3/4	2209	3. »	188
Menu. { St-Etienne (Jovin et Neyron)	1000	13 3/4	19	7968	4	1992	3.75	190
Menu. { Id. (Durand, Major, etc.)	1000	13 1/3	17	5776	4	1444	3.25	143
Menu. { Mons (Grisœuil) (2)......	1000	13 1/3	18	7667	4 2/7	1789	3.25	167
Mélange Flénu..............	1000	12 1/2	16	8000	3 3/4	2133	3. »	176
Fᵉ gaillᵉ. { Mons (Grisœuil)......	1000	12 3/4	15	5327	4 2/7	1243	3.10	123
Fᵉ gaillᵉ. { Id. (Tapatout)......	1000	14	5	6100	4 2/7	1423	3. »	105

(1) Charbon *dur*.

(2) Cassure de gros préparée au moment de l'essai.

(3) L'heure d'un bec est comptée à 6 c.

Dans ces essais, les charbons à forger, et ceux qui sont lents à s'enflammer, ont mis plus de temps à rendre leur gaz que les charbons *légers* et facilement inflammables. Les charbons de Mons sont ceux dont le gaz était le moins odorant.

Les plus beaux cokes provenaient du Saint-Etienne.

D'autres essais ont eu lieu aux usines royale et française. Ils se sont accordés généralement, dans leurs résultats relatifs (1), avec ceux de la compagnie anglaise; ils ont constaté cependant ce fait, qu'il existe à Saint-Etienne des charbons dont le produit en gaz, à l'état de *gros* ou de *chapelet*, est plus considérable que celui des meilleures qualités de Mons.

C'est ainsi que du charbon provenant, à ce qu'il paraît, des mines du Soleil à Saint-Etienne, a rendu, par 1000 kil., environ 1000 pieds cubes.

Du *mélange* provenant de la fosse dite l'*Alliance*, au nord du bois de Boussu (Mons), n'a donné que 9200 pieds cubes.

Du *mélange* de la concession de Wasmes et Hornu a fourni un peu moins encore. Cependant, eu égard à la lenteur de la distillation avec le charbon de Saint-Etienne, à son prix plus élevé et à la fétidité du gaz qu'il produit, le *mélange* Flénu est universellement préféré par les compagnies d'éclairage.

---

(1) Les résultats absolus ne s'accordent nullement. La disposition des appareils et la conduite de l'opération exercent une influence considérable sur la durée de la distillation, sur la quantité et la puissance éclairante du gaz. C'est ainsi qu'avec la forme des cornues et des foyers en usage il y a quelques années, un charbon qui rend dans le travail actuel 10,000 pieds cub. par voie en 3 h. 1/2, donnait à peine 8000 pieds cub. en 5 heures.

Explication des planches

Pl. I. Coupe du bassin houiller de Mons.

Cette coupe est faite par un plan vertical perpendiculaire à la direction des couches, et passant par les anciennes pompes à feu de Picqueri et d'Ostenne.

a a a. Terrains *morts* qui recouvrent le terrain houiller.

b. Ancienne pompe à feu de Picqueri.

c. Ancienne pompe à feu d'Ostenne.

d d d. Anciens travaux : les travaux actuels sont beaucoup plus profonds.

e. Coupe du canal de Mons à Condé.

Les quatre groupes dont se compose ce système houiller, comprennent les couches suivantes :

1er groupe. *Charbon sec.*

1	Croix Rouvroix	8	Claux.
2	Fourniche.	9	Petit-Claux.
3	Grand-Renom.	10	Petite-Chevalière.
4	Petit-Renom.	11	Grande-Chevalière.
5	Grand-Bouillon.	12	Grand-Mouton.
6	Six-Paumes.	13	Petit-Mouton.
7	L'Echelle.		

2e groupe. *Charbon de fine forge.*

14	Auvergies.	22	Longterne
15	Moreau.	23	Pouilleuse.
16	Petit-Moreau.	24	Petit-Couteau.
17	Grande-Chemine.	25	Grand-Couteau.
18	Chemine.	26	Picarte.
19	Chaufournoise.	27	Cinq *ou* Six-Paumes.
20	Toute-Bonne.	28	Duriau.
21	G^d Tas *ou* G^{de} Veine.	29	Libersée.

30 Peternous.	34 Pourceau..
31 L'Angleuse.	35 Frette.
32 Petite-Garde-de-Dieu.	36 Vercle.
33 Grande Garde-de Dieu.	

Total **23** couches de charbon de *fine forge*.

3e *groupe.* *Charbon dur.*

37 Tendelais.	52 Veine-au-Caillou.
38 Houbarte.	53 Sorcière.
39 Roger-Gottrain.	54 Plate-Veine.
40 Petit-Corps.	55 Veine-à-deux-Laies.
41 Grand-Corps.	56 Houteuse.
42 Thorain.	57 Bibée.
43 Pierrain.	58 Bouleau.
44 Naisson.	59 Layette.
45 Veine-du-Mur.	60 Selixé.
46 Veinette.	61 Petit-Buisson.
47 Bonne-Veine.	62 Grand-Buisson.
48 Roug.-Veine *ou* Panton.	63 Mathon.
49 Les Andriers.	64 Paillet.
50 La Fertée.	65 Veine-à-la-Pierre.
51 Veine-à-Forge.	

Total **29** couches de charbon *dur.*

4e *groupe.* *Charbon Flénu.*

66 Dure-Veine.	75 Anas.
67 Famenne.	76 Petite-Veine-à-l'Aune.
68 Corneillette.	77 Grande-Veine-à-l'Aune.
69 Soumillarde.	78 Layette.
70 Plate-Veine.	79 Veine-à-trois-Laies.
71 Grand-Gaillet.	80 Carlier.
72 Petit-Gaillet.	81 Passement-de-Carlier.
37 Renard.	82 Braise.
74 Gade.	83 Veine-à deux-Laies.

84	Petit-Franois.	100	Coches.
85	Grand-Franois.	101	Désirée.
86	Petite-Belle-et-Bonne.	102	Harpe.
87	Grande-Belle-et-Bonne.	103	Grand-Houspin.
88	Houbarte.	104	Petit-Houspin.
89	Petite-Béchée.	105	Veine-à-Chiens.
90	Grande-Béchée.	106	Horiaux.
91	Petite-Cossette.	107	Clayaux.
92	Grande-Cossette.	108	Petite-Morette.
93	Pucelette.	109	Grande-Morette.
94	Veine-à-Mouches.	110	Veine-à-Forge.
95	Famenne.	111	Veine-à-Gros ou 5000
96	Bonnet.	112	Grand-Moulin.
97	Jougueleresse.	113	Amis.
98	Grande-Veine.	114	Moulinet.
99	Jausquette.		

Total 49 couches de *Flénu.*

La couche de Flénu, dite *Gaillette*, n'est pas figurée dans cette coupe: sa place est entre *Grand-Gaillet* et *Renard :* plusieurs autres sont aussi omises ; elles sont inexploitables dans la plupart des concessions.

Chaque couche porte divers noms suivant les concessions où on l'exploite : nous avons rapporté ici les dénominations les plus usitées.

Planche II. Carte des mines de charbon qui approvisionnent Paris.

Cette Carte indique la position des diverses mines, avec les rivières, les canaux et les chemins de fer achevés, en construction, ou en projet, qui servent ou serviront au transport de leurs produits.

IMPRIMERIE DE H. FOURNIER,
RUE DE SEINE, N. 14.

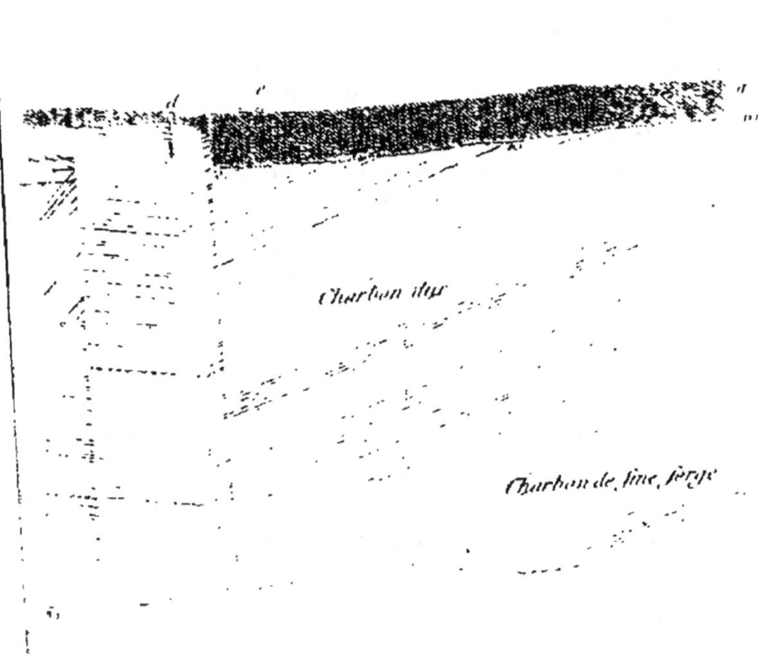
Charbon dur
Charbon de fine forge

Coupe du bassin houiller de Mons.

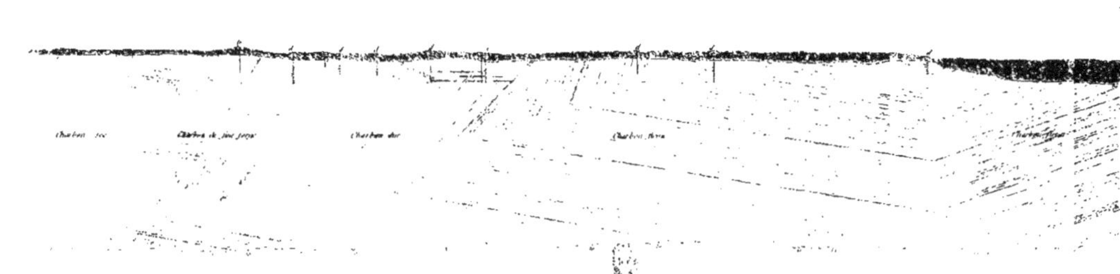

Coupe du bassin houiller de Mons.

Pas de Charleroi

CARTE
des
Mines de Charbon
qui appartiennent

Fomentes

Brassac

Ne L.

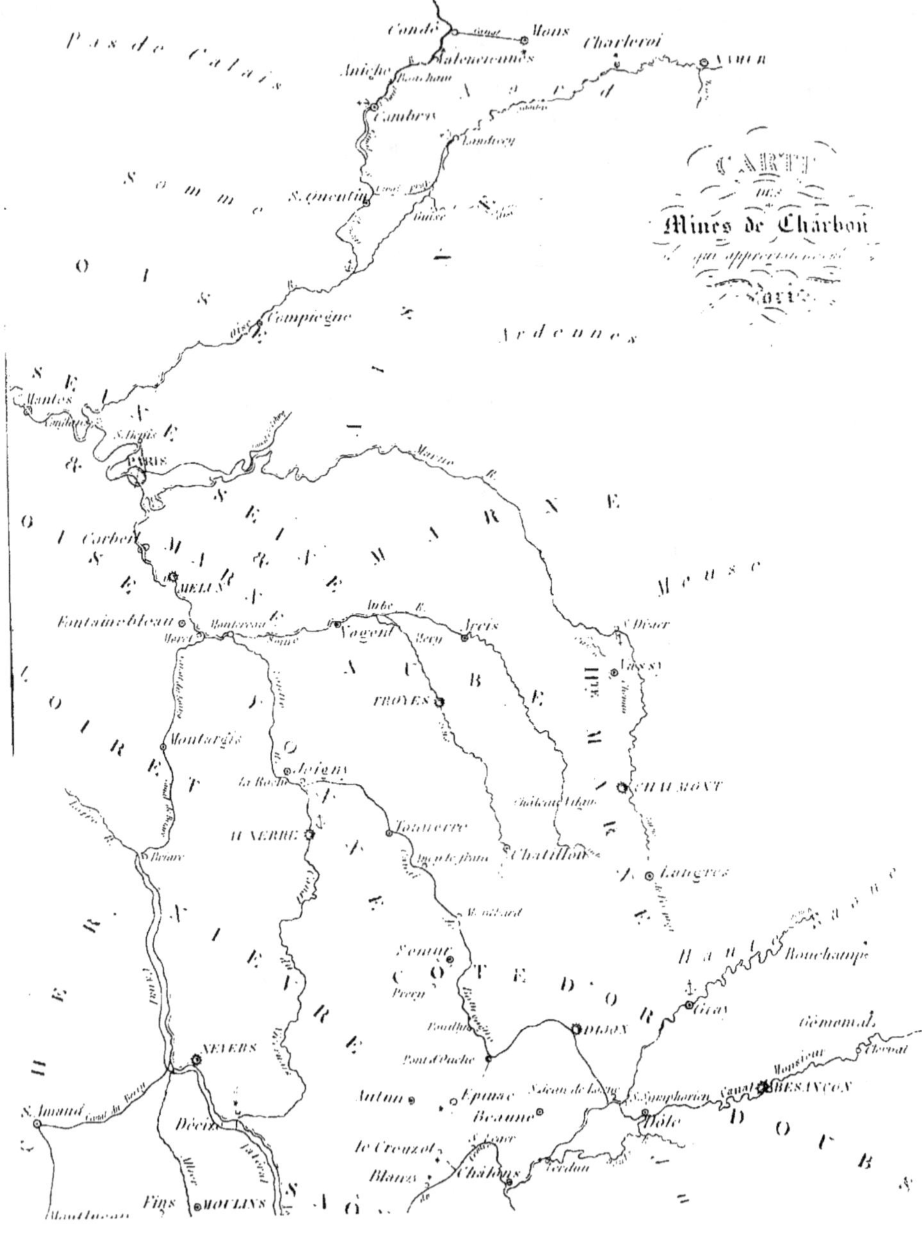
... de l'Industrie. Tom VI.
CARTE
DES
Mines de Charbon
qui approvisionnent
Paris
Pas de Calais
Condé
Mons
Charleroi
Namur
Aniche
Valenciennes
Bouchain
Cambrai
Landrecy
Somme
S.t Quentin
Guise
Nord
Ardennes
Oise
Compiègne
Meuse
Seine
Mantes
Nantes
S.t Denis
PARIS
Marne
Marne
Corbeil
Meuse
MELUN
Fontainebleau
Montereau
Moret
Aube
Nogent
Arcis
S.t Dizier
Vassy
Seine
Canal de Loing
TROYES
Aube
Montargis
Joigny
la Roche
CHAUMONT
Château Vilain
AUXERRE
Tonnerre
Châtillon
Langres
Brare
Montbard
Senur
Rouchamp
Nièvre
CÔTE D'OR
Precy
Gray
Gémenal
NEVERS
Pont d'Ouche
DIJON
Monceau
BESANÇON
S.t Amand
Autun
Epinac
Canal de Lozy
S.t Symphorien
Canal
Déciz
Beaune
Dole
Loire
le Creuzot
S.t Lore
Verdun
DOUBS
Montluçon
Fins
MOULINS
Blanz
Châlons
Saône

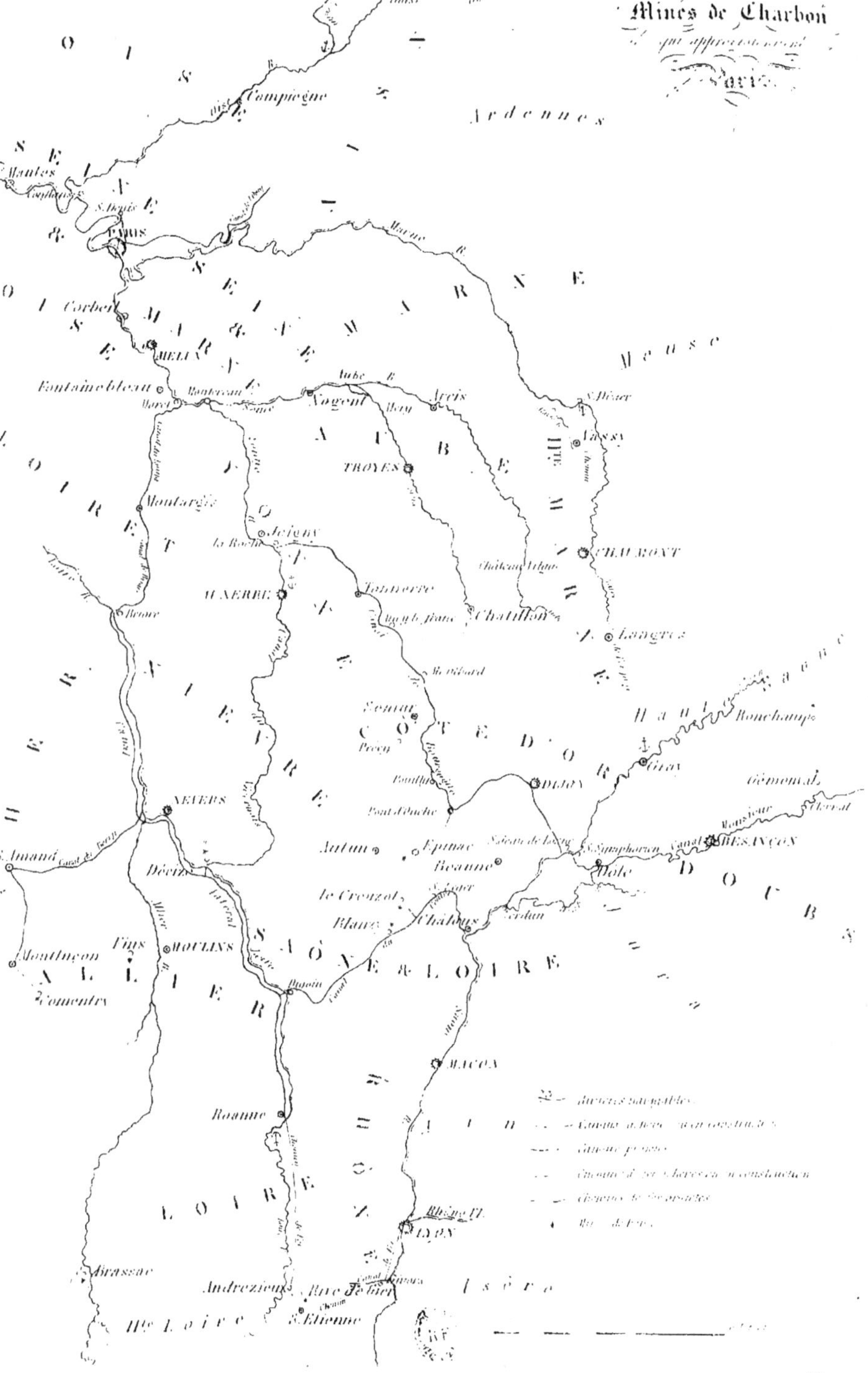

Mines de Charbon
qui approvisionnent
Paris
Ardennes
Compiègne
Nantes
S. Denis
PARIS
Corbeil
MELUN
Fontainebleau
Montereau
Nogent
Arcis
TROYES
AUBE
Marne
MEUSE
HTE MARNE
CHAUMONT
Châteauvilain
Langres
Montargis
Joigny
La Roche
AUXERRE
Tonnerre
Chatillon
SAONE
Ronchamp
Gray
Semur
COTE D'OR
Gémenal
NEVERS
DIJON
Pont d'Ouche
BESANÇON
S. Amand
Autun
Epinac
S. Jean de Losne
S. Symphorien
Beaune
Dole
DOUBS
Décize
le Creuzot
Blanzy
Chalons
Montluçon
MOULINS
Fins
SAONE & LOIRE
Commentry
ALLIER
Digoin
MACON
Roanne
LOIRE
Brassac
Andrezieux
Rive de Gier
Isère
RHONE
LYON
Hte LOIRE
S. Etienne

Rivières navigables
Canaux achevés ou en construction
Canaux projetés
Chemins de fer achevés ou en construction
Chemins de fer projetés
Mines de fer

LES

VOIES DE COMMUNICATION

AUX

ÉTATS-UNIS.

PAR MICHEL CHEVALIER.

(*Extrait du Journal de l'Industriel et du Capitaliste.*)

———

PARIS.

CHEZ F. G. LEVRAULT, LIBRAIRE-ÉDITEUR,
RUE DE LA HARPE, 81;

STRASBOURG, MÊME MAISON.

1837.

LES VOIES

DE

COMMUNICATION,

AUX ÉTATS-UNIS.

PAR M. MICHEL CHEVALIER.

———

Le territoire des États-Unis se compose : 1° des deux grands bassins intérieurs du Mississipi et du Saint-Laurent, qui courent, l'un du nord au midi vers le golfe du Mexique, l'autre du midi au nord vers la baie à laquelle il donne son nom ; 2° à l'extérieur, du côté de l'est, d'un système de moindres bassins qui se déchargent dans l'Atlantique, et dont les principaux sont ceux du Connecticut, de l'Hudson, de la Délaware, de la Susquéhannah, du Potomac, du James-River, du Roanoke, de la Santée, de la Savannah, de l'Alatamaha. Les monts Alléghanys, que l'on appelle l'épine dorsale (*backbone*) des États-Unis, à cause de leur forme régulièrement allongée dans le sens du continent, constituent une séparation naturelle entre les deux grands bassins intérieurs et le système des petits bassins de la côte orientale.

Cet immense pays peut aussi être divisé en Nord et Sud. Il a deux capitales commerciales, New-York et la Nouvelle-Orléans, qui sont comme les deux poumons de ce grand corps, comme les deux pôles galvaniques du système. Entre ces deux divisions, Nord et Sud, il existe des dissemblances radicales sous le rapport politique et sous le rapport industriel. La constitution sociale du Sud se fonde sur l'esclavage ; celle du Nord sur le suffrage universel. Le Sud est une immense ferme à coton avec quelques accessoires, tels que le tabac, le sucre, le riz. Le Nord sert au Sud de courtier pour vendre ses produits et pour lui procurer ceux d'Europe ; de matelot pour lui conduire son coton au-delà des mers ; de fabricant pour tous les ustensiles de ménage et d'agriculture, pour les *cotton-gins* (1) et pour les machines à vapeur de ses sucreries, pour les meubles et les étoffes, et pour tous les objets de consommation courante. Il l'alimente de blé et de salaisons.

Il suit de là qu'aux États Unis les grands travaux publics doivent avoir pour objet :

1° De relier le littoral de l'Atlantique avec les pays situés à l'ouest des Alléghanys, c'est-à-dire de rattacher les fleuves tels que l'Hudson, la Susquéhannah, le Potomac, le James-River, ou les baies, telles que celle de la Délaware, ou de la Chésapeake, soit avec le Mississipi ou son affluent l'Ohio, soit avec le Saint-Laurent ou les grands lacs Érié et Ontario, dont le Saint-Laurent porte les eaux à la mer ;

2° D'établir des communications entre la vallée du Mississipi et celle du Saint-Laurent, c'est-à-dire entre l'un des grands affluents du Mississipi, tels que l'Ohio, l'Illinois, ou la Wabash, avec le lac Erié ou le lac Michigan, qui, de tous les grands lacs dépendant du Saint-Laurent, sont ceux qui s'avancent le plus vers le sud ;

3° De faire communiquer entre eux le pôle nord et le pôle sud de l'Union, New-York et la Nouvelle-Orléans.

Indépendamment de ces trois grands systèmes de travaux, qui, en effet, sont en construction et même en partie exécutés, il existe des groupes secondaires de lignes de transport ayant pour objet, soit de faciliter l'accès des centres de consommation, soit d'ouvrir des débouchés à certains centres de production ; de là résultent deux autres catégories, la première embrasse les divers ouvrages, canaux ou chemins de fer, qui partent des grandes villes comme centres, et rayonnent en tous sens autour d'elles ; la seconde comprend les travaux exécutés pour desservir certains cantons houillers.

(1) C'est le nom de la machine qui sert à séparer le coton des graines dont il est mêlé et qui autrefois étaient péniblement retirées à main d'homme.

§ Ier. Lignes allant de l'est à l'ouest des Alléghanys.

Les travaux dont on s'est à peu près exclusivement préoccupé dans les métropoles des États-Unis, qui ont absorbé et absorbent encore la majeure partie de l'attention des hommes d'État, des économistes et des hommes d'affaires, sont ceux qui ont pour objet de nouer des communications entre l'Est et l'Ouest.

Il y a sur le littoral de l'Atlantique quatre métropoles qui se sont long-temps disputé la suprématie: ce sont Boston, New-York, Philadelphie et Baltimore. Toutes les quatre ambitionnaient le privilége du commerce avec les jeunes États qui s'élèvent sur les fertiles domaines de l'Ouest. Elles ont lutté avec des succès divers, et toujours avec une rare intelligence.

Mais elles n'étaient pas également partagées en avantages naturels. Boston est trop au nord ; il n'a pas de fleuve qui lui permettre d'étendre les bras au loin vers l'Ouest ; il est cerné de tous côtés par un sol montagneux, à travers lequel toute communication rapide est difficile, tout travail dispendieux. Philadelphie et Baltimore sont bloquées par la glace à peu près tous les hivers ; et cet inconvénient suffit pour compenser, au détriment de Baltimore, sa plus grande proximité de l'Ohio, sa latitude plus centrale, la beauté de sa baie, longue de près de cent lieues, et bordée d'affluents innombrables, la Susquéhannah, le Potomac, le Patuxent, le Rappahanock, etc. Philadelphie est une ville mal posée ; Penn fut séduit par la beauté du Schuylkill et de la Délaware. Il lui sembla qu'une ville bâtie dans la plaine, d'une lieue de large, qui s'étend entre leurs eaux, y développerait admirablement la régularité de ses rues, qu'elle serait pourvue de magasins aux abords faciles, où des milliers de bâtiments pourraient à la fois charger et décharger. Il oublia d'assurer à sa ville un vaste bassin hydrographique capable de consommer les produits qu'elle eût tirés du dehors, et de lui expédier en retour les fruits de sa culture. Il ne fit pas reconnaître la Délaware, qu'il prit pour un grand fleuve, et qui ne l'est malheureusement pas. S'il eût fondé la ville de *l'amour fraternel* aux bords de la Susquéhannah, elle eût pu long-temps soutenir la lutte contre New-York.

New-York, voilà la reine du littoral ! Cette ville occupe une île allongée entourée par deux fleuves (la rivière du Nord et la rivière (1) de l'Est), où des navires de tout tonnage et en nombre infini peuvent venir à quai. Son port est à l'abri des gelées, excepté dans les hivers exceptionnels. Il est accessible, par tous les vents, aux petits navires; sauf par les vents de nord-ouest, il est toujours ouvert aux bâti-ments les plus forts. New-York a surtout l'inappréciable bonheur d'être assise sur un fleuve pour qui un cataclysme merveilleux et unique a creusé, au travers des montagnes primitives, un lit uniformément profond, sans écueils, sans rapides, presque sans pente, qui coupe en ligne droite la masse la plus solide des Alléghanys. La marée, faible comme elle est sur ces côtes, remonte l'Hudson jusqu'à Troy, à 65 lieues de l'embouchure. Telle est la beauté du lit de ce fleuve, que l'on arme des baleiniers à Pougkeepsie et à Hudson, qui sont, l'un à 30, l'autre à 45 lieues au-dessus de New-York, et que, sauf quelques courtes époques d'étiage, des goëlettes, tirant 3 mètres d'eau, peuvent, par toute heure de la marée, remonter à Albany et à Troy (55 et 57 lieues).

Première ligne.—Canal Erié.—Un homme d'État, dont l'Amérique du Nord devra éternellement bénir la mémoire, de Witt Clinton, eut le premier l'idée d'établir cette grande ligne; il sut faire partager à ses compatriotes sa noble con-fiance dans l'avenir de son pays, et, le 4 juillet 1817, le premier coup de pioche fut donné. Malgré les sinistres pré-dictions d'hommes renommés pour leur sagesse et leurs ser-vices, malgré les avis du patriarche vénéré de la démocratie, de Jefferson lui-même, au dire de qui il fallait attendre un siècle pour oser tenter un pareil travail; malgré les remon-

---

(1) La rivière de l'Est est plutôt un bras de mer entre la terre ferme et la longue île.

trances de l'illustre Madison, qui écrivit qu'il y aurait folie à l'État de New-York d'entreprendre, avec ses seules ressources, un ouvrage pour lequel tous les trésors de l'Union ne suffiraient point, cet État, qui alors ne comptait pas une population de treize cent mille âmes, commença un canal long de cent quarante-six lieues et demie (de 4,000 m.); huit ans après, en 1825, il l'avait achevé avec une dépense de 45,000,000, ou 307,000 fr. par lieue. Depuis lors, il n'a pas cessé d'y ajouter des ramifications dont le réseau est presque terminé aujourd'hui. Cet État possédera, dans le courant de 1836, deux cent quarante-sept lieues de canaux et dix-huit lieues de rigoles ou étangs navigables, le tout exécuté aux frais de l'État, au prix de 65,000,000 fr., soit 263,000 fr. par lieue de canal.

Les résultats de ce travail ont dépassé toutes les espérances. La canalisation de l'État de New-York ouvrit un débouché aux fertiles cantons de l'ouest de l'État, jusqu'alors sans lien avec la mer et avec le monde. Le littoral des lacs Erié et Ontario se couvrit aussitôt de riches cultures et de belles villes. Jusqu'au fond du lac Michigan, le silence des forêts primitives fut interrompu par la hache des colons venus de New-York et de la Nouvelle-Angleterre. L'État d'Ohio, que baigne le lac Erié, et qui n'avait de communication avec la mer qu'au loin, du côté du Sud, par le Mississipi, en eut une autre, courte et rapide, par New-York, avec l'Atlantique. Le territoire de Michigan se peupla; il a aujourd'hui 100,000 habitants, et va passer au rang d'État. La circulation du seul canal Erié a excédé 400,000 tonnes en 1834, et aura dû approcher de 500,000 en 1835. Avec un tarif modéré, les péages des canaux de l'État de New-York produisent près de 8 millions. La population de la ville de New-York s'est accrue de 80,000 âmes en dix ans, de 1820 à 1830. New-York est devenu le troisième, sinon le second port de l'univers, et la cité la plus peuplée du Nouveau-Monde. Quant à l'illustre Clinton, il vécut assez pour voir le triomphe de ses plans, mais non pour recevoir l'éclatante récompense que lui réservait la reconnaissance de ses compatriotes. Il mourut, le 11 février 1828, à l'âge de cinquante-neuf ans. Sans cette mort prématurée, il eût probablement été élu à la présidence.

Le canal Érié ne suffit plus au commerce qui vient s'y précipiter. Vainement les éclusiers, attentifs nuit et jour au cornet des bateliers, font la manœuvre des portes avec une célérité qui accuse la lenteur des nôtres. Il n'y a plus assez de place dans le canal, dont au reste les dimensions sont étroites. L'impatience du commerce, pour qui le temps est de l'argent, ne se contente plus d'une rapidité quadruple au moins de celle qui est usitée sur nos lignes navigables. Les marchandises de toute valeur et de tout poids, ainsi que les voyageurs, affluent à tel point que, pour le transport des voyageurs seuls, en concurrence avec les *packet-boats*, des chemins de fer s'établissent sur les bords du canal. Il y en a un d'Albany à Schénectady, qui a six lieues et demie de long, et a coûté, quoique d'une exécution inférieure, la somme de 4 millions. Un second, qui sera achevé en 1836, continue de Schénectady à Utica ; il aura trente et une lieues et demie. Un troisième se construit de Rochester à Buffalo, par Batavia et Attica ; il aura une trentaine de lieues. Il est probable qu'avant peu, d'un bout à l'autre du canal, la ligne sera complète.

Il se prépare une entreprise plus vaste : une compagnie, autorisée depuis trois ans, va entamer, au printemps prochain, l'exécution d'un chemin de fer de New-York au lac Érié, en traversant les comtés méridionaux de l'État de New-York. A cause des circuits nombreux auxquels la compagnie s'est astreinte, afin d'éviter des terrassements coûteux, cet ouvrage aura 190 lieues environ.

Pendant ce temps, le Comité des Canaux de l'État ne s'endort pas. Il vient de décider, à la date du 3 juillet, que toutes les écluses du canal seraient doublées, afin que les bateaux attendissent le moins de temps possible ; et que les dimensions en largeur et profondeur du canal seraient agrandies de 50 p. 100 au moins, ce qui lui donnera une section plus considérable dans le rapport de 1 à 2 1/4 ; on pourrait dès lors y employer de plus grands bateaux ; les mouvoir avec plus de vitesse, et peut-être les remorquer à la vapeur. On estime que la dépense sera de cinquante-cinq à soixante-cinq millions de francs.

Enfin, pour maîtriser de plus en plus le commerce de l'Ouest, et pour mieux percer son propre territoire, l'État de New-York va entreprendre un nouvel embranchement au canal Érié (si l'on peut qualifier d'embranchement un ouvrage dont le développement total sera de 49 lieues), qui le mettra en communication avec l'Ohio. Il partira de l'importante ville de Rochester, la cité des meuniers, suivra la vallée de la rivière Génesée, s'élevant ainsi de 298 mètres, et redescendra de 24 mètres pour atteindre à Oléan la rivière Alleghany, cent treize lieues au-dessus de son confluent avec le Monongahéla à Pittsburg. D'Oléan à Rochester, le canal proprement dit aura quarante-deux lieues. L'Alléghany n'est naturellement navigable que pendant quelques mois de l'année. La distance totale de New-York à Pittsburg par cette ligne sera de trois cent dix-huit lieues.

Aussitôt qu'il n'y eut plus de doutes sur le rapide accomplissement du canal Érié, Philadelphie et Baltimore sentirent que New-York allait devenir la capitale de l'Union. L'esprit de rivalité excita chez elles l'esprit d'entreprise. L'une et l'autre voulurent avoir aussi leur route vers l'Ouest ; mais l'une et l'autre avaient de grands obstacles naturels à surmonter. Grâce à l'Hudson, qui s'est frayé un passage au cœur de la région des montagnes, la plus grande difficulté d'une communication entre l'Ouest et le littoral de l'Atlantique, celle de franchir les crêtes des Alléghanys, se trouvait vaincue pour New York. Entre Albany, où commence le canal Érié, et Buffalo, où il débouche dans le lac, il n'y a plus de hautes montagnes. Le service que l'Hudson a ainsi rendu à New-York, Baltimore ne peut l'attendre du Patapsco, ni Philadelphie de la Délaware. Ni l'une ni l'autre de ces villes ne saurait d'ailleurs aborder l'Ouest par le bassin des grands lacs autrement qu'à l'aide d'un long circuit ; elles en sont trop loin. Il leur faut ainsi faire grimper leurs travaux au niveau de cimes plus élevées, et les faire descendre ensuite plus bas, afin de les nouer à l'Ohio.

Deuxième ligne.— *Canal de Pensylvanie.*—Ce que l'on appelle canal de Pensylvanie est une ligne longue de cent cinquante-huit lieues et un quart, partant de Philadelphie et se terminant à Pittsburg sur l'Ohio. Il fut commencé, concurremment avec d'autres ouvrages, aux frais de l'État de Pensylvanie, en 1826. Ce n'est pas absolument un canal. De Philadelphie, un chemin de fer de trente-trois lieues (*Columbia Railroad*) va rejoindre la Susquehannah. Au chemin de fer succède un canal de soixante-huit lieues et demie, qui remonte, en longeant la Susquéhannah d'abord, et la Juniata ensuite, jusqu'au pied des montagnes à Hollidaysburg. Pour passer d'Hollidaysburg à l'autre revers des montagnes, on a établi un chemin de fer de quatorze lieues et un quart (*Portage Railroad*), avec de grands plans inclinés, dont la pente dépasse quelquefois un dixième, ce qui n'empêche point les voyageurs d'y circuler. De Johnstown, extrémité occidentale de ce chemin de fer, un second canal de quarante-deux lieues s'étend jusqu'à Pittsburg.

Cette ligne a l'inconvénient d'exiger trois transbordements, l'un à Columbia, à l'extrémité du chemin de fer qui part de Philadelphie ; le deuxième et le troisième aux deux extrémités du chemin de fer du *Portage*. On peut en éviter un, au moyen de deux canaux établis par des compagnies, dont le premier, canal du Schuylkill, est latéral à la rivière du même nom ; et dont l'autre, canal de l'Union, opère la jonction entre le haut Schuylkill et la Susquéhannah. Par cette ligne, la distance de Philadelphie à Pittsburg est de cent soixante-douze lieues et un quart, c'est-à-dire de quatorze lieues plus longue que par le chemin de fer de Columbia.

Le canal de Pensylvanie, commencé en 1826, a été terminé en 1834. L'État de Pensylvanie y a joint un système de canalisation qui embrasse toutes les rivières importantes de l'État, et particulièrement la Susquéhannah, avec ses deux grandes branches du nord et de l'ouest (*North Branch* et *West Branch*), ainsi que des travaux préparatoires à un canal qui doit relier Pittsburg à Érié, sur le lac du même nom, ville fondée jadis par nos Français du Canada, et appelée par eux Presqu'île. En résumé, la Pensylvanie a exécuté deux cent quatre-vingt-neuf lieues et demie de chemins de fer et de canaux, dont quarante-sept lieues et un quart de chemins de fer, et deux cent quarante-deux lieues et un quart de canaux, moyennant une dépense de 123 millions (1), qui se répartit ainsi :

Moyenne générale par lieue . . . . 424,000 fr.
Coût d'une lieue de chemin de fer 587,000
Coût d'une lieue de canal 392,000

C'est beaucoup plus cher que les travaux de l'État de New-York, quoique les dimensions des ouvrages soient les mêmes, et que les difficultés naturelles ne fussent pas beaucoup plus grandes d'un côté que de l'autre. Ce résultat vient de ce que les travaux ont été mal conduits en Pensylvanie. Les Pensylvaniens ont manqué d'un Clinton pour les diriger. Les maximes d'une économie mal entendue, imposées aux Commissaires des canaux par la législature, ne leur permirent pas de s'assurer les services d'ingénieurs capables. En résumé, pour avoir voulu épargner, tous les ans, quelques milliers de dollars en honoraires, on a dépensé des millions à refaire ce qui avait été mal fait, ou à mal faire ce que des gens plus habiles eussent bien confectionné à plus bas prix.

Troisième ligne.—Chemin de fer de Baltimore à l'Ohio. —Baltimore pouvait, encore moins que Philadelphie, penser à un canal continu jusqu'à l'Ohio. Voulant, dans l'origine, éviter les transbordements qui s'opèrent sur le canal de Pensylvanie, les Baltimoriens se décidèrent à un chemin de fer qui devait s'étendre de leur ville à Pittsburg ou à

(1) Non compris le service des intérêts des emprunts contractés pour les travaux publics.

Wheeling, et dont la longueur devait être de cent lieues. Il est maintenant achevé sur un développement de trente-quatre lieues, et aboutit à Harper's Ferry sur le Potomac. Il a été entrepris par une compagnie qui paraît avoir renoncé à le pousser plus avant. Il doit se lier désormais au canal de la Chésapeake à l'Ohio, dont je dirai un mot tout à l'heure, comme le chemin de fer de Columbia, en Pensylvanie, se lie au canal latéral à la Susquéhannah, qui le continue de Columbia a Hollidaysburg. Il est probable qu'à l'approche de la crête des Alleghanys, le canal qui, lui aussi, devait être poursuivi à tout prix, cédera à son tour la place au chemin de fer, malgré les plans primitifs, jusqu'en bas du versant occidental des montagnes, et qu'ainsi les choses auront lieu, dans le Maryland, à peu près comme en Pensylvanie.

Quatrième ligne.—Canal de la Chésapeake à l'Ohio.—La pensée qu'avait nourrie Washington d'établir un canal latéral au Potomac, que l'on prolongerait un jour à travers les montagnes jusqu'à l'Ohio, fut reprise aussi quand l'État de New-York eut appris à l'Amérique qu'elle était mûre pour les plus gigantesques entreprises de travaux publics. M. John Quincy Adams, alors Président des États-Unis, favorisa ce projet de toutes ses forces. A cette époque, il n'était pas encore admis en principe que le Gouvernement fédéral n'a pas le droit de s'immiscer dans les travaux publics. La vieille idée que caressait Washington, de faire de la capitale politique de l'Union une grande cité, souriait aussi à M. Adams et à ses amis. Le canal de la Chésapeake à l'Ohio fut donc résolu, et une compagnie fut autorisée à cet effet. Le Congrès vota une souscription d'un million de dollars (5,333,000 fr.). La ville de Washington, sans commerce, sans industrie, avec sa population de 16,000 habitans, souscrivit pour la même somme. Les petites villes du district fédéral, Alexandrie et Georgetown, qui, à elles deux, avaient aussi 16,000 habitans, fournirent ensemble un demi-million de doll. Les États de Virginie et de Maryland versèrent, l'un 250,000 dollars, l'autre 500,000. Il y eut pour 600,000 doll. de souscriptions particulières. Les travaux commencèrent le 4 juillet 1828. L'année prochaine, au moyen d'une somme d'environ douze millions de francs, que l'État de Maryland vient de prêter à la compagnie, ce bel ouvrage sera poussé jusqu'au pied des montagnes, au sein des gîtes charbonniers de Cumberland. Il aura alors une longueur de soixante-quatorze lieues trois quarts, et aura coûté 33,000,000 fr., soit par lieue 442,000 fr. L'exécution en est hardie, et supérieure à celle des canaux précédents. Ses dimensions sont plus considérables que celles habituellement usitées, dans le rapport de 150 à 100; ce qui lui donne une section plus grande dans le rapport de 225 à 100.

Cinquième ligne.—Canal du James-River au Kanawha.— Enfin, l'État de Virginie, jadis le premier de la confédération, aujourd'hui tombé au quatrième rang, et dépassé par l'Ohio qui n'existait pas, lors de la guerre de l'Indépendance, s'est piqué d'honneur et a résolu de profiter des enseignements qui lui étaient descendus par degrés des États du Nord. Une compagnie, dont les ressources se réduisent à peu près aux souscriptions de l'État et de Richmond, sa capitale, va y ouvrir un canal de l'Est à l'Ouest. Le James-River, l'un des affluents de la baie de Chésapeake, est praticable pour des bâtiments de 200 tonneaux jusqu'au pied du plateau sur lequel Richmond est délicieusement situé. A l'est des montagnes, le canal, parti de Richmond, longera le cours du James-River. Il descendra, à l'ouest, le long du Kanawha, l'un des affluents de l'Ohio, et y débouchera, à Charlestown, où commence la navigation à vapeur. On traversera la crête des Alléghanys au moyen d'un chemin de fer d'une soixantaine de lieues. Il y en aura environ cent de canal proprement dit.

L'État de la Caroline du Sud, ému par l'exemple des Virginiens, s'occupe d'un immense chemin de fer qui irait de Charlestown à Cincinnati sur l'Ohio; mais l'on n'en est encore qu'aux études. Les habitants de Cincinnati sont enthousiastes de cette idée.

La Géorgie rêve aussi un grand chemin de fer qui rattacherait la rivière Savannah au Mississipi, à Memphis (Tennessée): mais ce n'est encore qu'un projet très vaporeux.

La Caroline du Nord ne fait rien et ne projette rien. Si jamais elle s'enrichit, ce ne sera pas qu'elle aura saisi la fortune à la course, ce sera que la fortune sera venue la chercher dans son lit.

Sixième ligne.—Canal Richelieu.— Les Canadiens établissent sur leur territoire un canal qui complétera une autre communication entre l'Est et l'Ouest, c'est-à-dire entre l'Hudson et le Saint-Laurent, entre New-York et Québec. La grande fissure en ligne droite, qui forme à l'Hudson un si beau lit, entre New-York et Troy, s'est prolongée beaucoup au-delà. Elle se continue, toujours dirigée au nord, jusqu'au Saint-Laurent, par le lac Champlain, qui occupe une longue et étroite dépression au milieu des montagnes, et par la rivière Richelieu. Entre le lac Champlain et l'Hudson, l'on n'a à traverser qu'une crête élevée de 39^m,75 au-dessus de l'Hudson, et de 16^m,45 au-dessus du lac. La rivière Richelieu, qui sort de l'extrémité opposée du lac, et qui se décharge dans le Saint-Laurent, est interrompue par des rapides. On y achève, sur une longueur de quatre lieues trois quarts, un canal latéral établi sur de belles dimensions, qui sera livré au commerce avant un an; il aura coûté 1,870,000 fr., ou 394,000 fr. par lieue. La distance de New-York à Québec, par les canaux et les fleuves, sera de cent quatre-vingt-dix lieues.

Un chemin de fer, actuellement en construction, qui part de Saint-Jean, où commencent, du côté du lac, les rapides de la rivière Richelieu, et qui doit se terminer au village de la Prairie, sur le Saint-Laurent, vis-à-vis de Montréal, après un parcours de six lieues et demie, fera, pour cette dernière ville, ce que le canal précédent doit faire pour Québec. Il coûtera très peu, environ 123,000 fr. par lieue, ou en tout 800,000 fr. La distance de New-York à Montréal sera ainsi de cent quarante-cinq lieues.

CANAUX ET CHEMINS DE FER.	LONGUEUR.		DÉPENSE		
			TOTALE.		
	CANAUX.	CHEMINS de fer.	CANAUX.	CHEMINS de fer.	PAR LIEUE.
1re LIGNE. — *Canal Érié*	146 1/2	»	65,000,000	»	262,600
Embranchements divers	101	»		»	
Chemins de fer latéraux					
d'Albany à Schénectady		6 1/2	»	4,000,000	615.400
de Schénectady à Utica	»	31 1/2	»	8,000,000	254,000
de Rochester à Buffalo	»	29	»	3,000,000	100,000
2e LIGNE. — *Canal de Pensylvanie :* Canal proprement dit	111	»	95,000,000	»	392.500
Embranchements du canal	131 1/4	»		»	
Chemin de fer de Columbia	»	33	»	19,200,000	581,800
id. du Portage	»	14 1/4	»	8,550,000	600,000
Canal du *Bald Eagle*	10	»	1,000,000	»	100,000
Canal de l'Union	33	»	13,870,000	»	420,300
3e LIGNE. — *Chemin de fer de Baltimore à l'Ohio* (1re part.)	»	34	» 1	16,000,000	470,600
4e LIGNE. — *Canal de la Chésapeake à l'Ohio* (1re part.)	74 3/4	»	33,000,000	»	442,800
Canal de Georgetown à Alexandrie	3	»	2,600,000	»	866,700
5e LIGNE. — *Canal de Virginie.* Canal	100	»	25,000,000	»	250,000
Chemin de fer	»	60	»	15,000,000	250,000
Ancien canal du *James-River*	12	»	5,300,000	»	441,600
6e LIGNE. — Canal Richelieu	4 3/4	»	1,870,000	»	393,700
Chemin de fer de la Prairie	»	6 1/2	»	800.000	123,100
TOTAUX	727 1/4	214 3/4	242,640,000	74,550,000	»

13

§ II. Communications entre la vallée du Mississipi et celle du Saint-Laurent.

Il n'existe entre ces deux vallées aucune chaîne de montagnes. Le bassin des grands lacs, dont les eaux réunies forment le Saint-Laurent, n'est séparé du bassin du Mississipi que par un contre fort des Alleghanys, descendant de l'est à l'ouest, dont la plus grande hauteur au-dessus des lacs est à peine de 150 mètres, et qui s'abaisse rapidement vers l'ouest, au point de ne plus être élevé, sur les bords du lac Michigan, que d'un petit nombre de mètres. Durant la saison des pluies qui gonflent les ruisseaux et emplissent les marais du point de partage, nos Français du Canada passaient en pirogue du lac Michigan dans la rivière des Illinois (1). Ce contre-fort occupe en largeur ce qui lui manque en hauteur. Ce n'est point une crête, c'est un plateau qui se confond graduellement par des pentes douces avec les plaines qui l'entourent. Son faîte aplati est rempli de marécages, et offre ainsi de grandes facilités d'alimentation pour les canaux qui auraient à le traverser. Vers l'ouest, là où il est à peu près au niveau du sol, il offre souvent le caractère général d'aridité qui appartient aux *Prairies* avec lesquelles il se confond.

*Première ligne.—Canal d'Ohio.—*Entre les deux vallées il n'y a d'achevée encore qu'une grande communication. C'est le canal de l'État d'Ohio qui traverse cet État du nord au sud, et s'étend de Portsmouth sur le fleuve Ohio, à Cléveland, petite ville toute neuve, née aux bords du lac Érié depuis l'établissement du canal. Il a cent vingt-deux lieues de long, et a coûté 22,720,000 fr., soit 186,000 fr. par lieue. Ce prix est très bas ; cependant toutes les écluses sont en pierre de taille. Il est vrai que le terrain était éminemment favorable.

Cet ouvrage a été exécuté aux frais de l'État d'Ohio, qui

______

(1) Ils suivaient la rivière des Plaines.

l'entreprit à la même époque où la Pensylvanie et Baltimore se jetaient, à la suite de New-York, dans les travaux publics. Ce jeune État avec sa population de cultivateurs, qui ne comptait pas dans son sein un seul homme de l'art, dont les citoyens les plus éclairés n'avaient jamais vu d'autre canal que celui de New-York au lac Érié, a pu, avec l'aide de quelques ingénieurs de second ordre empruntés à l'État de New-York, exécuter un canal plus long que le plus long canal de France, avec plus d'intelligence et d'habileté que n'en a déployé la Pensylvanie, malgré les lumières dont Philadelphie abonde. Il y a, dans cette population agricole de l'Ohio, presque toute originaire de la Nouvelle-Angleterre, un instinct des affaires, une sagacité pratique et une aptitude à faire tous les métiers sans les avoir appris, que l'on chercherait en vain dans la population anglo-germanique de la Pensylvanie. Les législateurs, sous la direction de qui se sont exécutés les travaux publics dans l'un et l'autre État, étaient, comme cela se rencontre ordinairement aux États-Unis, l'image parfaite de la masse qui les avait nommés, avec ses qualités et ses défauts. Les Commissaires des canaux de l'État d'Ohio joignaient à un beau désintéressement un bon sens admirable ; c'est à eux que doit revenir la majeure part de la gloire d'avoir conçu le canal d'Ohio, de l'avoir tracé et fait exécuter. C'étaient des avocats et des agriculteurs, qui se mirent à faire des canaux tout naturellement, sans efforts, et sans soupçonner qu'en Europe on n'ose se charger de pareils travaux, à moins de s'y être préparé par de longues études scientifiques. Aujourd'hui, dans cet État, établir des canaux n'est plus un art, ce n'est qu'un métier. La science de la canalisation s'y est vulgarisée. Le premier venu, dans les *bar-rooms*, vous exposera, en prenant un verre de whiskey, comment s'alimente un point de partage et comment se fonde une écluse. Tous nos mystères des Ponts-et-Chaussées sont ici tombés dans le domaine public, à peu près comme les méthodes de la géométrie descriptive que nous retrouvons dans les ateliers, où elles se perpétuaient par tradition, bien des siècles avant que Monge ne leur donnât la sanction de la théorie.

J'ai déjà dit que les États d'Ohio, d'Indiana et d'Illinois formaient un grand triangle, tout entier compris dans la vallée du Mississipi, à l'exception d'une étroite langue de terre qui borde les lacs, et appartient, par conséquent, au bassin du Saint-Laurent. La pente générale du terrain y est du nord au sud ; les cours d'eau y sont généralement dirigés dans ce sens ; c'est particulièrement vrai pour les grands affluents de l'Ohio et du Mississipi. Cette disposition des vallées secondaires n'est pas moins favorable que la configuration et l'humidité du plateau, qui sépare les deux bassins, à la création de beaucoup de voies de communication, de canaux surtout, entre l'Ohio ou le Mississipi, et les lacs d'autre part.

*Deuxième ligne.—Canal Miami.—*L'État d'Ohio a exécuté un canal qui, partant de Cincinnati sur l'Ohio, va au nord jusqu'à Dayton, sous le nom de canal Miami. Il a vingt-six lieues et demie de long, et coûte 5,227,000 f., ou 197,000 fr. par lieue. A l'aide d'une donation de terres de la part du Congrès, à laquelle l'État ajoutera ses propres ressources, on le prolonge jusqu'à la Rivière Folle (*Mad River*), et de là jusqu'à Défiance, sur la Maumée, jadis forteresse bâtie par le général Wayne, à la suite de sa célèbre victoire contre les Indiens. La Maumée, que les Français appelaient Miami des lacs, est l'un des principaux tributaires du lac Erié ; l'État d'Ohio se propose de la canaliser. De Dayton à Défiance, le canal aura cinquante lieues et un quart. La dépense est estimée à 11 millions, ou à 219,000 fr. par lieue.

*Troisième ligne.—Canal de la Wabash.—*L'État d'Ohio et celui d'Indiana ont entrepris de concert, moyennant une donation de terres de la part du Congrès, un canal qui joindra la Wabash, l'un des affluents de l'Ohio, avec la Maumée. La majeure partie du canal s'étendra parallèlement aux deux rivières, ou dans leur lit. L'ouvrage aura en tout quatre-vingt-quatre lieues, dont cinquante-quatre dans l'Etat d'Indiana, et trente dans celui d'Ohio. Une trentaine de lieues du contingent de l'Indiana sont déjà exécutées latéralement à la Wabash. L'Ohio n'a pu ouvrir encore les travaux sur son territoire. Par suite d'un mauvais système de délimitation, la Maumée, dont tout le cours est dans l'État d'Ohio, aurait son embouchure sur le sol du futur État de Michigan. L'État d'Ohio réclame contre cette disposition. Le Michigan tient bon. Des deux côtés on a voté des fonds pour les frais de la guerre, et l'on a armé. Il y a même eu un commencement d'hostilités entre les deux puissances ; l'intervention du gouvernement fédéral a pourtant décidé les parties à un armistice. Dans cette querelle, l'Ohio a pour lui la raison ; mais le Michigan invoque en sa faveur le texte formel des lois. Il est probable que le Congrès, en élevant le Michigan au rang d'État, lui enlèvera le lambeau de terre que l'Ohio veut avoir, et qu'il lui importe tant de posséder. Dans l'incertitude, l'Ohio a sursis à l'exécution de ses travaux de canalisation, qui donneraient à l'embouchure de la Maumée une importance qu'elle n'a pas encore.

Quatrième ligne.—Canal Michigan.—Il est question, depuis long-temps, d'un canal qui, de Chicago, à l'extrémité méridionale du lac Michigan, irait vers la rivière des Illinois, et se terminerait au point où commence la navigation à la vapeur sur ce beau cours d'eau, c'est-à-dire au pied de ses cataractes. Le canal serait, dit-on, fort aisé à établir ; moyennant une tranchée de 7^{m},50 au maximum, le bief de partage pourrait être abaissé au niveau du lac Michigan, qui alors servirait de réservoir au canal. Il aurait trente-sept lieues et demie de long ; il traverserait ce terrain plat ou légèrement ondulé, dépourvu d'arbres, qui porte encore le nom de *Prairies* que lui donnèrent les colons français du Canada. Il est question de le creuser sur des dimensions plus considérables que celles des canaux ordinaires des États-Unis, afin qu'il soit accessible aux bâtiments à voile qui naviguent sur les lacs, ou même aux bateaux à vapeur.

C'est un des plus utiles ouvrages qu'il y ait à entreprendre dans le monde entier.

Cinquième ligne. Le canal que l'État de Pensylvanie a co...
mencé entre l'Ohio et la ville d'Erié, sur une longueur de
quarante et une lieues et demie, et pour l'alimentation duquel il a déjà exécuté des travaux préparatoires considérables, autour du petit lac Conneaut, créerait une autre
communication par eau très courte, entre le bassin du Mississipi et celui du Saint-Laurent.

Lignes diverses. Enfin, deux canaux, dont la construction va commencer, doivent lier le canal d'Ohio avec les travaux de l'État de Pensylvanie à Pittsburg, et, par conséquent,
ouvrir des relations nouvelles entre le Mississipi et le Saint-
Laurent. L'un est le canal du *Beaver* et du *Sandy*; il commence
au confluent du *Gros-Beaver* (*Big Beaver*) avec l'Ohio, suit
l'Ohio jusqu'à l'embouchure du Petit-Beaver (*Little Beaver*),
remonte la vallée de celui-ci, passe dans la vallée du Sandy,
et la suit jusqu'à ce qu'il rencontre le canal d'Ohio à Bolivar.
Il aura trente-six lieues et un quart. De Bolivar à New-York,
on estime qu'il y a, par le canal d'Ohio, le lac Erié, le canal
Erié et l'Hudson, trois cent quatorze lieues. Moyennant le
nouveau canal, il n'y aura plus que deux cent cinq lieues de
Bolivar à Philadelphie, c'est-à-dire à la mer.

L'autre est le canal du Mahoning. Il partira d'Akron sur
le canal d'Ohio, suivra la vallée du Petit-Cuyahoga, puis celle
du Mahoning, l'un des affluents du Gros-Beaver, et enfin le
Gros-Beaver lui-même jusqu'à l'Ohio. Ce canal aura à peu
près trente-six lieues de long. D'Akron au fleuve Ohio, la
distance sera de quarante-six lieues et demie.

Le terrain peu accidenté du massif des États d'Ohio, d'Indiana et d'Illinois, ne se prête pas moins à l'exécution des
chemins de fer qu'à celle des canaux. Les capitaux étant rares
sur ce sol à peine défriché, il s'y est présenté jusqu'à ce jour,
en matière de travaux publics, peu de compagnies sérieuses.
Toutefois, les compagnies financières qui ont précédé partout
celles des canaux et chemins de fer, commencent à y pro-
spérer et à s'y asseoir; leur succès présage le developpement
des autres. A défaut des compagnies, les États sont là pour

se charger des plus vastes entreprises. L'Américain de l'Ouest n'est pas moins entreprenant que celui de l'Est. En ce moment, je ne connais qu'un chemin de fer en construction au-delà de l'Ohio, et il ne paraît pas que les travaux y soient poussés avec activité : c'est celui qui doit aller de Dayton sur le canal Miami, à Sandusky, sur la baie de ce nom dans le lac Erié. Il aura soixante et une lieues et demie. Beaucoup d'autres ont été projetés. La législature d'Indiana en fait étudier un qui traverserait cet État du sud au nord, depuis New-Albany sur l'Ohio, vis-à-vis de Louisville, jusqu'au lac Michigan, en passant par Indianapolis.

Le canal de Rochester à Oléan établira aussi une jonction entre la vallée du Mississipi et celle du Saint-Laurent.

Améliorations apportées au cours du Mississipi, de l'Ohio et du Saint-Laurent.—Aux travaux compris dans cette division se rattachent naturellement ceux qui ont été exécutés dans les lits des fleuves eux-mêmes.

Le Mississipi est, sous le rapport de la navigabilité, le beau idéal des fleuves. Depuis Saint-Louis jusqu'à la Nouvelle-Orléans, sur une distance de quatre cent cinquante lieues, il y a toute l'année de l'eau pour des bateaux à vapeur de trois cents tonneaux. Il roule ses eaux sales et boueuses dans un fossé toujours profond, malgré ses nombreux circuits, large communément de 800 à 1,200 mètres, quelquefois agrandi par des îlots plats et boisés. Le chenal y est libre de bancs de sable. Il offre cependant des dangers redoutables au marinier inexpérimenté : ce sont les arbres de dérive dont il a déjà été fait mention, et pour l'enlèvement desquels le gouvernement fédéral tient en activité deux bateaux à vapeur, *l'Héliopolis* et *l'Archimède*, d'une construction toute particulière, à l'aide desquels on les arrache et on les débite, à la scie, en tronçons inoffensifs.

Le capitaine Shrève, qui a le commandement de ces bateaux à vapeur, et qui en a inventé le mécanisme, a été chargé aussi d'établir dans l'Ohio quelques barrages submersibles, à pierre perdue, qui y ont en effet élevé le niveau de l'eau,

fort basse tous les ans pendant un long étiage. Il est actuellement occupé, avec une flottille de bateaux à vapeur, à
rouvrir le lit de la Rivière-Rouge, l'un des grands affluents
du Mississipi (rive droite), que des radeaux de bois de dérive ont encombré sur une distance de près de soixante
lieues.

A Louisville, l'Ohio, dont la pente est ordinairement fort
douce, descendant de 7^m,46, dans l'espace de 3,200 mètres,
se trouve impraticable pour les bateaux à vapeur, excepté à
l'époque des plus hautes eaux. Le canal de Louisville à Portland a été établi par une compagnie, pour tourner cette ca-
taracte. Il a 3,200 mètres, et a coûté quatre millions. Il reçoit les plus grands bateaux à vapeur, moyennant un droit
de péage qui, pour *l'Henry-Clay*, est de 906 fr. 35 c.; et,
pour *l'Uncle-Sam*, de 1,000 fr. 32 c. On a proposé au congrès de l'acheter et d'y rendre le passage gratuit. L'importance de la navigation de l'Ohio justifierait cette dépense.

Le Saint-Laurent diffère essentiellement du Mississipi. Au
lieu d'eaux bourbeuses, il épanche des flots d'un bleu inva-
riablement limpide. Le Mississipi traverse un pays uniformément plat, inhabité et inhabitable, dont le sol n'est que
du sable, ou plutôt de la boue détrempée par les déborde-
ments du fleuve; où l'on chercherait vainement une pierre
grosse comme le poing; où, toutes les cent lieues à peine,
apparaît un monticule à l'abri des inondations, sur lequel
des populations blêmes luttent sans succès contre les émana-
tions pestilentielles des marais d'alentour. Le Saint-Laurent sillonne une contrée accidentée, montagneuse, escarpée
même, fertile dans les fonds, salubre partout, et parsemée
de florissants villages qui attirent de loin les regards du voyageur, avec leurs maisons blanchies à la chaux une fois l'an,
et leurs églises à la française dont les clochers sont recou-
verts de fer-blanc. Le Mississipi a, comme le Nil, son dé-
bordement annuel. Il en a même deux; mais celui du printemps est de beaucoup le plus considérable. Le Saint-Laurent, grâce à l'immensité des lacs qui lui servent de réser-

voir et de régulateur , se tient toujours au même niveau ; les variations extrêmes y sont de cinquante centimètres. Le Saint-Laurent, par la beauté de ses eaux, par leur volume prodigieux, par le pays qu'il arrose, par les groupes d'îles dont il est parsemé, doit être aux yeux d'un artiste le plus admirable fleuve de l'univers ; mais, aux yeux d'un commerçant, son mérite est moins qu'ordinaire. Sous ses eaux transparentes se cachent mal de nombreux écueils. La navigation y est interrompue par les cataractes du Niagara d'abord , et ensuite, depuis sa sortie du lac Ontario jusqu'à Montréal, par un grand nombre de rapides, plans inclinés ou rochers. Il n'y a qu'un Indien ou un Français qui osent le descendre sans interruption sur leur pirogue, à partir du lac Ontario. Les plus forts bateaux à vapeur du monde échoueraient, sur quelques points , à le remonter.

L'esprit d'émulation qui s'est emparé de tous les États de l'Union américaine s'est étendu à la population anglaise qui , laissant aux Français le bas du fleuve, s'est établie dans le Haut-Canada. Les habitants de cette province ont pensé que, si la chaîne, interrompue par les cataractes et les rapides, pouvait être renouée, une foule de produits agricoles qui s'écoulent vers le Mississipi ou vers les canaux de la Pensylvanie et de New-York auraient un débouché plus commode par le Saint-Laurent, et que les étoffes et les quincailleries anglaises , en entrepôt à Montréal et à Québec, choisiraient de préférence la même route pour aller trouver les États de l'Ouest. Un premier canal (canal Welland) a donc été exécuté autour des chutes du Niagara, à l'effet de rétablir la communication entre le lac Érié et le lac Ontario. Il a onze lieues et un quart , sans compter huit lieues de rigoles navigables. Il est praticable pour les goëlettes de cent à cent vingt tonneaux, qui font le commerce des lacs, et a coûté 11,000,000 fr. , fournis presque en totalité par la province du Haut-Canada ; le Bas-Canada et la Métropole y ont contribué pour une faible part.

Puis on a fait une étude du cours du fleuve, et l'on a reconnu que les passes impraticables à la remonte pour des bateaux à vapeur tirant 2^m,70, ou 3 mètres d'eau, ne formaient en tout que treize lieues, réparties à peu près par portions égales entre les deux provinces. Le Haut Canada, qui compte 250,000 habitants, sans villes importantes, sans capitaux, a fait tracer sur la plus grande échelle les plans d'un canal latéral au fleuve, le long de chacun des rapides; et en ce moment il en exécute à ses frais la portion qui le regarde. Cet ouvrage sera navigable pour des bateaux à vapeur d'un tirant d'eau de 2^m,70 et du port de cinq cents tonneaux. J'y ai vu les travaux en pleine activité sur une longueur de quatre lieues et demie, le long des rapides du Long-Saut, près Cornwall. On estime qu'il coûtera 1,500,000 à 1,600,000 fr. par lieue.

La population française du Bas-Canada, absorbée dans des querelles politiques dont on ne peut prévoir l'issue, néglige ses intérêts matériels pour poursuivre des intérêts chimériques de nationalité. Il n'a rien été décidé, quant à la prolongation, sur le territoire de cette province, des magnifiques travaux exécutés par celle bien moins riche du Haut-Canada.

Récapitulation des communications entre la vallée du Mississipi et celle du Saint-Laurent.

CANAUX ET CHEMINS DE FER.	LONGUEUR		DÉPENSE		
	CANAUX.	CHEMINS de fer.	TOTALE		PAR LIEUE.
			CANAUX.	CHEMINS de fer.	
Canal d'Ohio.	122	»	22,720,000	»	186,200
Canal Miami (1re partie).	26 1/2	»	5,227,000	»	197,200
id. (2e partie).	50 1/4	»	11,000,000	»	219,000
Canal de la Wabash au lac Érié	84	»	16,800,000	»	200,000
Canal Michigan.	57 1/2	»	37,500,000	»	1,000,000
Canal de Pittsburg à Erie	41 1/2	»	5,000 000	»	120,500
Canal du Beaver et du Sandy.	36 1/4	»	7,250,000	»	200,000
Canal Mahoning.	56	»	7,200,000	»	200,200
Chemin de fer de Dayton à Sandusky.	»	61 1/2		10,500,000	170,700
Canal Welland.	11 1/4	»	11,040,000	»	982,300
Travaux du Saint-Laurent.	13	»	20,000,000	»	1,538,000
Canal de Louisville à Portland.	« 3/4	»	4,655,000	»	5,400,000
TOTAUX, ...	459	61 1/2	147,790,000	10,500,000	»

§ III. Communication le long de l'Atlantique.

Première ligne. — *Cabotage intérieur par les Baies et les Lagunes qui bordent la mer.* — Si l'on examine le littoral des États-Unis, depuis Boston jusqu'à la Floride, on reconnaît qu'il y a lieu à une navigation presque continue, courant comme la côte du nord-nord-est au sud-sud-ouest; au nord, par les baies ou par le lit des fleuves; au sud, par une série de lagunes allongées ou par les passes comprises entre la côte ferme et la ceinture d'îles basses, qui est jetée en avant du continent. Les isthmes qui existent entre les baies, les fleuves et les lagunes, sont constamment étroits, constamment déprimés.

De Providence (dix-sept lieues au sud de Boston) à New-York, on a la baie de Narragansett et le détroit de la Longue-Ile, faisant en tout soixante-douze lieues. De là, pour gagner la Délaware, on s'avance jusqu'au fond de la baie du Raritan, à New-Brunswick, et l'on trouve devant soi l'isthme qui compose l'État de New-Jersey, pays plat, d'environ douze mètres d'élévation seulement, et large de quatorze à seize lieues. Cet isthme est aujourd'hui traversé par un beau canal (canal du Raritan à la Délaware), praticable pour les caboteurs, long de dix-sept lieues, avec une rigole navigable de dix, tout récemment exécuté, en moins de trois ans, par une compagnie, moyennant une dépense de 12,000,000 fr., soit 706,000 fr. par lieue.

Cet ouvrage se termine à Bordentown, sur la Délaware. De là on descend jusqu'à Délaware-City, vingt-huit lieues et demie au-dessus de Bordentown, et seize lieues et demie au-dessous de Philadelphie. Là, l'isthme, qui sépare la Délaware de la Chésapeake, est coupé par un canal, dont le point de partage n'est qu'à 3^m,60 au-dessus de la mer; c'est le canal de la Délaware à la Chésapeake, exécuté, comme le précédent, à l'usage des caboteurs, et dans les mêmes dimensions. Il a coûté extrêmement cher, près de quatorze millions. Sa longueur est de cinq lieues et demie, ce qui porte la lieue à 2,545,000 fr.

Une fois entré dans la Chésapeake, on peut la descendre jusqu'à Norfolk, environ quatre-vingts lieues. De là, pour communiquer avec les lagunes et les passes qui bordent la Caroline du Nord, la Caroline du Sud et la Géorgie, on a établi divers travaux dont le principal est le canal du *Dismal-Swamp*, long de huit lieues et un quart : c'est un canal à point de partage, dont le bief supérieur n'est qu'à cinq mètres au-dessus de la mer. Il est, comme les précédents, établi pour les goëlettes du cabotage. Il a quatre lieues et demie de rigoles navigables et d'embranchements.

Les ouvrages faits pour continuer cette communication au-delà des lagunes qui communiquent avec le canal du *Dismal-Swamp*, n'ont pu être menés à bonne fin. Au midi de la Chésapeake, la ligne est donc fort incomplète. On va cependant de Charleston à Savannah en bateau à vapeur, par les lagunes et les détroits compris entre le continent et les îles basses, où se cultive le fameux coton longue-soie.

Deuxième ligne. — *Communication du Nord au Sud par les métropoles du littoral.* — Parallèlement à la précédente communication, qui est destinée aux marchandises encombrantes, il en existe une autre située un peu plus à l'intérieur, à l'usage des voyageurs et des machandises précieuses, le long de laquelle la vapeur tend à devenir le moteur unique, soit par terre, soit par eau : par terre, au moyen des chemins de fer ; par eau, à l'aide des *steamboats*.

On va de Boston à Providence sur un chemin de fer de dix-sept lieues, qui a coûté 8,000,000 fr., ou, par lieue, 471,000 fr. De Providence à New-York, les bateaux à vapeur transportent les voyageurs en quinze à dix-huit heures. Il en existe même aujourd'hui qui font le trajet en douze heures (le *Lexington*). Pour passer de la baie de Narragansett dans le détroit de la Longue-Ile, il faut doubler un cap appelé Pointe-Judith, où la mer est habituellement houleuse. Afin de l'éviter, on établit en ce moment un chemin de fe..

de vingt et une lieues de long, qui longe la baie et le détroit, depuis Providence jusqu'à Stonington.

Un troisième chemin de fer, que l'on s'apprête à construire, et dont l'utilité n'est guère démontrée, car, dans le détroit de la Longue-Ile, les bateaux à vapeur ont une vitesse de six lieues à l'heure, partirait d'un point situé sur la Longue-Ile, vis-à-vis de Stonington, et se prolongerait jusqu'à Brooklyn, en face de New-York. Il aurait trente-quatre lieues et demie.

On va de New-York à Philadelphie, en se rendant d'abord, par eau, à South-Amboy, dans la baie du Raritan (onze lieues). Là commence un chemin de fer qui traverse l'isthme jusqu'à Bordentown, et longe ensuite la Délaware jusqu'à Camden, vis-à-vis de Philadelphie. Pendant l'été, les voyageurs s'arrêtent à Bordentown, et terminent le voyage en bateau à vapeur. Pendant l'hiver, la Délaware gèle ; c'est le temps où le chemin de fer sert sur toute son étendue à la foule qui va et vient entre la métropole commerciale et la métropole financière des États-Unis, entre l'Entrepôt et la Bourse de l'Union, entre le Nord et le Sud. Un bateau brise-glaces met alors, en quelques minutes, sur le quai de Philadelphie, les voyageurs descendus à Camden.

Ce chemin de fer a coûté 12,250,000 fr. Sa longueur est de vingt-quatre lieues et un quart ; c'est par lieue 505,000 fr. Il n'a qu'une voie de posée sur la majeure partie de sa longueur.

J'ai trouvé à Philadelphie beaucoup de personnes qui se souvenaient d'avoir mis deux longues journées, quelquefois trois, pour aller à New-York. Aujourd'hui, c'est une affaire de sept heures, que l'on réduira bientôt à moins de six.

Deux chemins de fer se rattachant à un groupe différent, et qui sont, l'un livré à la circulation, l'autre à demi construit, compléteront, à quelques lieues près, une autre ligne, toute par terre, de New-York à Philadelphie. Le premier va de Philadelphie à Trenton, sur la Délaware (dix lieues et demie) ; le second s'étendra bientôt de Jersey-City sur l'Hudson, vis-à-vis de New-York, à New-Brunswick (onze lieues et un quart). Si donc l'on posait des rails entre New-Brunswick et Trenton (onze lieues), sur la plaine, parfaitement de niveau, où s'élèvent ces deux villes, la communication entre Philadelphie et New-York serait complète; mais, jusqu'à présent, l'Etat de New-Jersey s'y est opposé, parce qu'il a vendu par une loi le monopole du transport entre Philadelphie et New-York, à la compagnie d'Amboy à Camden, et qu'il en retire de gros profits, 160,000 fr. par an au moins.

De Philadelphie à Baltimore, on descend la baie en bateau à vapeur jusqu'à New-Castle. On traverse l'isthme sur un chemin de fer de six lieues et demie de long, qui se termine à French-Town, sur la baie de Chésapeake, où l'on trouve un autre bateau à vapeur qui dépose les voyageurs à Baltimore, 8 à 9 heures après qu'ils ont quitté Philadephie. Le chemin de fer de New-Castle à French-Town a coûté 2,130,000 fr., soit par lieue, 328,000 fr.

La gelée suspendant la navigation, pendant une portion de l'hiver, sur la Chésapeake et la Délaware, on a pensé qu'il serait utile d'avoir un chemin de fer continu de Philadelphie à Baltimore. Il en résulterait aussi une économie de temps, car la route actuelle est un peu sinueuse. Diverses compagnies se sont mises à exécuter les diverses parties d'un chemin de fer de Philadelphie à Baltimore, par Wilmington, sur la Délaware, et Havre-de-Grâce, ville fondée jadis par les Français sur la Susquéhannah, près de son embouchure dans la Chésapeake. La distance totale ne sera que de trente-sept lieues et un quart, au lieu de quarante-six que l'on parcourt aujourd'hui. On ira de Baltimore à Philadelphie en cinq à six heures, au lieu de huit à neuf qu'il faut actuellement.

D'autres compagnies ont entrepris une ligne rivale, qui s'embrancherait sur le chemin de fer de Philadelphie à Columbia, près de Parksburg, à dix-huit lieues de Philadelphie, traverserait la Susquéhannah, sur le pont de Port-Déposit, deux lieues au-dessus de Havre-de-Grâce. De Havre-de-Grâce à Parksburg, la distance serait de treize lieues et un quart. Cette ligne aurait sept lieues et un quart de plus que la précédente. Elle aurait aussi l'inconvénient d'obliger les voyageurs à passer sur le plan incliné par lequel le chemin de fer de Columbia descend au niveau de Philadelphie, et pour lequel les Philadelphiens , plus soucieux de leur vie que le reste des Américains, éprouvent une répugnance qui tient de l'horreur (1).

Pour continuer de Baltimore au Sud, plusieurs voies se présentent; on peut prendre le bateau à vapeur de Norfolk, qui, en dix-huit ou vingt heures, franchit les quatre-vingts lieues de la Chésapeake; de Norfolk, un autre bateau à vapeur remonte plus rapidement encore le James-River jusqu'à Richmond; le voyage, de cinquante-cinq lieues environ, s'accomplit en dix heures. On peut aller plus directement de Norfolk au Sud par un chemin de fer dirigé sur Weldon, aux bords du Roanoke, qui aura trente et une lieues, et dont plus des deux tiers sont déjà livrés à la circulation.

On peut aussi aller de Baltimore à Washington par un embranchement du chemin de fer de Baltimore à l'Ohio. De Washington, par le Potomac, on gagne, en bateau à vapeur, un petit village distant de Frédéricksburg de six lieues. De là, un chemin de fer, dont la construction est en pleine activité, s'étendra incessamment jusqu'à Richmond. Il aura vingt-trois lieues trois quarts, et ne coûtera guère que 140,000 fr. par lieue, avec son matériel et ses magasins. De Pétersburg, à huit lieues et demie de Richmond, part un chemin de fer de vingt-quatre lieues, qui atteint le Roanoke à Blakely, près de Weldon, et qui s'étend même quelques lieues plus loin, par l'embranchement de Belfield. La lacune entre Richmond et Pétersburg ne tardera pas à être remplie.

Le chemin de fer de Pétersburg, plus court que la route de poste, suit à peu près l'un des anciens sentiers des In-

____

(1) Cette aversion des Philadelphiens a donné naissance à un projet de chemin de fer (*West-Philadelphia Railroad*) qui tournerait le plan incliné et irait rejoindre le chemin de Columbia à une distance de quatre lieues environ de Philadelphie. La pente du plan incliné serait répartie sur tout l'intervalle, ce qui produirait une inclinaison moyenne d'environ 1 pour 100, dont l'expérience a démontré qu'il n'y avait pas lieu à s'effrayer.

diens, circonstance étrange que m'a rapportée l'habile ingénieur qui l'a construit, M. Robinson. Il se déroule presque constamment au niveau du sol, sans terrassements, à travers les plaines sablonneuses, incultes et entrecoupées de flaques d'eau stagnante, dont la mer est uniformément bordée depuis la Chésapeake jusqu'à la pointe de la Floride, et que la fièvre désole tous les étés. C'est le pays le mieux disposé du monde pour des chemins à ornières, je ne dis pas chemins de fer, car, là particulièrement, on les construit presque entièrement en bois. Sa surface est naturellement nivelée ; son fond sablonneux offre une excellente base à la charpente sur laquelle reposent les rails. Les forêts, vierges encore, de pins et de chênes, dont il est recouvert, présentent à qui veut en prendre, et en quantité inépuisable, les matériaux essentiels à la construction d'un *railroad*. Mais, si le sol est parfaitement en mesure, l'homme ne l'est pas aussi bien. Dans ces régions pauvres, les populations sont fort clair-semées ; il n'y a que de petits villages çà et là sur le bord des ruisseaux. Les grands centres, dans lesquels seuls on peut trouver des capitaux, n'y existent pas. L'intervention des capitalistes du Nord y est donc indispensable. L'argent de Philadelphie a été pour une bonne part dans l'établissement des chemins de fer de Pétersburg au Roanoke et de Richmond à Frédéricksburg. Sans lui, jamais la ligne du Nord au Sud ne pourra traverser l'État de la Caroline du Nord, qui est l'indigent de la Confédération, et rejoindre les travaux achevés ou projetés dans la Caroline du Sud et la Géorgie.

Il existe donc une énorme lacune de cent trente lieues depuis le Roanoke jusqu'à Charleston, métropole de la Caroline du Sud, ou, au moins, de cent dix lieues jusqu'à Columbia (1), capitale du même État. De Charleston part un chemin de fer de cinquante-quatre lieues trois quarts, qui traverse la zone inculte et fiévreuse des sables et des forêts de

(1) Il sera facile d'établir un embranchement de Columbia au chemin de fer de Charleston à Augusta ; il a été étudié

pins, pour atteindre la région cotonnière. Il se termine à Hambourg sur la rivière Savannah, vis-à-vis d'Augusta (Géorgie), qui est le plus grand marché intérieur des cotons. Y compris un matériel considérable, il coûte moins de 120,000 fr. par lieue. Il a cela de particulier, que, toutes les fois qu'il a fallu l'élever au-dessus du sol, au lieu d'entasser des remblais, on a eu recours à une charpente. Ce chemin, ainsi perché sur des échasses, à des hauteurs de cinq et sept mètres, laisse certainement à désirer, sous le rapport de la sécurité publique; mais il fallait le faire et le terminer avec un capital très borné, et on y a réussi. Les recettes sont déjà assez considérables pour permettre de substituer successivement à de frêles étais, l'appui plus solide de terres transportées.

Une autre circonstance plus remarquable encore, c'est qu'il a été construit, dans tous ses détails, par des noirs presque tous esclaves.

Ce chemin de fer fut entrepris pour faire dériver vers le marché de Charleston une partie des cotons qui descendaient la rivière Savannah, et qui alimentaient le marché de la ville de ce nom. Il a pleinement rempli l'attente de ses fondateurs.

D'Augusta part un autre chemin (*Georgia Railroad*) tout récemment commencé, qui traversera, en se dirigeant sur Athènes, quelques uns des districts les plus fertiles en coton; il doit avoir quarante-six lieues. Pour continuer la ligne du Nord au Sud, ou de Boston à la Nouvelle-Orléans, il faudrait que ce chemin de fer fût prolongé dans la direction de Montgomery (Alabama). A Montgomery, l'on s'embarque sur les bateaux à vapeur de la rivière Alabama, qui transportent les voyageurs et les cotons à Mobile. Entre Mobile et la Nouvelle-Orléans, il existe un service régulier de bateaux à vapeur par la baie de Mobile, la baie de Pascagoula, le lac Borgne et le lac Pontchartrain. Les deux dernières lieues, du lac Pontchartrain à la Nouvelle-Orléans, se font en un quart d'heure, sur un chemin de fer que la législature de la Louisiane, dans son mauvais français, appelle *chemin à coulisses.*

Telle est, avec ses lacunes, la ligne du Nord au Sud, la plus avancée aujourd'hui. Elle ne restera pas la seule; à mesure que la civilisation se raffermira du côté de l'Ouest et que les capitaux s'y multiplieront, de nouvelles lignes seront créées, s'écartant de plus en plus du littoral.

Le chemin de Baltimore à l'Ohio, qui, en réalité, n'est qu'un chemin de fer de Baltimore à la jonction du Potomac et du Shénandoah, se lie, par son extrémité occidentale, à Harper's Ferry, avec un chemin de fer presque terminé aujourd'hui, qui va treize lieues plus loin, à Winchester, en suivant le fond de l'un de ces sillons longitudinaux qui séparent les crêtes successives des Alléghanys, d'un bout de la chaîne à l'autre. Celui de ces sillons où est situé Winchester est l'un des plus réguliers et aussi l'un des plus fertiles. Il est célèbre sous le nom de *Vallée* de Virginie. Ainsi, quoique le chemin de fer de Winchester n'ait été établi que pour rapprocher du marché de Baltimore les produits agricoles de Winchester et des environs, il pourrait bien devenir un jour la tête d'une grande communication du Nord au Sud par la *Vallée.* Un chemin de fer est déjà autorisé dans cette direction, de Winchester à Staunton, sur une longueur de trente-sept lieues environ.

Une autre ligne du Sud au Nord, destinée peut-être à venir s'embrancher avec celle qui partirait du Nord en suivant la Vallée de Virginie, a été projetée à la Nouvelle-Orléans, autorisée par la législature de la Louisiane, et ne peut manquer de l'être par celles des autres Etats qu'elle traverserait. Il s'agit d'un chemin de fer de plus de deux cents lieues, qui remonterait de la Nouvelle - Orléans, vers le Nord, jusqu'à Nashville, capitale de l'Etat de Tennessée. On assure que les mesures sont prises pour que les travaux soient ouverts dans quelques mois. Ce chemin de fer ne prétend à rien moins qu'à faire concurrence à la magnifique ligne fluviale du Mississipi et de l'Ohio, pour le transport des voyageurs et des balles de coton.

CANAUX ET CHEMINS DE FER.	LONGUEUR.		DÉPENSE		
	CANAUX.	CHEMINS de fer.	TOTALE.		PAR LIEUE.
			CANAUX.	CHEMINS de fer	
1re Ligne. —*Cabotage* :					
Canal du Raritan à la Délaware.	17		12,000,000	»	705,900
Canal de la Délaware à la Chésapeake.	5 1/2		14,000,000	»	2,545,500
Canal du Dismal-Swamp.	9	»	3,735,000	»	324,600
Embranchement.	2 1/2	»			
2e Ligne. —*Par les Métropoles* :					
Chemin de fer de Boston à Providence	»	17	»	8,000,000	470,600
id. de Providence à Stonington.	»	21	»	8,000,000	381,000
id. d'Amboy à Camden.	»	24 1/4	»	12.250,000	505,200
id. de Newcastle à Frenchtown.	»	6 1/2	»	2,130,000	327.700
id. de Baltimore à Washington.	»	12	»	8,000,000	750,000
id. d'Harper's-Ferry à Winchester.	»	15	»	2,600,000	200,000
id. de Frédériksburg à Richemond.	»	23 3/4	»	3,900,000	164,200
id. de Pétersburg au Roanoke.	»	24	»	3.470,000	144,600
id. Embranchement du Belfield.		6	»	840,000	140,000
id. de Norfolk à Weldon.	»	31	»	4,000,000	129,000
id. de Charleston à Augusta.	»	54 3/4	»	6,400,000	116,900
id. d'Augusta à Athènes.	»	46	»	8,250,000	179.500
Totaux.	34 »	279 1/4	29,735,000	67,840,000	

§ IV. Communications qui rayonnent antour des Métropoles.

Premier centre. — Boston. — De Boston partent aujour-d'hui trois chemins de fer, dont le premier, long de dix lieues et un quart, se dirige sur la ville manufacturière de Lowell, devenue ainsi un faubourg de Boston; et le second, long de dix-sept lieues trois quarts, sur Worcester, centre d'un canton agricole. Le premier a coûté 780,000 francs, et le deuxième 450,000 fr. par lieue. Le troisième est le chemin de Boston à Providence, déjà cité comme l'un des anneaux de la grande chaîne entre le Nord et le Sud.

Le chemin de fer de Boston à Lowell fait concurrence au canal de Middlesex. Celui de Boston à Worcester est destiné à être prolongé jusqu'au fleuve Hudson. On le terminerait vis-à-vis d'Albany; il se lierait aussi à un chemin de fer de treize lieues qui va être construit entre West-Stockbridge et la ville d'Hudson située sur le fleuve, douze lieues au-dessous d'Albany. Il deviendrait, pour Boston, un chemin de fer de l'Ouest (*Western Railroad*); c'est en effet le nom que l'on donne au prolongement. Une compagnie est auto-risée à exécuter la portion comprise entre Worcester et Springfield, qui aura vingt et une lieues et demie. Le trajet total de Boston à Albany serait d'environ soixante-cinq lieues.

Un autre chemin de fer (*Eastern Railroad*), de treize lieues et demie, va être incessamment établi par Lynn, célèbre par ses fabriques de souliers, Salem, petite ville qui fait un grand commerce avec la Chine, et par Beverley, Ipswich et Newbury-Port, vers Portland, capitale du Maine, et l'extrémité nord de l'Union.

Deuxième centre. — New-York. — Autour de New-York on compte, 1° le chemin de fer, de six lieues et demie, qui va à Paterson, ville très manufacturière, bâtie aux chutes de la Passaïc; 2° celui de New-Brunswick, dont il a été déjà question, qui dessert divers points intéressants, entre autres

Newark, et amène sur les marchés de New-York les provisions d'une portion du New-Jersey ; 3° le petit chemin de Harlaëm, à peu près exclusivement à l'usage des promeneurs ; 4° celui de Brooklyn à Jamaïca (cinq lieues), sur la Longue-Ile, destiné, soit aux voyages d'agrément, soit à l'approvisionnement de New-York.

Troisième centre. — Philadelphie. — Il y a autour de Philadelphie, indépendamment des deux grands chemins de fer de Columbia et d'Amboy à Camden, mentionnés plus haut : 1° celui de Trenton ; 2° celui de Norristown et Germantown, destiné aux promeneurs et à desservir quelques manufactures, entre autres celles de Manayunk : il a six lieues et un quart de long ; 3° celui de Westchester, qui est un embranchement de trois lieues et demie au *Columbia Railroad*, et qui sert à approvisionner les marchés de la ville.

Il y a en outre dans la ville même, entre ses divers quartiers, quelques chemins de fer posés au niveau des rues, notamment dans *Broad-Street* et *Willow-Street*, sur lesquels on n'emploie d'autre force motrice que celle des chevaux.

Quatrième centre. — Baltimore. — Outre le chemin de Baltimore à l'Ohio et l'embranchement de Washington, Baltimore va avoir un chemin de fer dirigé sur la Susquéhannah, vis-à-vis de Columbia, par York, dont la longueur sera de vingt-quatre lieues.

L'objet de ce chemin est de disputer à Philadelphie le commerce de la vallée de la Susquéhannah. Le canal de la Pensylvanie, avec ses ramifications nombreuses, est une canalisation complète, en amont de Columbia, de ce fleuve et de ses affluents. Au-dessous de Columbia, la Susquéhannah présente des rapides et des écueils qui y rendent la navigation impossible, excepté à la descente pendant les grandes crues. Les négociants de Philadelphie, craignant que tous les travaux exécutés à grands frais par la Pensylvanie ne tournassent bien moins à leur profit qu'à celui des Baltimoriens, ainsi que ceux-ci s'en vantaient hautement, se sont longtemps opposés, soit à ce qu'on achevât la canalisation de la

Susquéhannah, de Columbia à l'embouchure, soit à ce que l'on autorisât le passage en Pensylvanie d'un chemin de fer de Baltimore à Columbia. Leur opposition a pourtant été vaincue. Le canal et le chemin de fer ont été concédés sur le sol pensylvanien, autant que besoin serait. La compagnie du chemin de fer, à qui l'État de Maryland vient de prêter une somme d'environ 6,000,000 francs, pousse vivement ses travaux.

Cinquième centre. — Charleston. — Il a été fait quelques petits canaux pour faciliter les abords de Charleston par l'intérieur des terres. Ce sont des ouvrages en mauvais état et sans importance.

Sixième centre. — Nouvelle-Orléans. — Autour de la Nouvelle-Orléans, on compte, indépendamment du petit chemin de fer de deux lieues, qui va du Mississipi au lac Pontchartrain celui du Carrolton, qui, lorsqu'il sera achevé, sera un peu plus long, et deux petits canaux qui vont de la ville au lac. Il a été exécuté aussi quelques coupures entre les lagunes et dans les marécages du Bas-Mississipi. Ces canaux, creusés dans la boue, ont présenté d'assez graves difficultés d'exécution. Ils n'offrent d'intérêt ni par leur étendue, ni par leurs résultats.

Septième centre. — Saratoga. — Les eaux de Saratoga, dans l'État de New-York, reçoivent, pendant deux ou trois mois de l'été, un nombre immense de visiteurs qui s'y succèdent par essaims. Il n'y a pas de bourgeois un peu aisé à Philadelphie, à New-York et à Baltimore, qui ne se croie obligé d'y venir avec sa femme et ses filles passer vingt-quatre ou quarante-huit heures au milieu de la cohue endimanchée qui encombre les hôtels, et visiter le champ de bataille où capitula l'armée anglaise aux ordres du général Burgoyne. Il existe en ce moment deux chemins de fer qui mènent à Saratoga ; l'un, de huit lieues et demie, qui s'embranche près de Schénectady sur celui de Schénectady à Albany ; l'autre, de neuf lieues trois quarts, qui part de Troy sur l'Hudson. Lorsque la saison est passée, ils servent à transporter à l'Hudson des bois de construction et de chauffage.

Récapitulation des communications qui rayonnent autour des métropoles.

CANAUX ET CHEMINS DE FER,	LONGUEUR.		DÉPENSE		
	CANAUX.	CHEMINS de fer.	TOTALE.		PAR LIEUE.
			CANAUX.	CHEMINS de fer.	
Chemin de fer de Boston à Lowell	»	10 1/4	»	8,000,000	780,500
id. à Worcester	»	17 3/4	»	6,670,000	575,800
Canal de Middlesex	12	»	2,800.000	»	233,000
Chemin de fer de New-York à Paterson	»	6 1/4	»	1,100,000	176,000
id. de New-York à Harlaem	»	2	»	2,000,000	1,000,000
id. de Jersey-City à New-Brunswick	»	11 1/4	»	1,800,000	160,000
id. de Brooklyn à Jamaica	»	5	»	1,600,000	320,000
id. de Philadelphie à Norristown	»	6 1/4	»	2.500,000	400,000
id. de Westchester	»	3 1/2	»	540,000	154,300
id. de Philadelphie à Trenton	»	10 1/2	»	2,133.000	203,100
id. de Baltimore à la Susquéhannah	»	24	»	7,100,000	295,800
Canal de la Santée	9	»	3,470,000	»	385,600
Canaux de la Nouvelle-Orléans	4	»	12,000,000	»	3,000.000
Chemin de fer de la Nouvelle-Orléans à Carrolton	»	3 1/2	»	2,000,000	571.400
id. de la Nouvelle-Orléans au lac Pontchartrain	»	2	»	2,300,000	1,150,000
id. de Schénectady à Saratoga	»	8 1/2	»	1,600,000	188,200
id. de Troy à Saratoga	»	9 3/4	»	1,800,000	184,600
TOTAUX.	25	120 1/2	18,270,000	41,143,000	»

§ V. Travaux établis autour des mines de charbon.

Les mines de charbon bitumineux du comté de Chesterfield, près de Richmond, en Virginie, sont liées au James-
River par un petit chemin de fer praticable pour les chevaux
seulement, qui a cinq lieues et un quart de long, et a coûté
200,000 fr. par lieue, matériel compris.

Les gîtes d'anthracite de Pensylvanie ont donné lieu à
une masse de travaux beaucoup plus considérable.

Les lignes principales établies ou s'établissant pour desservir ces mines sont :

1° Le canal du Schuylkill, qui mène à Philadelphie les
produits des mines voisines des sources du Schuylkill. Son
léveloppement, de Philadelphie à Pont-Carbon, où il commence, est de quarante-trois lieues et demie. Il a coûté en
tout, avec des écluses doubles le plus souvent, 16,000,000 fr.,
soit 372,000 fr. par lieue. Il donne 20 à 25 p. 0|0 de revenu
net, et transporte 400,000 tonnes par an.

2° Le canal de Lehigh, qui amène à la Délaware les produits
des mines situées aux sources du Lehigh. Il a dix-sept lieues et
demie de long, et a coûté 8,300,000 f., ou par lieue 474,000 f.

3° Le canal latéral à la Délaware; il part d'Easton, au confluent du Lehigh, et se termine à Bristol, à la tête de la navigation maritime. Il conduit à Philadelphie les charbons
qui ont descendu le canal du Lehigh. Il a vingt-quatre lieues
de long, et a coûté 7,600,000 fr., ou 316,000 fr. par lieue.

Cet ouvrage a été exécuté par l'Etat de Pensylvanie. Il a
été compté plus haut parmi les travaux de cet Etat.

4° Le canal Morris, qui part du même point d'Easton et
doit se terminer à Jersey-City, vis-à-vis de New-York. Il sert
à approvisionner le marché de New-York des charbons du
Lehigh. Il se distingue en ce que la majeure partie des pentes
y est rachetée, non, comme à l'ordinaire, par des écluses,
mais par des plans inclinés, dont le plus considérable a une
élévation de 30ᵐ,50, et dont la manœuvre est très simple.
L'ouvrage a quarante-huit lieues et demie, non compris deux
lieues qui restent à faire du côté de Jersey-City. Il coûte
226,000 fr. par lieue, environ 11,000,000 fr. en tout.

5° Le canal de l'Hudson à la Délaware qui mène dans la baie de Rondout, sur l'Hudson, près de Kingston, trente-six lieues au-dessus de New-York, l'anthracite des mines voisines de la Haute-Délaware. Ce charbon, arrivé des montagnes à Honesdale par un chemin de fer de six lieues et demie, entre là dans le canal, qui a quarante-trois lieues. Le chemin de fer a coûté 1,600,000 fr., ou 250,000 fr. par lieue, avec son matériel. Le canal a coûté 12,600,000 francs, ou 293,000 fr. par lieue.

6° Le chemin de fer de Pottsville à Sunbury, qui doit conduire au Schuylkill canalisé les produits des mines situées dans le massif des montagnes, entre la Susquehannah et les sources du Schuylkill. Il est remarquable par des plans inclinés d'une extrême hardiesse ; la pente de quelques uns est de 25 et de 33 p. 0/0 ; ils sont desservis par des moyens ingénieux et économiques. La longueur de ce chemin est de dix-sept lieues trois quarts. Il coûtera environ 6,000,000 f., soit 338,000 fr. par lieue.

7° Le chemin de fer de Philadelphie à Reading, aujourd'hui en construction, qui fera concurrence à la canalisation du Schuylkill. Il aura vingt-deux lieues trois quarts, et coûtera, avec le matériel, 350,000 fr. par lieue environ. On se propose de le prolonger jusqu'à Pottsville ; la distance de Pottsville à Reading est de quatorze lieues. On aurait alors un chemin de fer continu de cinquante-cinq lieues, entre Philadelphie et le centre de la vallée de la Susquéhannah.

Outre ces sept grandes lignes, diverses compagnies de mines ont établi une multitude d'autres chemins de fer de moindre importance, qui viennent s'y embrancher. Il en avait été créé, à la fin de 1834, soixante-six lieues au prix de 6,000,000 fr. ; ce qui, joint aux deux cent ving-trois lieues, et aux 71,300,000 francs des sept communications précédentes, donne un total de deux cent quatre-vingt-neuf lieues, et de 77,400,000 fr. ; et déduction faite du canal latéral à la Délaware, que j'ai déjà porté en ligne de compte, deux cent soixante-cinq lieues, et 69,700,000 fr.

Récapitulation des travaux établis autour des mines de charbon.

CANAUX ET CHEMINS DE FER.	LONGUEUR.		DÉPENSE		
			TOTALE.		
	CANAUX.	CHEMINS de fer.	CANAUX.	CHEMINS de fer.	PAR LIEUE.
Chemin de fer de Chesterfield.	»	5 1/4	»	1,050,000	200,000
Canal du Schuylkill.	43	»	16,000,000	»	572.000
id. du Lehigh.	17 1/2	»	8,500,000	»	474.500
id. latéral à la Délaware (Mémoire).	»	»	*	»	»
id. Morris.	48 1/2	»	11,000,000	»	226.800
Chemin de fer de Carbondale à Honesdale.	»	6 1/2	»	1,600,000	246,200
id. de l'Hudson à la Délaware.	»	43	»	12,600,000	295.500
id. de Pottsville à Sunbury.	»	17 3/4	»	6,000,000	338,000
id. de Philadelphie à Réading.	»	22 5/4	»	8,000,000	351,600
Divers ouvrages voisins des Mines.	»	66	»	6,000 000	90,900
TOTAUX.	109	161 1/4	35,500,000	35,250,000	»

§ VI. Lignes diverses.

Cette catégorie comprend les divers travaux isolés, tels que le chemin de fer d'Ithaca à Owégo (New-York), qui est achevé; ceux de Lexington à Louisville et de Tuscumbia à Décatur (Alabama), et divers travaux de canalisation dans la Nouvelle-Angleterre, en Géorgie, en Pensylvanie, etc.

CANAUX ET CHEMINS DE FER.	LONGUEUR.		DÉPENSE		
	CANAUX.	CHEMINS de fer.	TOTALE.		PAR LIEUE.
			CANAUX.	CHEMINS de fer	
Ouvrages divers :					
Canaux de la Nouvelle-Angleterre , savoir :					
Canal de Cumberland et Portland (Maine) : canaux de Farming- ton , de Blakstone, d'Hampshire et Hampden et de Hadley.	67	»	10,400,000	»	155,000
Canalisation du Conestogo (Pensylvanie).	7 1/4	»	1,000,000	»	95,700
id. du Codorus (id)	4 1/4	»		»	95,700
Canal des Muscle-Shoals (Alabama)	14	»	7,000,000	»	500,000
id. de Savannah à l'Ogechée.	6 1/2	»	850,000	»	130,800
Amélioration de l'Hudson. . . . . , . .	12 3/4	»	5,000,000	»	425,500
Chemin de fer de Quincy (Massachusetts)	»	1 1/4	»	180,000	144,000
id. d'Ithaca à Owégo (New-York)	»	11 3/4	»	2,700,000	250,800
id. de Lexington a Louisville	»	36	»	6,000,000	166,700
id. de Tuscumbia à Décatur (Alabama)	»	18	»	3,000,000	200,000
id. de Rochester	»	1 1/4	»	160,000	128,000
id. de Buffalo à Blackrock . . . . , . .	»	1 1/4	»	50,000	40,000
TOTAUX.	110 3/4	69 1/2	24,250,000	12,690,000	»

Résumé des six tableaux précédents.

TABLEAUX.	LONGUEUR DES OUVRAGES.		DÉPENSE.	
	CANAUX.	CHEMINS de fer.	CANAUX.	CHEMINS de fer.
I.	727 1/4	214 3/4	242,64 ,000	74,550,000
II.	459	61 1/2	147,790,000	10.500,000
III.	54	279 1/4	29,755,000	67,840,000
IV.	25	120 1/2	13,270,000	41,145,000
V.	109	161 1/4	55,300,000	55,2 0,000
A déduire.	1,554 1/4	857 1/4	473,755,000	220,285,000
	144	105	72,500,000	21,750,000
VI.	1,210 1/4	752 1/4	401,235,000	207,555,000
	110 3/4	69 1/2	24,250,000	12,690,000
Total.	1,321 ″	801 3/4	425,485,000	220,225,000
Tot. gén.	2,122 3/4		645,700,000	

En raison d'un certain nombre d'ouvrages très peu importants, sur lesquels je n'ai pu avoir de renseignements exacts,
je pense que l'on pourrait porter les totaux ci-dessus à 2,150
lieues et à 660 millions de francs.

Si l'on voulait tenir compte des principaux ouvrages à
l'exécution desquels il a été pourvu dans les derniers mois de
1835, ou dans les premiers de 1836, savoir : la continuation
du chemin de fer de Baltimore à l'Ohio et du canal de la
Chésapeake à l'Ohio, le canal de Virginie, le chemin de fer
de New-York au lac Érié, le canal Michigan, les travaux publics de l'État d'Indiana, le chemin de fer d'Elmyra à Williams-
port et le canal Génesée, qui reliera les travaux publics de

New-York à ceux de Pensylvanie, *l'Eastern* et *le Western Railroads* près de Boston, le reste du chemin de fer de Buffalo à Rochester, le chemin de fer de Philadelphie à Baltimore, par Wilmington, ceux de New-Haven à Hartford, de West-Stockbridge à Hudson, de Lancaster à Harrisburg, de Richmond à Pétersburg, et celui de l'Alabama à la Chattahoochie, il faudrait aux totaux précédents ajouter environ neuf cents lieues et 300 millions; ce qui donnerait pour totaux définitifs, trois mille cinquante lieues et 960 millions. Je ne parle pas des deux grands chemins de fer de la Nouvelle-Orléans à Nashville et de Charleston à Cincinnati, qui cependant me semblent devoir être prochainement exécutés, et qui avec quelques embranchements, auront ensemble plus de cinq cents lieues (1).

Les travaux publics des États-Unis sont généralement exécutés avec économie; les prix que j'ai cités l'attestent, car ils sont moins élevés que ceux d'Europe, quoique la main-d'œuvre coûte ici de deux à trois fois plus cher que sur le vieux Continent. Les canaux entrepris par les États sont pourtant passablement construits. Leurs dimensions, moindres que celles des nôtres, sont plus grandes que celles des canaux anglais; les écluses y sont presque toujours en pierre

(1) Nous avons dit que plusieurs de ces ouvrages importants avaient été construits par les États. Le brillant résultat du canal Erié a été en effet le signal des plus vastes entreprises de travaux publics pour le compte des Etats. La Pensylvanie, l'Ohio, le Maryland, la Virginie et l'Indiana, ont suivi l'exemple de New-York et se sont décidés à ouvrir à leurs frais, sur leur territoire, des communications de toute espèce. Il y a plus : quelques Etats, dans les chartres qu'ils ont accordées à des compagnies de chemins de fer, se sont réservé le droit de les exproprier plus tard moyennant certaines conditions. Ainsi, l'Etat de New-York peut les exproprier, après 10 ans de jouissance, en leur remboursant leurs frais de premier établissement ou d'amélioration, et en complétant tous les dividendes jusqu'au taux de 7 p. 100 dans les cas où ils n'auraient pas atteint ce chiffre. Les conditions adoptées par les autres Etats sont en général moins favorables qu'elles ne le sont dans l'Etat de New-York. L'Etat du Massachusselts a cependant adopté les mêmes bases d'expropriation en étendant à 20 ans le délai de 10 ans pendant lequel la jouissance de l'ouvrage est assuré à la compagnie. L'état de New-Fersay a stipulé qu'il pourrait acquérir divers ouvrages à un prix qui, est-il dit, ne pourra dépasser les frais de premier établissement.

ue taille. Les ponts, ponceaux et aqueducs sont habituellement en bois, sur piles et culées en maçonnerie commune. Les barrages des rivières sont constamment en bois.

Les chemins de fer des États, ceux de Pensylvanie surtout, ont été établis à grands frais. Ils sont à double voie, avec des ponts en maçonnerie et quelques souterrains. Leurs rails sont entièrement en fer, reposant sur des dés en pierre. La compagnie du chemin de fer de Lowell a voulu, elle aussi, que son ouvrage fût construit de la manière la plus permanente. Elle a déployé un luxe de granit que je crois superflu, sinon nuisible. Le chemin de fer de Baltimore à l'Ohio est aussi à deux voies. Sauf une courte distance, il est sur bois. Dans les États du Nord, et près des grandes villes, la plupart des *Railroads* ont un rail tout en fer et des terrassements préparés pour deux voies, avec une seule voie posée. Tels sont les chemins de fer de Boston à Worcester et à Providence, d'Amboy à Camden. Tel sera celui de Philadelphie à Reading; mais ils reposent sur des traverses en bois, ce qui, indépendamment du bon marché, présente beaucoup d'avantages sous le rapport de la conservation du matériel et de la douceur des mouvements, et aussi pour la rapidité des réparations. Dans le Nord, les chemins de fer destinés à une moindre circulation ou éloignés des grandes villes, et en général tous ceux du Sud, sont à une seule voie sans préparation pour une seconde, et ont pour rails des pièces de bois longitudinales, recouvertes d'une bande de fer de cinq centimètres de large sur quinze millimètres d'épaisseur.

Sur presque tous les chemins de fer américains, il existe des pentes plus fortes que celles qu'en Europe on est disposé à fixer comme *maxima*. Une pente de 35 pieds par mille anglais (à peu près sept millimètres par mètre) paraît modérée aux ingénieurs américains. Une pente de cinquante pieds (près de dix millimètres par mètre) ne les effraie point (1).

(1) Je ne parle pas ici des plans inclinés situés dans les chemins de fer des montagnes, qui sont plus hardis que les *montagnes russes* les plus rapides. Dès que l'on voulait faire passer un chemin de fer dans ces lieux escarpés, il était fort difficile

L'expérience a démontré qu'en effet ces inclinaisons, dont la dernière est double du *maximum* des Ponts-et-Chaussées, (cinq millimètres par mètre), n'offrent aucun danger pour la sécurité publique. Il est vrai qu'elles diminuent la vitesse, à moins que l'on n'ait recours sur quelques points à une locomotive de renfort, et qu'elles augmentent les frais de traction; mais les Américains estiment que ces inconvénients sont plus que compensés par la réduction des dépenses de premier établissement. Les courbes y sont aussi plus roides; sur le chemin de fer de Baltimore à l'Ohio, où cependant le service est fait par des locomotives, il y en a plusieurs dont le rayon est de 120 à 150 mètres; en conséquence l'on ne s'y meut qu'avec une vitesse moyenne de quatre et demie à cinq lieues à l'heure; c'est deux fois moins qu'à Liverpool, mais c'est deux fois et demie plus qu'en diligence sur une route ordinaire. En général, pourtant, les ingénieurs américains font tous leurs efforts pour éviter les courbes de moins de 300 mètres de rayon. En France, les Ponts-et-Chaussées, dans leurs études des grandes lignes, se sont imposé le *minimum* de 800 mètres.

Il y a cependant des chemins de fer américains où l'on a renchéri encore sur les prescriptions de la science européenne. Sur le chemin de fer de Boston à Lowell, le rayon *minimum* est de 914 mètres, et le *maximum* des pentes de moins de 2 millimètres. Sur celui de Boston à Providence, il n'y a pas de rayon de moins de 1,800 mètres.

La vitesse en usage sur les chemins de fer américains est tout aussi variable que leur mode de construction, et que leurs conditions d'inclinaison et de contournement. Sur le chemin de fer de Boston à Lowell, on voyage à très peu près à raison de dix lieues à l'heure; c'est à raison de huit sur ceux de Boston à Providence et à Worcester. Sur le chemin de fer d'Amboy à Camden, la vitesse moyenne a été réduite à six

---

d'éviter de grandes pentes. Il y a, d'ailleurs, sous le rapport des frais de traction, beaucoup plus d'avantage, en pareil cas, à construire une série de plans inclinés, raccordés par des portions de chemin à peu près de niveau, qu'à distribuer la pente uniformément sur tout le parcours.

lieues ; elle n'est que de cinq à cinq et demie sur celui de Charleston à Augusta ; j'ai dit qu'elle était moindre encore sur celui de Baltimore à l'Ohio.

Une des plus grandes économies obtenues ici dans la construction des chemins de fer, résulte de l'emploi du bois dans l'établissement des ponts et ponceaux. Les Américains sont maîtres passés en fait de ponts de bois. Les ponts si vantés de la Suisse ne sont, en comparaison des leurs, que de lourdes et grossières charpentes. Les ponts américains ont des arches ou travées de 35 à 70 mètres (1); et ils sont non moins curieux par leur bas prix que par leur hardiesse. Celui de Columbia, sur la Susquehannah, a 2,000 mètres de long, et coûte, tout compris, 700,000 francs ; il a double voie pour les voitures et charrettes, double trottoir pour les piétons, et il est couvert. En général, un pont à double voie et couvert coûte pour la *superstructure*, c'est-à-dire non compris la maçonnerie des piles, 200 à 350 fr. le mètre courant, selon les localités et la confection du travail, soit 40,000 à 70,000 fr. pour un pont de 200 mètres, qui chez nous serait construit en pierre de taille, et reviendrait à 1,200,000 fr. ou 1,500,000 fr. La maçonnerie est ordinairement faite en moellon ou en pierre de taille à peine dégrossie, et, dès lors, est très peu chère. Trois systèmes de charpente dominent pour les ponts : l'un est dû au charpentier Burr ; le second au colonel Long ; le troisième, qui est le plus neuf, le plus intéressant et le plus convenable pour les chemins de fer, en raison de sa fixité, à M. Ithiel Town. Ils sont tous remarquables en ce qu'ils n'exigent presque pas de fer. On rencontre pourtant sur les chemins de fer des États-Unis quelques ponts en pierre de taille. Tel est celui du Patapsco (*Thomas Viaduct*) sur le chemin de Baltimore à Washington, tout en beau granit, long de 214^m, et qui n'a coûté que 650,000 fr., quoiqu'il soit à deux voies et élevé de 20 mètres.

(1) Le pont du Schuylkill, à Philadelphie, a 92^m,75 de portée en une seule

La plus grande difficulté que les Américains aient rencontrée dans l'exécution des voies de communication, n'a peutêtre pas été de se procurer les capitaux nécessaires, mais bien de trouver des hommes en état de diriger les travaux. Sous ce rapport encore, l'État de New-York a rendu à l'Union un service signalé. Les ingénieurs, qui s'étaient formé dans la construction du canal Érié, ont répandu partout les fruits de l'expérience qu'ils y avaient acquise. M. B. Wright, le plus distingué d'entre eux, et aujourd'hui encore le plus actif des ingénieurs américains, malgré son grand âge, a pris part à la direction d'une inconcevable quantité d'entreprises. Son nom est associé à l'établissement des canaux de la Chésapeake à l'Ohio, de la Délaware à la Chésapeake, de l'Hudson à la Délaware, de Virginie, du Saint-Laurent, et même du canal Welland, à ceux des chemins de fer de Harlaem et de New-York au lac Érié. Depuis une dizaine d'années, les ingénieurs capables ont commencé à se multiplier aux États-Unis et ont écrit sur le sol du pays la preuve de leur savoir. Le général Bernard n'y a pas peu contribué en apportant avec lui dans le Nouveau-Monde, et en propageant par son exemple, les méthodes les plus avancées de l'art européen. M. Robinson, élève, lui aussi, de la science française, et qui excelle dans l'art d'établir à bon marché des ouvrages solides et de bonne apparence, a fourni les plans du *Portage Railroad*, et a construit les chemins de fer de Chesterfield, de Pétersburg au Roanoke, du Petit-Schuylkill, de Winchester a Harper's Ferry. Il achève maintenant ceux de Pottsville à Sunbury, de Philadelphie à Reading, de Frédéricksburg à Richemond. Le major Mac-Neill vient de finir le chemin de fer de Boston à Providence, et travaille à ceux de Stonington et de Baltimore à la Susquéhannah. M. D. Douglass, après avoir fait le canal Morris et le chemin de fer de Brooklyn à Jamaïca, prepare, pour la campagne prochaine, la mise en construction des *waterworks* de New-York. M. Fessenden, qui met la dernière main au *Vorcester Railroad*, va être chargé du *Western* et de l'*Eastern Railroad*, à droite et à gauche de Boston.

M. Z. Knight, qui est le principal ingénieur du chemin de fer de Baltimore à l'Ohio, s'occupe des moyens de lui faire franchir les Alléghanys. M. Eanvass White, qui vient de mourir, avait contribué à la création du canal de Louisville à Portland, et avait tout récemment terminé le beau canal du Raritan à la Délaware. M. H. Allen a établi le chemin de fer de Charleston à Augusta. M. Jervis a exécuté celui de Carbondale à Honesdale, et dirige aujourd'hui une partie des grands travaux de canalisation de l'état de New-York.

Le gouvernement fédéral autorise les officiers du génie et les ingénieurs géographes (*topographical-engineers*) à entrer au service des compagnies. Il les emploie directement lui-même à faire des études et à rechercher des tracés, ou à construire des ouvrages pour son compte; de sorte que le général Gratiot, commandant en chef du génie, fait aussi l'office d'un directeur-général des ponts-et-chaussées. Les colonels des géographes, Abert et Kearney, prennent une part active aux travaux du grand canal de la Chésapeake à l'Ohio, dont le gouvernement fédéral est le plus fort actionnaire. Le capitaine Turnbull dirige le canal de Georgetown à Alexandrie; le capitaine Delafield les travaux de la route nationale; et le capitaine Talcott le perfectionnement de l'Hudson. Le colonel Long passe de tracé en tracé, et étudie tantôt la ligne de Savannah à Memphis, et tantôt celle de Portland (Maine) à Québec et à Montréal. De leur côté, les architectes se font ingénieurs; ainsi M. W. Strickland, de Philadelphie, et M. Latrobe, de Baltimore, dirigeront les travaux des nouveaux chemins qui vont s'établir entre leurs deux villes; et même de simples négociants prennent sur eux la responsabilité de vastes ouvrages, comme M. Jackson, de Boston, qui est de fait ingénieur en chef du chemin de fer de Lowell.

C'est un beau spectacle que celui d'un jeune peuple exécutant, dans le court espace d'une quinzaine d'années, une masse de communications dont les plus puissants empires de l'Europe, avec une population triple et quadruple, se fussent effrayés(1). Ce que la prospérité publique y a gagné et continuera à y gagner est incalculable. La politique n'a pas moins à en attendre. Ces communications multipliées et rapides contribueront au maintien de l'Union, plus encore que la balance de la représentation nationale. Lorsque New-York ne sera plus qu'à six ou huit jours de la Nouvelle-Orléans, non seulement pour une classe riche, voyageant suivant un mode privilégié, mais pour tout bourgeois, pour tout ouvrier, il n'y aura plus de séparation possible. Les grandes distances auront disparu, et ce colosse, dix fois plus vaste que la France, maintiendra son unité sans effort (2).

On peut évaluer comme il suit les travaux publics achevés ou en construction dans les divers États européens :

ÉTATS.	CANAUX en lieues de 4,000 m.	CHEMINS DE FER en lieues de 4,600 m.
Angleterre	1,100	315
France	992	50
Belgique	115	74
Autres États	400	50
TOTAL	2,615	487
Total général de l'Europe	5,100	
Idem. des États-Unis	5,080	

(1) Il n'est personne qui ne doive être frappé de ce fait, qu'en ce moment les ravaux publics achevés ou en construction, en Amérique, ont à peu près la même longueur que tout ce qui a été fait, depuis deux siècles, par toutes les puissances de l'Europe réunies.

(2) Cet article et la carte qui l'accompagne sont extraits des *Lettres sur l'Amérique du Nord*, que M. Michel Chevalier vient de publier chez M. Gosselin, libraire, rue Saint-Germain-des-Prés, 9.

PARIS. — IMPRIMERIE DE BOURGOGNE ET MARTINET,

OUVRAGES

De Géologie, Minéralogie etc., etc.

Qui se trouvent chez le même libraire.

———

ABICH (H.) Vues illustratives de quelques phénomènes géologiques, prises sur le Vésuve et l'Etna en 1833 et 1834. Atlas de 10 pl. in-folio, avec explication. 20 fr.

BEAUMONT (L. Elie de). Extrait d'une série de recherches sur quelques-unes des révolutions de la surface du globe, in-8. 3 f. 50 c.

BOUÉ (A.) Guide du géologue voyageur, 2 vol. in-12. 12 fr.

BRARD (C. P.). Éléments pratiques d'exploitation des mines, contenant tout ce qui est relatif à l'art d'exploiter la surface des terrains, d'y faire des travaux de recherche, et d'y établir des exploitations réglées, la description des moyens employés pour l'extraction et le transport souterrain des minerais et des combustibles; les diverses méthodes de boiser, murailler, aérer et assécher les mines; les secours à donner aux noyés, asphyxiés et brûlés; des notions sur l'administration, la comptabilité, etc.; 1 vol. in-8, avec 32 planches. 12 fr.

BRARD (C. P.). Minéralogie appliquée aux arts, ou Histoire des minéraux qui sont employés dans l'agriculture, l'économie domestique, la médecine, la fabrication des sels, des combustibles et des métaux, l'architecture et la décoration, la peinture et le dessin, les arts mécaniques, la bijouterie et la joaillerie; ouvrage destiné aux artistes, fabricants et entrepreneurs; 3 forts vol. in-8, avec 15 planches. 21 fr.

BRONGNIART (Alex.). Tableau des terrains qui composent l'écorce du globe, ou Essai sur la structure de la partie connue de la terre. In-8, contenant un grand nombre de tableaux. 10 fr.

BRONGNIART (Alex.). Tableau théorique de la succession et de la disposition la plus générale en Europe des terrains et roches qui composent l'écorce de la terre. En noir. 3 fr.
  En couleur. 5 fr.

BYLANDT PALSTERCAMP (Comte A. de). Théorie des volcans; 3 vol. in-8, et atlas. 40 fr.

DESHAYES (G. P.). Description des coquilles fossiles des environs de Paris. Quarante-six livraisons in-4°, prix de chacune. 5 fr.

D'OMALIUS D'HALLOY (J.-J.). Élémens de géologie; 2e édition, avec une planche et une carte coloriée. 9 fr.

D'OMALIUS D'HALLOY (J.-J.). Introduction à la géologie, ou première partie des élémens d'Histoire naturelle inorganique, contenant des notions d'Astronomie, de Météorologie et de Minéralogie; 1 vol. in-8., avec 3 tableaux et 16 planches. 14 fr.

LABECHE (Henri de). Manuel géologique, traduction française, revue et publiée par A.-J.-M. Brochant de Villiers, membre de l'académie royale des sciences, inspecteur-général des mines, etc.; 1 vol. in-8., avec 108 figures. 16 fr.

NECKER (L. A.) Le règne minéral ramené aux méthodes de l'histoire naturelle, 2 vol. in-8. 18 fr.

———

Imprimerie d'HIPPOLYTE TILLIARD, rue Saint-Hyacinthe-Saint-Michel, n° 30.

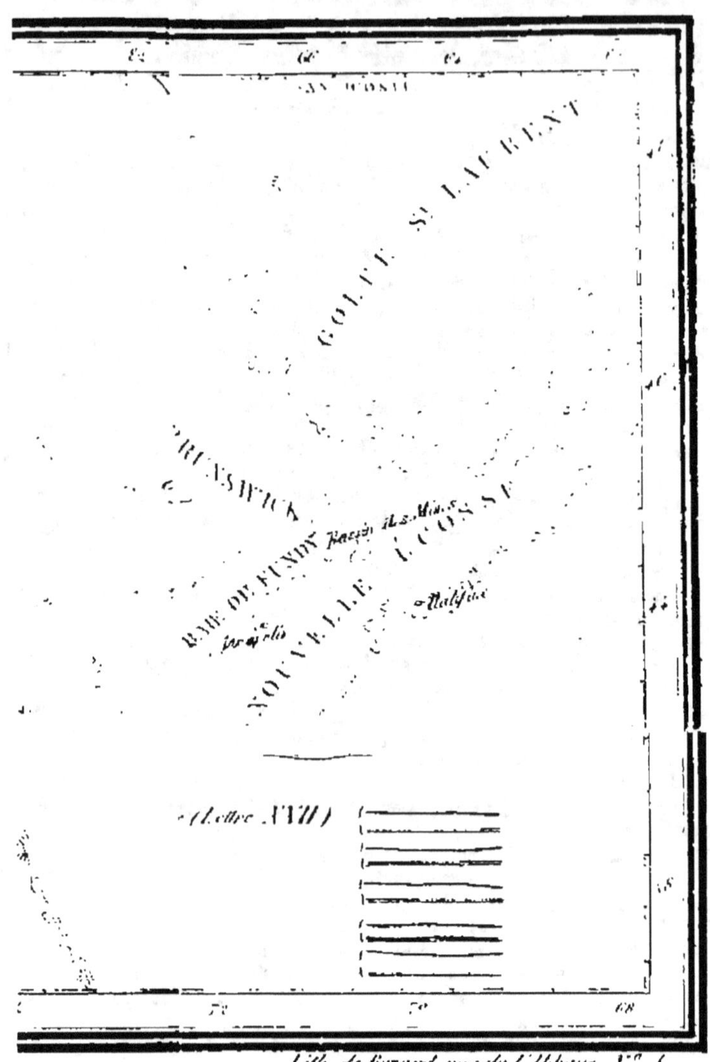

Lith. de Bernard rue de l'Abbaye N.° 4.

OUVRAGES

De Géologie, Minéralogie etc., etc.

Qui se trouvent chez le même libraire.

ABICH (H.) VUES illustratives de quelques phénomènes géologiques, prises sur le Vésuve et l'Etna en 1833 et 1834. Atlas de 10 pl. in-folio, avec explication. 20 fr.

BEAUMONT (L. Elie de). EXTRAIT d'une série de recherches sur quelques-unes des révolutions de la surface du globe, in-S. 3 f. 50 c.

BOUÉ (A.) GUIDE du géologue-voyageur, 2 vol. in-12. 12 fr.

BRARD (C. P.). ÉLÉMENS PRATIQUES D'EXPLOITATION DES MINES, contenant tout ce qui est relatif à l'art d'explorer la surface des terrains, d'y faire des travaux de recherche, et d'y établir des exploitations réglées; la description des moyens employés pour l'extraction et le transport souterrain des minerais et des combustibles; les diverses méthodes de boiser, murailler, aérer et assécher les mines; les secours à donner aux noyés, asphyxiés et brûlés; des notions sur l'administration, la comptabilité, etc.; 1 vol. in-8, avec 32 planches. 12 fr.

BRARD (C. P.). MINÉRALOGIE APPLIQUÉE AUX ARTS, ou Histoire des minéraux qui sont employés dans l'agriculture, l'économie domestique, la médecine, la fabrication des sels, des combustibles et des métaux, l'architecture et la décoration; la peinture et le dessin, les arts mécaniques, la bijouterie et la joaillerie; ouvrage destiné aux artistes, fabricants et entrepreneurs; 3 forts vol. in-8, avec 15 planches. 21 fr.

BRONGNIART (Alex.). TABLEAU DES TERRAINS qui composent l'écorce du globe, ou Essai sur la structure de la partie connue de la terre. In-8. contenant un grand nombre de tableaux. 10 fr.

BRONGNIART (Alex.). TABLEAU théorique de la succession et de la disposition la plus générale en Europe des terrains et roches qui composent l'écorce de la terre. En noir. 3 fr.

En couleur. 5 fr.

BYLANDT PALSTERCAMP (Comte A. de). THÉORIE DES VOLCANS; 3 vol. in-8., et atlas. 40 fr.

DESHAYES (G. P.). DESCRIPTION DES COQUILLES FOSSILES des environs de Paris. Quarante-six livraisons in-4°, prix de chacune. 5 fr.

D'OMALIUS D'HALLOY. (J-J.). ÉLÉMENS DE GÉOLOGIE; 2e édition, avec une planche et une carte coloriée. 9 fr.

D'OMALIUS D'HALLOY. (J.-J.). INTRODUCTION A LA GÉOLOGIE, ou première partie des élémens d'Histoire naturelle inorganique, contenant des notions d'Astronomie, de Météorologie et de Minéralogie; 1 vol. in-8., avec 3 tableaux et 16 planches. 14 fr.

LABÈCHE (Henri de). MANUEL GÉOLOGIQUE, traduction française, revue et publiée par A.-J.-M. BROCHANT DE VILLIERS. membre de l'académie royale des sciences, inspecteur-général des mines, etc.; 1 vol. in-8., avec 108 figures. 16 fr.

NECKER. (L. A.) LE règne minéral ramené aux méthodes de l'histoire naturelle, 2 vol. in-S. 18 fr.

Imprimerie d'HIPPOLYTE TILLIARD, rue Saint-Hyacinthe-Saint-Michel, n° 3o.

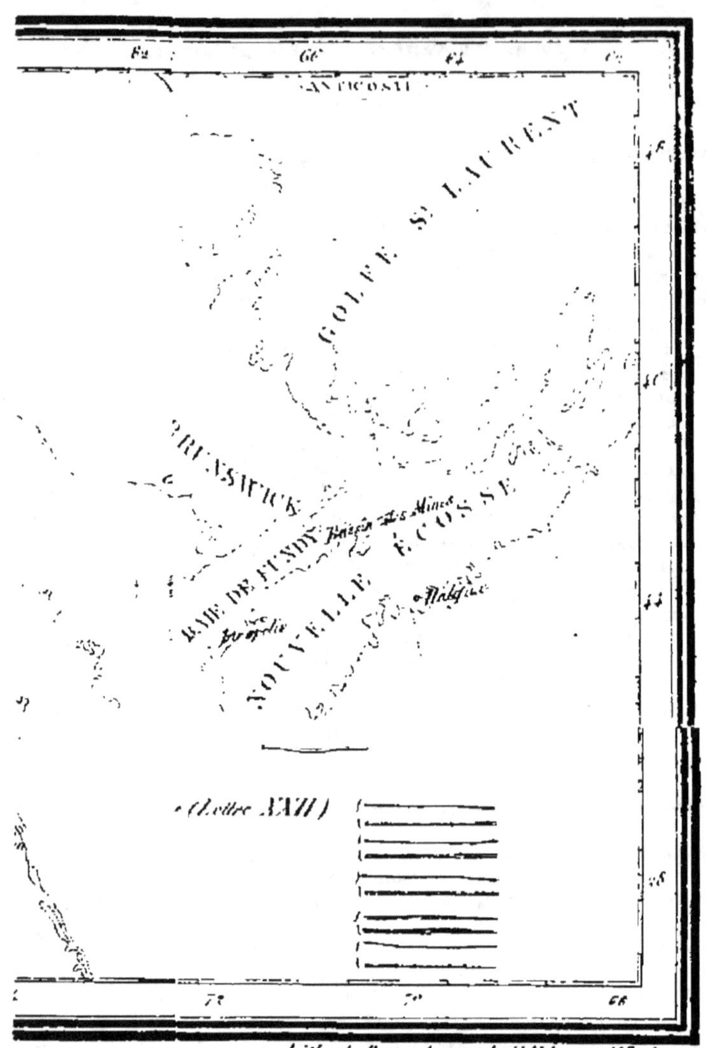

ANTICOSTI
GOLFE St LAURENT
BRUNSWICK
BAIE DE FUNDY
Bassin des Mines
NOUVELLE ÉCOSSE
Halifax
(Lettre XXII)
Lith. de Renard rue de l'Abbaye N.º 4.

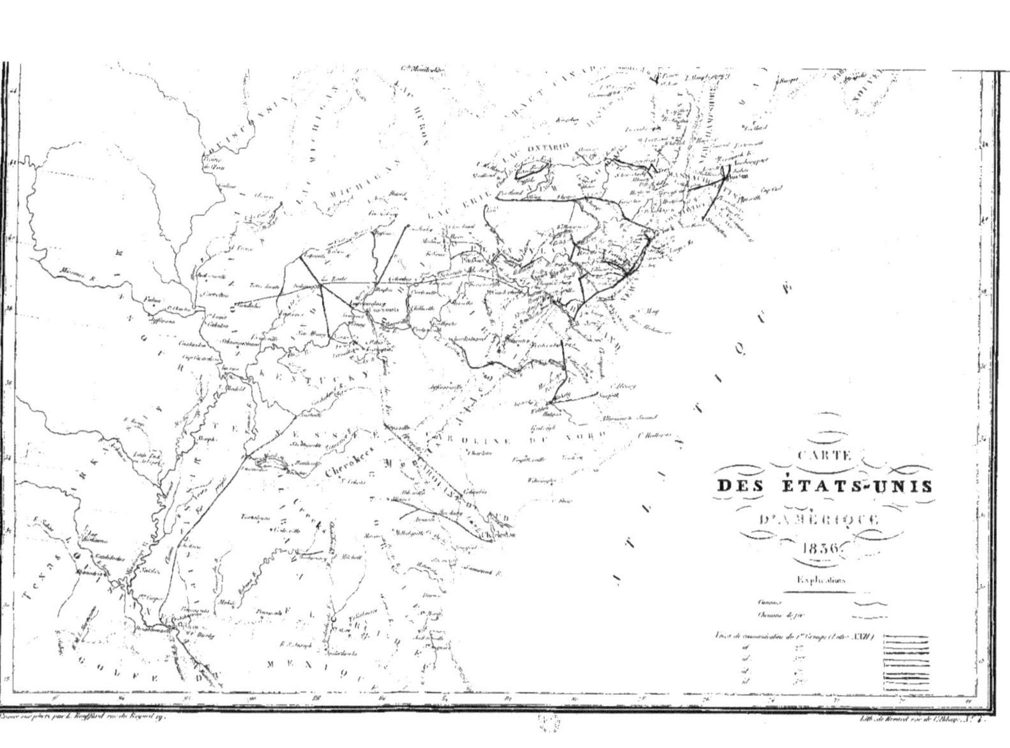

CARTE
DES ÉTATS-UNIS
D'AMÉRIQUE
1836
Explications
LAC ONTARIO
LAC ÉRIÉ
HAUT CANADA
OCÉAN ATLANTIQUE
GOLFE DU MEXIQUE
TEXAS
CAROLINE DU NORD
CAROLINE DU SUD
KENTUCKY
TENNESSEE
Cherokees
Creeks

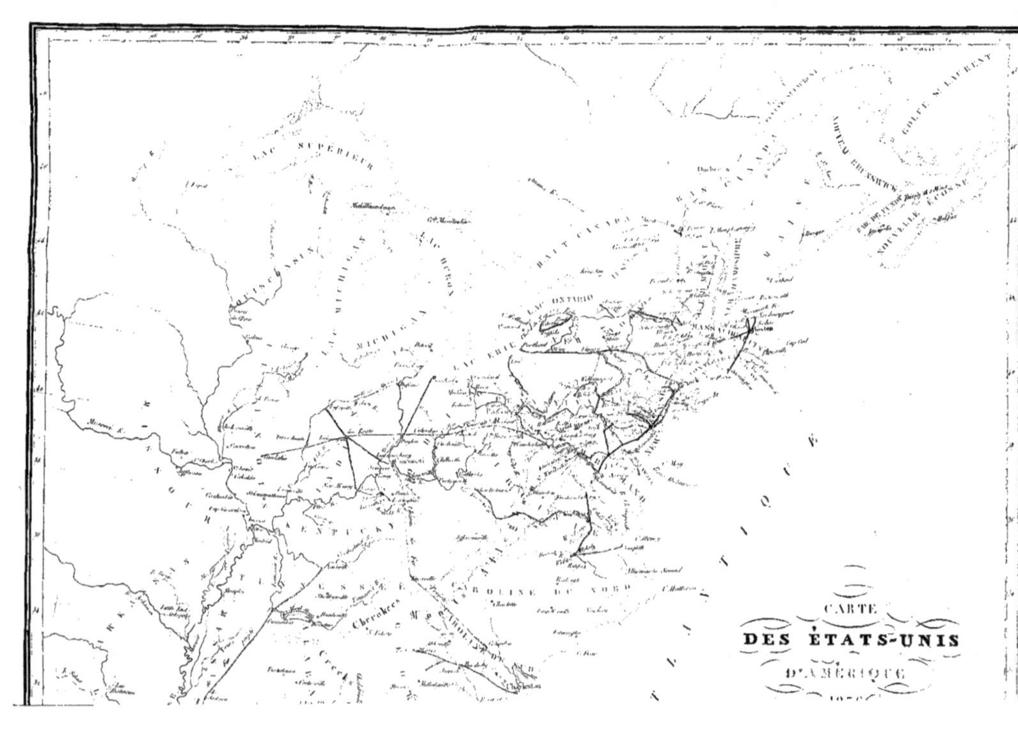

CARTE
DES ÉTATS-UNIS
D'AMÉRIQUE

NOTE

SUR LA

DIFFÉRENCE DE CONSOMMATION

QUI A LIEU DANS LA PRODUCTION DE LA FONTE BLANCHE OU DE LA FONTE GRISE,

par

HENRI FOURNEL, ingénieur des mines

———

(EXTRAIT DES ANNALES DES MINES POUR 1828

NOTE

SUR LA

DIFFÉRENCE DE CONSOMMATION

QUI A LIEU DANS LA PRODUCTION DE LA FONTE BLANCHE OU DE LA FONTE GRISE.

Quand on donne les produits et les consommations des hauts fourneaux, il est toujours question de fourneaux roulans en gueuse, et presque jamais on ne s'occupe des fourneaux dont la fonte est employée en moulages; ou, en d'autres termes, on ne présente que les résultats du travail de la *fonte blanche*, en négligeant ceux auxquels donne lieu le travail de la *fonte grise*. Comme la différence de consommation en combustible est énorme, selon que l'on veut produire l'une ou l'autre fonte, il n'est peut-être pas inutile de publier quelques renseignemens dont on peut garantir l'exactitude, qualité qui, en pareille matière, est plus rare qu'on ne le pense.

A la suite des quantités de fonte produites et des quantités de charbon consommées pendant quatre années consécutives au fourneau de *Brousseval*, situé près de Vassy (Haute-Marne), fourneau dans lequel toute la fonte est versée dans des moules, je placerai le produit et la consommation du fourneau en gueuse de *Tempillon*, qui n'est distant du premier que d'une demi-lieue, et qui, se trouvant placé dans les mêmes circonstances, traite des minerais tirés des mêmes localités et des charbons provenant des mêmes forêts.

Usine de Brousseval (*fonte grise*).

Année.	Fonte produite exprimée en kilogram.	Nombre de bannes consommées.	Nombre de bannes pour 1,000 kil.
1824	686,729 kilog.	1,355b. 54	1 . 97
1825	702,617	1,333 . 21	1 . 98
1826	762,263 . 50	1,446 . 99	1 . 90
1827	770,626 . 50	1,430 . 16	1 . 92
	2,922,236 . 00 kilog.	5,643 . 90	

Dans la partie basse de la petite vallée de la Blaize, la *banne* se compose de trente-deux *rasses*, et chaque rasse de 4 pieds cubes ; ainsi la banne est de 128 pieds-cubes.

Or la consommation moyenne des quatre années est de : banne, 1.92 pour 1,000 kilog. ; c'est donc : pieds-cubes 245.72 pour produire 1,000 kilog. de fonte grise.

Les charbons brûlés à Brousseval sont des charbons mêlés qui pèsent 7 k. 50 le pied-cube ; ainsi, 1,843 kilog. de charbon donnent 1,000 kilog. de fonte grise ; c'est, en poids, 1. 84 *de charbon pour 1 de fonte grise.*

Examinons maintenant les résultats obtenus avec les mêmes matières premières (1) employées à produire de la fonte blanche.

---

(1) Il y aura toutefois une petite erreur provenant de ce qu'à Tempillon la fonte est fabriquée avec tout *charbon dur*, le charbon tendre allant à la forge qui en dépend ; tandis qu'à Brousseval, comme je l'ai dit, on est obligé d'employer des *charbons mêlés.*

TEMPILLON (*fourneau en gueuse*).

1ᵉʳ fondage.	1822	297,282 kil.	402 , 75 bannes.
2ᵉ —	1822—1823	443,281	590 . 46
3ᵉ —	1823—1824	656,607	854 . 65
4ᵉ —	1824—1825	715,537	952 . 10
5ᵉ —	1825—1826	637,794	830 . 62
6ᵉ —	1826—1827	611,697	872 . 95
		3,360,198 kil.	4,505 . 51 bannes.

c'est terme moyen 4 b. 34 par 1,000 kilog., ou en d'autres termes, il a fallu : pieds-cubes, 171.52 pour produire 1,000 kilog. de fonte blanche. En poids, ce serait 1.286 *de charbon pour 1 de fonte blanche.*

De la comparaison de ces résultats, il suit que si v représente le volume de charbon nécessaire pour produire un poids donné de *fonte blanche,*

$$V = v + \frac{v}{2.51}.$$

sera le volume nécessaire pour produire le même poids de *fonte grise.*

Or un maître de forges sait toujours très-bien à quel prix lui revient le pied-cube de charbon, et il est clair qu'avec cette formule, d'où l'on tire à volonté la valeur de V ou de v, il pourra calculer la dépense ou l'économie qu'amènera le passage d'un genre de travail à l'autre.

Si, comme dans les usines de Normandie, les consommations étaient connues en poids, il faudrait se servir de la formule

$$P = p + \frac{p}{2.51}. \quad (\text{1})$$

où p exprime le poids de charbon nécessaire pour obtenir un poids donné de *fonte blanche,* et P le poids de charbon qu'il faudrait employer pour obtenir le même poids de *fonte grise.*

Lorsque l'on a pour but d'obtenir des fontes destinées à l'affi-

---

(1) Le coefficient se trouve être le même pour le volume et pour le poids.

nage (1), on cherche à mettre, pour chaque charge de charbon, toute la quantité de mine que cette charge peut *porter*; c'est surtout à la quantité qu'on vise. Pour obtenir les fontes destinées au moulage, le problême est plus compliqué : ici la qualité entre en première ligne ; la quantité doit être la plus grande possible, sans doute ; mais la fonte ne devant être ni trop grise, ni claire, la quantité est diminuée par les proportions que l'on emploie pour arriver au résultat voulu. On pourrait croire que, dans les fourneaux où l'on vise à la quantité, il y a quelquefois surcharge de mine, par rapport à la charge de charbon, que, par suite, des portions de mine ne sont pas bien réduites, et que, *sous ce rapport*, le traitement est moins avantageux. Il est donc permis de se demander si une quantité donnée de mine *rend* le même poids de fonte lorsqu'elle est traitée pour fonte blanche ou pour fonte grise. Voici un tableau qui formera notre opinion sur ce point, et qui confirmera ce que l'on entrevoit *à priori*.

FONTE BLANCHE.

Fondage.	Années.	Poids de fonte.	Queues de mine.	Queues de mine pour 1,000 kilog. de fonte.
1er	1822	297,282 kilog.	727.62	2.45
2e	1822—1823	4 3,281	1,267.62	2.85
3e	1823—1824	656,607	1,679. »	2.55
4e	1824—1825	713,537	1,922.66	2.69
5e	1825—1826	637,794	1,739.75	2.72
6e	1826—1827	611,697	1,641.50	2.69
		3,560,198 kil.	3,978.15	

(1) Ceci n'est point dit pour les fontes qui doivent donner des fers de qualité. Les excellens fers connus dans le commerce sous le nom de *fers de roche* sont faits, presque toujours, avec des fontes grises ou truitées. Aussi, à *Orquevaux*, par exemple, qui est dans ce cas, met-on près de 200 pieds cubes de charbon pour faire 1,000 kilogrammes de fonte.

J'ai bien vu aussi des fontes blanches *manganésifères* de Savoie, qui, traitées par la *méthode Bergamasque*, donnaient d'exellens fers ; mais je parle des fontes ordinaires.

Ainsi, terme moyen, il a fallu : queues, 2.67 pour 1,000 k. de fonte blanche.

FONTE GRISE.

Années.	Poids de fonte.	Queues de mine (1).	Queues de mine pour 1,000 kilogrammes de fonte.
1824	686,729 kil.	1,742.02	2.54
1825	702,617	1,086.25	2.54
1826	762,262 . 50	2,154.66	2.82
1827	770,626 . 50	2,181.17	2.80
	2,922,236	7,854.10	

La moyenne de ces quatre années est : queues 2.68 pour produire 1,000 kilog. de fonte grise. On voit que le résultat est le même, que la différence dans le mode de travail n'influe que sur la quantité relative de charbon, et que le maître de forges qui voudrait changer son travail n'aurait à tenir compte que d'un élément.

---

(1) La queue est de 16 pieds cubes sur ce point du département de la Haute-Marne.

ÉVERAT, Imprimeur, rue du Cadran, n° 16.

MÉMOIRE

SUR LE

CHEMIN DE FER

DE

GRAY A VERDUN,

COMMUNIQUÉ AUX MAÎTRES DE FORGES DU DÉPARTEMENT DE LA HAUTE-MARNE, LE 2 AOUT 1829,

PAR H. FOURNEL,

Ingénieur au corps royal des mines ; ex-directeur des mines, forges et fonderies du Creusot ; membre honoraire de la société helvétique des sciences naturelles.

———

Extrait de la Revue Encyclopédique.—1832.

PARIS.

AU BUREAU DE LA REVUE ENCYCLOPÉDIQUE,

rue des Saints-Pères, N° 26.

—

1832.

 Mémoire

SUR LE

CHEMIN DE FER

DE

GRAY A VERDUN.

MÉMOIRE

SUR LE

CHEMIN DE FER

DE

GRAY A VERDUN,

COMMUNIQUÉ AUX MAÎTRES DE FORGES DU DÉPARTEMENT DE LA HAUTE-MARNE, LE 2 AOUT 1829.

par

H. FOURNEL,

Ingénieur au corps royal des mines ; ex-directeur des mines, forges et fonderies du Creusot ; membre honoraire de la société helvétique des sciences naturelles.

> Tout notre désavantage consiste dans les frais de transports nécessaires pour rapprocher les matières à mettre en contact.
>
> J. J. BAUDE, *de l'Enquête sur les fers, c. IX.*

PARIS.

1831.

AVERTISSEMENT.

Le projet dont j'expose ici les points principaux remonte à l'année 1828. Livré tout entier aujourd'hui à la propagation de la foi Saint-Simonienne, j'avais regardé les vues qui sont présentées dans ce travail comme définitivement acquises à la société, et je ne comptais pas y revenir ; je n'y reviens même que pour les abandonner à qui voudra en faire son profit. Seulement il serait de la justice la plus vulgaire que ceux qui présentent les mêmes vues en 1831 les rapportassent franchement à celui qui non-seulement les a émises avant eux, mais encore *les en a entretenus directement.*

Dans une brochure ayant pour titre : *Nécessité et moyen d'occuper les ouvriers qui manquent d'ouvrage en France* (1), MM. Delavelaye et Ajasson de Grandsagne viennent de reproduire le moyen que j'avais indiqué (2) pour faire communiquer la Méditerranée et la mer du Nord.

Ayant, dans le courant de 1830 (3), donné à M. Delavelaye

----

(1) Imprimerie de Decourchant. Paris, 1831.

(2) Voyez *Le Globe* du 8 septembre 1831.

(3) J'étais alors directeur des mines, forges et fonderies du Creusot, et c'est au Creusot que j'ai eu occasion d'entretenir M. Delavelaye, qui, sous la gestion de M. le vicomte Chaptal, mon prédécesseur, avait occupé un emploi dans ce vaste établissement.

connaissance de ce projet et des moyens proposés, il est essentiel d'établir quelques faits.

J'ai dirigé pendant quatre années (1824-1827), pour le compte de M. ANDRÉ, l'un des maîtres de forges les plus distingués de la Champagne, l'usine de *Brousseval* (Haute-Marne). C'est en remplissant cette fonction que j'ai médité sur la position du pays, sur les chances effrayantes de son industrie, et que j'ai conçu le projet que j'ai étudié en 1828. Le 20 décembre 1828 j'ai présenté à M. BECQUEY, alors directeur général des ponts et chaussées et des mines, les premiers travaux *écrits* relatifs au chemin de fer de Gray à Saint-Dizier. Cet administrateur les accueillit avec une extrême bienveillance. Diverses notices, des profils, etc., ont été remis successivement et sont restés à l'administration où ils existent encore avec leur date (1).

En août 1829 je fis *imprimer* un petit écrit in-4°, ayant pour titre : *De l'influence du chemin de fer de Gray à Saint-Dizier sur les usines de la Champagne et de la Lorraine* (extrait d'un mémoire inédit sur le chemin de fer de Gray à Saint-Dizier) (2). Cet écrit, signé par M. Margerin et par moi, était précédé d'un avant-propos ainsi conçu :

« Nous avons donné récemment (les 2 et 3 août 1829), aux
» maîtres de forges de la Champagne, assemblés à Joinville (3),
» connaissance d'un projet de chemin de fer, conçu il y a plusieurs
» années et rédigé dans le courant de 1828. Nous leur avons com-

---

(1) Je m'étais associé 1° M. MARGERIN, ancien officier d'artillerie, pour l'exécution des travaux d'art. Quelques-unes des idées émises dans ce mémoire ont été élaborées avec lui. 2° M. PAVÉE DE VENDOEUVRE, qui était alors et qui est encore député de l'Aube. Ce dernier devait s'occuper de la partie financière de l'entreprise. Toutes les pièces remises à l'administration portent nos trois signatures.

(2) Imprimerie de MARCHAND-DUBREUIL. Août 1829.

(3) C'est au nom de M. PAVÉE DE VENDOEUVRE et en mon nom que les lettres de convocation avaient été adressées. Dans les deux réunions qui ont eu lieu, M. DE VENDOEUVRE a donné lecture du mémoire que je publie aujourd'hui

» muniqué sans réserve les importans résultats auxquels nous
» sommes parvenus. Il ne nous a pas été difficile de les convain-
» cre ; tous ont senti que leur industrie, gravement menacée, ne
» pouvait être sauvée que par les moyens que nous avons indiqués.

» Quelques grands propriétaires de bois ayant cru voir dans
» l'introduction de la houille en Champagne une cause de dé-
» sastre pour eux, nous avons pensé qu'il était convenable de
» mettre sous leurs yeux et de livrer à leurs méditations des chif-
» fres (1) auxquels nous croyons difficile de répondre d'une ma-
» nière satisfaisante.

» Notre unique but, après avoir démontré à l'industrie métal-
» lurgique et agricole de ces contrées que notre projet les sert
» puissamment, est de prouver à l'industrie forestière que non-
» seulement elle n'est pas menacée par le chemin de fer, mais
» qu'il s'offre comme le seul moyen de conserver aux bois, sinon
» la valeur actuelle, qu'il est impossible de maintenir, du
» moins une valeur qu'ils seraient destinés à perdre, si notre
» projet ne recevait pas son exécution. »

La notice en elle-même se composait des chapitres 2 et 6 du
Mémoire que j'imprime aujourd'hui. *Cette notice fut remise à*
M. Delavelaye, dans l'été de 1830, et en même tems *des explications détaillées lui furent données de vive voix sur l'ensemble
du projet auquel elle se rattachait.*

Dans le courant de 1829, toutes les formalités ont été remplies ; les avis des préfets, les enquêtes locales sur toute la ligne
ont été favorables ; le conseil des ponts-et-chaussées, présidé par
M. le directeur général, a donné son approbation au projet, en
un mot, tous les pénibles préliminaires d'une adjudication furent

---

sans y rien changer ; j'ai seulement ajouté quelques notes, au-dessous desquelles
on trouvera : *note ajoutée.*

(1) Notre but était de fixer dans leur esprit ce qui avait pu leur échapper à
la lecture qu'ils avaient entendue.

accomplis , et c'est uniquement la difficulté de rassembler les capitaux nécessaires qui a empêché les travaux de commencer dès 1829. Après deux années de persévérance et d'efforts, après avoir exécuté *entièrement à mes frais* tous les travaux préparatoires qui sont résumés dans ce Mémoire , j'ai accepté , au commencement de 1830, la direction qui m'était offerte, de l'important établissement du Creusot, et c'est là, comme je l'ai dit, que j'ai donné à M. DELAVELAYE, connaissance du projet qui m'avait occupé spécialement pendant deux années.

Si l'on considère maintenant qu'en 1824 ou 1825 un chemin de fer latéral au Rhône avait été proposé (1), il est permis de s'étonner qu'en 1831 les auteurs de la brochure qui motive cet *Avertissement* n'aient rappelé aucun des travaux préparatoires antérieurs exécutés sur toute cette ligne qui va des Bouches-du-Rhône à Anvers, et il faut déplorer un état de choses où des *réclamations* du genre de celle que je fais ici sont nécessaires.

Paris. Août 1831 (2).

---

(1) Je ne connais ce projet que par une brochure intitulée ; *Observations sur le projet d'établir une grande route en fer latérale au Rhône.* Paris, Firmin Didot, 1825.

J'ignore quels étaient les auteurs du projet ; je veux seulement constater qu'il existait.

(2) M. M. FOURNEL nous a remis son mémoire à cette époque ; il nous a été impossible de le publier plus tôt.

Hippolyte CARNOT,
Rédacteur en chef de la Revue Encyclopédique.

DE L'ÉTABLISSEMENT

D'UN

CHEMIN DE FER

DE

GRAY A VERDUN.

CHAPITRE PREMIER.

CONSIDÉRATIONS GÉNÉRALES SUR L'ÉTABLISSEMENT D'UNE GRANDE LIGNE DE COMMUNICATION ENTRE LA MER DU NORD ET LA MÉDITERRANÉE.

Lorsque l'on réfléchit aux souffrances actuelles du commerce, et que l'on cherche par quels moyens on pourrait soulager dans le présent et prévenir à tout jamais de pareils maux, on reconnaît bientôt que la baisse de certains tarifs ne donnerait qu'une solution incomplète du problème, au moins dans un grand nombre de cas. Assurément quelques-uns de nos produits manquent de débouchés à l'extérieur, mais on ne remarque pas assez avec quelle difficulté la totalité de nos produits se répand dans l'intérieur. Beaucoup de départemens ne peuvent se procurer qu'à un prix excessif les matières que des départemens peu éloignés fournissent abondamment et à bon compte; la cause évidente de ce mal est tout entière dans le haut prix des transports exécutés sur des routes souvent mal tracées, parcequ'elles l'ont été à une époque très-reculée, et qu'on n'entretient à grands frais que d'une manière nécessairement incomplète.

Ces considérations, qui sont vraies pour une foule de produits, prennent une importance extrême lorsqu'on les applique à la houille et à des contrées où l'industrie métallurgique joue un grand rôle.

Dès 1805 M. Lefèvre, dans son *Aperçu général des mines de houille exploitées en France* (1), faisait ressortir à chaque page de son travail l'absence des communications qui rendraient général l'emploi de ce combustible. Plus tard, en février 1815, M. Louis Cordier, dans un *rapport* très-intéressant *sur les mines de houille de France* (2), appelait l'attention du gouvernement sur l'imperfection de notre système de communication intérieure.

En jetant les yeux sur la *carte de la navigation intérieure de la France* (3), on reconnait bientôt que si les grandes lignes de communication sont rares dans les différentes directions, la direction du nord au sud en est totalement dépourvue, et que, par suite, des points de la plus haute importance sous le rapport commercial sont privés de toute relation, de tout moyen d'échanges.

Je vais montrer qu'en profitant des fleuves et des rivières qui sillonnent la France dans cette direction, il est facile de faire communiquer Rotterdam avec Marseille, la Mer du Nord avec la Méditerranée.

1º Si, partant de l'embouchure de la Meuse, on remonte ce fleuve à travers la Hollande et les Pays-Bas, on se trouve bientôt à Namur; et passant par des contrées telles que Sédan,

---

(1) *Journal des mines*, t. XII, p. 325 à 458.

(2) *Journal des mines*, t. XXXVI, p. 321 à 394.

(3) Dressée en 1820 par ordre de M. le directeur général des ponts et chaussées et des mines.

qui se font remarquer par plusieurs genres d'industrie, on arrive à Verdun où la navigation cesse d'être possible ;

2º Si, d'une autre part, on prend le Rhône à son embouchure dans la Méditerranée, et qu'on le remonte jusqu'à Lyon, on s'embarque en ce point sur la Saône qui offre une navigation facile en tout tems jusqu'à Châlons, et possible pendant la plus grande partie de l'année jusqu'à Gray ;

3º Si l'on observe enfin qu'en menant une ligne de l'embouchure du Rhône jusqu'à Lyon, cette ligne, prolongée vers le nord, passe à peu de distance des points où cessent la navigation de la Saône et celle de la Meuse, on trouvera que le problème que je me suis proposé est complétement résolu, et de la manière la plus favorable, par la jonction de Gray et de Verdun (1).

Cette jonction une fois opérée, et en tenant compte des communications partielles déjà établies, on voit de suite avec quelle facilité s'échangeront tous les produits du midi contre ceux du nord (2).

Les avantages qui résulteraient d'une pareille communication

---

(1) La communication de la Méditerranée à la mer du Nord serait tout-à-fait directe, si, pour éviter l'immense détour que fait la Meuse, à partir de Namur, on réunissait cette ville avec Anvers par la prolongation du canal qui va aujourd'hui d'Anvers à Bruxelles. Le gouvernement des Pays-Bas s'honorerait beaucoup en provoquant l'exécution d'un pareil travail.

(2) Les houilles, les aciers, les armes et les rubans de Saint-Étienne ; les aciers de Rives (Isère) ; les savons et le souffre de Marseille ; les soieries de Vaucluse, du Gard et de Lyon ; les marrons de l'Ardèche et de la Haute-Loire ; les vins du Languedoc, des côtes du Rhône, du Beaujolais et de la Bourgogne ; les eaux-de-vie de Montpellier, de Pézénas et de Béziers ; les huiles de la Provence, etc., remonteront facilement vers la Hollande. Tandis que les grains, les farines, les légumes secs du Nord, de l'Aisne et de la Champagne ; les minérais, les moulages, les métaux ouvrés de la Haute-Marne, de la Meuse et de la Moselle ; les étoffes et les fers à repasser de Sédan ; les vins de la Champagne, de la Meuse, de la Moselle et du Rhin, etc., iront se disperser dans le Midi.

sont si manifestes, si importans, qu'ils ont dû attirer l'attention des hommes qui, préoccupés des intérêts généraux de leur pays, se livrent à ce genre de considérations. Aussi voit-on, dans un mémoire publié par M. l'inspecteur divisionnaire J. CORDIER (1), que M. LECREULX constatait il y a cinquante ans l'utilité des travaux à faire pour perfectionner la navigation de la Meurthe, de la Seille, de la Meuse, et pour joindre la Moselle à la Meuse. Après avoir discuté les idées émises par M. LECREULX, M. Cordier propose de réunir la Saône à la Moselle par un canal qui irait de Châlons à Toul, et qui par conséquent n'aurait pas moins de quatre cents kilomètres de développement.

Mais l'expérience que la France a faite des canaux ne serait pas le seul obstacle à l'exécution d'un pareil projet; la réalisation de la somme énorme de trente millions, à laquelle s'élève le devis, ne serait pas la seule difficulté à vaincre; il s'en présente de plus grandes encore dans les ondulations du terrain, qui conduisent l'auteur à percer une galerie de trente pieds de hauteur au-dessus du niveau des eaux, sur une largeur de vingt-un pieds, et sur une étendue de quatorze kilomètres (trois lieues et demie) (2); et encore, après ce long et pénible trajet, n'arrive-t-on qu'à déboucher par la Moselle à Coblentz, c'est-à-dire à plus de soixante-quinze lieues de la mer du Nord.

Si une compagnie a eu le désir d'entreprendre ce canal, il dépend d'elle aujourd'hui de rendre un immense service à la France en exécutant la partie de ce projet qui s'étend de Châlons-sur-Saône à Gray, sur une étendue de cent trente-quatre kilomètres. Cette ligne, ajoutée à la jonction que nous proposons d'établir entre la Saône et la Meuse, compléterait l'importante communication du nord au sud.

____

(1) Ce mémoire a paru chez Carillan-Gœury en 1828, pendant que j'exécutais sur le terrain les travaux préparatoires que je résume ici.

(2) *Mémoire sur le canal de jonction de la Saône à la Moselle, de Châlons à Toul*, par J. CORDIER, inspecteur divisionnaire des ponts-et-chaussées. Paris, 1828, p. 25.

Des considérations du plus haut intérêt, puisées dans la connaissance des localités, avaient dominé l'ensemble de notre conception, et nous avaient indiqué une toute autre direction que celle qui a frappé M. Cordier.

Les bassins de la Saône, de la Marne et de la Meuse n'échangent que difficilement leurs produits. La plupart des routes qui les mettent en communication, ouvertes dans l'enfance de l'art, ont été tracées en ligne droite à travers les montagnes (1), au lieu de suivre le fond des vallées, où les usines sont ordinairement situées. La route de Dijon à Langres, et celle de Bar-le-Duc à Verdun, sont particulièrement dans ce cas. Il en résulte que le prix des transports est très-élevé dans ces contrées, que certaines branches d'industrie ne reçoivent pas tout le développement dont elles seraient susceptibles, que d'autres enfin sont complétement paralysées et menacées d'une ruine totale.

Frappé de ces considérations, j'ai choisi Saint-Dizier pour le point intermédiaire par lequel je devais passer, et alors, non-seulement la ligne ainsi tracée touchait les trois ports les plus importans de l'est de la France, ceux où la Saône, la Marne et la Meuse commencent à être navigables; mais encore je présentais à l'industrie métallurgique et agricole de ces contrées les immenses avantages que je vais exposer dans le chapitre suivant.

Ce projet, déjà si important en lui-même, rendra véritablement des services incalculables, lorsqu'un autre projet, dont l'étude a été faite en 1826 par M. Brisson (2), aura reçu son exécution. Je

---

(1) Je peux citer entre beaucoup d'autres les côtes de Prevenchères et de Vignory; celle de Chaumont; celle de Saudrupt, entre Saint-Dizier et Bar-le-Duc; la longue côte qui va presque sans interruption de Longeau à Langres, ou de Humes à Langres, etc.

(2) M. Brisson, dans la personne duquel la France a perdu un de ses plus habiles ingénieurs (il est mort le 25 septembre 1828), avait été secondé dans cette vaste entreprise par MM. Polonceau, Duleau, Tourneux, Mangin, Jacquinot et Husson.

veux parler de l'établissement d'une grande voie de communication qui , joignant Paris et Strasbourg , prolongerait ainsi jusqu'aux limites de l'Allemagne la belle ligne tracée par le canal maritime. On aperçoit au premier coup d'œil les secours mutuels que se prêteraient deux voies qui aboutiraient aux quatre points cardinaux de la France (1).

---

(1) Voyez la carte placée à la fin de ce Mémoire.

CHAPITRE II.

CONSIDÉRATIONS PARTICULIÈRES AUX USINES, AUX FORÊTS ET AU COMMERCE DE GRAINS DE LA CHAMPAGNE ET DE LA LORRAINE.

INDUSTRIE MÉTALLURGIQUE.

On sait l'importance qu'ont prise les arts métallurgiques dans la Champagne et la Lorraine. Sur quatre cents hauts fourneaux environ que possède la France dans toute son étendue, les seuls départemens de la Haute-Marne et de la Meuse figurent dans ce nombre pour soixante-quinze, auxquels se rattachent cent quarante-huit feux d'affinerie (1), et une foule de fabriques de limes, râpes, outils, fil de fer, etc. Toutes ces usines qui consomment du charbon de bois, et que l'on a vues si florissantes il y a peu d'années, se trouvent aujourd'hui dans la situation la plus pré-

(1) Ces nombres sont extraits du *Mémoire* de M. Héron de Villefosse *sur l'état des usines à fer de la France considérées au commencement de l'année* 1826. (*Annales des mines* pour 1826, t. XIII, p. 546. Tableau n° 1 ; première série.)

A la fin de 1830, le département de la Haute-Marne possédait. . . . . 60 hauts fourneaux.
Celui de la Haute-Saône. 37
Celui de la Meuse. 25

Ensemble. . . . . 122.

(Note ajoutée.)

caire à cause de la rareté toujours croissante de ce combustible,
et de l'impossibilité de le remplacer avantageusement par la houille
dans l'état actuel des moyens de transport.

Il y a long-tems que les difficultés résultant du combustible se
sont manifestées en Champagne.

Dans un travail (1) rédigé en 1802 et publié en 1805, on lit :
« Que plusieurs inconvéniens graves prennent naissance dans la
» difficulté où les usines se trouvent de s'approvisionner de com-
» bustibles; et que plusieurs hauts-fourneaux et plusieurs affine-
» ries chôment entièrement faute de bois. (2) » (Pages 424 et
425).

Plusieurs causes ont concouru à amener ces résultats, et de
bien plus nombreuses tendront à les maintenir si l'on n'y apporte
remède. Sans doute, il faut compter, parmi ces causes, les coupes
extraordinaires ordonnées par le gouvernement à diverses époques pour faire face à des dépenses imprévues, et celles faites par
des spéculateurs pour réaliser en peu de tems des bénéfices fondés
sur une exploitation rapide ; mais il faut mettre en première ligne
l'accroissement considérable du nombre des usines depuis la paix ,
et surtout l'activité plus grande imprimée à chacune d'elles.

Que d'anciennes usines délaissées ont été remises en état de
roulement depuis quinze années ! que d'efforts tentés pour perfectionner les mécanismes, afin de ménager les eaux, et, en dernier
ressort, afin de chômer moins long-tems.

Un nouvel élément de ruine est venu s'ajouter à ceux que nous

---

(1) *Mémoire sur la statistique minéralogique du département de la Haute-
Marne*, par MM. ROSIÈRE et HOURY, ingénieurs des mines. (*Journal des mines*,
t. XVII, p. 405-436).

(2) Les personnes qui croiraient remarquer une contradiction entre la prospérité dont je viens de parler (p. 15) et la détresse signalée dès 1802, sont priées
de faire attention que cette prospérité de 1815 à 1825 est retombée de tout son
poids sur le consommateur, car ce n'est pas au perfectionnement de leurs procédés que les maîtres de forges ont dû leur fortune à cette époque, mais bien à
la hausse accidentelle du produit qu'ils fabriquaient.

venons de signaler. Les propriétaires de bois , excités par l'élévation progressive du prix ont rendu les coupes plus fréquentes (1) ; on en est venu enfin à ce point que la *consommation annuelle dépasse de beaucoup la reproduction.*

La question des bois est donc jugée aujourd'hui pour la Champagne ; il y a épuisement , et cela , sans espoir de voir renaître l'abondance.

Déjà quelques tentatives ont été faites sur la Marne et sur la Blaise dans le but de substituer la houille au charbon de bois dans l'affinage de la fonte et la fabrication des fers de fenderie ; mais l'adoption de ces procédés mixtes , bien conçus en eux-mêmes , n'a pu donner que de faibles avantages à cause du prix excessif de la houille.

Ce combustible coûte actuellement, rendu dans les usines , de 60 à 66 fr. la tonne métrique (1000 k.) ; lorsque la nouvelle voie sera établie, il ne coûtera plus que 45 fr. la tonne (voyez pag. 42 du mémoire); il y aura donc une économie de près de 30 pour 100. Je montrerai plus loin à quel prix reviendra le fer avec de la houille à ce prix. Des dépôts établis à Chaumont, Joinville et Saint-Dizier, permettront aux usines situées sur les petites rivières qui aboutissent à la Marne de s'approvisionner avec facilité.

Non-seulement la houille revient à un prix élevé, mais encore on ne s'en procure qu'avec peine ; l'industrie agricole entrave malgré elle l'industrie métallurgique. A toutes les époques, telles que celles des semailles, des vendanges, des récoltes, des foins, aucun voiturier ne voyage ; il en résulte que les maîtres de forges

____

(1) Ici, comme toujours et comme partout, l'intérêt du moment est celui auquel les particuliers ont tout immolé. « Si en Amérique , dit M. de Humboldt, » le travail de l'homme a été dirigé presque exclusivement vers l'extraction de » l'or et de l'argent, c'est parce que *les membres d'une société agissent d'après* » *des considérations très-différentes de celles qui devraient diriger la société* » *entière.* » (*Essai politique sur le royaume de la Nouvelle-Espagne* , t. III. p. 109 et 110 ; deuxième édition ; 1827.)

sont exposés à interrompre leur travail, ou bien sont dans l'obligation de faire des approvisionnemens énormes qui entraînent des pertes d'intérêts de fonds, et augmentent l'article *Frais divers*, quand on compte l'ensemble du *revient* d'une tonne de fer.

La nouvelle voie une fois établie, les cultivateurs ne pourront plus consacrer leurs loisirs qu'à transporter les charbons des forêts dans les usines. Le prix de ce transport se trouvera donc encore modifié dans l'intérêt de l'industrie métallurgique ; en même tems que les produits fabriqués sur la Marne arriveront au point d'embarcation avec une promptitude et à un prix inusités.

Enfin, pour amener les esprits à cette conviction profonde que déterminent les démonstrations rigoureuses, je consacrerai un chapitre (voy. page 60), à montrer par des calculs certains, que la Champagne et la Lorraine se trouveront en mesure de lutter avec les prix auxquels reviendront les fers d'Alais, de Firmy et de Saint-Étienne, rendus à Paris.

Ajoutons à tous ces avantages l'avantage immense d'un débouché facile, ouvert simultanément au nord et au midi, ces provinces verront que leur avenir, si triste et si incertain aujourd'hui, se trouvera changé tout à coup en un avenir de certitude et de prospérité.

J'irai de suite au-devant d'une objection qui aurait sa source dans l'inquiétude manifestée de voir s'épuiser les mines de Saint-Étienne. Je la préviendrai en donnant des renseignemens qui sont de nature à calmer toutes les craintes que l'on pourrait concevoir à cet égard (1).

Le sol houiller de l'arrondissement de Saint-Etienne, dit M. Beaunier, est contenu de toutes parts dans un bassin d'origine

---

(1) Je puiserai ces détails dans l'intéressant *Mémoire* publié par M. BEAUNIER *sur la topographie extérieure et souterraine du territoire houiller de Saint-Étienne et de Rive-de-Gier.* (*Annales des mines*, t. I p. 1-176 ; première série.)

primitive, qui s'étend au sud-ouest et au nord-est, entre la Loire et le Rhône, vers les points où les deux fleuves, coulant en sens contraire, sont le moins éloignés l'un de l'autre. Le bassin est fortement renflé vers l'*ouest* sur le versant de la Loire, et sa plus grande largeur, prise dans la méridienne de *Roche-la-Molière*, est alors de 15,000 mètres; mais ses bords se rapprochent sensiblement vers Saint-Chamans, et courent ensuite des deux côtés de la rivière du Gier, et parallèlement à son cours jusque vers les limites *Est* du département de la Loire sur *le versant* du Rhône; ils se prolongent même, sans changer sensiblement de direction jusqu'à ce dernier fleuve et un peu au-delà (1) (page 29). A Rive-de-Gier la formation houillère n'a pas plus de 2,300 mètres de largeur, et à Tartaras elle en a encore moins.

La plus grande étendue du bassin houiller en longueur, mesurée entre Saint-Paul-de-Cornillon (sur la Loire), et Givors (sur le Rhône), est de 46,250 mètres. *Sa surface totale est de 221 kilomètres carrés* (pages 30 et 169).

Le plus souvent les exploitations ont été dirigées sur des couches dont l'épaisseur varie entre 1 à 5 mètres. Sur certains points ces couches atteignent une épaisseur de 16 à 20 mètres (p. 34).

On a calculé, disent MM. Mellet et Henri (2), que les couches de houille reconnues pouvaient suffire à une exploitation de plus de dix siècles.

INDUSTRIE FORESTIÈRE.

Mais si je présente au maître de forges un moyen de salut dans sa détresse, celui qui jusqu'à présent s'est considéré comme son antagoniste naturel, le propriétaire de bois, ne doit-il pas con-

---

(1) On connaît des indices de houille à Ternay, sur la rive gauche du Rhône.

(2) *Mémoire sur le chemin de fer de la Loire*, p. 3. Paris, juillet 1828.

cevoir quelqu'inquiétude de cette rivalité établie entre les combustibles? Je vais faire voir que de pareilles craintes seraient
chimériques.

Il est évident que le fer ne peut rester au cours actuel ; tout
annonce sa baisse prochaine , et cela , quel que soit son prix coûtant dans telle ou telle localité. J'admets que le gouvernement ne
peut songer à l'abolition de tout tarif, car les Anglais fabriquant
à un prix qui est juste moitié du nôtre , il ne s'agirait pas d'une
concurrence , mais d'une ruine complète; cependant, les justes
plaintes qui se font entendre de toutes parts , les vives sollicita-
tions dont on assiége les Chambres , ne peuvent manquer d'amener , d'ici à peu de tems , une baisse légère, mais progressive
jusqu'à un certain terme, dans les tarifs qui prohibent les fers
étrangers (1). Si , pour prendre le cas le plus défavorable , cette
modification des tarifs n'avait pas lieu , les usines qui s'élèvent
dans le midi de la France, et qui retirent des mêmes puits le combustible et le minerai , suffiraient pour inspirer des alarmes fondées aux contrées qui depuis long-tems sont en possession d'approvisionner chèrement la France du plus utile des métaux.

Le fait important qui surgit de ces considérations préliminaires,
c'est *la baisse inévitable du fer*, amenée soit par la diminution
des tarifs , soit par la concurrence intérieure.

La conséquence rigoureuse de ce fait , c'est qu'*une diminution
correspondante doit avoir lieu dans les frais de production.*

Les propriétaires de bois qui pourraient croire mon projet contraire à leurs intérêts particuliers doivent se poser ces questions :

Parmi les chances que nous avons pour que le prix de nos bois
se maintienne tel qu'il est, est-ce sur la hausse des fers que nous

---

(1) Ceci est encore bien plus vrai aujourd'hui, si le gouvernement veut être
conséquent avec *le principe libéral.*

(*Note ajoutée.*)

devons compter? ou bien pouvons-nous espérer qu'une diminution sur la mine, sur la main-d'œuvre, etc., permettra aux fabricans de conserver à nos bois la valeur qu'ils y ont attachée depuis quatre années.

Il est évident que ces deux questions doivent être résolues négativement, et que l'économie, que vont bientôt chercher les maîtres de forges, frappera entièrement sur les bois (1).

En effet, à quelle condition les forges paient-elles en ce moment le prix que les propriétaires de bois retirent de leur produit? Cette condition, c'est la ruine des acquéreurs, et une ruine qui sera d'autant plus rapide que le fer baissera plus rapidement. Je ne pense pas qu'il existe un seul propriétaire, au moins parmi ceux en qui le revenu exagéré d'une année n'éteint pas toute prévoyance, qui aient compté pour long-tems sur l'espèce d'*impôt extraordinaire* qu'il perçoit aujourd'hui ; tout, au contraire, lui annonce un avenir embarrassé et une dépréciation excessive de ses produits, car il est placé entre deux chances également funestes pour lui, l'abolition des usines, ou une baisse qui permette de fabriquer le fer avec bénéfice.

Une seule solution se présente pour concilier tous ces intérêts, pour arriver à la baisse imminente des fers, et conserver un prix raisonnable aux bois, c'est d'offrir aux usines un moyen économique de fabriquer *le fer*, afin qu'elles puissent assurer leur existence et transporter au bois, devenu trop rare, le prix assez élevé qu'elles seront toujours obligées de lui attribuer pour fabriquer leur *fonte*.

Mais, dira-t-on peut-être, l'Angleterre et quelques usines du midi de la France fabriquent la fonte au coke et le fer à la houille; n'est-il pas à craindre que l'introduction de ces procédés dans la

---

(1) Je donnerai plus loin (page 59) le prix auquel devront tomber les bois pour fabriquer le fer au cours où il arrivera certainement bientôt.

Les propriétaires de bois doivent savoir aujourd'hui si cette prédiction s'est réalisée.   (*Note ajoutée.*)

Champagne ne retire au bois toute valeur ? A cette objection la réponse est facile. Il faut à peu près quatre de houille (1) pour produire un de fonte ; tandis qu'il ne faut que 1,5 de houille (2) pour transformer 1,4 de fonte en 1 de fer forgé ; il suit de là que le procédé que l'on vient de citer n'est avantageux que pour des usines situées au bord des puits de mines, et il ne s'agit ici que de livrer la houille à 45 ou 46 fr. la tonne, c'est-à-dire à un prix qui est décuple de celui auquel elle revient à Saint-Etienne, Alais, Firmy, etc. (3).

Voici à ce sujet un calcul qu'il ne faut pas perdre de vue un seul instant.

Je vais supposer, non pas que l'on cherche à obtenir de la *fonte* avec de la *houille* transportée en Champagne, ce qui serait absurde ; mais je vais supposer que l'on fabrique à Saint-Étienne même du *coke* que l'on amènerait dans le département de la Haute-Marne.

Il faut, ai-je dit, 4 de houille, c'est-à-dire 2,66 de coke (4) pour obtenir 1 de fonte. Or la houille menue coûtant à Saint-Étienne 4 fr. 50 c. les 1000 kilogrammes, on aurait : 4000 ki-

---

(1) Voici, à ce sujet, quelques données fournies par l'expérience.

Usine de Wrochwordine 350 kilog. de houille pour 100 kilog. de fonte.

| Usines du Staffordshire | 385 | id. | 100 | id. |
| Usines du Shropshire | 452 | id. | 100 | id. |

La moyenne de ces trois résultats est 396 kilog. de houille pour 100 kilog. de fonte (*Voyage métallurgique en Angleterre*, par MM. Dufrenoy et Élie de Beaumont, ingénieurs des mines. Paris, 1827, p. 447-451.)

Au Creusot (Saône-et-Loire), dans des circonstances assez défavorables à cause de la pauvreté du mélange traité, je mettais : 392,25 kilog. de houille pour 100 kilog. de fonte.

(2) Voyez page 57 de ce mémoire.

(3) A Alais la houille revient à 4 fr. les 1,000 kilog. (*Journal du commerce* du 27 janvier 1829) ; à Saint-Étienne elle coûte 4 fr. 50 c., et c'est parceque nous avons 40 fr. 50 c. de transport depuis Saint-Étienne jusqu'à un point moyen du département de la Haute-Marne que nous avons dit plus haut que la houille reviendrait moyennement à 45 fr.

4) 3 de *houille de Saint-Étienne* en poids donnent à peu près 2 de coke.

logrammes de houille, donnant 2660 kilogrammes
de coke. . . . . 18 fr. »
    Transport de 2660 kilogrammes de coke, depuis
Saint-Étienne jusqu'à un point moyen du département de la Haute-Marne 107   73
    Minerai. 16   02
    Main-d'œuvre, entretien du fourneau, etc. . . 30   »

    Prix de 1000 kilogrammes de fonte fabriquée en
Champagne avec du coke. . . . . 171 fr. 75 c.

c'est-à-dire que sans compter la façon du coke, sans compter le
déchet qui aurait nécessairement lieu, soit dans les magasins,
soit dans un transport de près de cent lieues, la fonte reviendrait à un prix beaucoup plus élevé que celle que l'on obtient
aujourd'hui avec du charbon à 65 centimes le pied cube (1).

   Il est donc de toute évidence que dans les pays de bois éloignés
des houillères, il sera toujours plus facile et plus économique de
fabriquer la fonte au bois, que de créer l'immense matériel indispensable pour une usine à l'anglaise complète. La prospérité future des contrées que j'envisage, je ne saurais trop le répéter, est
désormais fondée sur l'emploi convenablement combiné des deux
combustibles; et à cette *seule condition* les usines de la Champagne peuvent être sauvées, et par suite les bois conserver de la
valeur.

   Une dernière considération se présente, c'est la rareté excessi-
sive du bois de charpente dans le midi, et la possibilité qu'offrira la nouvelle voie de les transporter à cette destination. Aux
environs de Chaumont, il y a des forêts situées de telle sorte que
les petites charpentes, celles qui n'ont pas une grande valeur, ne
peuvent être transportées avec profit à aucun des ports qui ex-
pédient pour Paris; il arrive que ces charpentes sont découpées

______

(1) Voyez plus loin, chapitre VI.

en bois de charbon pour être consommées sur les lieux. Enfin les mérains qui manquent dans le midi sont dans le même cas ; on peut en faire un commerce considérable, et j'offre aux propriétaires de bois un débouché qui leur a été inconnu jusqu'ici.

INDUSTRIE AGRICOLE.

Si ce projet sauve d'une abolition évidente l'industrie métallurgique de plusieurs provinces, s'il met un terme aux dévastations des forêts et préserve les propriétaires de bois d'une ruine qui aurait suivi de près celle des forges, il n'est pas moins favorable à l'industrie agricole du pays.

On sait combien sont importantes les expéditions de grains que la Champagne dirige vers Gray pour descendre dans le midi. Du seul marché de Bar-sur-Aube il part annuellement cent mille hectolitres de grains et cent mille hectolitres de farine qui sont transportés à Gray, sur le pied de 40 fr. la tonne (1) ; une multitude d'autres points de la Champagne dirigent des convois de céréales vers le même port. La voie nouvelle exécutera ces transports à moitié prix, et donnera ainsi un immense avantage à tous les cultivateurs de la Marne, de la Haute-Marne, de l'Aube et de la Meuse, puisque pouvant offrir à meilleur compte, ils passeront nécessairement des marchés plus considérables.

Les transports s'exécutant désormais au moyen de machines à vapeur, les chevaux, qui sont à un prix très-élevé dans ces contrées, perdront un peu de leur valeur, et l'agriculture s'enrichira encore de cette différence.

---

(1) De Bar-sur-Aube à Gray il y a environ 140 kilomètres qui sont parcourus par le roulage actuel à raison de 40 fr., c'est-à-dire à 0 fr. 30 par tonne et par kilomètre. En supposant 105 kilomètres de Chaumont à Gray, ce trajet sera exécuté sur le chemin de fer, moyennant 14 fr. 70 c.

COUP D'OEIL GÉNÉRAL.

Enfin pour compléter ce tableau de la prospérité générale, re-
présentons-nous la ville de Saint-Dizier placée sur la route de
Rotterdam à Marseille, et communiquant à l'Océan par la Marne
et la Seine, nous verrons cette ville, si merveilleusement située,
appelée à devenir l'une des plus importantes de la France, et sa
population destinée à suivre une progression aussi rapide que
celle qui, par une autre cause, a doublé en vingt-six ans la population de Saint-Étienne (1).

La ville de Gray, qui voyait débarquer à son port, en 1817,
210,000 hectolitres de vin et 37,500 hectolitres d'eau-de-vie,
et qui n'a reçu en 1827 que 40,000 hectolitres de vin et
13,000 hectolitres d'eau-de-vie, parce que n'exportant ces denrées qu'à grands frais vers le nord, on a trouvé plus d'avantage à
les embarquer sur les canaux qui aboutissent à la Saône ; la ville
de Gray, dis-je, reprendra tous les avantages de son heureuse
position et deviendra le véritable entrepôt du nord et du midi.

Au milieu d'industries florissantes naissent bientôt d'autres industries, et dès aujourd'hui on peut prévoir que si la Champagne
tire du midi une partie de son conbustible, elle lui renverra en
échange le minerai dont elle est si abondamment pourvue. On
sait que les usines des environs de Saint-Étienne tirent des minerais de la Franche-Comté qu'on embarque à Gray; il est donc
évident que la Champagne pourra désormais exporter les siens,
car sous ce rapport aucune contrée de la France ne peut lui être
comparée, puisqu'à une véritable profusion se joignent une extrême facilité d'exploitation et une richesse qui dépasse 40 pour
cent (2).

---

(1) En 1801, la population de Saint-Étienne n'était que de 27,000 ames.
Elle s'élevait en 1827 à 55,000, en y comprenant la banlieue.

(2) La *qualité* supérieure des minerais de la Franche-Comté pourrait cependant faire obstacle à ce genre de commerce.

Après avoir placé le lecteur dans la sphère de l'idée générale qui a dominé toute ma conception, j'ai montré les avantages vraiment incalculables que doivent retirer de son exécution, non-seulement le département de la Haute-Marne, mais encore ceux de la Meuse, de la Marne, de l'Aube et de la Haute-Saône ; je vais dire maintenant comment j'opère la jonction de Gray et de Verdun, en passant par Saint-Dizier.

CHAPITRE III.

La conclusion naturelle des deux chapitres qu'on vient de
lire, c'est qu'une voie nouvelle partant de Gray et aboutissant à
Verdun, doit établir une communication prompte, facile et économique entre les bassins de la Saône, de la Marne et de la
Meuse.

Cette voie, quelle qu'elle soit, n'aura donc pas moins de 250
kilomètres de développement ; elle se divise naturellement en
deux parties :

L'une de Gray à Saint-Dizier. . . . . . . 170 kilomètres.
L'autre de Saint-Dizier à Verdun. . . . 80

Ensemble. 250

Je me suis particulièrement occupé de la première partie, et
l'adjudication que je veux soumissionner en ce moment avec
MM. Pavée de Vendoeuvre et Margerin, n'est relative qu'au
chemin de Gray à Saint-Dizier.

Ce n'est pas ici le lieu de discuter d'une manière générale le
grand problême de la préférence à donner aux canaux ou aux chemins de fer. Je ne me crois pas l'autorité nécessaire pour trancher
une question débattue par des ingénieurs tels que MM. Girard (1),

_____

(1) *Introduction au mémoire de Gerstner*, par M. P.-S. Girard. Paris, 1827.

DE GALLOIS (1), GERSTNER (2), DE BAADER (3), etc. ; je me contenterai de remarquer qu'on s'est peut-être trop hâté de résoudre d'une manière absolue un problème dont les élémens varient si évidemment avec les localités. L'ensemble de ce mémoire offrira, je le pense, un exemple remarquable à l'appui de cette manière de voir ; car quelqu'opinion que l'on ait sur les canaux et les chemins de fer, je crois que, pour la contrée que j'envisage, personne n'hésitera à tirer les mêmes conclusions que moi.

Dégagé de toute idée systématique à cet égard, je me suis transporté sur les lieux dans l'été de 1828, j'ai parcouru à diverses reprises la ligne de Gray à Saint-Dizier, l'étudiant sans cesse sous le double point de vue topographique et statistique.

Voici l'exposé des principaux résultats auxquels je suis parvenu.

1° Une route pavée ou mac-adamisée ne saurait remplir les conditions proposées.

2° Un canal présenterait, sous le rapport de l'art, des difficultés presque insurmontables à cause des fréquentes alternatives de crue et de sécheresse auxquelles est soumise la Marne près de sa source, et surtout à cause du réservoir qu'il faudrait construire sur la chaîne qui sépare les deux bassins pour alimenter le point de partage, réservoir qui serait probablement à sec une partie de l'année.

J'avais déjà exprimé cette opinion, et je l'avais développée dans le Mémoire soumis en 1828 à M. le directeur général des ponts et chaussées et des mines. Je suis heureux de pouvoir invo-

---

(1) *Notice sur les chemins de fer d'Angleterre* par M. GALLOIS (*Annales des mines*, t. III, p. 127-144 ; première série) 1818.

(2) *Mémoire sur les grandes routes, les chemins de fer et les canaux de navigation*, par M. F. de Gerstner. Paris, 1827.

(3) *Sur l'avantage de substituer des chemins de fer d'une construction améliorée à plusieurs canaux navigables projetés en France*, par JOSEPH DE BAADER. Paris 1829.

quer aujourd'hui une autorité que personne ne récusera, c'est celle du jugement de M. Brisson. Voici dans quels termes il s'exprime (1) :

« Le transport des grains , des fers , et des autres produits na-» turels ou industriels des pays qu'arrose la Marne, vers le midi » du royaume , réclament une voie navigable pour arriver à la » Saône. *Quoique les formes du terrain ne s'y prêtent pas d'une* » *manière satisfaisante, nous allons rechercher quelle serait la* » *direction la moins défavorable pour l'établir* ». . . . .

. . . . « L'entretien du bief de partage est la » plus grande difficulté de ce projet. » L'auteur énumère ici les différens cours d'eau dont il profite pour former 32 *kilomètres de rigoles, non compris une galerie souterraine de* 2000 *mètres* ; puis il ajoute : « Elles réuniront (ces rigoles) les produits d'à » peu près 7 *lieues carrées* (2) de pays , en formant des réserves » des eaux d'hiver, et ne négligeant aucun des moyens que donne » l'art pour économiser la dépense d'eau. Les ressources que l'on » vient d'indiquer, *et qu'on croit difficile d'augmenter*, suffi-» ront, *à ce que l'on présume*, pour desservir la navigation de » la Marne à la Saône. » Mais continuons notre discussion.

Sous le rapport financier , les difficultés ne seraient pas moins grandes , parce qu'à d'énormes frais de construction et d'entre-tien il faudrait ajouter d'énormes indemnités à payer aux proprié-taires des nombreuses usines situées en amont de Saint-Dizier. En effet, ces usines chômant déjà pendant quelques mois de l'an-née, ne pourraient pas manquer d'être exigeantes, si on leur ôtait

---

(1) *Essai d'un système général de navigation intérieure de la France* par M. Brisson, p. 58 et 59, in-4°. Paris, 1829.

(2) M. Brisson dit ailleurs : « Sur les principaux canaux à point de partage » qui existent déjà en France, on réunit à leurs sommets, pour les alimenter , » les eaux de *neuf à treize lieues* superficielles de terrain , *et presque partout on* » *se plaint de n'en avoir pas assez.* » (*Ibid.*, p. 5.)

une partie de l'eau déjà si rare en juillet, août et septembre (1).

Ajoutons à ces obstacles la sécheresse de l'été, les glaces de l'hiver, et enfin la constitution géologique de la contrée, qui, entièrement couverte de la formation jurassique, est par suite remplie de crevasses, et occasionerait certainement des filtrations sur beaucoup de points : on verra que l'exécution d'un canal dans cette direction serait environnée de mille dangers; et qu'il y aurait une probabilité très-forte pour échouer dans une pareille entreprise.

3° L'établissement d'un chemin de fer de Gray à Saint-Dizier ne présente aucune difficulté grave sous le rapport de l'art (2). Je vais entrer dans quelques détails à ce sujet.

En jetant les yeux sur la carte de l'est de la France, on voit se détacher des Vosges, à Mirecourt, un rameau très-étendu qui marche parallèlement à la chaîne du Jura, passe par Langres, et vient se terminer entre Chalons et Autun, après avoir formé vers Dijon les coteaux renommés de la Côte-d'Or. Ce rameau sépare les bassins de la Saône et de la Marne, et, puisque j'avais à le franchir, c'est là que se sont dirigés particulièrement mes efforts quand j'ai étudié le terrain.

A la seule inspection de la carte, j'avais déjà vu que plusieurs vallées coupaient cette petite chaîne perpendiculairement à son axe. Il s'agissait de choisir la plus favorable. Je les ai nivelées

---

(1) M. Brisson, sans tenir compte des indemnités dont je viens de parler, donne 20,531,000 fr. pour le chiffre de *l'estimation approximative* de la dépense à faire pour un canal de la plus petite section (page 122 de l'ouvrage déjà cité).

(2) « Il faut remarquer, dit M. Duleau, que le tracé des chemins de fer d'un » versant à l'autre, est déterminé par les mêmes considérations que celui des » canaux, et que les chemins de fer ont le double avantage de pouvoir franchir » plus facilement que les canaux de grandes hauteurs de chute, et de ne point » exiger d'eau pour le point culminant. » (Avertissement placé en tête du bel ouvrage de M. Brisson, page ix. Paris, 1829.)

toutes à l'aide du baromètre, et j'ai étudié particulièrement celles du Salon et de la Vingeanne, à laquelle je m'étais fixé d'abord, et que j'ai abandonnée par des raisons qu'il serait trop long d'exposer ici.

Mais cette chaîne n'était pas la seule qui dût fixer mon attention ; j'avais sans cesse présente celle qui sépare les bassins de la Marne et de la Meuse, et j'ai dû me demander si, parvenu au sommet de la première, je devais redescendre jusqu'à Saint-Dizier pour avoir à franchir la seconde, ou si je ne devais pas plutôt conserver un niveau élevé en cheminant sur les côteaux qui encaissent la Marne, pour arriver ainsi au sommet de la chaîne d'où j'aurais découvert tout le bassin de la Meuse.

Ici la question d'art dominait toutes les autres considérations, et, dépouillé de tout désir, j'ai étudié pied à pied le terrain, dans l'unique intérêt de mon tracé. J'ai bientôt reconnu que les coteaux qui bordent la rive droite de la Marne, étaient les seuls où il me fut possible d'arriver et que ces côteaux, à des intervalles assez rapprochés, étaient sillonnés profondément par des vallées latérales, que je n'aurais pu franchir qu'à l'aide de travaux très-dispendieux ; qu'ainsi l'unique voie favorable était celle que la Marne m'ouvrait tout naturellement, et qu'en longeant cette rivière j'avais la solution la plus avantageuse du problème que je m'étais posé.

Voici, après des études qui ne m'ont pas pris moins de six mois, la série de points à laquelle je me suis arrêté.

A partir de Gray, je remonte la Saône sur la rive droite, en passant par

> Rigny,
> Prantigny,
> Vereux.

J'arrive ainsi à l'embouchure du Salon, que je remonte en passant par

> Dampierre (usine à fer),

Denèvre,
Montot,
Le Crochot (usine à fer),
Franoy,
Champlitte-la-Ville.

Je laisse à gauche le gros bourg de Champlitte, qui est sur la route actuelle de Gray à Langres, et je continue vers :

Montarlot,
Lesfonds,
Coublanc.

En ce point je puis prendre les directions (A) ou (B). La direction (A) est plus courte, mais un peu plus rapide que la direction (B). Quelques travaux de détail feront opter pour l'une ou pour l'autre quand on en sera au tracé définitif du chemin.

(A)	(B)
Remonter la Reseine en passant par	Continuer le Salon en me dirigeant vers

(A)

Remonter la Reseine en passant par

Mantz,
Rivière,
Violot,
Les Archaux.

J'arrive ainsi en présence de la montagne qu'on appelle *le Canon*. Cette montagne est le prolongement du plateau calcaire sur lequel est bâtie la ville de Langres, et offre à *Chalindrey* une forte dépression que je mets à profit. J'arrive ainsi à Balesme (sur la Marne), au moulin Pont-Varrin, et de là, longeant toujours la Marne, je suis bientôt à Humes...

(B)

Continuer le Salon en me dirigeant vers

Grenant.

Et près de là prendre la Baniole en traversant successivement

Véronne,
Plémont-le-Bas,
Le Potet,
Les Loges,
Le Foultot,
Culmont,
Le buisson de Dreuil,
Saint-Maurice,
Le moulin Chapot,
Le moulin Rouge.
Humes.

Humes,
Rolampont,

Veseignes ,
Foulain (usine à fer).
Lusy,
Verbielles,
Choignes ,
Le moulin du Val-des-Choux,

Me voici parvenu au pied de Chaumont, après avoir parcouru environ 110 kilomètres. Jusqu'à présent on n'avait rencontré que les usines de Dampierre et du Crochot, sur le Salon ; sur la Marne, nous n'avons vu que les martinets de Foulain ; mais ici nous entrons dans cette partie de la vallée qui est couverte d'usines, et nous passons successivement par les points suivans :

Condes (usine à fer),
Brethenay (usine à fer),
Riaucourt (usine à fer).
Bologne (usine à fer),
Vraincourt (usine à fer),
Bouécourt,
Buxières-les-Frondes,
Froncles (usine à fer),
Provenchères,
Villiers,
Rouvray,
Donjeux (usine à fer),
Joinville,

Je passe ensuite devant Autigny-le-Grand et Autigny-le-Petit, que je laisse à droite ; enfin j'atteins Saint-Dizier en passant par

Fontaine,
Bayard (usine à fer);
Prez,
Bienville (usine à fer),
Eurville (usine à fer),
Chamouilley-Haut (usine à fer),
Chamouilley-Bas (usine à fer),

Roches,
Marnaval (usine à fer),
Le Clos mortier (usine à fer).

Ici nous sommes au terme du trajet que j'ai étudié en détail.
Il me reste à parcourir la ligne de Saint-Dizier à Verdun, afin
de fixer mon point de départ de telle sorte qu'il soit en harmonie
et avec le chemin futur de Saint-Dizier à Verdun, et avec le
point d'embarcation du port de Saint-Dizier.

J'ai construit les profils des deux lignes que je viens de tracer; elles sont faiblement ondulées dans toute leur étendue;
leur pente moyenne est d'environ un millième (1); leur plus forte
pente n'excède pas un vingtième pendant un quart de lieue,
entre Violot et le col de Chalindrey.

La voie nouvelle doit donc être un chemin de fer.

Sa construction sera peu dispendieuse et rapide, parce qu'elle
n'exige aucuns travaux importans de nivellement, d'exhausse-
ment ou de percemens.

Un pareil chemin se présente, d'une part, comme étant la
communication la plus directe entre la mer du nord et la Méditerranée; d'une autre part, comme étant la prolongation de celui
qu'exécutent en ce moment, de Saint-Étienne à Lyon, MM. Séguin frères et Ed. Biot. Il n'aura pas à craindre la concurrence
d'un canal, comme cela résulte de ce que j'ai dit précédemment,
et, si on le compare à la route actuelle, il présente des avantages énormes.

En supposant, ce qui est certainement le cas le plus favorable,
que les 170 kilomètres de Gray à Saint-Dizier soient parcourus
aujourd'hui à raison de 40 fr. les mille kilogrammes, cela représente 0 f. 255 par tonne et par kilomètre. Or nous pou-

---

(1) De Gray au sommet du col de Chalindrey la pente est à très-peu près
de $^1/_{170}$; du col de Chalindrey à Saint-Dizier elle n'est que de $^1/_{643}$.

rons soumissionner à 0 f. 14 pour le même poids et pour la même distance, il y aura donc sur le prix de transport actuel une économie de 40 1/2 pour cent (1).

Le moteur le plus économique étant incontestablement la vapeur d'eau, les charriots seront mûs sur le chemin à l'aide de machines locomotives, telles que celles en usage en Angleterre sur les chemins de fer de Hetton, Stochton, Cardiff, etc. Il en résulte que non-seulement on obtiendra sur le prix du transport l'avantage dont je viens de parler, mais que l'on gagnera 50 pour cent sur la vitesse.

Traversant un pays boisé et où le fer revient à un prix élevé, j'ai dû me demander si l'Angleterre, qui ne possède pas de bois et qui produit le fer à un très-bas prix, devait être mon unique modèle. Je ne l'ai pas pensé, et nous aurons plus tard à exposer aux actionnaires le système de construction que nous nous proposons d'adopter (2).

Qu'il nous suffise, pour le moment, de leur affirmer (nous réservant de leur en donner plus tard la preuve) que ce système présente, sur celui que l'on a emprunté aux Anglais, une très-grande économie, de telle sorte que les actionnaires peuvent considérer le devis exposé dans le chapitre suivant comme un *maximum* qui ne sera certainement pas atteint.

---

(1) Le chemin de fer d'Andrezieux à Roanne entrepris par MM. MELLET et HENRY, produira sur les transports une économie qui ne va qu'à 27 1/2 p. 100. (Voyez page 18 de leur mémoire publié en juillet 1828.)

(2) Nous songions alors au système de construction imaginé par M. POLONCEAU. Il serait à désirer que sur un chemin de fer existant, on en fît l'essai pour un ou deux kilomètres, afin d'être fixé à cet égard.

(Note ajoutée).

CHAPITRE IV.

DEVIS ESTIMATIF D'UN CHEMIN DE FER CONSTRUIT DANS LE SYSTÈME
ORDINAIRE SUR UN DÉVELOPPEMENT DE 170 KILOMÈTRES.

Lorsqu'entre deux points très-rapprochés l'un de l'autre il y a, comme entre Saint-Étienne et Lyon, un mouvement de marchandises extrêmement actif; lorsqu'il est essentiel que ces marchandises soient en quelque sorte transportées à heure fixe pour ne pas gêner les relations commerciales, on conçoit que deux voies soient indispensables, et que les vagons doivent former un courant ascendant et descendant qui ne soit presque pas interrompu.

Mais lorsque, comme dans le cas qui nous occupe, le transport des marchandises est moins considérable, et réparti sur une ligne beaucoup plus étendue; lorsqu'en même temps les marchandises peuvent sans le moindre inconvénient éprouver un retard de vingt-quatre heures (1), alors il n'est plus indispensable d'établir à chaque instant deux courans en sens inverse, et l'on conçoit comment, au moyen d'un petit nombre de gares convenablement placées, le service peut être fait par une simple voie avec une extrême régularité.

L'adoption de ce parti pour la ligne de Gray à Saint-Dizier ne présente aucun inconvénient.

Cependant comme il est impossible de prévoir au juste l'activité que peut donner au commerce la nouvelle communication ; comme il existe même des raisons de penser qu'un jour le mou-

---

(1) Il est évident que les divers magasins répartis le long de la route, seront toujours approvisionnés de houille, et que jamais une usine ne sera exposée à arrêter faute de combustible.

vrment des marchandises dans ces contrées pourra être énorme
et exiger la construction d'une seconde rangée de rails, la compagnie achetera de suite le terrain nécessaire pour placer deux
voies, et cette dépense figure dans le devis que je vais maintenant présenter.

FRAIS

DE PREMIER ÉTABLISSEMENT.

ARTICLE PREMIER.

		Par mètre courant.
Pour deux voies.	Achat de terrain...................	3,40 (1)
	Terrassemens.....................	6,56
Puis pour une seule voie	28 kilog. de fer forgé (2) à 48 c.....	13,44
	2 dés en pierre à 1 fr...............	2
	6 kilog. de fonte (3) pour chaises à 35 c....................	2,10
	Chevilles, coins, etc., etc.........	1
	Menues dépenses.................	3
	Main d'œuvre....................	8
	Total par mètre courant....	39,50 (4)

(1) La voie aura 1 mètre 50 de largeur, et en supposant 2 mètres de fossé,
il faut compter 6 mètres de couronnement. En les portant à 3 fr. 40 c., cela
donne pour 10,000 mètres ou un hectare, 5,666 fr.

(2) En tout 4,760,000 kilogrammes de fer forgé.

(3) En tout 1,020,000 kilogrammes de fonte.

(4) Dans les travaux de ce genre, le fer figure pour $^1/_3$ de la dépense

(38)

Le kilomètre coûtera donc   39,500 fr.

170 kilomètres coûteront.............................   6,715,000

ARTICLE II.

Ponts, gares, et autres ouvrages......................   850,000

ARTICLE III.

Travaux pour arriver au devis définitif ; levée de plans, frais
de bureau, voyages des ingénieurs..................   400,000

ARTICLE IV.

Magasins à Gray, Langres, Chaumont, Joinville et Saint-
Dizier...   700,000

ARTICLE V.

Matériel nécessaire pour les transports ; 200 charriots
à 700 fr. l'un....................................   140,000
10 machines locomotives à 15,000 fr. l'une............   150,000

Total des dépenses de construction et de matériel.........   8,955,000
Frais imprévus $^1/_{10}$..............   895,500

Ensemble........................   9,850,500

Soit , si on le veut 10 millions le prix du premier établissement de ce chemin
de fer , c'est-à-dire 58,823 par kilomètre de *chemin de fer à une voie* (1).
Je vais maintenant calculer les

DÉPENSES ANNUELLES

Pour les transports , l'entretien du chemin et l'administration.

ARTICLE PREMIER.

La dépense annuelle d'une machine locomotive peut s'évaluer ainsi qu'il suit .

100 kilog. de houille par heure ; 1,400 kilog. par jour ,
504 tonnes par an , coûtant.........................   13,608
12 tonnes d'eau consommée.........................   200
Réparations de la machine, 20 pour cent du capital........   3,000

---

(1) Dans un ouvrage publié en 1830, MM. Coste et Perdonnet portent à
60,000 fr. le prix d'un kilomètre de chemin de fer à une voie. Voyez page 109
de leur ouvrage.

(*Note ajoutée*).

1 n machiniste et un aide pour deux machines............ 2,000
Huile, suif, chanvre, etc.... 500

Dépense d'une machine............. 19,308 (1)

Dépense de 10 machines locomotives............. 193,080

ARTICLE II.

Entretien des charriots et du matériel, évalué à $^1/_{10}$ du capital. 14,000

ARTICLE III.

Entretien du chemin, évalué à 1 $^1/_2$ pour cent du capital
de 6,715,000 fr................................ 100,725

ARTICLE IV.

Frais d'administration et de gardes...................... 60,000

ARTICLE V.

Intérêts à 5 pour cent du capital de 10 millions............ 500,000

Total de la dépense annuelle............ 867,805

---

(1) Aujourd'hui les machines locomotives sont perfectionnées à ce point qu'elles
ne consomment que $^7/_{10}$ de kilogramme de houille pour transporter une tonne
(1000 kilog.) à la distance d'un kilomètre.

(*Note ajoutée*).

CHAPITRE V.

MOUVEMENT QUI A LIEU ACTUELLEMENT SUR LA ROUTE DE GRAY A SAINT-DIZIER. — BÉNÉFICES DE L'ENTREPRISE. — MOUVEMENT PRÉSUMÉ.

Je viens d'estimer largement la dépense ; voyons maintenant quels seront les produits. Il est clair qu'ils seront de deux natures, ils se composeront : 1° du péage des marchandises qui traversent DÈS AUJOURD'HUI d'un bassin à l'autre;

2° Du péage des marchandises qui ne pouvant s'échanger dans l'état actuel des moyens de transport arriveront au contraire en grande quantité quand une communication facile et économique aura été établie.

Je ne me laisserai pas entraîner à calculer les bénéfices de l'entreprise sur le mouvement très-probable qui doit avoir lieu un jour; mes calculs ne porteront que sur les transports qui *s'exécutent présentement* malgré le prix très-élevé qu'exigent les rouliers. Je ne me servirai que de données *positives*, dans le sens que l'on attache à ce mot, c'est-à-dire de données qui ressortent des faits observés, et qui sont l'expression immédiate de l'expérience.

Pour éviter toute confusion à cet égard, et pour montrer quelle sévérité j'ai apportée dans la discussion des élémens de cette entreprise, je diviserai ce chapitre en deux sections. Dans la première, je présenterai le tableau des renseignemens statistiques que j'ai recueillis ; dans la seconde, je dirai quels sont les transports sur lesquels la compagnie doit compter peu de temps après que la nouvelle voie aura été ouverte. Mais, je le répète encore, *comme les bénéfices ne ressortiront que de la première section*, et que les renseignemens qui y sont donnés peuvent être vérifiés par tout le monde, personne ne croira que je me sois fait illusion et que mes calculs soient exagérés.

PREMIÈRE SECTION.

MOUVEMENT ACTUEL.

Les quantités de marchandises qui remontent la Saône, débarquent à Gray, et se dispersent ensuite dans le nord et dans l'est par la voie du roulage, sont annuellement les suivantes :

PREMIER TABLEAU

DÉSIGNATION DES MARCHANDISES.	NOMBRE DE TONNES MÉTRIQUES.
Vins (1)	20,000
Eaux-de-vie	2,600
Esprits	3,200
Sel	3,600
Bouteilles	46,000
Savons	1,500
Huiles	100
Riz	600
Soufre	600
Garance	1,500
Bois de Campêche	300
Soude	1,500
Épiceries	1,000
Houille et coak	18,000
Total	100,500

(1) Tous les renseignemens compris dans ce tableau et dans celui qui se trouve à la page suivante, m'ont été fournis par M. THIBAULOT, dont tous les commerçans de la Champagne connaissent l'avantageuse position à Gray. « Je » me suis constamment occupé du travail que vous m'avez chargé de faire, (*)» m'écrivait ce négociant en date du 7 novembre 1828, « je vous l'envoie aujour- » d'hui. *Il est aussi juste que possible.* »

(*) A mon passage à Gray, j'avais en effet prié M. THIBAULOT de vouloir bien faire ce travail, sans lui dire à quel usage il était destiné, afin que M THIBAULOT fût à l'abri de toute influence favorable au projet

Les quantités de marchandises qui viennent du nord et de l'est par la voie du roulage, s'embarquent à Gray, descendent la Saône, et se dispersent ensuite dans l'ouest et le midi de la France, sont annuellement les suivantes :

DEUXIÈME TABLEAU.

DÉSIGNATION DES MARCHANDISES.	NOMBRE DE TONNES MÉTRIQUES.
Blé	20,000
Seigle	3,000
Orge	3,000
Avoine	26,000
Son et farine	30,000
Légumes secs	2,400
Féves et pesettes	1,200
Gueuses	12,000
Moulages, fers et aciers	2,000
Soudes pour les verreries	600
Faïence	500
Bois de merrain	17,000
Meules	400
Huiles de navette	500
Verreries	500
Total	119,100

Les quantités de marchandises comprises dans ces deux tableaux *sont des moyennes prises sur dix années consécutives depuis 1816 jusqu'en 1826.*

Nous avons donc : Du sud au nord . . . 100,500 t. m.

Du nord au sud . . . 119,100

Ensemble. . . 219,600

Je ferai maintenant une supposition qui me sera défavorable, puisque le nord présente par rapport à Gray beaucoup plus de débouchés que l'est ; je supposerai que dans l'échange de ces marchandises venant du nord ou s'y rendant, *la moitié seulement* passe par le bassin de la Marne, de sorte que je ne baserai les bénéfices de l'entreprise que sur un transport de 109,800 t. (1).

En admettant que ce transport ait lieu aujourd'hui au prix de 25 centimes par tonne et par kilomètre, il coûte par le roulage. . . . . 3,568,500 fr.

Il coûtera par le chemin de fer. . . . 1,998,360

Il y aura donc, sur le transport, une économie annuelle de. 1,570,140

Le prix de la houille varie, dans le département de la Haute-Marne, de 60 à 66 fr. la tonne métrique (2). A Gray, il est actuellement de 31 fr., et on estime qu'il sera réduit à 27 fr. quand le chemin de fer de Saint-Étienne à Lyon sera terminé (3).

---

(1) Cette supposition n'est pas gratuite ; je l'ai vérifiée sur plusieurs points de la ligne, particulierement à Langres et à Chaumont, et c'est parce qu'elle se trouve conforme à la vérité que je l'ai admise. Il serait trop long de détailler ici les différens tableaux qui ont été dressés à ce sujet. Je me contenterai d'observer que le passage actuel à Saint-Dizier donnerait un renseignement inexact. On sait par exemple que les houilles tirées du midi restent en deçà de Saint-Dizier, et se distribuent en entier sur les bords de la Marne entre Chaumont et le Clos-Mortier, et dans les vallées de la Blaise, du Rognon, du Rongeant, de la Saulx, etc ; on sait encore que la presque totalité des grains expédiés par la Champagne dans le midi, viennent de points intermédiaires à Saint-Dizier et à Gray. Je sens très-bien qu'il résulte de là que les 109,800 tonnes ne parcourent pas toute l'étendue de la ligne ; aussi vais-je au-devant de cette objection en admettant moyennement un trajet de 130 kilomètres. (Voyez page 44.)

(2) En décembre 1828 on l'a payée jusqu'à 70 fr. ; je ne veux pas, dans mes calculs, profiter de ce cas extrême.

(3) Voici comment on peut se rendre compte de ce prix.

  Acquisition à Saint-Étienne. . . . . 1 fr. 50 c. (*)

(*) *Mémoire sur les mines de houille du département de la Loire*, par M. BEAUNIER, inspecteur divisionnaire des mines (*Annales des mines*, t. 1, p. 170, première série).

Admettons que le chemin de fer transporte la houille à une distance moyenne de 130 kilomètres, à partir de Gray. Le prix de ce transport, à 0 f. 14 par tonne et par kilomètre, sera de 18 fr. 20 cent. Le prix moyen de la houille, dans le département de la Haute-Marne, sera donc 45 fr. 20 cent. la tonne, et par conséquent il y aura, sur le prix actuel, une économie de près de 30 pour cent.

BÉNÉFICES DE L'ENTREPRISE.

Maintenant que nous connaissons la dépense et le mouvement de marchandises qui aura lieu sur le chemin de fer immédiatement après la construction, nous pouvons avec certitude calculer les bénéfices.

109,800 tonnes métriques, parcourant moyennement 130 kilomètres, à raison de 14 cent. par tonne et par kilomètre, donnent une recette brute de. . . . . . . 1,998,360 fr.

Nous avons vu (page 39) que la dépense annuelle, après avoir remis 5 pour 100 aux actions de capital, s'élevait à. 867,805

Il reste donc pour le bénéfice net. . . . 1,130,555 fr. qui, provenant d'un capital de dix millions, présente encore plus de 11 pour 100.

En ajoutant la moitié de ce bénéfice (1), aux 5 pour 100 d'intérêt déjà payés aux actionnaires, on voit que pour eux l'intérêt

Report.	4	50
Transport de Saint-Étienne à Lyon, 56 kilomètres à raison de 0 fr.098 par tonne et par kilomètre. . .	5	50 (*)
Transport de Lyon à Gray, au plus.	17	»
	27 fr.	»

(1) Je demandais, pour prix de mes travaux et de ceux de mes associés, que la moitié du *bénéfice net* nous restât. Aujourd'hui j'abandonne toute prétention.

(*) *Compte rendu aux actionnaires du chemin de fer de Saint-Étienne à Lyon, par MM. Séguin frères, et Ed. Biot, p. 10. Paris, 1826.*

réel est de 10,50 pour 100, et que le produit total est de 16 pour 100. On peut voir encore, par un calcul très-simple, qu'il faudrait que le tonnage fût réduit à 47,681 tonnes, parcourant moyennement 130 kilomètres, à raison de 14 cent. par tonne et par kilomètre, pour ne donner aux actionnaires que 5 pour 100, intérêts d'argent compris.

Je ne fais cette supposition, évidemment absurde, que pour montrer l'extrême difficulté de faire des objections sérieuses aux chiffres que j'ai présentés.

Passons maintenant à la seconde section, où l'on verra que, non-seulement il n'y a pas à craindre une diminution dans le transport de 110,000 tonneaux, mais encore qu'il doit y avoir une augmentation rapide, et cela, jusqu'à une limite qu'il est vraiment impossible de fixer aujourd'hui.

DEUXIÈME SECTION.

MOUVEMENT PRÉSUMÉ.

Je viens de calculer les bénéfices de l'entreprise sur les échanges qui, *ayant lieu actuellement*, forment la base *positive* de notre édifice ; mais on aurait une idée fausse de ses résultats si l'on croyait qu'elle n'ajoutera rien au mouvement de 110,000 tonnes qui a lieu aujourd'hui malgré la lenteur, la difficulté et le prix élevé des transports.

En se rappelant ce que j'ai dit à plusieurs reprises sur les conditions de la prospérité future des usines de toutes ces contrées, on admettra sans peine que la proportion de houille apportée augmentera considérablement. En effet, les départemens de la Haute-Marne et de la Meuse fabriquent annuellement 21,000 tonnes de fer (1) qui, obtenues à la houille, représentent

---

(1) *Rapport fait au jury central de l'exposition des produits de l'industrie française de l'année* 1827, *sur les objets relatifs à la métallurgie*, par M. Hé-

44,400 tonnes de ce combustible à ajouter au chiffre donné dans la *première section.*

Encore ce chiffre, ainsi augmenté, est-il trop faible ; car il est évident que par le seul fait de l'introduction de la houille, les usines qui chôment une partie de l'année faute d'eau, et aussi *faute de combustible*, reprendront leur activité, et que la masse des produits fabriqués s'accroîtra immédiatement.

Mais une considération plus importante se présente. Jusqu'ici le nombre des hauts-fourneaux, limité par la rareté du bois, n'a pu être mis en rapport avec la grande quantité de minerais que possède la contrée. Tout porte à croire que le chemin de Gray à Saint-Dizier, en permettant l'emploi de la houille pour la fabrication du fer, déterminera la construction de nouvelles usines, et fera cesser une disproportion contraire aux intérêts du pays (1).

On ne peut donc prévoir aujourd'hui quelle sera la quantité de houille transportée par la compagnie ; mais une foule de raisons militent pour faire admettre que cette quantité sera considérable.

Si j'ai parlé d'abord du combustible, c'est parce qu'il est appelé à satisfaire un des besoins les plus pressans des contrées que le chemin traverse ; mais une foule d'autres marchandises offriront à ceux qui les échangent un accroissement de commerce très-subit.

La plupart des usines de la Franche-Comté sont situées entre Besançon et Gray. Il est évident que désormais elles n'auront pas de voie plus courte et plus économique pour diriger leurs produits sur Paris que celle du chemin de fer et de la Marne.

Les fontes douces qui n'arrivent à Paris que chargées d'un

BON DE VILLEFOSSE, inspecteur divisionnaire au corps royal des mines, conseiller d'état, etc. (*Annales des mines* pour 1827, t. II, p. 416 ; deuxième série.)

(4) Un grand nombre de demandes en concession de hauts fourneaux à établir dans le département de la Haute Marne, ont été formées depuis trois ans. L'épuisement des forêts a seul empêché qu'elles ne fussent accordées.

surcroît de prix d'environ 90 fr. par tonne (1), à cause des frais
de transport, et qui seront amenées désormais à Paris pour 58 à
59 fr., c'est-à-dire avec une économie de 57 pour cent, reprendront sur les fontes anglaises l'avantage que leur ôtait la difficulté
des moyens de communication (2).

En 1826 le département de la Seine produisait 4,420,000 kilogrammes de moulage, ce qui suppose (on compte $^1/_{10}$ de déchet) qu'il travaillait 4,862,000 kilogrammes de fonte douce.
Les fonderies de ce département tiraient d'Angleterre, à la même
époque, environ $^1/_3$ de la fonte employée au moulage, les deux
autres tiers, c'est-à-dire 3,241,332 kilogrammes provenaient de
la Franche-Comté, de la Bourgogne et du Nivernais (3).

Or les quantités fournies par le Nivernais sont pour ainsi
dire nulles ; et la presque totalité vient soit de la Franche-Comté,
soit des parties de la Bourgogne qui s'avancent jusqu'aux environs de Gray. Le fourneau d'Ancy-le-Franc (Yonne), qui appartient à M. le marquis de Louvois, est peut-être la seule exception qu'on puisse opposer à ce que je viens de dire.

Les vins et les eaux-de-vie qui depuis 1816 ont progressivement cessé d'arriver à Gray, n'auront plus les mêmes raisons
pour éviter ce port, et y afflueront au contraire pour se répandre
dans le nord par la route que je veux leur ouvrir.

Les charpentes et les bois de merrain qui ne figurent pas au-

---

(1) *Mémoire sur l'état actuel des usines à fer de la France considérées au
commencement de 1826*, par M. Héron de Villefosse. (*Annales des mines,*
t. XIII, pages 434 et 435, première série.)

(2) « L'obstacle à lever, dit M. Héron de Villefosse, n'est pas ici le man-
» que d'amélioration de la fonte douce ; c'est la nécessité d'améliorer les
» moyens de communication intérieure. » (Même mémoire, page 435.) Je cite
cette opinion de M. Héron de Villefosse, mais je dois déclarer en toute franchise que je ne la partage pas. La fonte anglaise a une supériorité réelle pour être
refondue.

(3) *Rapport du jury départemental de la Seine sur les produits de l'industrie admis au concours de l'exposition publique de 1827*, par M. Payen, t. I,
p. 75 et 77. Paris, 1829.

jourd'hui dans les exportations de la Champagne, pour le midi, sont destinés à occuper une grande place dans les tableaux d'é-changes que dresse le commerce.

J'ai déjà indiqué la possibilité de transporter des minerais pour approvisionner les usines du midi; je me contenterai de la rap-peler ici.

Au milieu de cette activité commerciale, les relations se mul-tiplient, les déplacemens deviennent plus fréquens, et sans doute un jour de nombreux voyageurs feront le trajet de Gray à Verdun dans des diligences mues avec célérité, et qui n'auront aucun des désagrémens que l'on ne peut éviter sur les routes or-dinaires.

Qu'on se représente la navigation de la Saône et de la Marne perfectionnées, et la grande communication du Hâvre à Stras-bourg réalisée : on verra que tout promet à notre entreprise un développement immense, et que les beaux avantages que nous pouvons annoncer dès aujourd'hui sont minimes si on les com-pare à ceux de l'avenir.

Enfin, durant un quart de l'année au moins, les canaux de Briare et de Loing sont en chômage, et les transports de Lyon pour la capitale s'exécutent par le roulage. Il est clair qu'alors les denrées du midi n'auront pas d'autre voie que la Saône, le chemin de fer et la Marne pour s'écouler vers Paris et au nord de Paris.

Disons plus, c'est qu'en tout temps les marchandises, *autres que la houille* (1), trouveront dans la Saône, le chemin de fer et

---

(1) MM. MELLET et HENRY ont montré, dans le mémoire déjà cité, que par le chemin d'Andrezieux à Roanne, la tonne de houille, rendue à Paris, coûterait 40 fr. 31 c. (page 18). A la vérité, ils sont arrivés à ce résultat en admettant 8 fr. 5 c. pour le prix de transport d'une tonne de Briare à Paris; or comme il y a un trajet de près de 200 (*) kilomètres, cela suppose que ce transport s'exécu-

(*) Canal de Briare	55,30 kilomètres
Canal de Loing.	52,95
De Saint-Mamert à Paris (sur la Seine).	86,83
L'ensemble	195,07

la Marne, la voie la plus économique pour se rendre à Paris. Calculons ces transports.

En considérant Lyon comme le grand entrepôt du midi, il se présente deux routes pour amener les marchandises de Lyon à Paris.

La route fluviale actuelle remonte la Saône jusqu'à Châlons, se dirige par le canal du centre (81 sas éclusés) jusqu'à Digoin, suit le canal latéral à la Loire jusqu'à Briare, et enfin vient aboutir dans la Seine à Saint-Mamert, au-dessous de Montereau, par le canal de Briare, et le canal de Loing.

Lorsque les chemins de fer de Lyon à Saint-Étienne et d'Andrezieux à Roanne seront terminés, ces chemins combinés avec celui qu'a construit M. l'ingénieur Beaunier, entre Saint-Étienne et Andrezieux, permettront d'atteindre Digoin par une voie différente de celle qui sert aujourd'hui à arriver au canal latéral, et MM Mellet et Henry ont fait voir (page 22 de leur Mémoire) que cette seconde voie présenterait un avantage marqué sur la première. C'est donc avec la route des chemins de fer que je vais comparer la mienne.

Je supposerai qu'il s'agit de transporter du fer ou tout autre marchandise au poids.

	kilom.	fr.	c.
Prix du transport de Lyon à Givors............	18,600	1	85
De Givors à Roanne par les chemins de fer......	135	18	46 (1)
De Roanne à Digoin.......................	55	3	
		23	31

terait à raison de 73 fr. par tonne et par kilomètre *frais de péage compris*, ce qui est sans doute une erreur.

Quoi qu'il en soit, il est certain que les canaux de Briare et de Loing ne peuvent percevoir sur la houille qu'un droit très-faible comparativement à celui perçu sur les autres marchandises ; la houille, *mais la houille seule*, aura plus d'avantage à arriver à Paris par les canaux.

(1) Mémoire de MM. Mellet et Henry, page 22. Paris, 1828.

	kilom.	fr.	c.
D'autre part..................	208, 60	23	51

A partir de ce point, le prix de transport étant très-variable, je vais d'abord énumérer les droits fixes.

	kilom.	fr.	c.	
Droit de péage du canal latéral (40 sas éclusés).	187,616	11	25	(1)
Droit de péage du canal de Briare (41 sas éclusés).	55,300	8		(2)
Droit de péage du canal de Loing (23 sas éclusés).	52,940	8	43	(3)
Droits de navigation sur la Seine, depuis Saint-Mamert jusqu'à Paris.....................	86,830		75	(4)
Ensemble kilomètres....	591,286	51 f. 74 c		

Le prix du transport de Roanne à Digoin, porté à 3 fr. par MM. Mellet et Henry, suppose sans doute la navigation de la Loire remplacée par celle d'un canal aboutissant à Digoin au canal latéral qui lui-même n'existe qu'en projet. En admettant que le canal de Roanne à Digoin soit exécuté (et il n'est pas même proposé), tous les nombres que je viens de donner et dont la somme s'élève à 51 fr. 75 c., peuvent être considérés comme constant; mais il me reste à leur ajouter un élément très-variable, c'est *le prix du transport* de Digoin à Paris, c'est-à-dire pour un trajet de près de 383 kilomètres. En supposant que ce prix varie de 9 à 14 fr. (5), on aura 60 à 66 fr. pour le prix total du transport d'une tonne de fer de Lyon à Paris par les chemins de fer et les canaux latéraux.

Mais cette voie n'a pas seulement l'inconvénient d'être encore chère, comme on vient de le voir; elle a l'inconvénient, plus grave peut-être pour le commerce, d'être assujétie à de longues

---

(1) Loi du 14 août 1822.

(2) Voyez le premier des dix tarifs annexés aux lettres-patentes accordées par Louis XIII aux entrepreneurs, en décembre 1642.

(3) Loi du 27 nivôse an v (16 janvier 1797).

(4) Ici j'ai supposé qu'il s'agissait d'un bateau de 22 mètres, portant la charge d'hiver, c'est-à-dire 100,000 kilogrammes; l'été la charge n'est que de 60 à 65,000 kilogrammes; le péage se trouve alors élevé à 1 fr. 25 c. par tonne.

(5) A 3 fr. par tonne et par kilomètre, cela donne 1 fr. 50 c.

interruptions. On sait en effet que les canaux de Briare et de Loing chôment du 1er août au 1er novembre (1).

Voyons à quel prix reviendrait le transport d'une tonne, de Lyon à Paris, par la voie que je propose d'ouvrir, et en supposant que la navigation de la Saône et de la Marne reste ce qu'elle est aujourd'hui.

	kilom.	fr.	c.
De Lyon à Gray...................	274	17	
De Gray à Saint-Dizier...............	170	25	80
De Saint-Dizier à Paris..............	246	18	
	690	58	80

Il y aura donc déjà un léger avantage à adopter la voie nouvelle; mais si l'on admet que par la navigation perfectionnée de la Saône on puisse exécuter le transport de Lyon à Gray à raison de . . . . **14 f.**

Si l'on admet que la navigation de la Marne (2) ayant cessé d'être dangereuse, le prix du transport de Saint-Dizier à Paris descende à . . . 12

Si enfin l'on ajoute 23 f. 80 c. pour le chemin de fer; ci 23 80

Ensemble. . . 49 f. 80 c.

---

(1) *Dictionnaire hydrographique de la France* par Th. RAVINET, sous-chef à la direction générale des ponts-et-chaussées, t. I, p. 60 et 88. Paris, 1824.

(2) J'émets ici le vœu qu'une compagnie ou un riche particulier s'empare enfin de la navigation de la Marne, abandonnée jusqu'ici à des mariniers qui se ruinent en faisant payer cher leurs services, et qui ne remplissent pas, en général, les conditions sur lesquelles se fonde la sécurité si indispensable au commerce.

Le prix du transport de Saint-Dizier à Paris doit baisser par les trois causes suivantes :

1° Par suite de la baisse des bois.

2° Par l'achèvement des travaux qui s'exécutent en ce moment près de Châ-

On verra que la plupart des produits expédiés de Lyon sur Paris pourront l'être par le voie nouvelle avec une économie de plus de 20 pour cent sur celle que l'on considère avec raison comme la plus favorable.

En résumé, si parmi les résultats que j'ai compris dans cette seconde section et qui se présentent en expectative pour la compagnie, il en est qui offrent quelqu'incertitude, on voit aussi que plusieurs d'entre eux auraient pu être transportés à l'autre section, tant est grande la probabilité de les obtenir. J'ai pensé que l'on me saurait gré de cette extrême réserve, et j'ai préféré exposer aux actionnaires les avantages de notre projet par la même méthode que j'ai employée moi-même pour m'en rendre un compte rigoureux.

---

lons, et par les perfectionnemens qu'on peut apporter à l'encaissement de la Marne entre Vitry et Saint-Dizier.

3° Parce que les embarcations étant bien plus importantes, ce genre de commerce sera susceptible d'être entrepris sur une plus grande échelle, et par conséquent pourra présenter des bénéfices à ses entrepreneurs en même temps que ceux-ci offriront une baisse aux consommateurs.

CHAPITRE VI.

CALCUL DU PRIX AUQUEL REVIENDRA LE FER EN CHAMPAGNE, COMPARÉ AU PRIX ACTUEL, ET A CELUI DES USINES DE FRANCE OU L'ON FABRIQUE A LA HOUILLE.

J'ai fait ressortir pour ainsi dire, à chaque page, quelle est l'importance de mon projet pour l'industrie métallurgique de la Champagne et de la Lorraine. Je vais compléter la démonstration en présentant des chiffres qui, je le pense, seront à l'abri de toute attaque, et qui rendront évident, pour chaque maître de forges, que toutes les usines, sans exception, dans ces contrées, doivent, après l'exécution du chemin de fer, fabriquer par le procédé mixte déjà adopté par quelques-unes.

Le prix actuel d'une tonne de fonte, dans le département de la Haute-Marne et dans les départemens circonvoisins, peut être établi ainsi qu'il suit :

2,67 queues (1) de mine à 6 fr. l'une	16	02
174,50 pieds cubes de charbon à 65 centimes l'un..........	111	48 (2)
Main d'œuvre, entretien du fourneau, etc., etc...........	30	
Prix de la tonne de fonte blanche,...........	157	50

(1) La queue est de 16 pieds cubes. Elle pèse environ 960 kilog.

(2) *Note sur la différence de consommation qui a lieu dans la production de la fonte blanche et de la fonte grise,* par H. FOURNEL, ingénieur des mines. (*Annales des mines* pour 1828, t. III, p. 69 ; deuxième série.)

Le pied cube de charbon à 65 centimes, met la banne de la Blaize (128 pieds cubes) à 80 fr.

Le prix actuel d'une tonne de fer en barres peut s'établir ainsi :

1,50 tonnes de fonte à 157 fr. 50 c.	236	25
256 pieds cubes de charbon de bois, à 65 centimes...........	166	40
Façon..	13	
Entretien, régie, intérêts de fonds, etc., etc.................	60	
Prix de la tonne de fer......	475	65

Les quantités de minerai et de charbon qui ont servi pour ces calculs sont des moyennes prises sur une fabrication de près de sept millions de fonte.

Ces résultats n'ont rien d'exagéré, et je ne crains pas d'invoquer, à l'appui de ce que j'avance, le témoignage de tous les maîtres de forges de la Champagne.

Supposons maintenant que la fonte étant toujours fabriquée par l'ancien procédé, on substitue la houille au charbon de bois pour l'affinage, le prix du charbon de bois baissera à peu près dans le même rapport que son usage, et sera réduit à environ 45 cent. (1) le pied cube. Le prix de la tonne de fonte pourra alors s'établir ainsi :

Minerai...........................	16	02
Charbon de bois....................	77	17
Main d'œuvre, etc., etc............	30	
Prix de la tonne....................	123	19

---

(1) Ce qui met la banne de la Blaize (128 pieds cubes) à 58 fr. environ. Or, à ce prix qui était celui de 1823, les propriétaires de bois n'ont rien à craindre.

Mais, diront-ils peut-être, qui nous garantit que le charbon de bois ne tombera pas bien au-dessous du prix que vous venez de fixer ? Ce qui le garantit, c'est que les maîtres de forges seront toujours dans votre dépendance, puisqu'ils ne peuvent s'affranchir de vous pour la fabrication de *la fonte* (voyez p. 21-23 de ce Mémoire) ; ce qui le garantit, c'est que la fabrication de chaque usine, en-

On doit maintenant tenir compte des élémens suivans, c'est qu'il faut, par le procédé mixte déjà employé en Champagne, environ 1400 kilogrammes de fonte et au plus 1500 kilogrammes de houille pour fabriquer 1040 kilogrammes de fer forgé (1). Le prix de la tonne de fer devra par conséquent être établi ainsi :

1,40 tonnes de fonte à 123 fr. 19 c. l'une..............	172	46
1,50 tonnes de houille à 45 fr. 20 c. l'une............	67	80
Main d'œuvre, entretien, etc., etc...................	73	
Prix de la tonne de fer.........	313	26
Le prix actuel est de	475	70
Il y aura donc une économie de...................	162	44

par tonne de fer fabriqué en Champagne ; ce qui fait plus de 34 pour 100 sur le prix actuel (2).

Les deux départemens de la Haute-Marne et de la Meuse livrant annuellement au commerce, comme je l'ai dit (page 45), 21,000 tonnes de fer, l'économie annuelle, sur les frais de fa-

---

travée aujourd'hui par l'absence du combustible, sera immédiatement augmentée et même que les usines seront plus nombreuses ; ce qui le garantit enfin, c'est qu'à ce prix, qui vous laisse encore de larges bénéfices, le fabricant gagnera, puisqu'il pourra obtenir des fers à 300 fr., comme je vais maintenant vous le faire voir.

(1) Je dois ces renseignemens à l'obligeance des maîtres de forges qui pratiquent depuis plusieurs années ce procédé, et en particulier à MM. DANELLE et BLUGON.

(2) Cette économie sera bien plus grande encore si les maîtres de forges peuvent, ce qui n'est pas douteux, employer les houilles, soit d'Épinac, soit des exploitations qui bordent le canal du centre (Blanzy, Montchanin, etc.) en mélange avec celle de Saint-Étienne.

En effet, ces houilles étant inférieures en qualité à celle du Forez, et se trouvant beaucoup plus rapprochées de Gray, peuvent être livrées à ce port à un prix plus bas. Mais on ne pourra calculer au juste l'économie qui résultera de l'emploi simultané de ces deux espèces de houille, que quand l'expérience aura fait connaître dans quelle proportion devra avoir lieu le mélange pour être le plus avantageux possible.

brication, ne sera donc pas moindre de. . . . 3,411,240 fr.

Si l'on ajoute à ce résultat celui que nous avons obtenu précédemment (page 45), et qui donnait. 1,570,140

Pour l'économie faite annuellement par ces provinces, sur les frais de transport, on verra que, sans tenir compte des résultats incalculables de l'avenir, mon projet réalise dans le présent une économie annuelle (1) de. . . . 4,981,580 fr.

Observons que nous avons porté la main d'œuvre, etc., au même prix que par l'ancien procédé, et que l'on peut obtenir de fortes économies sur ce point, par un procédé mixte bien entendu ; observons encore que les maîtres de forges trouveront, dans une fabrication plus considérable, l'économie nécessaire qui résulte de la répartition des faux frais sur une plus grande masse de produits, on verra alors que le fer peut ne coûter en Champagne que 300 fr., et comme le prix de transport, de Saint-Dizier à Paris, est de 18 à 20 fr., les fers de ces contrées seraient rendus au lieu de leur consommation à 320 fr. au plus.

Quelques personnes (2) *ont cru trouver matière à une objection dans ce chiffre de 6 fr. que je fais entrer en ligne de compte pour prix de 16 pieds cubes de mine. A cela je réponds :*

1° Que sur quelques points du département de la Haute-Marne, par exemple dans la vallée de la Blaize, la queue de mine ne revient qu'à 4 fr. 50 c., et qu'en prenant d'autres points où la même mesure coûte 7 à 8 fr., le prix de 6 fr. que j'ai porté, se trouve être UNE MOYENNE *assez approchée sur une étendue con-*

---

(1) Il faudrait encore ajouter à ce chiffre l'économie annuelle faite par l'État sur l'entretien de la route actuelle de Gray à Saint-Dizier. Cette route, qui passe par Champlitte, Longeau, Langres, Chaumont et Joinville, est très-souvent mauvaise, malgré les soins que l'on apporte à son entretien.

(2) Tout le passage qui se trouve ici en italiques a été ajouté après la lecture que j'ai faite de ce mémoire, en présence des maîtres de forges.

sidérable, et particulièrement pour l'arrondissement de Vassy, qui renferme à lui seul la MOITIÉ *de tous les hauts fourneaux que possède le département.*

2° Que les économies, par moi présentées dans la fabrication telle que je la conçois pour ces contrées, PORTENT UNIQUEMENT SUR LE COMBUSTIBLE *, et que s'il est des usines placées d'une manière* DÉSAVANTAGEUSE POUR LE MINERAI (*comme par exemple celle d'*ORQUEVAUX*, qui met pour 5o à 6o fr. (*1*) de mine aux mille kilogrammes de fonte), ce désavantage existe* DÈS AUJOURD'HUI, *et abstraction faite de toutes les considérations ressortant de mon projet qui,* SOUS CE RAPPORT, NE CHANGE RIEN A LEUR POSITION RELATIVE (2).

Veut-on dire enfin que ce projet, MÊME SOUS LE RAPPORT DU COMBUSTIBLE, *ne sert pas* ÉGALEMENT TOUTES LES USINES DU PAYS ? *La chose est assez évidente en elle-même, pour que chacun*

---

(1) A Orquevaux on met, pour 1,000 kilogrammes de fonte produite, cinquante pieds cubes de mine (cinq queues de dix pieds cubes) ; or la queue de mine revient à 11 francs 50 centimes rendue à Orquevaux, on met donc pour 57 fr. 50 c. de mine aux mille kilogrammes de fonte.

Par suite de la concurrence des lavoirs, ce chiffre de 57 fr. 50 cent. a baissé de 10 fr. environ, depuis l'époque où mon mémoire a été rédigé.

(2) Une seule chose est prouvée par cette prétendue objection relative au prix des minerais ; c'est que quelques usines sont mal placées ; il est arrivé là ce qui devait arriver sous l'influence du principe *actuel* de la propriété, principe qui tend à se modifier, à se transformer peu à peu, pour disparaître complétement un jour devant l'association. Le tems n'est pas éloigné, j'en ai la ferme conviction, où toutes les usines de la Champagne seront associées, de telle sorte que deux ou trois forges immenses, échelonnées sur la ligne du chemin de fer, recevront, pour les transformer en fer, les fontes des divers fourneaux de la contrée, tout l'ensemble appartenant à une même société et ne représentant qu'un même intérêt. En descendant dans le détail d'une pareille idée, on voit comment les minerais qui donnent des fers de qualité supérieure ne seraient pas transportés à de grandes distances, pour revenir ensuite au point de départ quand ils ont produit fonte et fer ; on voit aussi comment une forge spéciale pourrait et devrait être affectée à cette nature de fers, l'industrie ne parviendra au degré de puissance qu'elle tend chaque jour à conquérir, que par de vastes associations partielles destinées plus tard à s'unir.

puisse penser que j'ai trouvé cette DIFFICULTÉ *à moi seul. Je n'ai jamais douté que les établissemens, placés sur* LA LIGNE MÊME *parcourue par le chemin de fer, seraient plus favorisés que ceux qui sont disséminés dans les vallées adjacentes à cette grande arête assez bien figurée, dès aujourd'hui, par le cours de la Marne et du Salon. Dans ces questions, comme dans tant d'autres,* L'É- GALITÉ *est un rêve.*

Pour fabriquer le fer à 300 fr., par le procédé actuellement suivi en Champagne, il faudrait que le double stère sur pied fût vendu 3 fr., comme cela résulte du calcul suivant :

Double stère. . . .	3 f.
Façon, empillage . .	1
	4

Sept doubles stères pour faire une banne de 128 pieds cubes	28 f.
Dressage, cuisage, charroi	12
Prix de la banne de la basse Blaize. .	40 f.

Ce qui met le pied cube de charbon à 31 f 20 c; on aurait alors 2,67 queues de mine à 6 f. l'une . . . . 16 f. 02 c.

171,50 pieds cubes de charbon à 31 f 20 c l'un 53 50

Main d'œuvre, entretien du fourneau, etc. 50

Prix d'une tonne de fonte . . . . 99 f. 52 c.

Le prix d'une tonne de fer deviendrait :
1,50 tonnes de fonte à 99 f. 52 c. l'une . 149 f. 28 c.

256 pieds cubes de charbon de bois à 31 f. 20 c. . . . . 79 f. 87 c.

Façon 13

Entretien, régie, intérêts de fonds, etc. . 60

302 f. 15 c.

D'où il résulte que les propriétaires de bois, le chemin de fer existant, pourront vendre 58 fr., aux maîtres de forges, ce qu'ils ne leur vendraient que 40 fr. si le chemin de fer n'existait pas, ces derniers arrivant dans les deux cas au même résultat.

Je pense que des chiffres si clairs doivent lever tous les doutes. Les propriétaires de bois ont de sérieuses réflexions à faire ; le moment est décisif, les circonstances sont pressantes, je leur présente avec confiance le fruit de pénibles et consciencieux travaux, ils sont appelés aujourd'hui à opter entre deux avenirs : l'un qui ne présente que certitude, et l'autre qui offre mille chances redoutables ; c'est à eux de choisir. Je leur demande d'envisager froidement leur position que je suis sûr de connaître aussi bien qu'eux, car j'ai pratiqué avec eux.

Mais ce n'est pas assez pour moi de présenter à la Champagne une économie énorme sur les frais de fabrication actuels, et de lui montrer qu'elle pourra désormais sans inconvénient supporter une assez forte réduction sur les tarifs qui prohibent les fers étrangers ; je vais encore, pour assurer complétement son avenir, lui faire apprécier sa position relativement aux concurrences les plus menaçantes de l'intérieur, je veux parler des usines de Firmy (dans le département de l'Aveyron), à la tête desquelles on remarque M. le duc DECAZES et M. HUMANN, je veux parler surtout de celles d'Alais (1) (dans le département du Gard), où la houille, le minerai et la castine se trouvent réunis, et qui sont gérées par MM. BÉRARD et VASSAL.

Je vais faire voir que la Champagne regagne, par sa position rapprochée de Paris et par la navigation de la Marne, l'avantage qui lui échappe sur ces usines par son éloignement des houillères.

Commençons par les forges d'Alais, celles des usines de France qui présentent aux autres exploitations du même genre la concurrence la plus redoutable.

---

(1) Le conseil des mines avait, dès 1795, appelé l'attention des capitalistes sur cette localité. (*Journal des mines*, numéro 13, p. 49 - 55 ; an IV.)

Je prendrai pour vrais, et j'adopterai sans contrôle, les renseignemens publiés récemment (1) dans le but d'appeler des capitaux pour concourir à l'organisation de cette affaire. J'admettrai donc que le fer, en ce point du département du Gard, ne coûtera que . . . . 220 fr. (2)

L'auteur des données que je résume ici évalue à 15 fr. par tonne le prix du transport d'Alais à Beaucaire, ci. 15

Mais nous sommes encore à 200 lieues environ de Paris, et l'on ne peut pas estimer ce transport à moins de. 105 (3)

Ajoutons enfin 30 fr. pour la différence entre le prix du *fer battu à la houille* et du fer laminé (4), ci. 30

On voit que la tonne de fer d'Alais rendue à Paris coûterait. . . . . 370 fr.

---

(1) *Journal du commerce* du 27 janvier 1829.

(2) M. Beaunier, appelé par la commission d'enquête à donner son avis sur la fabrication d'Alais, a porté *le revient* de 1,000 kilogrammes de fer dans cette localité à 257 francs (*sur les fonderies et forges d'Alais*, par M. Berard, p. 18 ; mars 1829).

Voyez aussi *Enquête sur les fers*, p. 181 ; in-4°. Février, 1829.

(3) La voie de mer, qui serait sans doute la plus économique, donne le résultat suivant :

De Beauvais au Havre, assurance comprise......	67	
Du Havre à Paris........................	38	62 (*)
	103	62

'(*) Ce prix peut se détailler ainsi :

Du Havre à Rouen , par allèges.	12	
Assurance à 1/2 pour cent sur 750 fr. . . .	3	75
Embarquement et débarquement.	2	
Brouettiers.	3	
De Rouen à Paris par bateau ordinaire. . .	16	
Assurance à 1/4 pour cent.	1	87
	38	62

(*Navigation maritime du Havre à Paris*, par M. CHARLES BERIGNY , p. 74 et 75. Paris , mars 1826.)

(4) En février 1829 , le cours des fers à Paris était établi ainsi qu'il suit.

L'usine de Firmy, dans le département de l'Aveyron, nous présente un résultat analogue, puisqu'en admettant un mélange de minerai des houillères avec ceux de Kaimar, de Lunel et de Combenègre, le prix coûtant de là tonne de fonte sera moyennement de 100 fr. (1)

Il en est de même des usines du Creusot, même en supposant disparues certaines causes de souffrance. Depuis octobre 1829 jusqu'à septembre 1850, les fourneaux de cet établissement ont produit 6,559,943 kilogrammes de fonte, qui ont coûté 652,792 francs; c'est-à-dire 99 francs 50 cent. (2) par mille kilogrammes. Mais la plaie profonde du Creusot réside dans le prix des minerais traités, prix qui ne trouve pas sa compensation dans la qualité; il en résulte que, *malgré le mazage*, les fontes conduites à la forge doivent être encore mêlées avec des parties variables de fontes étrangères (Champagne , Franche-Comté) et

---

Fer laminé............................	450	(a)
Fer demi roche battu à la houille..........	480	(b)
Fer demi roche battu au charbon de bois..	500	(c)
Fer de roche, id.....................	540	

La différence entre (b) et (c) tend à disparaître, elle n'est plus que de 10 fr. ; mais celle entre (a) et (b) existe toujours.

(1) Rapport inédit présenté, le 6 janvier 1826, à M. le duc DECAZES, par M. l'ingénieur des mines DUFRÉNOY.

(2) Ce prix peut être détaillé ainsi :

Mine...................	48 fr.	50 c.
Coke...................	30	50
Castine.................	1	50
Main-d'œuvre...........	8	50
Fournitures des magasins.	6	50
Vent...................	4	

99 fr. 50 c.

C'est à dessein que je passe sous silence les intérêts de fonds.

TABLE.

FIN.

EVERAT, rue du Cadran, no 16.

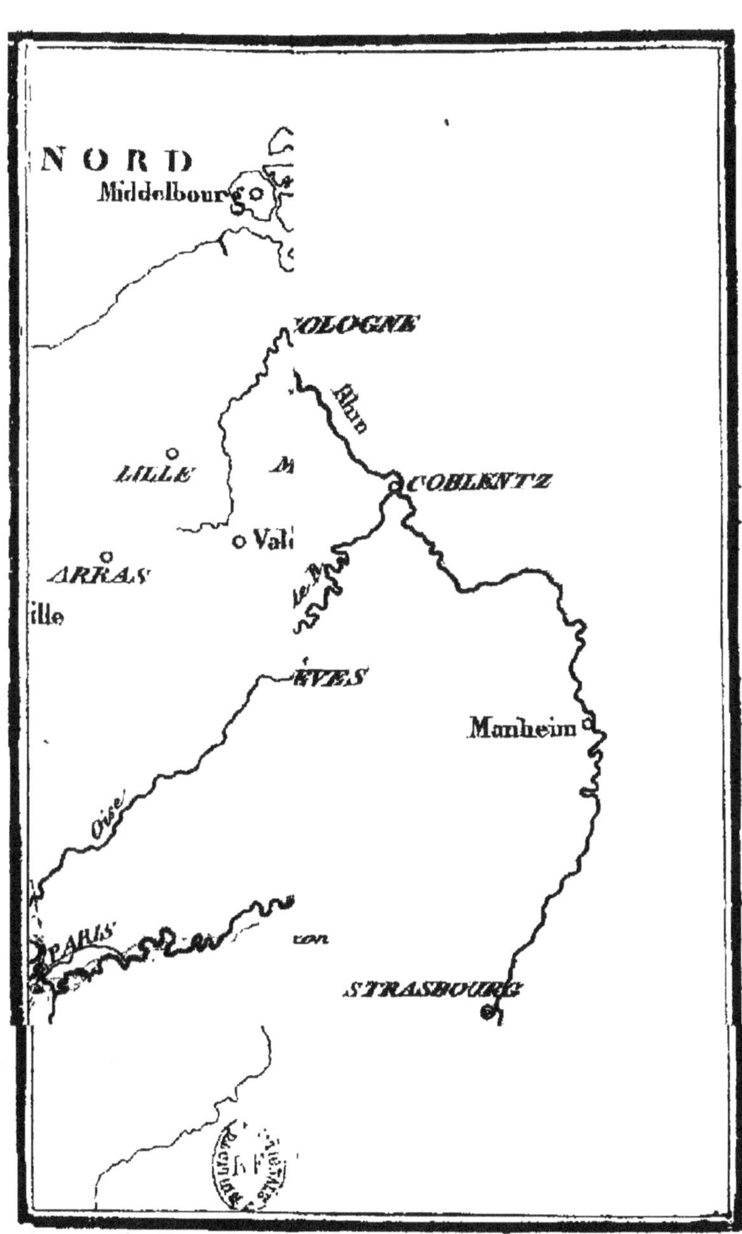

NORD
Middelbourg
COLOGNE
Rhin
LILLE
M
Val
COBLENTZ
ARRAS
le M
ille
EVES
Manheim
Oise
PARIS
von
STRASBOURG

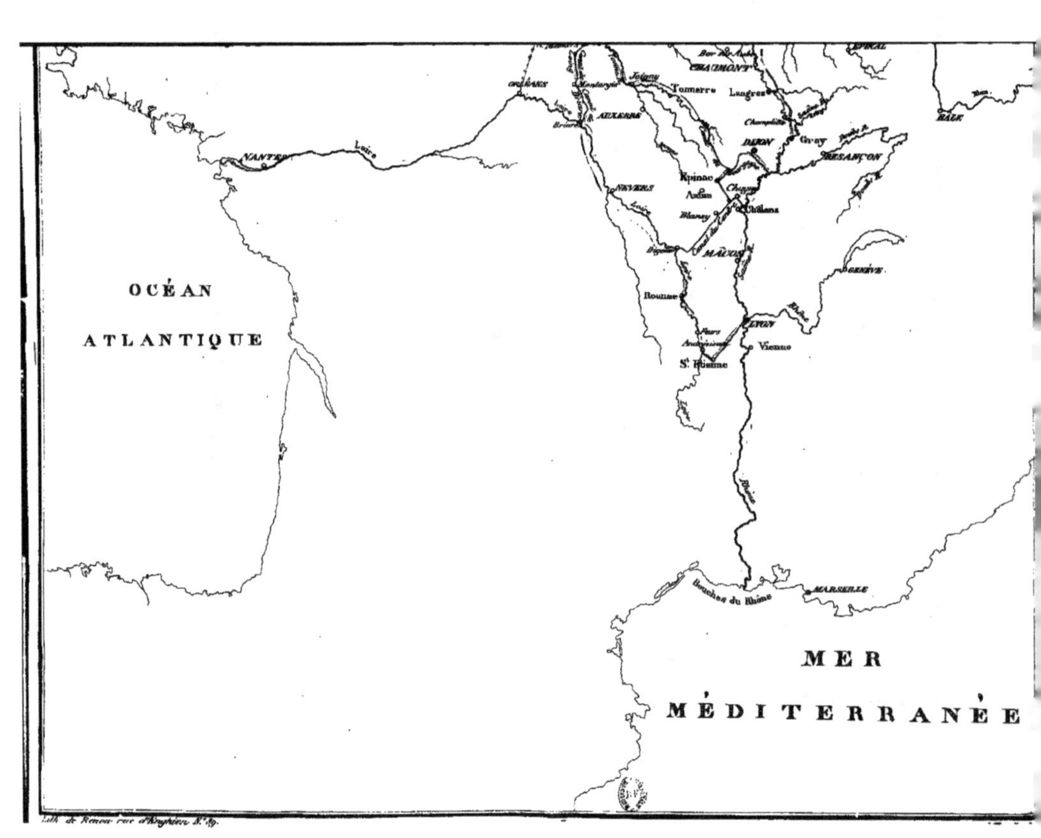

OCÉAN
ATLANTIQUE
MER
MÉDITERRANÉE
NANTES
Loire
ORLÉANS
AUXERRE
NEVERS
Joigny
Montargis
Tonnerre
CHAUMONT
Bar sur Aube
Langres
ÉPINAL
BALE
Champlitte
DIJON
Gray
BESANÇON
Épinac
Autun
Chagny
GENÈVE
Blanzy
Chalons
MÂCON
Roanne
LYON
Rhône
Givors
Andrézieux
Vienne
St Étienne
Rhône
Bouches du Rhône
MARSEILLE

Lith. de Renou, rue d'Amphise N° 49.

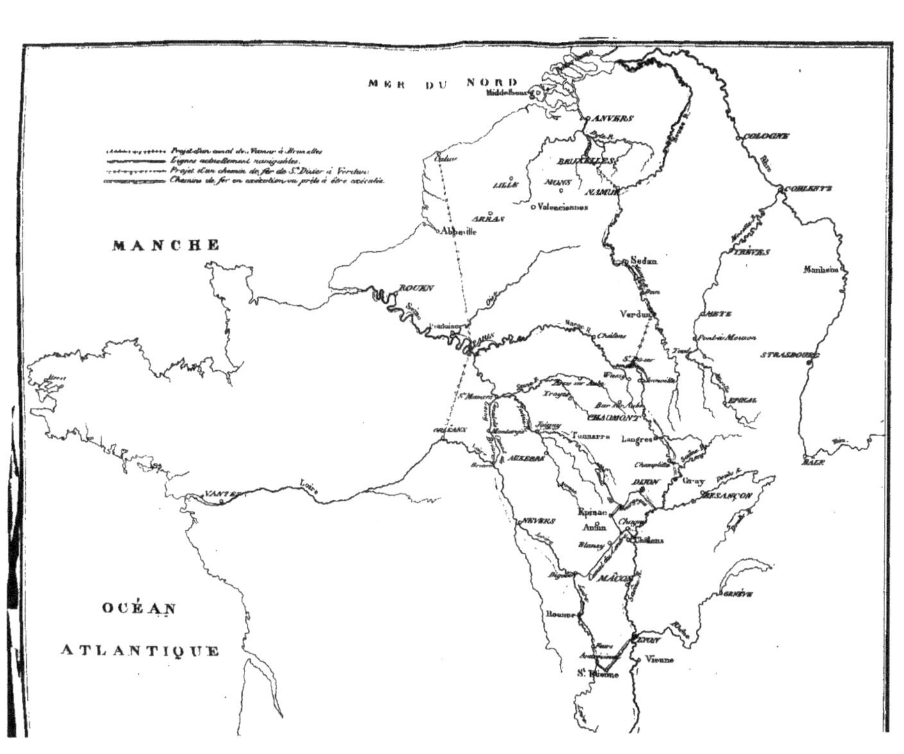

Projet d'un canal de Namur à Bruxelles
Lignes actuellement navigables.
Projet d'un chemin de fer de S.t Dizier à Verdun
Chemin de fer en exécution, ou prêts à être exécutés.
MER DU NORD
Middelbourg
ANVERS
COLOGNE
BRUXELLES
MONS
NAMUR
COBLENTZ
LILLE
ARRAS
Valenciennes
TRÈVES
Abbeville
Manheim
MANCHE
ROUEN
Sedan
AMIN
STRASBOURG
Verdun
Pont-à-Mousson
ÉPINAL
S.t Dizier
Vitry
Brienne
Bar-sur-Aube
CHAUMONT
S.t Mammès
Troyes
ORLÉANS
Tonnerre
Langres
BALE
AUXERRE
Champlitte
Gray
Prost
DIJON
BESANÇON
NEVERS
Épinac
Autun
Chagny
Chalons
MÂCON
GENÈVE
Roanne
LYON
Vienne
S.t Étienne
OCÉAN
ATLANTIQUE
NANTES
Loire

STATISTIQUE MINÉRALOGIQUE

ET MÉTALLURGIQUE.

(FRANCE.)

INDICATION

DES POINTS DE LA FRANCE

OU

L'ON EXTRAIT DU FER HYDRATÉ,

ET

STATISTIQUE DES HAUTS FOURNEAUX

QUE CE MINERAI ALIMENTE;

par

H. FOURNEL,

Ingénieur au corps royal des mines; ex-directeur des mines, forges et fonderies du Creusot; membre honoraire de la société helvétique des sciences naturelles.

PARIS.

1831.

PREFACE.

Il serait à désirer qu'une carte industrielle de la France fût dressée avec le plus grand soin. Le ministère du commerce s'occuperait des diverses branches agricoles et manufacturières ; à la direction générale des mines reviendrait tout naturellement l'industrie MINÉRALURGIQUE. C'est pour fournir des matériaux à la partie *métallurgique* d'un travail qui ne peut manquer d'être entrepris prochainement, que je publie aujourd'hui cette notice. Je ne doute pas de l'imperfection de ce travail, si par la pensée je le compare à celui que *pourrait produire* l'administration, entourée des nombreux renseignemens qui lui seraient fournis par des ingénieurs ; mais puisque tous les matériaux qu'elle possède restent dans l'obscurité, je publie ceux que j'ai rassemblés, dans l'espoir que cette publication sera un stimulant auquel nous devrons peut-être une statistique minéralogique complète. Les hommes qui acceptent les fonctions élevées de la société devraient être doués à un haut degré du pressentiment des besoins de leur époque, et, il faut le dire, l'administration recule devant des questions qui devraient dès aujourd'hui faire l'objet de ses constantes méditations. Un grand mouvement industriel se prépare ; le tems n'est pas éloigné où l'expérience douloureuse que l'on fait aujourd'hui du principe de la concurrence presque illimitée sera jugée suffisante et décisive ; il faudra alors substituer l'ordre au désordre, *organiser* les travaux, et mettre la production en harmonie avec la consommation. Le gouvernement ferait acte de prévoyance en mettant dès à présent au grand jour les nombreux documens qui seront nécessaires alors pour remplir une pareille tâche. Je pense que la forme la plus convenable serait celle d'une série de cartes, sur lesquelles on jugerait d'un seul coup d'œil tout ce qui se rapporte à chaque branche de production. Ainsi, par exemple, sur une même carte pourraient être indiquées les forêts, les exploitations des divers combustibles (houille, anthracite, lignite, tourbe), et à la fois être comprise toute l'industrie métallurgique. C'est à la France à donner cet exemple pour qu'il soit imité par les autres nations ; il lui appartient de présenter les premières cartes de l'Atlas qui offrira le tableau de tous les instrumens industriels du globe.

FAUTES ESSENTIELLES A CORRIGER.

Page 34, ligne 25, au lieu de cinquième inspection ; *lisez* : première inspection.

Page 46, ligne 2, au lieu de trente-sept, *lisez* : trente-six.

Page 108, ligne 28, au lieu de p. 448, *lisez* : p. 488.

Page 110, lignes 14 et 15, au lieu de, et un à demi-kilomètre en aval de Sauveterre, *lisez* : à un kilomètre et demi en aval de Sauveterre.

INDICATION DES POINTS DE LA FRANCE

OU L'ON EXTRAIT DU FER HYDRATÉ,

ET

STATISTIQUE DES HAUTS FOURNEAUX

QUE CE MINÉRAI ALIMENTE.

FER PEROXURÉ HYDRATÉ (1).

Le *fer peroxuré hydraté* a reçu, comme le fer peroxuré anhydre (*fer oligiste, hématite rouge, fer micacé*), des noms qui varient avec sa texture ou son aspect.

S'il est mameloné à sa surface et fibreux à l'intérieur, on l'appelle *mine brune, hématite brune* (*brauner glaskopf, faseriger brauneisenstein*), parce qu'il ressemble, en effet, à l'hématite rouge. Mais il est toujours facile de les distinguer par la raclure ; la poussière de l'*hydrate* est d'un brun jaunâtre, tandis que celle du peroxure anhydre est rouge (2).

Quelquefois il se présente en *géodes* (*eiseniere*) formées de couches concentriques ; ces géodes ont depuis la grosseur d'une noix jusqu'à celle d'une tête d'homme. On l'appelle alors *œtite*

---

(1) Cet article faisait partie d'un ouvrage étendu, commencé depuis plusieurs années, et encore inachevé ; j'ai dit tout à l'heure quelle raison m'avait porté à l'en détacher pour le publier séparément. Plus tard, je me contenterai de renvoyer à cette notice, si je me décide à faire paraître l'ouvrage dont je viens de parler.

(2) Haüy, *Minéralogie*, t. IV, p. 104, deuxième édition.

(*œtiten*), *fer géodique, pierre d'aigle* (1). Sous le nom de *mine de fer enhydre*, M. Hilmann parle de sphères creuses de mine de fer hématite qui sont à moitié remplies d'eau, et auxquelles on ne découvre aucune ouverture par où l'eau aurait pu s'introduire (2).

Plus fréquemment, les globules ont une grosseur qui varie depuis celle d'un gros pois jusqu'à celle d'un œuf de carpe : aussi les désigne-t-on alors sous les noms de *minerais oolithiques, mines en grains, fer oxidé globuliforme* (3), *fer pisiforme;* d'autres fois ce sont plutôt des fragmens anguleux que des grains arrondis. Dans tous les cas, le mode de formation qu'on leur attribue, avec assez de vraisemblance, les fait appeler en général *mines d'alluvion.* Sous ce nom, le *fer peroxuré hydraté* alimente presque toutes les usines à fer de la France. C'est le *bolnerz* des Allemands (4).

Le lieu où se trouve déposé dans la nature le *fer peroxuré hydraté* lui a fait donner aussi des noms divers; tels sont :

Le *fer oxidé des lacs* (*morasterz*), le *fer oxidé des marais* (*sumpferz*), le *fer oxidé des prairies* (*wiesenerz*) (5) ; toutes mines comprises depuis bien long-tems sous la dénomination de *mines limoneuses* (6) ou *fer limoneux* (*raseneisen, raseneisenstein, eisenklos, schusselerz, modererz*) (7).

On sait, depuis 1810, par les travaux de MM. Berthier (8),

---

(1) Thomson, *Système de chimie*, t. III, p. 564.

(2) *Annales de chimie*, t. XXX, p 13; 1799.

(3) Haüy, *Minéralogie*, t. IV, p. 105.

(4) *Dictionnaire de* Beurard, p. 99 ; 1819.

(5) Brochant. *Minéralogie*, t. II, p. 286 ; 1803.

(6) Wallérius. *Minéralogie*, t. I, p. 474 de la traduction. Paris, 1753.

(7) *Dictionnaire de* Beurard, p. 637.

(8) *Analyse des minerais de fer des environs de Bruniquel*, par M. Berthier (*Journal des mines*, t. XXVIII, p. 104-120) 1840.

Daubuisson (1) et Hauffmann (2), que toutes ces mines ont la même composition essentielle, et que la longue série de noms que nous venons de passer en revue s'applique, chimiquement, à une seule *espèce*, le *fer peroxuré hydraté*, combinaison de peroxure de fer et d'eau en proportions déterminées, assez bien représentées par *la formule minéralogique* :

$$2\,\mathrm{F\,e} + \mathrm{A\,q}\ (3)$$

Qui donne pour la *formule chimique* :

$$2\,\overset{..}{\mathrm{F\,e}} + 3\,\overset{.}{\mathrm{A\,q}}$$

D'où l'on tire pour le résultat calculé :

2 atomes de peroxure de fer, correspondant à.	85	30
3 atomes d'eau, correspondant à	14	70
	100	

La date récente des expériences que je viens de rappeler est une indication suffisante de la confusion qui a dû exister dans tous les ouvrages de minéralogie avant la détermination de cette *espèce;* et, en effet, si l'on jette les yeux sur les traités de minéralogie ou sur les mémoires publiés avant 1810, on est à chaque pas incertain sur la valeur des mots employés pour désigner les minerais de fer, sauf quelques cas où des descriptions de détail permettent de reconnaître et de fixer l'espèce que l'observateur a dénommée d'un nom vague ou insignifiant.

Je me propose d'indiquer dans cette notice les nombreuses localités où le *fer hydraté* est, en France, l'objet d'une exploitation de quelqu'importance. Je rappellerai qu'indépendamment des *ocres*, dont je n'ai pas à m'occuper ici, on a souvent indiqué, sous les noms de *terres ocreuses, mines ocreuses, mines de fer*

(1) *Du fer hydraté, considéré comme espèce minéralogique*, par M. Daubuisson (*Journal des mines*, t. XXVIII, p. 443-466) 1810.

(2) *Annales de* Gilbert, t. XXXVIII, p. 1.

Thomson, *Système de chimie*, t. III, p. 559.

(3) Berzélius, *Nouveau Système minéralogique*, p. 74 et 207, 1819

brunes ou *hépathiques* (1), des oxures de fer qui accompagnent dans leur gisement le fer spathique et le fer sulfuré, et même qui proviennent de leur décomposition; il est bien entendu que j'omettrai ces indications. Quant au *fer hydraté* proprement dit, je m'attacherai surtout à nommer les localités où il est abondant, pour négliger, au moins dans le plus grand nombre de cas, celles où il n'est que disséminé. Ainsi, par exemple, tous les terrains de grès houiller (2) en renferment, et il est clair que ce n'est pas ici le lieu de nommer toutes les localités où l'on observe ces terrains.

Comme, en général, les usines sont placées à peu de distance des points où l'on extrait le minerai, il est évident que le meilleur moyen pour faire connaître ces points d'extraction était de donner une statistique détaillée des hauts fourneaux, en si grand nombre, que le *fer hydraté* alimente en France. Il est inévitable qu'un travail de ce genre renferme quelques erreurs; c'est à MM. les ingénieurs des mines à vouloir bien me les signaler, et j'attends de leur obligeance les indications qui me mettront à même de rectifier les inexactitudes ou de réparer les omissions que, sans doute, ils découvriront dans cette notice (3).

Pour introduire plus d'ordre dans l'énumération des divers départemens, j'ai adopté le partage de la France en cinq *divisions* et dix-huit *arrondissemens minéralogiques*, tels qu'ils ont été organisés par le gouvernement en 1814 (4). Je me suis souvent guidé, *quant au nombre* des hauts fourneaux, sur les chiffres donnés par M. Héron de Villefosse, dans le Mémoire (5) qu'il a

---

(1) HAUY, *Minéralogie*, t. IV, p. 58 et 59.

(2) *Annales des mines*, t. IV, p. 559; 1ʳᵉ série.

(3) Tous les matériaux que j'emploie ici ont été publiés par moi dans les numéros de septembre, octobre et novembre 1831 de la *Revue Encyclopédique*. Cette première publication m'a mis à même de recevoir des renseignemens nombreux, à l'aide desquels j'ai fait disparaître quelques erreurs que j'avais commises, particulièrement dans l'Orne.

(4) *Journal des mines*, t. XXXVI, p. 219; 1814.

(5) *Sur les usines à fer de la France*, considérées au commencement de

publié en 1826. J'en préviens ici, une fois pour toutes, afin de n'avoir pas à multiplier les renvois déjà si nombreux dans mon travail.

PREMIÈRE DIVISION MINÉRALOGIQUE.

PREMIER ARRONDISSEMENT.

Eure-et Loir.

Ce département est sans importance sous le rapport métallurgique ; il ne renferme qu'un seul haut fourneau, il se trouve dans l'

ARRONDISSEMENT DE DREUX. C'est celui de *Boussard*, commune de Mesnil-Thomas, canton de Senonches.

On a tiré pendant long-temps du minerai de *fer hydraté* dans la forêt de Senonches, près du bourg de ce nom ; mais cette exploitation a été abandonnée, parce qu'on a découvert, dans le voisinage, une mine plus abondante et plus riche (1).

Telle est celle de Digny, dans le même canton de Senonches ; telles sont celles de Boissy-le-Sec, canton de la Ferté-Vidame, sur la limite du département de l'Eure ; et de Torsay, près Châteauneuf.

DEUXIÈME ARRONDISSEMENT.

Loir-et-Cher.

On ne compte aussi, dans ce département, qu'un seul haut fourneau ; il est dans l'

ARRONDISSEMENT DE VENDÔME, à *Fretteval*, sur le Loir, canton de Morée. Le *fer hydraté* qui l'alimente est extrait à Danzé, canton de Morée, et à la Fontenelle, canton de Droué.

1826, par M. HÉRON DE VILLEFOSSE (*Annales des mines*, t. XIII, p. 547, 1re série) 1826.

(1) *Mines et minières métalliques abandonnées, ou qui n'ont pas encore été exploitées en France*, p 6 ; 1826.

M. Vauquelin a donné une analyse du minerai de cette localité (1).

Arrondissement de Blois. A la limite du département de l'Indre, et sur les bords du Cher, on exploite du *fer hydraté* sur plusieurs points du canton de Saint-Aignan, particulièrement dans les communes de Meunes et de Couffy, où l'on fait aussi un commerce de pierres à fusil.

Indre-et-Loire.

On connaît, dans ce département, trois hauts fourneaux ainsi distribués :

Arrondissement de Tours. Deux, savoir : un à *Pocé* (2), dans le canton d'Amboise; et un à *Boulay*, dans le canton de Château-Regnault. Aux environs de Nouzilly, dans ce même canton, et aux environs de Beaumont-la-Ronce, canton de Neuillé-Pont-Pierre, on trouve des hématites et des scories qui annoncent qu'il y a existé des forges (3).

Arrondissement de Chinon. Un seul à *Château-Lavallière* (4), pour lequel on tire du minerai sur les lieux. L'arrondissement de Chinon possède d'autres exploitations, dans le canton de Sainte-Maure, sur les bords de la Vienne. On indique aussi Saint-Christophe, dans le canton de Neuvy-le-Roi, comme un des points d'exploitation.

Deux-Sèvres.

Ce département ne possède qu'un seul haut fourneau situé dans l'

Arrondissement de Parthenay. C'est celui de *la Meil-*

----

(1) *Journal des mines*, t. IX-X, p. 479 et 480; 1799.

(2) *Autorisé* par ordonnance du 15 octobre 1823 (*Annales des mines*, t. IX, p. 272; 1re série).

(3) *Annuaire du département d'Indre-et-Loire.*

(4) Maintenu par ordonnance du 19 mars 1829 (*Annales des mines*, t. VII. p. 489; 2e série).

leraye (1), sur la rive droite du Thouet, commune de Peyratte, canton de Thenezay. Il tire son minerai de ses environs.

ARRONDISSEMENT DE MELLE. A la limite des départemens de la Vienne et de la Charente, se trouvent les exploitations de *fer hydraté* de Mairé, Sauzé, Montalemberg.

Corrèze.

Il existe, dans ce département, quatre hauts fourneaux répartis de la manière suivante :

ARRONDISSEMENT D'USSEL. Deux sur la rivière de Chavanon, en la commune de *Monestiers-Merlines*(2), canton d'Eygurande.

ARRONDISSEMENT DE TULLE. Un à *la Grenerie*, commune de Salons, canton d'Uzerche, dans lequel on extrait aussi du minerai près de Meillars.

ARRONDISSEMENT DE BRIVES. Un à *Glandier*(3), commune de Beissat, canton de Lubersac.

Voici l'indication de quelques points d'exploitation situés dans cet arrondissement.

Sur un immense plateau secondaire qui appartient au département de la Corrèze, à ceux du Lot et de la Dordogne, on trouve à Nespouls, près Turenne, canton de Meissac, une grande quantité de *fer limoneux* en rognons ou en veines, et dont la richesse est extrêmement variable (4).

----

(1) Maintenu par ordonnance du 11 juin 1828 (*Annales des mines*, t. VI, p. 466, deuxième série).

(2) L'un, *autorisé* par ordonnance du 10 janvier 1821 (*Annales des mines*, t. VI, p. 532; première série).

L'autre, *ajouté* par ordonnance du 21 août 1827 (*Annales des mines*, t. IV, p. 60; deuxième série).

(3) *Autorisé* par ordonnance du 28 août 1827 (*Annales des mines*, t. IV, p. 161; deuxième série).

(1) *Journal des mines*, t. XXI, p. 467, 1807. *ibid.*, t. XXII, p. 8.

A Perpezac-le-Grand et à Saint-Robert, dans le canton d'Ayen-le-Bas, et sur la limite du département de la Dordogne, on extrait un minerai qui passe pour être d'excellente qualité.

Sur la même limite, dans les communes de Ferrières, canton de Larche, et Estival, canton de Brives-la-Gaillarde, des puits de trente à quarante mètres ont été ouverts, et sont abandonnés depuis long-tems. Les gîtes de minerai sont d'alluvion, et l'exploitation paraît susceptible d'être reprise (1).

Creuse.

On connaît, dans ce département, les mines (2) de fer carbonaté et *hydraté* de Bosmoreau, Thoron et Saint - Dizier, Arrondissement de Bourganeuf et à peu de distance de cette ville. Les couches de minerai de fer alternent avec les couches de houille.

Vienne.

Le département de la Vienne n'est pas riche en productions minérales ; il ne renferme que trois hauts fourneaux, tous situés dans l'

Arrondissement de Montmorillon, savoir : un à *Gouex* et un à *Ferrières,* tous deux dans le canton de Lussac-les-Châteaux ; un à *Luchapt,* canton de l'Ile-Jourdain. Les minerais qui les alimentent sont tirés sur divers points des arrondissemens de Montmorillon et de Civray, mais surtout dans la partie de ces arrondissemens qui avoisine le plus les départemens de la Charente et de la Haute-Vienne ; ils sont exploités presque à la surface. C'est de l'arrondissement de Civray que l'usine de Ruffec (Charente) tire une partie des mines qu'elle consomme (3). Ces

---

(1) *Mines et minières métalliques abandonnées*, etc. , p. 8 ; 1826.

(2) Concessionnées par ordonnance du 19 juillet, 1826 (*Annales des mines,* t. I, p. 344 et 345; deuxième série).

(3) *Annuaire statistique du département de la Vienne* pour 1830, p. 18.

exploitations seraient susceptibles de prendre de l'importance, si la Charente était rendue navigable (1).

Haute-Vienne.

On compte, dans ce département, neuf hauts fourneaux ainsi distribués :

ARRONDISSEMENT DE SAINT-YRIEIX, quatre, tous situés dans le canton même de Saint-Yrieix, savoir : un à *Bessons* (2), sur l'étang du même nom, commune de Chalard, à la limite du département de la Dordogne ; un à *Coussac-Bonneval* (3), sur le Haut-Vezère, à la limite du département de la Corrèze, et deux dans la commune de Saint-Yrieix, l'un sur l'étang de *Baudy* (4), l'autre à *Robert-Faye* (5), sur la rivière Labouchouse.

ARRONDISSEMENT DE ROCHECHOUART, quatre ; savoir : un à *La Rivière* (6), commune de Champagnac, canton d'Oradour-sur-Vaires ; un à *Ballerand* (7), commune de Marsal; et deux à *Feuyat*, commune de Dournazac ; ces trois derniers dans le canton de Saint-Mathieu. Tous sont dans la partie de l'arrondissement qui avoisine le département de la Dordogne.

ARRONDISSEMENT DE BELLAC, un seul à *Moudon*, commune

---

(1) On sait que cette rivière ne commence à être navigable qu'à Montignac, canton de Saint-Amand (Charente).

(2) Maintenu par ordonnance du 7 mars 1827 (*Annales des mines* , t. II , p 183; deuxième série).

(3) Maintenu par ordonnance du 15 mars 1827 (*idem*, t. III, p. 184, deuxième série).

(4) *Autorisé* par ordonnance du 23 août 1826 (*idem*, t. I, p. 346 ; deuxième série).

(5) Maintenu par ordonnance du 21 janvier 1829 (*idem*, t. VII, p. 163; deuxième série).

(6) Maintenu par ordonnance du 20 février 1828 (*idem*, t. IV, p. 524; deuxième série).

(7) *Autorisé* par ordonnance du 2 avril 1828 (*idem*, t. V, p. 363; deuxième série).

de Mailhac, canton de Saint-Sulpice-les-Feuilles, dans la partie de l'arrondissement qui touche le département de l'Indre.

Tous ces fourneaux sont alimentés par le minerai de *fer hydraté*. On en extrait à Saint-Bonnet-la-Rivière, arrondissement de Limoges, ainsi que dans les communes de Meizié, Puy-la-Vigne, Saint-Yrieix ; mais, en général, les minerais que l'on traite dans la Haute-Vienne sont tirés des abondantes exploitations de la Dordogne (1).

Indre.

Le département de l'Indre, avec celui du Cher, constitue l'ancienne province *du Berri*. Il renferme quinze hauts fourneaux ainsi répartis :

ARRONDISSEMENT DE CHATEAUROUX, huit ; savoir : trois à *Clavières* (2), dont deux à la Forge-Haute et un à la Forge-Basse, dans les communes d'Ardentes-Saint-Martin et d'Ardentes-Saint-Vincent ; un à *l'Isle* (3), sur la rivière d'Indre, commune de Lourouer ; un aux *Fossés-de-Villedieu*, sur La Trégouze ; un à *Bonneau* (4), commune de Buzançais, sur l'Indre ; un à *Caillaudière*, et un à *Luçay-le-Mâle*, canton de Valencey, sur le Modon. Ce dernier est à portée des mines de Meunes et de Couffi (Loir-et-Cher), dont j'ai parlé page 12.

ARRONDISSEMENT D'ISSOUDUN, un seul au lieu dit *le Noyer* (5), sur la rivière de la Théol, commune de Brives, à peu près à égale distance d'Issoudun et de Châteauroux.

---

(1) *Voyez* ce département.

(2) Maintenus par ordonnance du 30 mars 1826 (*Annales des mines*, t. I, p. 183 ; deuxième série)

(3) Maintenu par ordonnance du 16 septembre 1829, insérée au *Bulletin des lois*, n° 323, p. 560 ; n° d'ordre 12,848. Voyez aussi : *Annales des mines*, t. VIII, p. 153 ; deuxième série.

(4) Maintenu par ordonnance du 14 mai 1826 (*Annales des mines*, t. I, p. 188 ; deuxième série).

(5) Maintenu par ordonnance du 12 novembre 1828 (*idem*, t. VII, p. 159 ; deuxième série).

Arrondissement du Blanc, quatre ; savoir : un à *Corban-çon* (1), sur le ruisseau de Lyoson, commune et canton de Mézières-en-Brenne ; un à *Gastevine* et un à *Charneuil*, canton de Belabre ; un à *Abloux*, canton de Saint-Benoît-du-Sault.

Arrondissement de la Chatre, deux ; savoir : un à *Crozon*, canton d'Aigurande, sur la rivière de Vanvre ; et un à *Cluis* (2), sur la rivière de la Bouzanne, commune de Cluis, canton de Neuvy-Saint-Sépulcre.

Ces quinze fourneaux, dont deux étaient en non-activité au commencement de 1826, sont tous alimentés par le minerai de *fer hydraté* que l'on tire sur une multitude de points dans les communes qui environnent celles où sont les fourneaux dont je viens de donner les noms.

TROISIÈME ARRONDISSEMENT.

Maine-et-Loire.

Je ne connais pas de haut fourneau dans ce département (3), qui correspond à la province de l'*Anjou* ; je connais seulement, dans l'

Arrondissement de Segré, *la forge de Pouancé*. Le canton de Pouancé se trouve à la limite des trois départemens de la Mayenne, de la Loire-Inférieure et d'Ille-et-Vilaine, et l'usine que je viens de nommer est une dépendance du fourneau de Roche, qui appartient à ce dernier département. Des minerais de *fer hydraté* sont exploités sur divers points du canton de Segré. On tire aussi de semblables minerais sur les bords de

---

(1) Maintenu par ordonnance du 6 décembre 1829 (*Annales des mines*, t VIII, p. 252 ; deuxième série.)

(2) Maintenu par ordonnance du 5 mai 1830 (*Annales des mines*, t. VIII, p. 288 ; deuxième série).

(3) M. Héron de Villefosse en indique un ; il indique même son produit. Aussi dans mes tableaux laisserai-je figurer le département de *Maine-et-Loire* pour un fourneau.

l'Erdre, dans le canton de Candé, à la limite du département de la Loire-Inférieure.

Mayenne.

Ce département et celui de la Sarthe forment ce que l'on appelait autrefois le *Haut* et *Bas-Maine*. M. Héron de Villefosse indique dans le département de la Mayenne six hauts fourneaux (1), dont un en non-activité ; ce sont les suivans :

ARRONDISSEMENT DE LAVAL, quatre ; savoir : deux à *Port-Brillet*, commune d'Ollivet, canton de Loiron ; un à *Chailland* (2), et un à *Moncors*, commune de Chammes, canton de Sainte-Suzanne.

ARRONDISSEMENT DE MAYENNE, deux ; savoir : un à *Aron*, à cinq quarts de lieue de Mayenne, sur l'Aron, et à peu de distance du confluent de cette rivière dans la Mayenne ; un à *Orthe*, commune de Saint-Martin-de-Connée, canton de Baix, sur l'Orthe, rivière qui se jette dans la Sarthe.

J'ai eu occasion de visiter, en 1825, les mines que l'on exploite pour le fourneau de Chailland, au lieu dit *Bourgneuf-de-la-Forêt*, canton de Loiron, arrondissement de Laval. C'est un *fer oxidé hydraté* qui se trouve, à peu de profondeur, en gros rognons engagés dans une argile grisâtre. On y rencontre parfois de grosses géodes d'*hématite brune*. Dans le même arrondissement, on extrait des minerais analogues à Saint-Germain-le-Guillaume et au Touillé, canton de Chailland ; à Blandouet, canton de Sainte-Suzanne ; à Évron et autres lieux. Les minières d'Évron, qui sont à la limite de l'arrondissement de Mayenne, alimentent sans doute le haut fourneau d'Orthe, concurremment

---

(1) Les six usines que je vais nommer ici sont indiquées dans l'*Annuaire du département de la Mayenne* pour 1830, p. 52.

(2) Maintenu par ordonnance du 17 février 1830, insérée au *Bulletin des lois*, n° 350, p 253 ; n° d'ordre, 14,058. Voyez aussi : *Annales des mines*, t. VIII, p. 276 ; deuxième série.

avec les minerais des Bercons, dont je vais parler dans un instant.

Je terminerai en citant les mines de Chantrigné, canton d'Ambrières, arrondissement de Mayenne, situées dans la partie qui touche le département de l'Orne.

Sarthe.

Ce département renferme cinq fourneaux, ainsi répartis :

ARRONDISSEMENT DE MAMERS, trois ; savoir : un à *la Gandinière* (1), commune de Songé-le-Gaunelon ; un à l'*Aulne*, commune de Montreuil-le-Chétif, tous deux dans le canton de Frenay ; un à *Vibraye* ou *Cormerin*, commune de Champrond, canton de Montmirail. On cite dans cet arrondissement un minerai de qualité supérieure que l'on extrait aux Bercons, à l'ouest de la ville de Frenay.

ARRONDISSEMENT DU MANS, deux ; savoir : un à *Chemiré-en-Charnie*, canton de Loué-en-Champagné, et un à *Antoigné*, commune de Saint-James-sur-Sarthe, canton de Ballon.

C'est dans cet arrondissement que se trouvent les minières, assez nombreuses, réparties dans les cantons de Conlie, Parigné-l'Évêque, Loué-en-Champagné, Sillé-le-Guillaume. On exploite aussi du minerai de fer dans le canton de Brulon, arrondissement de la Flèche.

La grande quantité de scories que l'on rencontre sur plusieurs points, notamment dans les bois de Brice, proviennent d'anciennes forges à bras (2).

Ille-et-Vilaine.

Ce département, réuni à ceux de la *Loire-Inférieure*, des

---

(1) Maintenu par ordonnance du 8 janvier 1817 (*Annales des mines*, t. II, p. 114 ; première série).

(2) *Annuaire statistique du département de la Sarthe.*

Côtes-du-Nord, du *Morbihan* et du *Finistère*, forme l'ancienne Bretagne.

Le département d'Ille-et-Vilaine est très-pauvre en minerais de fer; cependant on y compte sept hauts fourneaux, qui sont alimentés en grande partie par des minerais tirés de la Loire-Inférieure. Ces fourneaux sont distribués de la manière suivante :

ARRONDISSEMENT DE RENNES; deux, savoir : un à *la Vallée* et un à *Serigné* (1), tous deux dans la commune de la Bouexière, canton de Liffre.

ARRONDISSEMENT DE MONTFORT-SUR-MEU, deux à *Paimpont* (2), canton de Plélan-le-Grand; et à la limite du département du Morbihan; ils sont alimentés par le *fer hydraté* que l'on tire dans l'immense forêt de Paimpont, et par un minerai dont je dirai un mot plus loin (page 22). L'établissement de ces fourneaux remonte au commencement du dix-septième siècle.

ARRONDISSEMENT DE REDON, un seul, celui du *Plessis*, au lieu dit l'*Étang du Moulinet* (3), commune de Pléchatel, canton de Bain.

ARRONDISSEMENT DE VITRÉ, deux; savoir : un à *Roche*, commune de Chelun, canton de Laguerche, et un à *Martigné* (4), canton de Retiers; ils tirent leur minerai de Rouzé ou Rougé, arrondissement de Châteaubriant, Loire-Inférieure.

---

(1) *Autorisé* par ordonnance du 24 mai 1821 (*Annales des mines*, t. VI, p. 474; première série).

(2) *Enquête sur les fers*, p. 127. In-4°; 1829.

(3) *Autorisé* par ordonnance du 5 juin 1828 (*Annales des mines*, t. VI, p. 465; deuxième série).

(4) *Annuaire d'Ille-et-Vilaine* pour l'an XII, p. 212.

Loire-Inférieure.

En tout six hauts fourneaux, ainsi répartis :

ARRONDISSEMENT DE CHATEAUBRIANT, cinq; savoir : un à *la Hunaudière*, commune de Sion, canton de Derval ; deux à *Moisdon*, canton de ce nom, sur les bords de la rivière de Don, qui se jette dans la Vilaine ; et deux à *la Jahotière* (1), commune d'Abbaretz, canton de Nozey.

ARRONDISSEMENT D'ANCENIS, un seul, c'est celui de *la Provotière*, en Riaillé, sur la rive droite de l'Erdre, et à la limite de l'arrondissement précédent.

J'ai cité tout à l'heure l'exploitation de Rougé, qui alimente le fourneau de Martigné (Ille-et-Vilaine) ; quelques-uns des fourneaux que je viens de nommer sont à la portée de cette minière. La mine de *fer hydraté* de Rougé, exploitée à ciel ouvert, paraît être un banc énorme, touchant au grès quarzeux, circonstance qui semble indiquer, dit M. Dubuisson (2), que ces deux roches sont contemporaines. Les points d'extraction les plus nombreux, dans cet arrondissement, sont sur les bords de l'Erdre et du Don, entre Mars-Petit et Moisdon.

Côtes-du-Nord.

Ce département possède quatre hauts fourneaux, répartis dans trois arrondissemens de la manière suivante :

ARRONDISSEMENT DE GUINGAMP, un seul à *Belle-Isle-en-Terre,*

---

(1) *Autorisés* par ordonnance du 2 juillet 1828 (*Annales des mines*, t. VI, p. 469 ; deuxième série).

Un seul de ces fourneaux a été construit ; encore n'a-t-il marché que trois mois. En général, dans cette notice, je m'attacherai à nommer tous les fourneaux *autorisés*. Lorsqu'ils n'auront pas été construits, ou lorsqu'ils ne seront pas en activité, je l'indiquerai autant qu'il me sera possible.

(2) *Essai d'une méthode géologique, ou Traité abrégé des roches*, par M. DUBUISSON, p. 66. Nantes, 1819.

sur la grande route de Paris à Brest, et à cinq lieues de Guingamp.

ARRONDISSEMENT DE SAINT-BRIEUC, un seul, à *l'Étang-du-Pas* (1), commune de Lanfrains, vers la source du Gouet, canton de Ploeuc. C'est dans la forêt de Lorges, aux environs de Saint-Brieuc, que l'on a découvert récemment un minerai de fer, fortement magnétique (2).

ARRONDISSEMENT DE LOUDÉAC, deux ; savoir : un aux *Salles*, commune de Perret, canton de Gouarec ; *le Veaublanc*, commune de Plémet, canton de Lachèse, et sur la route de Loudéac à Merdrignac ; ces deux fourneaux sont sur la limite du Morbihan.

Morbihan.

Ce département n'est pas riche en productions minérales ; on y compte cependant six hauts fourneaux ainsi distribués :

ARRONDISSEMENT DE PONTIVY, un à *Pont-Kalec* (3), commune de Berné, près du Faouet, canton du même nom, à la limite du département du Finistère.

ARRONDISSEMENT DE PLOERMEL, deux à *Lanouée* (4), canton de Josselin, où sont ouvertes des exploitations de *fer hydraté*. C'est aussi dans cet arrondissement et dans le canton de Guer, près de la ville de ce nom, que l'on extrait un fer oxidé rouge, pour le fourneau de Lanouée et pour ceux de Paimpont (Ille-et-Vilaine).

---

(1) *Autorisé* par ordonnance du 6 août 1828 (*Annales des mines*, t. VI, p. 491 ; deuxieme série).

(2) *Annales des mines*, t. XIII, p. 227 et 228 ; 1re série, 1826.

(3) *Autorisé* par ordonnance du 1er décembre 1824 (*Annales des mines*, t. X, p. 394 ; première série).

(4) Dès 1762 il existait deux hauts fourneaux à Lanouée. (BUFFON, *OEuvres complètes*, t. V, p. 493.)

Arrondissement de Lorient; un seul, celui de *Bénalec* (1),
commune et canton de Pluvigner.

Arrondissement de Vannes ; deux , savoir : un à *Tre-
dion* (2) , canton d'Elven ; et un au *Rodoir* (3), sur l'étang de
ce nom, commune de Nivillac , près la Roche-Bernard , à la
limite du département de la Loire-Inférieure.

La *Bretagne* , comme on voit , renferme vingt-trois hauts
fourneaux. Le département du Finistère qui , aujourd'hui, n'a
pas d'usines à fer, en a possédé autrefois, car dans les environs
de Poullaouen (arrondissement de Châteaulin), où est située
l'une des mines de plomb les plus importantes de l'Europe, on
trouve des scories qui proviennent du travail d'anciennes forges
à bras. Ces scories ont rendu , *à l'essai*, jusqu'à 50 pour cent
de fonte (4).

---

(1) *Autorisé* par ordonnance du 6 décembre 1826 (*Annales des mines*, t. II,
p. 629 ; deuxième série).

Il est connu dans le pays sous le nom de *Lanveaux*, nom de l'ancien couvent
près duquel il est construit. Il se trouve sur un ruisseau qui sert de limite aux
arrondissemens de Lorient et de Vannes, et qui sépare les communes de Pluvigner et de Grandchamps.

(2) *Autorisé* par ordonnance du 30 août 1828 (*idem*, t. VII , p. 154;
deuxième série).

(3) *Autorisé* par ordonnance du 5 août 1829, insérée au *Bulletin des loi*,
n° 323 , p. 559 ; n° d'ordre , 12,840. Voir aussi : *Annales des mines*, t. VIII ,
p. 146 et 147 ; deuxième série.

(4) *Sur la nature des scories de forges* , par M. Berthier (*Annales des mines*,
t. VII, p. 379 et 380 ; première série).

RÉCAPITULATION.

PREMIÈRE DIVISION MINÉRALOGIQUE

PREMIER ARRONDISSEMENT (1).

Eure-et-Loir. 1

DEUXIÈME ARRONDISSEMENT.

Loir-et-Cher. 1
Indre-et-Loire. 3
Deux-Sèvres. 1
Corrèze 4
Creuse. 0
Vienne. 3
Haute-Vienne. 9
Indre. 15

TROISIÈME ARRONDISSEMENT (2).

Maine-et-Loire. 1
Mayenne. 6
Sarthe. 5
Ille-et-Vilaine. 7
Loire-Inférieure 6
Côtes-du-Nord. 4
Morbihan. 6

Ensemble pour seize départemens. 72
Au commencement de 1826, M. Héron de Villefosse en
indiquait tant en activité que hors d'activité dans la cinquième inspection (3) 56

Différence. 16

Explication de cette différence :
Autorisations *nouvelles*. 11

Omissions de { *Indre-et-Loire* .. . . 2 }
M. HÉRON DE { *Indre*. . . . . 1 } 5
VILLEFOSSE. { *Morbihan*. . . . . 2 }

Somme égale à la différence.. 16

---

(1) Les autres départemens qui font partie du premier arrondissement sont au
nombre de quatre, ce sont ceux de *Seine*, *Seine-et-Oise*, *Seine-et-Marne*,
Loiret.

(2) Les départemens qui font partie du troisième arrondissement, sans figurer
ici, sont ceux de la *Vendée* et du *Finistère*.

(3) La première division ou inspection minéralogique comprend, en tout,
vingt-deux départemens.

DEUXIÈME DIVISION MINÉRALOGIQUE.

QUATRIÈME ARRONDISSEMENT.

Orne.

M. Héron de Villefosse a indiqué dans l'Orne vingt-un hauts fourneaux, dont douze en activité, et neuf en non activité; ce nombre est exagéré (1). Le minerai de *fer hydraté* se trouve, en effet, en abondance dans ce département, mais il n'y alimente que treize hauts fourneaux ainsi distribués :

ARRONDISSEMENT DE MORTAGNE ; cinq, savoir : un, qui travaille en moulerie, à *Gaillon*, commune d'Yray, canton de l'Aigle; un à *Logeard*, commune des Loges, canton de Moulins-la-Marche; un à *Rainville*, commune et canton de Longny; celui de *Moulin-Regnault*, commune de la Magdeleine-Bouvet, canton de Regmalard ; et un à *Lamothe* (2), commune de Normandel, canton de Tourouvre.

On extrait du minerai de fer dans plusieurs cantons, particulièrement au lieu dit la Fonte-de-Villiers, canton de Mortagne; à Beaulieu, canton de l'Aigle ; à Fillemin, la Folletière, Normandel, dans le canton et près de Tourouvre ; à Neuilly et Lalande, près de la source de l'Eure, dans le canton de Longny(3).

ARRONDISSEMENT DE DOMFRONT, un seul, celui de *Varenne*, commune de Champsegré, canton de Domfront.

---

(1) M. HÉRAULT, ingénieur en chef des mines du quatrième arrondissement, m'écrivait en janvier 1832 :

« Depuis plus de treize ans que je suis chargé du service du département de l'Orne, je n'y ai jamais connu plus de treize hauts fourneaux. Celui de Champsegré (canton de Domfront) avait cessé d'être en activité plusieurs années avant mon arrivée à Caen. Quant aux autres qui compléteraient, *dit-on*, le nombre total de 21, il ne reste plus aucun vestige de la plupart, et *je doute presque qu'ils aient jamais été aussi nombreux qu'on le prétend.* »

(2) En 1825, une tentative a été faite pour remettre ce fourneau en activité; elle a échoué par des raisons étrangères à l'alimentation du minerai.

(3) Dans cette contrée le minerai se mesure par *pipes*, dont la contenance est de 18 pieds cubes (rigoureusement 17-77 p. c.).

D'importantes exploitations sont ouvertes, dans cet arrondissement, sur plusieurs points du canton de Saint-Gervais-de-Mes-
sey, particulièrement à La Ferrière, dont les mines situées dans
la commune du même nom, à trois lieues nord-est de Domfront,
ont été décrites par M. Baillet (1). Elles consistent en une couche dure et compacte, de couleurs rouge, brune et noire ; de là
les noms de *mine rouge*, *mine bâtarde* et *mine noire*, sous lesquels on désigne le minerai selon qu'il provient de telle ou telle
partie de la couche. L'épaisseur générale de cette couche est de
huit à dix pieds ; mais il n'est pas rare de la voir augmenter et
former des *sacs* ou *nids* de vingt à vingt-cinq pieds. On emploie
cette mine, dit M. Baillet, dans les fourneaux de Varenne, de
Champsegré, de Bagnoles, de la Sauvagère (canton de la Ferté-
Macé), et quelquefois de Cossey. Les fourneaux de Bagnoles et
de la Sauvagère sont détruits depuis long-tems, je nommerai celui de Cossey dans un instant.

ARRONDISSEMENT D'ALENÇON, cinq ; savoir : celui de *Saint-
Denis*, commune de Saint-Denis-sur-Sarthon ; un à la *Roche-
Mabille*, commune de ce nom ; tous deux dans le canton d'Alençon ; un à *Cossey*, commune de Saint-Patrice-du-Désert ; un
à *Carouges*, commune de Saint-Martin-l'Aiguillon ; un au
Champ-de-la-Pierre, commune de ce nom ; tous trois dans le
canton de Carouges. Ces cinq fourneaux sont à la limite du département de la Mayenne.

ARRONDISSEMENT D'ARGENTAN, deux ; savoir : un à *Boucey*,
commune de ce nom, canton de Grand-Mortrée ; un à *Rasnes*,
commune de ce nom, canton d'Écouché.

On extrait, dans cet arrondissement, du minerai de *fer hydraté*, sur divers points des communes de Heugon et de Champ-
Haut, canton de Merlerault. M. Collet-Descotils a donné une
analyse d'un minerai de fer argileux de Blanchelande (2).

____

(1) Rapport sur les mines de fer du district de Domfront, rédigé par M. Baillet, le 5 frimaire an III (25 novembre 1794) (*Journal des mines*, n° 19
pages 61 et 62) mars 1796.

(2) *Journal des mines*, t. XXXII, p. 365 ; 1812.

Calvados.

A Urville, près Bretteville-sur-Laize, on trouve un mélange d'oxides brun-rougeâtre, brun-jaunâtre et jaune, qui contient beaucoup d'oolithes ferrugineuses (1). Sous le nom de *mines d'Urville et Gouvis*, ces mines furent concessionnées par une ordonnance en date du 1er mai 1822 (2); elles sont abondantes et faciles à exploiter ; il paraît cependant qu'il n'en a été extrait que pour faire quelques essais : le bois est trop cher dans le pays (3).

Quant aux minières de fer de La Bruyère, du Plessis-Grimault (arrondissement de Vire), et autres lieux, elles sont abandonnées depuis 1806 (4).

Eure.

Entre Evreux et la ligne qui sépare le département de l'Eure de celui de l'Orne, se trouvent dix hauts fourneaux tous situés dans l'

Arrondissement d'Evreux; savoir : deux dits *Vaux-Goins*, près Conches ; un à *la Bonneville*, canton de Conches, un à *l'Hallier*, un à *Breteuil*, un à *Condé-sur-Irton*, un à *la Poultière*, commune de la Gueroulde, tous quatre dans le canton de Breteuil ; un à *Bourth*, canton de Verneuil ; un à *Trisay*, commune de la Vieille-Lyre, canton de Rugles; et un à *Rugles* (5) même.

---

(1) *Mémoire sur les principales roches qui composent le terrain intermédiaire dans le département du Calvados*; par M. Hérault (*Annales des mines*, t. X, p. 526; première série) 1825.

(2) *Annales des mines*, t. VII, p. 516 et 517; première série.

(3) *Mines et minières métalliques abandonnées*, etc., p. 9, 1826.

Voir aussi l'ouvrage intitulé : *Petit Dictionnaire de Caen*, 1828.

(4) *Annuaire statistique du Calvados*.

(5) Tous ces fourneaux, à l'exception de celui de Breteuil, et de celui de la Bonneville, forment les huit fourneaux dont il est fait mention, p. 197 de l'*Enquête sur les fers*. In-4°; 1829. Plusieurs de ces huit fourneaux, celui de Bourth entre autres, travaillent en moulages.

Les minières de fer sont abondantes dans cet arrondissement ; elles sont, en général, situées dans les forêts d'Evreux, de Conches, et de Breteuil (1), mais particulièrement dans la commune de Monceaux, canton de Damville ; dans les communes d'Orvaux, Nogent et Sainte-Marthe, près de Conches ; dans celles de Puiseux et Saint - Nicolas - d'Arthez, près de Verneuil ; dans celles de Breteuil, Condé et Gournay, près Rugles ; et dans la forêt d'Evreux, vers la commune de Gaudreville. On a tiré aussi du *fer hydraté* pour le fourneau de Randonnay (2) à Chênebrun, canton de Verneuil, vers le point où le département de l'Eure touche celui de l'Orne.

CINQUIÈME ARRONDISSEMENT.

Néant.

SIXIÈME ARRONDISSEMENT.

Nord.

On connaît depuis long-tems (3) les mines de fer du Boulonnais et du Hainault ; mais plusieurs causes, et en particulier la rareté des bois, empêchent de les utiliser autant qu'elles sont susceptibles de l'être.

M. Héron de Villefosse n'a indiqué que deux hauts fourneaux dans ce département ; dès l'époque où son mémoire a été rédigé, le département du Nord en possédait trois. Aujourd'hui il en possède cinq réunis dans l'

Arrondissement d'Avesnes, savoir : deux à *Hayon* (4),

---

(1) *Annuaire statistique du département de l'Eure,* pour 1829; p. 78.

(2) *Voyez* arrondissement de Mortagne (Orne), p. 25.

(3) *Mémoire sur la minéralogie du Boulonais.* (*Journal des mines ,* nº 1, p. 53) 1794.

(4) Une ordonnance du 29 décembre 1819 *autorise* l'addition d'un second foyer au haut fourneau de Hayon (*Annales des mines ,* t. V, p. 274; première série).

commune de Trelou, canton du même nom ; un à *Fourmies* (1),
et deux dans la commune de *Ferrière la Grande* (2), canton
de Maubeuge, sur la rive droite de la Sambre.

Dans le même arrondissement, on exploite sur un grand nombre
de points, particulièrement dans les communes de Wignehies,
Feron (3), Glageon (4), Fourmies (5), Trelon et Ohain (6),
des mines jaunes, qui sont tantôt compactes, tantôt argileuses.
Les couches se prolongent jusqu'en Belgique, et renferment
souvent du zinc oxidé (7). Ces exploitations sont ouvertes dans
le terrain de transition. Le terrain d'alluvion du département
du Nord renferme plus ou moins abondamment le fer oxidé appelé *fer limoneux* (8) ; ce minerai s'y trouve assez pauvre, et
n'est employé que comme fondant.

---

(1) *Autorisé* par ordonnance du 10 juin 1818 (*Annales des mines*, t. III,
p. 609 ; première série).

(2) *Autorisé* par ordonnance du 4 mars 1830 (*idem*, t. VIII, p. 276 ;
deuxième série.)

(3) Mines concessionnées par ordonnance du 7 décembre 1825 (*Annales des
mines*, t. XII, p. 565 ; première série).

(4) Mines concessionnées par ordonnance du 24 février 1825 (*Annales des
mines*, t. X, p. 400 ; première série).

Une autre ordonnance, du 11 janvier 1826, autorise des lavoirs sur le
même point (*Annales des mines*, t. XIII, p. 336 ; première série).

(5) Mines concessionnées par ordonnance du 25 juillet 1827 (*ibid.*, t. III,
p. 358 et 359 ; deuxième série).

(6) Voir le décret du 19 avril 1811, qui maintient la concession de ces mines
(*Journal des mines*, t. XXIX, p. 318 et suivantes).

Cette concession avait été accordée par arrêt du conseil d'État, du 25 janvier
1785 (*Annuaire statistique du département du Nord*).

(7) *Mémoire sur la géologie du département du Nord*, par M. POIRIER-
SAINT-BRICE (*Annales des mines*, t. XIII, p. 28-56 ; première série) 1826.

(8) Suite du même Mémoire, *ibid.*, p. 312.

SEPTIÈME ARRONDISSEMENT.

Marne.

Ce département ne possède qu'un seul haut-fourneau ; il est situé dans l'

ARRONDISSEMENT DE VITRY-LE-FRANÇAIS, et dans la partie de cet arrondissement qui touche le département de la Meuse : c'est celui de *Lombroy* (1), commune de Trois-Fontaines, canton de Thieblemont. Il est alimenté par les minerais en grains que l'on extrait en si grande abondance sur les bords de la Saulx, dans le département de la Meuse, minerais dont je vais parler à l'instant.

Meuse.

Le *fer hydraté*, en petits fragmens anguleux et en grains, est extrêmement abondant dans ce département. Au commencement de 1826, M. Héron de Villefosse avait indiqué vingt-un hauts fourneaux dans la Meuse ; ce nombre est exact. Cinq autorisations ayant été données depuis, le département de la Meuse compte aujourd'hui vingt-six hauts fourneaux ainsi distribués :

ARRONDISSEMENT DE COMMERCY, treize ; savoir : trois à *Boncourt* et *Vadonville*, sur les deux rives de la Meuse, dans le canton de Commercy ; un à *la Poudrière* (2), sur le ruisseau dit la Fausse Rivière ; Vadonville et Boncourt tirent des minerais à Pont-sur-Meuse, à Reffroy, à Saint-Amand, et à la Brie-Bosseline (5). Viennent ensuite neuf hauts fourneaux concentrés dans le canton de Gondrecourt, savoir : un à *Papon* ; un à *Bonnet* ; un à *Beaupré*, commune de Chassey, ces deux derniers sur la

---

(1) *Autorisé* par ordonnance du 1er septembre 1832 (*Annales des mines*, t. XI, p. 502 ; première série).

(2) *Autorisé* par ordonnance du 15 août 1827 (*ibid.* t. IV, p. 158 ; deuxième série).

(5) DIETRICH, t. III, p. 512. In-4°; 1799.

rive gauche de l'Ornain. Les six autres sont échelonnés sur l'Ornain, ce sont les suivans : un à *Dainville*, sur le ruisseau de Maldite, un à *Bertheleville*, un à *Abainville* (1), ce dernier tire ses mines à Biancourt et à Ribaucourt, canton de Montiers-sur-Saulx : une ordonnance (2) du 27 janvier 1830 autorise la construction d'un bocard, de deux patouillets et de dix lavoirs à bras, destinés à la préparation de ces mines, sur le ruisseau des Prouillons, dans la commune de Mandre, canton de Montiers-sur-Saulx, et à la limite du canton de Goudrecourt. Un à *Demange-aux-Eaux* (3); deux à *Saint-Joire* et *Treveray* (4). Près de ceux-ci un bocard (5) a été construit il y a quelques années.

En descendant ainsi l'Ornain, nous entrons dans l'

ARRONDISSEMENT DE BAR-LE-DUC, qui possède neuf hauts fourneaux, et nous trouvons sur la même rivière d'Ornain, d'abord le fourneau de *Naix*, commune de Nantois, ensuite celui de *Menaucourt* (6), tous deux dans le canton de Ligny ; les sept autres sont ainsi répartis sur le cours de la Saulx : un à *Montiers-sur-Saulx*; un à *Morley*, qui existait déjà en 1598 (7), et qui depuis une dizaine d'années travaille en grosse moulerie; un

---

(1) La *Poudrière* et *Beaupré*, *Dainville* et *Abainville*, *Sionne* et *Villouxel* (Vosges) sont les six hauts-fourneaux dont il est fait mention, p. 63 de l'*Enquête sur les fers*.

(2) Insérée au *Bulletin des lois*, n° 350, p. 253; n° d'ordre, 14,054. — Voyez aussi : *Annales des mines*, t. VIII, p. 274; deuxième série).

(3) *Autorisés* par ordonnance du 20 mai 1829, insérée au *Bulletin des lois*, n° 300, p. 16; n° d'ordre, 11,524. — Voyez aussi : *Annales des mines*, t. VIII, p. 132; deuxième série.

(4) Un second fourneau a été *autorisé* par ordonnance du 5 août 1829 insérée au *Bulletin des lois*, n° 323, p. 559; n° d'ordre, 12,841.

Ce fourneau, dit l'ordonnance, sera adossé à celui qui existe déjà aux forges de Treveray et Saint-Joirre ((*Annales des mines*, t. VIII, p. 146, deuxième série).

(5) Ce bocard, dit du Val d'Armanson, a été autorisé par ordonnance du 5 février 1823 (*ibid*, t. VIII, p. 591; première série).

(3) *Autorisé* par ordonnance du 12 octobre 1828 (*Annales des mines*, t. VII, deuxième série).

(7) DIETRICH, t. III, p. 197. In-4°; 1799.

à *Dammarie*, tous trois dans le canton de Montiers-sur-Saulx. Un à *Cousance*, sur une fontaine qui se trouve à la limite du département de la Haute-Marne ; ces deux fourneaux coulent toute leur fonte en *Sablerie*. Un à *Haironville* (1) ; un au *Vieux-Jean-d'Heurs*, dans la commune de l'Ile-en-Rigaud ; un à *Pont-sur-Saulx*. Ces quatre derniers, dépendant du canton d'Ancerville, s'approvisionnent, celui de Cousance excepté, aux mines en exploitation dans la commune de Brillon.

ARRONDISSEMENT DE MONTMÉDY, quatre ; savoir : un à *Chauvency-Saint-Hubert*, près de Montmédy ; un à *Thonnelle* (2) sur le ruisseau de ce nom et près de la même ville ; un à *Stenay*, canton de Stenay ; un à *Lopigneux*, sur le Chiers, commune d'Arraocy, canton de Spincourt. Ces deux derniers tirent une grande partie des minerais qu'ils consomment des mines de Saint-Pancré (3). Les fourneaux de Stenay ; Chauvency et Thonnelle puisent une partie de leur approvisionnement aux minières de Signy-Mont-Libert et de Sapogne qui appartiennent au département des Ardennes (4).

En général les minerais qui alimentent toutes les autres usines de la Meuse sont extraits sur une foule de points, et particulièrement dans les forêts de Morley, de Ligny et de Montiers-sur-Saulx. A une demie-lieue, à l'est de Morley, et près du petit village de Ronchères, quelques exploitations sont ouvertes pour les fourneaux de Dammarie et de Morley (5).

---

(1) *Enquête sur les fers*, p. 121. In-4° ; 1829.

(2) *Autorisé* par ordonnance du 6 décembre 1826 (*Annales des mines*, t. II, p. 630 ; deuxième série).

(3) Voyez le département de la Moselle.

Les usines de Lopigneux ont été reconstruites en 1705 (DIETRICH, t, t. III, p. 444).

(4) Voyez : Arrondissement de Sedan, page 35.

(5) En prenant la moyenne des prix auxquels revient la mine des *Usages* et celle de *Ronchères*, la queue de mine (16 pieds cubes) revient, au fourneau de Morley, de 6 fr. à 6 fr. 50 c.

Ardennes (1).

Le département des Ardennes, dans lequel l'industrie *manu-facturière* a pris un si grand développement, n'est pas moins remarquable sous le rapport de l'industrie *métallurgique*. Il possède d'abondantes minières qui alimentent trente-un hauts-fourneaux, dont quatre en non-activité (2), et trois *autorisés*, mais non construits. Ils sont ainsi répartis :

Arrondissement de Vouziers, huit, dont quatre dans le canton de Grandpré, savoir : un à *Apremont* (3), sur la dérivation de la rivière d'Aire ; un à *Cheheri*, sur la même rivière, tous deux à la limite du département de la Meuse ; un aux *Bièvres*, commune de Lançon, sur le ruisseau des Hacquets ; un à *Champigneul* sur l'Agron ou l'Ayron. Les quatre autres appartiennent au canton de Buzancy, savoir : un à *Allipont* (4), sur l'Agron, commune d'Imécourt ; un à *Maucours* (5), commune de Nouart ; un aux *Forgettes*, commune de Tailly ; ces deux derniers sur le ruisseau de Nouart ; enfin un à *Belval* (6), sur le ruisseau de ce nom, commune de Belval-Bois-les-Dames. En général, toutes ces usines de l'arrondissement de Vouziers se trouvent dans la

---

(1) Les détails que je donne sur le département des *Ardennes*, et sur celui de *Lot-et-Garonne*, ont été vérifiés sur les *états* de l'administration.

(2) Un des fourneaux des *Mazures* et un des fourneaux de *Boutancourt* sont en chômage permanent au moment où je rédige cette notice, celui des *Bièvres* et celui de *Cheheri* chôment accidentellement.

(3) *Autorisé*, ainsi qu'un lavoir à bras, par ordonnance du 11 mars 1830 (*Annales des mines*, t. VIII, p. 277 ; deuxième série).

(4) Maintenu par ordonnance du 13 octobre 1814 (*Annales des mines*, t. X, p. 186 ; première série).

(5) *Autorisé* par ordonnance du 16 avril 1828 (*idem*, t. VI, p. 140 ; deuxième série).

(6) Maintenu par ordonnance du 20 septembre 1820 (*idem*, t. VI, p. 173 et 174 ; première série).

partie de cet arrondissement qui se rapproche du département de la Meuse. Ces huit fourneaux sont alimentés par *le fer hydraté en grains* que l'on extrait à Tailly, Belval, Nouart, Saint-Georges, dans le canton de Buzancy; et à Saint-Juvin, Champigneul, Sommerance, Bois-des-Loges, Marcq, dans le canton de Grandpré. Dans toutes ces minières le fer hydraté n'est souillé que par une et demie partie de matière étrangère. On l'extrait par des excavations souterraines et à ciel ouvert; à Nouart les fouilles n'ont lieu qu'à la profondeur de deux à trois mètres; mais à Saint-Georges on fonce des puits qui ont jusqu'à vingt mètres. Ces dernières minières sont les plus importantes par le nombre d'ouvriers qu'elles emploient, mais celles de Nouart, qui viennent immédiatement après, offrent cela de particulier, que les grains ferrugineux sont empâtés dans un calcaire plus ou moins friable. Les fourneaux de Bièvres, d'Agremont, de Chehery, de Champigneul, d'Allipont, l'emploient sans lavage. J'ai dit (page 52) que les minières de Saint-Georges, Saint-Juvin et Sommerance fournissaient une partie de l'approvisionnement du fourneau de Stenay (Meuse).

Arrondissement de Sédan, cinq, savoir : un à *Bairon* (1), sur l'étang du même nom, commune de Mont-Dieu, étang qui est alimenté par le ruisseau de Chagny; un à *Haraucourt* (2), sur l'Ennemone, tous deux dans le canton de Raucourt; un à *Brevilly* (5), sur le Chiers, canton de Mouzon; un à *Margut* (4),

---

(1) Maintenu par ordonnance du 50 septembre 1829 (*Annales des mines,* t. VIII, p. 156 et 157; deuxième série).

(2) Maintenu par ordonnance du 14 août 1822 (*Annales des mines,* t. VII, p. 642; première série).

(5) *Autorisé* par ordonnance du 20 septembre 1828 (*idem,* t. VII, p. 155, deuxième série).

(4) *Autorisé* par ordonnance du 18 février 1824 (*idem,* t. IX, p. 451 et 452; première série).

Le fourneau de *Margut,* celui de *Brevilly,* qui était en construction, et celui de *Chauvency* (Meuse), sont les trois fourneaux dont il est fait mention p. 146 de l'*Enquête sur les fers;* 1829.

sur le ruisseau d'Orval, canton de Carignan ; il est interdit à ce fourneau de s'approvisionner aux mines de Saint-Pancré, dont je parlerai plus loin (1) ; un à *Saint-Basle* (2), sur le ruisseau de la-Claire, commune de Vrignes-aux-Bois, canton de Donchéry, sur la limite de l'arrondissement de Mezières.

C'est principalement à Haraucourt, Fourcières, Bairon, canton de Raucourt ; et à Tetaigne, Margut, Laferté, Villy, Signy-Mont-Libert, Sapogne, que sont concentrées les minières de cet arrondissement. Cependant des minières sont ouvertes aussi à Escombres, dans le canton de Sedan. Elles consistent en excavations à ciel ouvert et par puits, qui ont de trois à vingt mètres de profondeur, d'où l'on extrait principalement du *fer oxidé hydraté* en petits grains. Quelques-unes de ces mines, comme celles de Tetaigne, et surtout comme celles de Margut et Laferté sont très-pauvres au lavage. Celles de Signy et Sapogne sont analogues à celles de Nouart, dont j'ai parlé tout-à-l'heure. Je rappelle que c'est de ces dernières minières et de celles de Laferté que les fourneaux de Stenay, Thonnelle, Chauvency (Meuse) tirent une partie de leur approvisionnement.

Arrondissement de Mezières, quatorze, savoir : un à *Vendresse*, sur le ruisseau d'Epailly, canton d'Omont ; deux à *Hurtaut* sur la Vaux, commune de Signy-l'Abbaye ou Signy-le-Grand, canton de ce nom ; un à *Guignicourt* (3), sur le ruisseau de Grand-Fontaine, et dans le même canton de Signy-l'Abbaye ; deux à *Boutancourt*, canton de Flize ; un au lieu dit *la Folie* (4) ou le *Petit-Waridon*, territoire de Montcy-Notre-

---

(1) Voyez le *département de la Moselle*.

(2) *Autorisé* par ordonnance du 8 décembre 1824 (*Annales des mines*, t. X, p. 395, première série).

(3) *Autorisé* par ordonnance du 3 août 1825 (*idem*, t. XI, p. 343 ; première série).

(4) *Autorisé* par ordonnance du 13 février 1828 (*idem*, t. IV, p. 519 ; deuxième série).

Ce fourneau n'a pas été construit.

Dame, près Charlevillle; un à *Nouzon* (1), sur les bords de la Meuse, canton de Charleville; deux aux *Mázures* (2) et un à *Saint-Nicolas,* tous trois sur le ruisseau de Faulx et dans le canton de Renwez; un à *Linchamps* (3), sur le ruisseau de Saint-Jean, commune des Hautes-Rivières; un à *la Commune* et un à *la Petite Commune* (4); ces trois derniers dans le canton de Monthermé et à la limite de l'arrondissement de Rocroy, particulièrement celui de la petite commune, qui est déjà sur le terri-ritoire de Revin.

Ces quatorze fourneaux sont alimentés par le *fer hydraté* en grains et en rognons de forme irrégulière et de grosseur variable que l'on extrait sur une foule de points, particulièrement à Harcy, canton de Renwez; à Tillay et Nantarn, canton de Monthermé; à Poïx, Terron, Montigny, Villers-le-Tilleux, Singly, Mazerny, Baalon, canton d'Omont; à Balaisvres et Balzicourt, canton de Flize. Ces dernières minières, qui sont affectées au fourneau de Boutancourt, sont exploitées par puits de cinq à vingt mètres. En général toutes les mines de cet arrondissement renferment de une et demie à trois parties de matières étrangères que l'on enlève par le lavage. Quelques-uns des fourneaux de l'arrondissement de Mézières complètent leur approvisionnement dans l'arrondissement de Rethel, comme je le dirai plus loin.

Arrondissement de Rocroy, quatre, concentrés dans le can-

---

(1) *Autorisé* par ordonnance du 30 avril 1828 (*Annales des mines,* t. VI, p. 155; deuxième série). Ce fourneau n'a pas été construit.

(2) Voir un décret du 16 mai 1810 (*Journal des mines,* t. XXVIII, p. 473 et 474).

(3) *Autorisé* par ordonnance du 26 mai 1824 (*Annales des mines,* t. IX, p. 748; première série).

Une ordonnance du 29 septembre 1830 maintient le bocard à crasses existant dans cette usine (*Bulletin des lois,* n° 20, p. 351; n° d'ordre, 359). Voyez aussi: *Annales des mines,* t. VIII, p. 303; deuxième série.

(4) *Autorisé* par ordonnance du 20 mai 1829 (*Annales des mines,* t. VIII, p. 132; deuxième série).

ton de Signy-le-Petit, savoir : celui de *Bosseneau* (1) sur le ruisseau de ce nom, et celui de *La Roche,* sur la Sormonne, tous deux appartenant à la commune de la Neuville-aux-Tourneurs ; un à la *Neuville-aux-Joûtes* (2), et un à *Signy-le-Petit* (3), sur le ruisseau de Gland.

Plusieurs minières sont ouvertes dans l'arrondissement de Rocroy pour l'alimentation de ces quatre fourneaux, particulièrement dans le canton de Signy-le-Petit, à la Neuville-aux-Joûtes, Tarzy, la Neuville-aux-Tourneurs, Beaulieu, l'Esteignères, Foulzy, et Maubert-Fontaine. Je citerai aussi dans le canton de Rocroy les minières de Chilly. Toutes sont des excavations souterraines et à ciel ouvert, d'où l'on extrait du *fer oxidé hydraté* en grains et en rognons de forme irrégulière et de grosseur variable, mélangé de deux à trois parties de matières terreuses.

Arrondissement de Rethel. Dans cet arrondissement des minières sont ouvertes à Vieil-Saint-Remy et Neuvisy, canton de Novien-en-Portien pour le fourneau de Bosseneau (arrondissement de Rocroy); pour celui de Saint-Basle (arrondissement de Sédan); pour ceux de Hurtaut, des Mâzures, de Saint-Nicolas, de la commune et de la petite commune (arrondissement de Mezières); elles fournissent du *fer hydraté* en petits grains mélangés de une et demie parties terreuses.

Cent soixante-dix lavoirs à bras sont en activité dans ce département, pour le lavage de tous ces minerais, dont quelques-uns, comme je l'ai déjà observé, peuvent être traités sans cette opération préalable. Chacun des fourneaux de cette contrée est muni d'un bocard à crasses. Dans presque tous une partie de la fonte est employée en moulages.

---

(1) Rétabli par une ordonnance du 24 juin 1826 (*Annales des mines,* t. I, p. 189 ; deuxième série.)

(2) *Autorisé* par ordonnance du 14 janvier 1829 (*Annales des mines,* t. VII, p. 162; deuxième série). Ce fourneau n'a pas été construit.

(3) Maintenu par ordonnance du 5 février 1823 (*idem,* t. VIII, p. 387 ; première série).

RÉCAPITULATION.

DEUXIEME DIVISION MINÉRALOGIQUE.

QUATRIÈME ARRONDISSEMENT (1).

Orne.	13
Calvados.	0
Eure.	10

CINQUIÈME ARRONDISSEMENT (2).

Néant.

SIXIÈME ARRONDISSEMENT (3).

Nord.	5

SEPTIÈME ARRONDISSEMENT.

Marne.	1
Meuse.	26
Ardennes..	31
Ensemble pour sept départemens.	86
Au commencement de 1826 M. Héron de Villefosse en indiquait, tant en activité que hors d'activité dans la deuxième inspection (4).	65 (5)
Différence.	21

---

(1) Cet arrondissement minéralogique comprend en outre les départemens de la *Manche* et de la *Seine-Inférieure.*

(2) Cet arrondissement comprend les départemens de l'*Oise,* de l'*Aisne* et de la *Somme.*

(3) Cet arrondissement comprend en outre le département du *Pas-de-Calais.*

(4) La deuxième division, ou inspection minéralogique, comprend en tout treize départemens.

(5) En réalité, M. Héron de Villefosse indique soixante-treize hauts-fourneaux, tant en activité que hors d'activité dans la deuxième inspection ; mais comme dans l'*Orne* il note en non-activité neuf hauts-fourneaux, dont huit n'existent pas, j'ai défalqué ces huit.

Explication de cette différence :

Autorisations *nouvelles*......................... 14

En 1826 un fourneau RÉTABLI dans les Ardennes... 1

Omissions de M. HÉRON DE VILLEFOSSE.
- *Eure*.. 2
- *Nord*................... 1
- *Marne*................... 1
- *Ardennes* (1)............... 2

6

Somme égale à la différence..................... 21

TROISIÈME DIVISION MINÉRALOGIQUE.

HUITIÈME ARRONDISSEMENT.

Moselle.

Il est peu d'endroits dans le département de la Moselle, dit M. Héron de Villefosse (2), où l'on ne trouve du minerai de fer; mais il n'est pas partout assez riche pour être exploité; aussi ne compte-t-on, dans ce département, que quatorze hauts-fourneaux; ils sont ainsi distribués :

ARRONDISSEMENT DE BRIEY, cinq, savoir : un à *Longuyon* (3), au confluent de la Chiers et de la Crune; un à *Darlon* (4), commune de Villancy; un à *Grandville*(5), sur la rivière de Chiers;

---

(1) Dans son tableau n° 2, M. HÉRON DE VILLEFOSSE indique ces deux fourneaux des Ardennes (*Guignicourt* et *Saint-Basle*) , et celui de la Marne (*Lombray*), mais je suis obligé de les faire figurer ici pour la régularité des comparaisons que j'ai à établir.

(2) *Statistique des mines et usines du département de la Moselle;* par M. HÉRON DE VILLEFOSSE (*Journal des mines*, t. XIV, p. 125 et 277) 1803.

J'ai emprunté à ce Mémoire tout ce que je dis ici des mines de fer de la Moselle.

(3) Construit en 1705 (*ibid.* , p. 288)

(4) Antérieur à 1488 (DIETRICH, t. III , p. 449. In-4°).

(5) Maintenu par ordonnance du 16 décembre 1819 (*Annales des mines*, t. V, p. 270 et 271 ; première série).

un à *Herzerange*, un à *Villerupt*, sur l'Alzette, tous les cinq dans le canton de Longuyon.

Les mines de fer exploitées dans cet arrondissement sont celles de Saint-Pancré (1), d'Aumetz et d'Audun; de Halanzy, du Coulmy, du Mont Saint-Martin et de Villerupt. Celles de *Saint Pancré* sont des mines de fer d'alluvion qui se trouvent dans les bois sant nationaux que communaux de Saint-Pancré, Cosne, Gorey, Villehoudlemont, villages tous situés entre Longuyon et Longwy; elles donnent du fer d'excellente qualité. Ces mines furent longtems le théâtre de grands désordres que fit cesser un arrêté (2) des consuls du 15 pluviose an XI(4 février 1803). Un décret (3) du 18 août 1811 affecta définitivement ces mines aux fourneaux de Longuyon et Dorlon (Moselle), de Lopigneux et Stenay (Meuse), et de Berchiwé (ancien département de Forez).

Les mines d'Aumetz et d'Audun (4) sont situées dans les bois contigus de ces deux communes, à cinq kilomètres au sud-ouest d'Ottange. On en fait usage aux fourneaux de Villerupt et d'Herzerange, ainsi qu'à ceux d'Ottange et d'Hayange, que je vais nommer dans un instant.

Arrondissement de Thionville, sept; savoir : un à *Ottange* (5), à l'extrémité ouest du canton de Cattenom; deux à *Hayange*, et deux à *Moyœuvre* (6), dans le canton de Metzerville, sur la limite de l'arrondissement de Briey; deux à *Creutz-*

---

(1) Voir, sur ces mines, Dietrich, t. III, p. 45-471.

(2) *Journal des mines*, t. XXVIII, p. 242; 1810.

(3) *Journal des mines*, t. XXX, p. 158; 1811.

(4) Voir un décret relatif à ces mines (*Journal des mines*, t. XXVII, p. 591. Voir aussi Dietrich, t. III, p. 473.)

(5) Cette usine remonte au-delà de 1629.

(6) L'usine de Moyœuvre existait avant 1753 (Dietrich, t. III, p. 427). Voir l'*Enquête sur les fers*, p. 102, in-4°; 1829.

wald (1) , canton de Bouzonville, à l'extrémité la plus orientale de l'arrondissement.

Les mines en exploitation dans l'arrondissement de Thionville sont celles de Moyœuvre, d'Hayange, d'Ottange, de Castel, de Hargarten, d'Erbring , de Merching, de Grasaubach, de Dalem, de Bérus et de Diesen. Les mines de Villerupt, et surtout celles de Moyœuvre, sont phosphoreuses. Je ne connais pas la qualité des mines de Creutzwald, concessionnées par une ordonnance (2) du 6 août 1823. Elles sont situées sur les territoires de Creutzwald, Porcelette et Diesen ; le filon principal est dans la forêt de la Houve. La première concession de ces mines remonte au 15 janvier 1759.

ARRONDISSEMENT DE SARGUEMINES : deux à *Modherhausen* ou *Mutterhausen*, canton de Bittch, à la limite du département du Bas-Rhin.

On a exploité anciennement pour ces usines du minerai de bonne qualité à Sarralbe (Meurthe) (3).

Je terminerai ce qui est relatif au département de la Moselle en rappelant que dans l'arrondissement de Metz on trouve fréquemment des oxides et des pyrites de fer , notamment à Saint-Julien, près de cette ville ; mais on n'y exploite pas. C'est sans doute ce fer oxidé que cite M. de Humboldt dans les environs de Metz, où, dit-il (4), il est disposé en nodules dans le Quadersandstein.

---

(1) Établis en vertu d'un arrêt du 29 novembre 1749 (DIETRICH, t. III, p. 355. Voir une ordonnance du 27 février 1822, qui est relative à ces usines (*Annales des mines*, t. VII, p. 352 ; première série).

(2) *Annales des mines*, t. VIII, p. 926-928 ; première série.

(3) *Mines et minières métalliques abandonnées*, etc., p. 12, 1826. Voir *Département du Bas-Rhin*, p. 42, les mines qui alimentent ces usines.

(4) *Gisement des roches dans les deux hémisphères*, p. 278. Paris, 1823.

NEUVIÈME ARRONDISSEMENT.

Bas-Rhin.

Ce département ne renferme que quatre hauts-fourneaux, tous situés dans

L'ARRONDISSEMENT DE WISSENBOURG, et tous dans le canton de Niederbronn. Il y en a un à *Jœgerthal* (1), sur le ruisseau de Winstein ; deux à *Reichsoffen* (2), un quart de lieue au-dessous, et un à *Zinsweiler* (3), à une lieue ouest de Reichsoffen.

Dietrich, en 1789, avait décrit les mines et les usines de l'Alsace. M. Loysel a signalé, en 1795, les abondantes mines de fer en grains et hématites gisant entre le Rhin et la Moselle (4). C'est dans l'ouvrage même de Dietrich qu'il faut voir (5) l'énumération des nombreuses minières qui alimentent les usines de Jœgerthal, Reichsoffen et Zinsveiler ; on y trouve aussi le détail d'une transaction passée en 1784 (6), et par suite de laquelle les mines de Bistoffen, Huttendorf, Morschweiller, Winterhausen, Kindtweiller, Hoëchstett, Bosendorf et Perstheim, sont affectées aux usines de Mutterhausen (Moselle).

Les minières de fer de Lamperstloch sont situées dans la formation tertiaire qui compose une suite de collines ondulées entre la chaîne des Vosges et la basse-plaine d'Alsace, au nord-ouest du

---

(1) Établi en 1602 (DIETRICH, t. II, p. 331).

(2) Ces usines existaient sur l'étang de Graffenveyer ; elles ont été transférées à Reichensoffen en vertu d'un arrêt du 9 octobre 1766 (*ibid.*, p. 310).

(3) Antérieur à 1601 (*ibid.*, p. 350).

(4) *Sur les mines et manufactures des pays conquis entre le Rhin et la Moselle*, par M. LOYSEL (*Journal des mines*, n° 13, p. 37 et 38), 1795.

(5) T. II, p. 275-300 ; 1789.

(6) *Ibid.* p. 279.

département du Bas-Rhin. C'est dans ce terrain que les nombreuses minières de *fer en grains* de ce département sont ouvertes (1). Toutefois on y exploite aussi du *fer hydraté* en roche. Tout le monde sait encore que c'est du mont Pétronelle, arrondissement de Wissenbourg, que viennent ces belles géodes et ces superbes morceaux d'hématites brunes qui ornent les cabinets de minéralogie. Le minerai du mont Pétronelle peut être distingué en deux variétés, le fer oxidé brun hématite et le fer oxidé brun compacte (brauner glaskopf). Cette seconde variété est beaucoup plus abondante que la première (2). Je rappellerai ici, pour mémoire, la mine de fer de la commune de Dambach, abandonnée vers 1750 (3), et celles de la forêt d'Obernay, commune du même nom ; de la commune de Borsch ; des communes de Lembasch et de Muttstall ; de Kaenthal, commune de Nieder-Steinbach (4).

Haut-Rhin.

On ne compte aussi dans ce département que cinq hauts-fourneaux, distribués de la manière suivante :

ARRONDISSEMENT DE BELFORT, quatre, savoir : un à *Massevaux* (5), canton du même nom, à quatre lieues et demie nord-est de Belfort ; un à *Belfort* (6), et un à *Châtenois*, tous deux

---

(1) *Description des mines de fer des environs de Bergzabern*, par M. TIMOLÉON CALMELET (*Journal des mines*, t. XXXV, p. 229 et 236).

(2) *Ibid.* t. XXXV, p. 226.

(3) *Mines et minières métalliques abandonnées*, etc., p. 11 ; 1826.

(4) *Ibid.* p. 12.

(5) Ce fourneau existait dès 1578. Il est tombé en ruines pendant la guerre des Suédois ; il a été reconstruit en 1686 (DIETRICH, t. II, p. 55 et 91).

(6) Existait en 1659 (*Ibid.* p. 10).

sur la Savoureuse ou rivière d'Oye; un à *Bitschwiller* (1), sur la rivière de Thuren, canton de Thann.

Ce dernier fourneau a été alimenté pendant quelque tems par les mines de fer de la vallée de Guebwiller, dites de Demberg; par celles de Bühl, de Grossacker, de Rimmelsdorf et de Fundelkœpfel, communes de Guebwiller, de Schweighausen et de Bühl; mais elles ont été abandonnées avant la révolution (2).

ARRONDISSEMENT D'ALTKIRCH; un seul, c'est celui de *Lacelle* (3), canton de Ferrette, sur la limite de la Suisse.

Ces fourneaux sont alimentés en partie par des hématites brunes, en partie par des minerais en grains, mais toujours par le *fer hydraté* que l'on exploite à Roppe, Perouse, Audelnau et Chevremont (4). Cependant le fourneau de Belfort brûle en outre du fer oligiste de Saulnot (5).

C'est dans les vastes fentes du calcaire compacte, dit M. Thirria (6), que l'on trouve à Châtenois, Roppe, Chevremont, les riches dépôts de minerais de fer en grains exploités pour les fourneaux de Belfort, de Châtenois et de Massevaux. Je nommerai, en terminant, les mines de Lierperg (arrondissement de Belfort) et celles de Eichen-Runz, communes de Watwiller et de Hart-

---

(1) Ces usines appelées aussi *Rudensthal* ont été établies par arrêt du 10 mars 1739 (DIETRICH, t. II, p. 117).

(2) *Mines et minières métalliques abandonnées*, etc., p. 15; 1826.

(3) *Autorisé* par un arrêté du 9 ventôse an IX (28 février 1800) (*Journal des mines*, t. XI, p. 153).

(4) *Description des gîtes de minerai et des bouches d feu de la France*, par DIETRICH, t. II, p. 37-45; 1789. — *Rapport sur les fourneaux de Belfort et de Châtenois* par M. DUHAMEL (*Journal des mines*, t. VII-VIII, p. 68 et 72), 1797.

(5) *Notice géologique sur les environs de Saulnot* (Haute-Saône), par M. THIRRIA (*Annales des mines*, t. XI, p. 393, première série), 1825.

(6) *Ibid.*, t. XI, p. 413.

manswiller (1). Dietrich avait déjà cité (2) les mines de fer du petit Pfaffenheim comme abandonnées ; en 1826, on projetait d'en reprendre l'exploitation (3).

Vosges.

M. Héron de Villefosse indique cinq hauts-fourneaux existans dans ce département au commencement de 1826. A cette époque, il y en avait huit, qui, ajoutés à un autorisé depuis, portent à neuf le nombre de ceux qui existent aujourd'hui. Ils sont ainsi distribués :

Arrondissement de Saint-Dié ; trois, savoir : un à *Framont* (4), un à *Rothau* (5), et un à *Grand-Fontaine*, tous trois dans le canton de Schirmeck.

Le minerai qui les alimente est un fer oxidé rouge compacte un peu magnétique que l'on tire aux mines de Rothau et aux mines de Framont. Sous le nom de mines de Rothau, sont comprises les exploitations ouvertes à Banwald ; dans le vallon de Minkette ; à Bacpré ; à Riancourt et Saint-Nicolas, dans le vallon de Saint-Nicolas ; et celles ouvertes dans la montagne appelée le chénot de Solbach (6). Sur les communes de Waldersbach, Bel-

----

(1) Concessionnées par ordonnance du 10 mars 1825 (*Annales des mines*, t. X, p. 546 ; première série).

(2) Dietrich , t. II, p. 133 ; 1789.

(3) *Mines et minières métalliques abandonnées*, etc., p. 15 ; 1826.

(4) *Notice sur les mines de fer et les forges de Framont et Rothau*, par M. Elie de Beaumont (*Annales des mines* , t. VII, p. 531 ; première série); 1822.

(5) Construit en vertu de lettres-patentes du 3 avril 1724 (Dietrich , t. II, p. 236), 1789. En 1822 il y avait déjà plusieurs années que le fourneau de Rothau était en non-activité à cause de la disette du combustible et du peu d'abondance des mines de Rothau (*Annales des mines* , t. VII, p. 540 ; première série).

(6) *Même mémoire, ibid.*, p. 522-525.

mont, Wildersbasch, on a exploité des minerais semblables qui étaient accompagnés d'*ocre*, de *fer hydraté* et de *minette* (1).

Sous le nom de mines de Framont sont comprises les exploitations de Grand-Fontaine, où l'on tire une mine rouge et une mine grise, qui est un fer spathique ; de Metzyer, où l'on extrait du fer oxidé rouge et une *mine jaune* qui est un *fer hydraté* compacte entremêlé quelquefois d'argile et de débris de roche ; cette mine jaune présente des géodes d'*hématite brune*, dans lesquelles pendent fréquemment des masses stalactiformes de la même substance. Dans les mines de Framont sont encore comprises la mine noire ; celle de l'Évêché, qui présente un oxide rouge mêlé de *fer hydraté* ; celle des bois de Wich, composée d'hematite rouge mamelonnée ; celle de Colbery, qui consiste en un oxide rouge mêlé *d'hydrate* (2). Ces trois dernières sont abandonnées ; toutefois parmi les mines que j'ai indiquées ici comme abandonnées, quelques-unes ont été reprises (3).

Toutes les exploitations de Framont et Rothau sont ouvertes dans le terrain de transition, il faut en excepter celle de Colbery, qui appartient au grès des Vosges.

Enfin dans cet arrondissement on a extrait des minerais de de fer sur divers points du canton de Saales, particulièrement à Sauxure. Ces exploitations sont abandonnées (4).

Arrondissement de neufchateau ; six, savoir : un à *Re-*

---

(1) En général, le mineur de Rothau appelle *minette* une mine pauvre composée en grande partie de la roche des parois, et d'un mélange de minerai de fer (Dietrich, t II, p. 216), 1789.

(2) *Notice sur les mines de fer et les forges de Framont et Rothau* ; par M. Élie de Beaumont (*Annales des mines*, t. VII, p. 526-532 ; première série), 1822.

(3) *Mines et minières métalliques abandonnées*, etc., p. 14 ; 1826.

(4) *Ibid., ibid.*

vauvois (1) , commune de Saint-Élophe ; un à *Sionne* ; tous deux dans le canton de Coussey ; un à *Villouxel* (2), construit en 1715 ; celui-ci prend ses mines sur le territoire de Morvilliers ; un sur la rivière du Vair, auprès du moulin de la Gravière, commune d'*Attigneville* (3) ; un à *Bazoilles* (4), à la perte de la Meuse, une lieue au-dessus de Neufchâteau ; ces trois derniers appartiennent au canton de Neufchâteau. Le sixième est celui de *Vrécourt* (5), village situé sur le Mouzon, dans le canton de Bulgneville.

On voit que tous les fourneaux des Vosges se trouvent aux extrémités nord-est et nord-ouest du département, et sur la limite des départemens du Bas-Rhin et de la Haute-Marne. Ceux de l'arrondissement de Neufchâteau sont alimentés par des minerais de *fer hydraté* extraits dans leurs environs, et que parfois on traite en mélange avec des minerais de la Haute-Marne pour améliorer les produits (6).

Haute-Saône.

Le département de la Haute-Saône est un de ceux où le *fer*

---

(1) *Autorisé* par ordonnance du 5 octobre 1825 (*Annales des mines*, t. XII, p. 591 ; première série).

(2) Maintenus (ceux de Sionne et de Villouxel) avec les patouillets et lavoirs qui en dépendent, par une ordonnance du 1er septembre 1824 (*Annales des mines*, t. IX, p. 946 et 947 ; première série).

(3) Maintenu par ordonnance du 27 décembre 1826 (*idem*, t. II, p. 635 ; deuxième série).

Une ordonnance du 15 juillet 1829 autorise l'établissement d'un bocard et d'un patouillet dans la commune et sur le ruisseau d'Attigneville, à la place du haut-fourneau qui y existait autrefois (*Bulletin des lois*, n° 323, p. 558 ; n° d'ordre, 12,832). Voir aussi : *Annales des mines*, t. VIII, p. 142 ; 2e série.

(4) Maintenu par ordonnance du 24 novembre 1824 (*Annales des mines*, t. X, p. 192 ; première série).

(5) *Autorisé* par ordonnance du 15 mars 1827(*idem*, t. III, p. 183 et 184 ; deuxième série).

(6) Voyez page 62 de cette notice.

hydraté est répandu avec le plus d'abondance. Non-seulement il y alimente trente-sept hauts-fourneaux , mais encore des exportations considérables ont lieu dans d'autres départemens , à la faveur de la Saône. Les hauts-fourneaux sont ainsi répartis :

ARRONDISSEMENT DE LURE, huit ; savoir : un à *Varigney* , à trois lieues et demie de Luxeuil ; un au *Beuchau* (1) commune d'Hauteville , canton de Saint-Loup; les mines qui alimentent ce fourneau se tirent de Hauteville , Francalmont, Briencourt et Conflans , dans le même canton ; un à *Mailleroncourt-Charette*, canton de Saulx ; un au *Magny*, près et au sud-ouest de Lure ; un à *Saint-Georges ;* un à *Villersexel ;* un à *Fallon* (2) , tous trois dans le canton de Villersexel ; un à *Chagey* (3) , canton de Hericourt.

A Gourchaton , vers la partie du canton de Villersexel, qui avoisine le département du Doubs , il existe, dans le calcaire oolithique grenu , une couche de minerai de fer oolithique d'environ 1^m,25 de puissance, qui est exploitée pour les fourneaux de Magny et de Saint-Georges. Ce minerai se compose de grains pisolithiques de fer oxidé *hydraté,* de la grosseur de la cendrée, qui sont agglutinés par un ciment argilo-calcaire (4).

Ces deux fourneaux, celui de Fallon et celui de Chagey, consomment en outre du fer oligiste de Saulnot (5). Cette exploitation a lieu , comme on sait, dans la forêt communale de Saulnot, au lieu dit la *Claye-Jean-Sire ;* le minerai se trouve en amas ou en filons engagés dans des roches porphyriques et euritiques.

---

(1) DIETRICH , t. III, p. 534 et 535 ; 1799.

(2) Une ordonnance du 10 août 1825 affecte à ce fourneau trois lavoirs situés au lieu dit canton de Remail, commune d'Aroz (*Annales des mines,* t. XI, p. 493; première serie).

(3) Le fourneau de Chagey faisait autrefois partie des usines d'Audincourt (Doubs), (*Journal des mines,* t. XIII, p. 148) 1802.

(4) *Notice géologique sur les environs de Saulnot* (canton de Héricourt; arrondissement de Lure) ; par M. THIRRIA (*Annales des mines,* t. XI, p. 412, première série), 1825.

(5) *Ibid.*, p. 393.

Les mines de fer situées dans les communes de Saulnot, Cha-
vannes et Villers-sur-Saulnot, ont été concessionnées par ordonnance du 1er février 1831 (1). L'ensemble de la concession
porte le nom de *Concession de Saulnot*. Jusque là ces mines
avaient été exploitées en vertu d'un décret du 6 février 1810,
pour le compte des trois communes que je viens de nommer (2).

Les mines de fer oligiste de Servance (canton de Mélisey)
sont tenues aussi d'approvisionner les fourneaux de Magny et de
Saint-Georges (3).

Je citerai enfin dans cet arrondissement la mine de fer d'Op-
penans (4), canton de Villersexel.

ARRONDISSEMENT DE VESOUL, neuf, savoir : un à *Betaucourt*,
canton de Jussey, à sept lieues au nord-ouest de Vesoul, et près
du département de la Haute-Marne; un à *Breurey-les-Sorans* (5),
sur le cours de la Buthier; canton de Ryoz ; un à *Conflandey*, sur
la Saône, canton de Port-sur-Saône ; un à *Scey-sur-Saône* (6),
un à *Vy-le-Ferroux* ; un à *Baigne*, à deux lieues un quart de
Vesoul, tous trois dans le canton de Scey ; un à *Bonnal-Chas-
sey-les-Mines*, à trois lieues au sud de Vesoul ; un à *Loulans*,
et un à *Larians*, sur l'Oignon ; tous trois sont dans le canton de
Montbozon.

Les fourneaux de Loulans et Larians coulent des objets en
fonte extrêmement délicats. Ils tirent les excellens minerais qu'ils
consomment de divers points du département du Doubs, particu-

---

(1) Insérée au *Bulletin des Lois*, n° 55 , p. 328, n° d'ordre 1411.

(2) *Journal des mines*, t. XXVIII, p. 408 et 409.

(3) Voir l'ordonnance du 5 avril 1827, qui concessionne les mines de Servance (*Annales des mines*, t. III, p. 188; deuxième série).

(4) Concessionnée par ordonnance du 6 juin 1830, insérée au *Bulletin des
lois*, n° 359, p. 384 ; n° d'ordre, 14,581. Voir aussi : *Annales des mines*,
t. VIII, p. 292; deuxième série).

(5) *Autorisé* par ordonnance du 7 décembre 1825 (*Annales des mines*,
t. XII, p. 566; première série).

(6) Maintenu par ordonnance du 2 avril 1828 (*Annales des mines*, t. V,
p. 364; deuxième série).

lièrement de Battenans (arrondissement de Baume), et de Rouge-montot (arrondissement de Besançon) (1).

Je citerai dans cet arrondissement les exploitations de Calmou-tiers (2), canton de Noroy; et celle de Fleurey-les-Faverney (3), sur les bords de la Lantenne, canton d'Amance. (4)

ARRONDISSEMENT DE GRAY, dix-neuf, savoir : un à *Pesmes* (5), sur l'Oignon ; un à *Vallay* ; tous deux dans le canton de Pesmes ; un à *Batterans* (6), à une lieue est-sud-est de Gray, sur le ruisseau de Batterans ; un à *Saint-Loup* (7) ; un à *Noiron* (8), sur la Tenise, tous trois dans le canton de Gray ; un à *Échalonge*, à deux lieues de Gray ; un à *Pont-de-Planches* ou *la Romaine* ; un à *Etravaux*, commune de Grencourt ; un à *Vellexon* ; un à *Seveux* et un à *Beaujeux* ; tous les cinq dans le canton de Frêne-Saint-Mametz; un à *Bley*, un à *Autrey*, un à *Monthureux-les-Gray* ; tous trois dans le canton d'Autrey, renommé pour l'excellente qualité de ses mines ; un à *Trécourt*, à peu de distance de Champlitte ; un à *Vauconcourt*, à huit lieues de Gray, sur la route de Gray à Combeau-Fontaine ; un à *Renaucourt* ; un au *Crochot*, et un à *Dampierre-sur-Salon*, ces quatre derniers dans le canton de Dampierre.

L'extraction du *fer hydraté* a lieu sur une multitude de points

---

(1) *Annales des mines*, t. 8, p. 280 et 281 ; deuxième série.

(2) Concessionnées par ordonnance du 16 juillet 1828 (*Annales des mines*, t. VI, p. 482 ; deuxième série).

(3) Concessionnées par ordonnance du 16 mai 1827 (*ibid.*, t. III, p. 343 et 344 ; deuxième série).

(4) Voyez, au *département du Doubs*, quelques minières qui approvisionnent les fourneaux de Fallon, Larians et Loulans.

(5) Voir l'*Analyse des minerais de Pesmes* par M. VAUQUELIN (*Journal des mines*, t. XX, p. 384-400), 1806.

(6) *Autorisé* par ordonnance du 27 décembre 1826, ainsi qu'un patouillet et quatre lavoirs (*Annales des mines*, t. II p. 636 ; deuxième série).

(7) Voir une ordonnance en date du 8 février 1826 (*ibid.*, t. XIII, p. 538 ; première série).

(8) *Autorisé* par ordonnance du 29 décembre 1824, ainsi qu'un patouillet et deux lavoirs à bras (*Annales des mines*, t. X, p. 397 ; première série).

du département de la Haute-Saône. Je vais présenter les opinions émises sur ces minières en général.

A quelques myriamètres de Saulnot, dit M. Thirria (1), se développe la formation d'argile avec minerais en grains, formation qui est une des richesses de la Franche-Comté. Les exploitations ont lieu particulièrement à Fallon, Uzelle, Pussans, Autrey, Maikeroncourt, Louhans, etc. Cette formation, rapportée long-tems au terrain tertiaire ou d'alluvion, est considérée, par M. Thirria, comme formant le quatrième étage du calcaire jurassique. Les minerais sont composés de grains de fer oxidé-*hydraté*, dont la grosseur varie depuis celle du millet jusqu'à celle d'un gros pois. Le minerai de fer, dit *mine en roche*, forme des couches subordonnées dans des marnes qui sont le plus souvent noirâtres, très-schisteuses, tenaces et peu coquillières (2) : nous allons revenir tout-à-l'heure sur cette espèce de mine.

M. Charbaut ne partage pas l'opinion de M. Thirria sur les minerais de fer de la Franche-Comté. Des excavations irrégulières, dit-il (3), désignées par les maîtres de forges sous le nom de *sacs*, sont quelquefois remplies de mine de fer en grains, que je considère comme appartenant à une alluvion marine, composée de lits successifs et irréguliers de mine de fer, d'argile, de sable et de terre graveleuse, qui aurait couvert toute la Franche-Comté immédiatement après la retraite des eaux qui ont dû creuser les cavités que la mine remplit.

Il est fort remarquable que ces dépôts soient très-abondans dans les parties basses de la province, surtout entre les rivières de l'Oignon et de la Saône, où ils donnent lieu aux exploitations qui fournissent le fer de France le plus propre à la tréfilerie, mais

----

(1) *Notice géologique sur les environs de Saulnot*, Haute-Saône, par M. Thirria (*Annales des mines*, t. XI, p. 413-416 première série), 1825.

(2) *Notice sur les grottes d'Echenoz et de Fouvent*, Haute-Saône, par M. Thirria (*Annales des mines*, t. V, p. 4 et 5, deuxième série), 1829.

(3) *Mémoire sur les terrains de la chaîne Jurassique*, par M. Charbaut (*Annales des mines*, t. XIII, p. 192 et 194, première série), 1826.

que sur les montagnes, d'où sans doute ils auront été enlevés
pour être accumulés dans les plaines en lits nouveaux superposés
aux premiers, il ne reste rien de ces dépôts que dans les excavations qui pouvaient les préserver de l'action des courans (1).
La terre végétale y repose à nu sur les terrains jurassiques.

A la séparation des massifs de marnes et de calcaires durs,
on trouve, dans chaque étage, des bancs de mine de fer. Cette
mine, particulière à ces terrains, a généralement une contexture
oolithique ; elle est composée de petits grains d'oxide de fer
ronds, égaux, et souvent lisses comme de la poudre de Suisse,
qui sont assemblés dans une marne bleue ou jaune d'ocre, ou
dans un calcaire jaune ou rouge foncé. Souvent, dans la variété
calcaire, les grains perdent leur forme ronde ; ils deviennent
anguleux et sublamellaires ; la roche passe au calcaire grenu
ferrugineux, d'un rouge très-foncé ; la variété marneuse se désa-
grège promptement à l'air, et tombe en sable ferrugineux susceptible d'être lavé.

Cette mine de fer, que les maîtres de forges désignent sous
les noms de *mine en roche*, en *sable* ou en *poussière*, a quelquefois été confondue par les minéralogistes avec la mine en
grains proprement dite ; mais outre leur formation géologique,
qui établit entre elles une séparation si tranchée, leur qualité ne
les distingue pas moins. La mine oolithique produit un fer bien
inférieur à celui de la mine en grains.

Le minerai de la Haute-Saône n'alimente pas seulement les
usines du département, et en partie celles des départemens voisins (2), d'énormes exportations ont lieu, et surtout ont eu lieu (3)

---

(1) S'il y a eu des courans, la grosseur variable des grains déposés dans les
diverses localités pourrait éclairer sur la direction de ces courans.

(2) Saône-et-Loire (usines du Creusot), la plupart de ceux du Doubs, etc.

(3) Le haut prix du transport y a fait renoncer dans un grand nombre de cas
La navigation de la Saône entre Gray et Châlons appelle un prompt perfectionnement

pour les usines de la Loire. Il suffira, pour donner une idée du commerce étendu qui s'en faisait, de dire que, de 1824 à 1828, trois fourneaux seulement ont été autorisés dans le département de la Haute-Saône, et que dans le même tems plus de deux cents lavoirs, ou patouillets, ont été demandés et accordés. La seule commune de La Chapelle-Saint-Quillain, canton et arrondissement de Gray, possède environ trente établissemens de ce genre.

DIXIÈME ARRONDISSEMENT.

Haute-Marne.

Ce département et le précédent sont, en y joignant la Côte-d'Or, ceux de France où le *fer hydraté* est le plus abondant et le plus facile à extraire. Le minerai du seul département de la Haute-Marne alimente soixante hauts-fourneaux (1) ainsi répartis :

ARRONDISSEMENT DE LANGRES, cinq; savoir : un à *Farincourt*, canton du Fay-Billot, et à la limite du département de la Haute-Saône ; un à *La Folie*, commune de Couzon et sur le ruisseau de ce nom, canton de Prauthoy et à la limite du dé-

---

(1) J'ignore à quel terme l'administration compte borner la concurrence des bois dans ce département. J'ai appris qu'en 1831, dans le seul arrondissement de Vassy, quatre hauts-fourneaux avaient été *autorisés*. Un à *Anglus*, sur la petite rivière d'Ene, canton de Montierender ; un à *Joinville*, commune et canton de ce nom, sur la Marne ; un à *Mézières*, canton de Chevillon ; 1 à *Vaux*, sur la Blaise, canton de Vassy. Je ne ferai pas figurer ces fourneaux dans mon travail, parce j'ai voulu arrêter mon énumération au 31 décembre 1830.

J'ai indiqué ailleurs l'unique moyen de multiplier les fourneaux de cette contrée sans épuiser les bois. Ce moyen consiste dans la construction d'un chemin de fer de Gray à Saint-Dizier, chemin de fer qui permettrait d'amener la houille à un prix tel que la fabrication de toute cette contrée serait modifiée avec avantage en même tems qu'elle pourrait être considérablement augmentée. (Voyez mon *Mémoire sur le chemin de fer de Gray à Verdun*. Paris , 1831.)

(54)

partement de la Côte-d'Or; un à *Bourg*(1), canton de Longeau, sur la droite et tout près de la route de Langres à Dijon ; un à *Auberive*, et un à *Rouvres* (2), tous deux sur l'Aube et dans le canton d'Auberive.

Arrondissement de Chaumont, vingt-quatre ; savoir : cinq dans le canton d'Arc-en-Barrois, dont un à *Aubepierre* ; un à *Chevrolley*, commune de Dancevoir, tous deux sur l'Aube. Les usines d'Aubepierre et de Chevrolley tirent leur mine à Latrecé ou Latrecey, dans le canton de Chateauvilain. Les mêmes mines approvisionnent en partie celles des usines de l'arrondissement de Châtillon (Côte-d'Or), qui sont échelonnées sur l'Aube. Un à *Rochevilliers*, sur la Suize ; un à *Arc*, sur l'Aujon, petite rivière qui passe à Chateauvilain, Maranville, et va se jeter dans l'Aube, auprès de Clairvaux ; un à *Cour-l'Évêque*, sur la même rivière ; quatre dans le canton de Chateauvilain, dont un à *Chateauvilain* et un à *Marmesse*, toujours sur le cours de l'Aujon ; un à *Lanty* (3), près Dinteville, sur l'Aube ; et un à *Orges* (4), sur un petit ruisseau qui se jette immédiatement dans l'Aujon ; un sur les fontaines d'*Huys* (5), et un au lieu dit *les Vieilles-Forges* (6),

---

(1) *Autorisé* par ordonnance du 24 février 1830, insérée au *Bulletin des lois*, nᵒ 350, p. 253; nᵒ d'ordre, 14,061. (Voyez aussi *Annales des mines*, t. VIII, p. 276 ; deuxième série.)

(2) *Autorisé* par ordonnance du 6 février 1822 (*Annales des mines*, t. VII , p. 351 ; première série.)

(3) *Autorisé* par ordonnance du 29 septembre 1830 , insérée au *Bulletin des lois*, nᵒ 20 , p. 351 ; nᵒ d'ordre , 363. (Voir aussi *Annales des mines*, t. VIII, p. 302 et 303 ; deuxième série.)

(4) Une ordonnance du 20 février 1822 autorisait la reconstruction de l'ancien fourneau de Maranville (*Annales des mines*, t. VII, p. 352; première série).

Une ordonnance du 14 mai 1826 *autorise le transfert* du haut-fourneau de Maranville à Orges (*Ibid*, t. I, p. 186 et 187; deuxième série).

(5) Maintenu , ainsi que son patouillet, par une ordonnance du 24 mars 1824 (*Annales des mines*, t. IX, p. 456; première série).

(6) *Autorisé* par ordonnance du 5 décembre 1830, insérée au *Bulletin des lois*, nᵒ 31, p. 608 ; nᵒ d'ordre. 646. (Voir aussi *Annales des mines*, t. VIII. p. 312 , deuxième série).

sur le ruisseau d'Arène, tous deux dans la commune de Mon-thérie, et dans le canton de Juzennecourt ; un à *Moiron*, sur le ruisseau du Val-de-Moiron, commune de Foulain, canton de Nogent-le-Roi ; un dit *le Veultu* (1), à Orquevaux, et deux à *Manois* (2), tous deux sur la Manoise et dans le canton de Saint-Blain ; un à *Ecot* (3), et un à *Rimaucourt* (4), tous deux sur la Sueur et dans le canton d'Andelot. Viennent ensuite sept hauts-fourneaux, tous disposés sur le cours de la Marne ; ce sont les sui-vans : un à *Condes* (5), un à *Brethenay* (6), où il existait depuis long-tems un patouillet (7), et un à *Riaucourt* (8); tous trois dans le canton de Chaumont; deux à *Bologne* (9), un à *Vraincourt* (10) et un à *Froncles* ; tous les quatre appartenant au canton de Vignory.

Arrondissement de Vassy, trente-un ; savoir : un à *Roche-*

---

(1) Maintenu par ordonnance du 15 octobre 1823 (*Annales des mines*, t. IX, p. 271; première série).

(2) Voir une décision relative à ces usines en date du 3 nivose an VIII (24 décembre 1799) (*Journal des mines*, t. XI. p. 344) 1801. Je ne suis pas sûr que ces fourneaux ne soient pas à Humberville, au-dessus de Manois.

(3) Maintenu par ordonnance du 7 juillet 1824 (*Annales des mines*, t. IX, p. 750; première série).

(4) Maintenu par ordonnance du 21 juillet 1819 (*Annales des mines*, t. IV, p. 660 et 661 ; première série).

(5) C'est l'ancien fourneau de *Marault* transporté à Condes, en vertu d'une ordonnance du 24 avril 1819 (*Annales des mines*, t. IV , p. 505 et 506 ; pre-mière série).

(6) *Autorisé* par ordonnance du 29 septembre 1830 , insérée au *Bulletin des lois*, n° 20, p. 351; n° d'ordre, 360. (Voyez aussi : *Annales des mines*, t. VIII, p. 303 ; deuxième série.)

(7) Maintenu par ordonnance de même date (*idem* , p. 302).

(8) Maintenu par ordonnance du 22 juin 1825 (*Annales des mines*, t. XI, p. 157 ; première série).

(9) Le premier maintenu par ordonnance du 22 juin 1825 (*ibid.*).

Le second *autorisé* par ordonnance du 6 juin 1827 (*ibid.*, t. III, p. 346 ; deuxième série).

(10) Maintenu, ainsi que son patouillet, par ordonnance du 23 septembre 1825 (*Annales des mines*, t XI, p. 507 ; première série).

sur-*Rognon*, un à *Saucourt* et un à *Donjeux*, tous trois sur le Rognon et dans le canton de Donjeux. Viennent ensuite six hauts-fourneaux, concentrés dans le canton de Sailly ; les cinq premiers sont échelonnés sur le Rongeant dans l'ordre suivant : un à *Thonance-les-Moulins*, deux à *Noncourt*(1), un au *Vieux-Noncourt*, un à *Poissons ;* le sixième est celui d'*Echenay*, sur la Saulx. Le canton de Joinville n'en renferme qu'un, c'est celui de *Thonance-sous-Joinville* (2), sur le ruisseau de Montreuil. En se dirigeant vers la partie supérieure de la vallée de la Blaize, on trouve sur le Blaizeron le fourneau de *Charmes-en-l'Angle* et celui de *Charmes-la-Grande* (3), qui appartiennent tous deux au canton de Doulevent, et là commence la série de fourneaux qui sont pressés sur le cours de la petite rivière de Blaize ; savoir : un à *Cirey-le-Château* (4), un à *Doulevent*, tous deux dans le canton de ce nom; un à *Dommartin-le-Franc*, un à *Tempillon*, commune de Ragecourt ; un à *Brousseval* (5), deux au *Chatelier*, un au *Buisson*, un à *Allichamps ;* ces sept derniers appartiennent au canton de Vassy. Le dernier fourneau, que l'on rencontre sur la Blaize, est celui d'*Eclaron* (6), canton de Saint-Dizier. Remontant maintenant la Marne, nous trouvons, dans le même canton de

---

(1) Le premier maintenu, ainsi que ses bocards, par ordonnance du 13 août 1823 (*Annales des mines* , t. VIII, p 928 ; première série).

Le second, *autorisé* par ordonnance en date du 2 avril 1828 (*ibid.*, t. V, p. 549 ; deuxième série).

(2) Maintenu ainsi que ses bocards par ordonnance du 18 janvier 1826 (*ibid.*, t. XIII, p. 526 ; première série).

(3) Maintenu par ordonnance du 17 janvier 1821 (*ibid.*, t. VI, p. 353 ; première série).

(4) *Ibid., ibid.*

(5) Les roues et le bocard de ce fourneau, contruit en 1799, sont alimentés par l'abondante fontaine du Hautesan, qui a sa source à une portée de fusil de la Blaize, et verse ses eaux dans cette rivière, immédiatement après avoir fait mouvoir les divers artifices de l'usine.

(6) *Autorisé* ainsi qu'un bocard et un patouillet, par ordonnance du 31 décembre 1830 , insérée au *Bulletin des lois*, n° 47, p. 176 ; n° d'ordre, 1,205. (Voir aussi *Annales des mines*, t. VIII, p. 315 ; deuxième série.)

Saint-Dizier, un fourneau au *Clos-Mortier* et un à *Marnaval*, un
à *Chamouillet-Bas* et un à *Chamouillet-Haut*. Enfin , et toujours
sur la Marne , deux à *Eurville*, un à *Bienville* et un à *Bayard*.
Un petit ruisseau, qui descend d'Osne-le-Val , fait marcher le
fourneau de *Curel* (1). Ces cinq dernières usines dépendent du
canton de Chevillon. Dans le canton de Vassy, et autour d'un
petit village qui porte encore le nom de Bailly-les-Forges, on
trouve en assez grande abondance des scories qui indiquent
l'existence d'anciennes forges à bras.

En rassemblant tout ce que je viens de dire, on voit que si l'on
remonte la Marne depuis Saint-Dizier jusqu'à Chaumont (18
lieues de poste), on rencontrera quinze hauts-fourneaux, et
que si l'on remonte la Blaize depuis Eclaron jusqu'à Cirey (7 à
8 lieues de poste), on en rencontrera dix.

On peut réduire à trois sortes les mines du département de la
Haute-Marne , 1° *les mines en grains ;* 2° les mines en fragmens
irréguliers de différentes grosseurs , qu'on exploite à d'assez
grandes profondeurs , et qu'on appelle dans le pays *mines en roche ;* 3° celles qui participent des deux états , et portent, en conséquence, le nom de *demi-roche* (2). Les mines en grains sont les
plus abondantes.

La mine en roche s'exploite à Thonance-sous-Joinville, Montreuil, Noncourt, Pencey , et surtout à Poissons, dans le canton
de Sailly, à cinq kilomètres sud-est de Joinville. Là l'exploitation a lieu à ciel ouvert (3) dans les profondes excavations du calcaire du Jura.

---

(1) *Autorisé* par ordonnance du 18 avril 1830 , insérée au *Bulletin des
lois,* n° 357 , p. 365 ; n° d'ordre 14,539. (Voyez aussi *Annales des mines ,*
t. VIII, p. 285 ; deuxième série.)

(2) *Statistique minéralogique du département de la Haute-Marne ,* par
MM. Rozière et Houry (*Journal des mines,* t. XVII, p. 413 et 419 ,
1804—1805.

(3) *Sur l'exploitation des mines en masse* par M. Baillet (*Journal des
mines,* t. VII-VIII, p. 496 et 520), 1797-1798.

La mine, dite demi-roche, se trouve à Bettancourt, Dammartin, etc. , sur la rive droite de la Blaize. En général, ces mines s'exploitent comme celles en grains , à la surface, ou très-près de la surface. Ces dernières se tirent sur une multitude de points , à Dommartin -le-Franc ; dans les bois de la Belle-Faysse ; au Buisson-Rouge, près Vassy ; dans la forêt du Der ; à Narcy et Montgérard , le premier point sur la rive droite , le second sur la rive gauche de la Marne , et tous deux près Saint-Dizier.

Un nombre considérable de lavoirs, qui consistent en général en un bocard et un patouillet, sont employés au lavage de toutes ces mines. Il est rare, dans ce département, qu'on ne trouve pas, attenant à un fourneau, l'appareil destiné au lavage du minerai. Cependant il y a quelques-uns de ces bocards qui sont destinés au commerce. Je citerai ceux qui sont près de Joinville (1), sur le Rongeant ; ceux de Montreuil-sur-Thonance (2), canton de Donjeux, et ceux qui se trouvent sur le ruisseau de la Combe-de-Bonneval (3), commune de Saint-Urbain, dans le même canton ; ceux de Saudron (4), sur le ruisseau du même nom, canton de Sailly ; du lieu dit *sous Bussy* (5), commune de Vecqueville, canton de Joinville ; etc.

---

(1) Autorisés par une ordonnance du 26 septembre 1821, qui est modifiée par une autre du 22 mars 1826 (*Annales des mines,* t. VI, p. 629 ; première série, et t. I, p. 185 ; deuxième serie).

(2) Maintenus par une ordonnance du 7 mai 1823 (*idem,* t. VIII , p. 635, première série).

(3) Autorisés par ordonnance du 5 mai 1830, insérée au *Bulletin des lois,* n° 357, p 365 ; n° d'ordre, 14,542. (Voyez aussi *Annales des mines,* t. VIII, p. 288 ; deuxième série.)

(4) Autorisés par ordonnance du 29 mai 1830 , insérée au *Bulletin des lois,* n° 357, p 366 ; n° d'ordre , 14,545. (Voir aussi *Annales des mines* , t. VIII, p. 292 ; deuxième série.)

(5) Autorisés par ordonnance du 30 janvier 1831 , insérée au *Bulletin des lois,* n° 60, p. 406 ; n° d'ordre, 1,530. (Voir aussi *Annales des mines,* t. VIII, p. 141 ; deuxième série.)

Les produits de ceux qui ne dépendent pas directement d'une usine se rendent à quelques fourneaux voisins. La seule exportation que je connaisse, avec celle des mines de Chevrolley (voy. p. 54), est l'exportation qui a lieu pour le fourneau de Villouxel (1) (Vosges), auquel le minerai revient fort cher par suite des transports. Il paraît que cet établissement est forcé à ce sacrifice, car il y a long-tems qu'il le fait. On lit dans Dietrich (2) :

« Le fourneau de Villouxel se procure de la mine de Poissons en Champagne, à six lieues de distance. Elle coûte dix-huit livres la queue rendue au fourneau, outre vingt sous de droits. »

Côte-d'Or.

M. Héron de Villefosse avait indiqué trente-cinq hauts-fourneaux, tant en activité que hors d'activité , existant dans la Côte-d'Or au commencement de 1826. Huit hauts-fourneaux ayant été autorisés depuis, dans ce département, il s'en trouve aujourd'hui quarante-trois , tous alimentés par le minerai de *fer hydraté*. Ils sont ainsi distribués :

ARRONDISSEMENT DE CHATILLON-SUR-SEINE, dix-neuf, savoir : à *Veuxaules-la-Fenderie*, un à *Veuxaules*, à la limite du département de la Haute-Marne, et un à *Montigny* (3), tous trois sur la rivière d'Aube; un à *Belan*, et un à *Champigny*, tous deux sur l'Ource. Les cinq fourneaux que je viens de nommer dépendent du canton de Montigny. Viennent ensuite dix hauts-fourneaux concentrés dans le canton de Châtillon-sur-Seine, savoir : un à *Nod*, un à *Chamesson*, un à *Ampilly-le-*

---

(1) *Voyez* page 47 de cette notice.

(2) *Description des gîtes de minerai et des forges de la Lorraine*, par DIETRICH, t. III, p. 530, in 4°; 1799.

(3) Voir une ordonnance du 15 octobre 1823 (*Annales des mines*, t. IX, p. 270 , 1re série).

Sec (1)*;* trois à *Sainte-Colombe* (2), tout près de Châtillon, tous les six sur le cours de la Seine ; un à *Vanvey*, un à *Maisey-le-Duc*, un à *Villote* et un à *Pruxly*.

Un à *Larrey*, dans le canton de Laigues, sur un étang, à deux lieues et demie ouest de Châtillon ; un à *Froidvent* et un à *Voulaine*, tous deux sur l'Ource ; un à *Essarois*, sur la Digenne, ces trois derniers dans le canton de Recey. On voit, en récapitulant ce que je viens de dire, que la seule petite rivière d'Ource fournit ses eaux à huit hauts-fourneaux dans l'arrondissement de Châtillon-sur-Seine.

Treize fourneaux (3) appartiennent à la compagnie des forges de Châtillon-sur-Seine, et alimentent la belle forge à l'anglaise qui a été construite en 1825 près de cette ville.

La mine qui alimente les fourneaux de cet arrondissement est de la mine *en grains fins;* on l'extrait principalement dans les environs d'Étrochey et de Sainte-Colombe (canton de Châtillon) pour les fourneaux de la Seine et en partie pour ceux de l'Ource, qui en tirent aussi des environs de Belan, des environs de Thoi et sur le plateau de Courban et de Loêsme (canton de Montigny). Ces dernières exploitations fournissent en outre une partie des minerais qui se consomment dans la vallée de l'Aube ; nous avons

---

(1) Voir une ordonnance du 25 janvier 1828, relative au haut-fourneau et au patouillet d'Ampilly-le-Sec (*Annales des mines*, t. IV, p. 514; deuxième série).

(2) Voir une ordonnance du 11 février 1824 (*ibid.*, t. IX, p. 427 ; première série).

(3) *Enquête sur les fers*, p. 78. In-4° ; 1829. Ces treize fourneaux sont les suivans :

Côte d'Or, *Arrondissement de Châtillon.* Larrey, Montigny, Vanvey, Voulaine, Vilotte, Nod, et les trois de Sainte-Colombe.

Arrondissement de Semur. Celui de Buffon.

Yonne. *Arrondissement de Tonnerre.* Les deux fourneaux d'Aizy-sous-Rougemont.

Haute-Marne. *Arrondissement de Chaumont.* Celui de Chevrolley.

dit (page 54) que c'était dans la Haute-Marne qu'elles complétaient leur approvisionnement.

ARRONDISSEMENT DE DIJON ; dix-sept, savoir : un à *Cussey-les-Forges*, sur la Thil, canton de Grancey ; un au lieu dit le *Moulin de Nontot* (1), dans la commune de Curtil-Vergy, près Val-Suzon, canton de Saint-Seine ; un à *Pellerey* sur l'Ignon, dans le même canton (2). Viennent ensuite six hauts fourneaux, concentrés dans le canton d'Is-sur-Thil, savoir : un à *Thil-Châtel*, sur la grande route de Langres à Dijon, et sur la Thil ; un à l'*Abergement-Moloy* ; un à *Moloy* ; un à *Diney*, et un à *Tarsul* ou *le Compasseur*, tous les quatre sur le cours de l'Ignon ; puis un à *Villecomte*, sur Belle-Fontaine. Le canton de Selongey n'en possède qu'un, c'est celui de *Vernois*, sur un petit ruisseau qui se jette dans la Thil, au village de Lux. Passant de là dans le canton de Fontaine-Française, nous trouvons le fourneau de *Fontaine-Française* sur les étangs formés par le ruisseau de Torcelle, et celui de *Lycey* sur la Vingeanne. Un à *Rome-sous-Bèze* (3), qui a été autorisé à la condition de marcher au coke ; un à *Noiron-sous-Bèze* (4) ; un à *Bezuotte*, tous trois sur la Bèze et dans le canton de Mirebeau (5) ; un à *Drambon* (6), dans

---

(1) *Autorisé* par ordonnance du 25 juin 1828 (*Annales des mines*, t VI, p. 468 ; deuxième série).

Il n'est pas encore construit.

(2) Il paraît, d'après les renseignemens qui m'ont été fournis que c'est ce ce fourneau de *Pellerey* qui doit être transporté au Val Suzon ; l'ordonnance que j'ai citée ci-dessus ne le dit pas.

(3) *Autorisé* par ordonnance du 16 septembre 1829, ainsi qu'un patouillet et quatre lavoirs à bras (*Bulletin des lois*, n° 525, p. 560 ; n° d'ordre. 12,849). Voir aussi *Annales des mines*, t. VIII, p. 155 ; deuxième série.

(4) *Autorisé* par ordonnance du 28 mai 1829 (*idem.*, t. VIII, p. 155 ; deuxième série).

(5) Les fontes de Bezuotte et de Fontaine-Française sont au premier rang parmi les fontes de Franche-Comté qui sont propres à la seconde fusion.

(6) Voir une ordonnance du 21 juin 1826, qui est relative à cette usine (*Annales des mines*, t. 1er p. 190, deuxième série). Voir aussi l'*Analyse des mines*

le canton de Pontaillier ; il est aussi sur le petit cours d'eau de la Bèze ; un à *Fauverney* (1), canton de Genlis : il est sur la rivière d'Ouche et sur la grande route d'Auxonne à Dijon.

On extrait dans cet arrondissement deux espèces de mines, l'une et l'autre à la surface et dans une alluvion. *La première,* semblable à la mine de Comté, est pisolithique, et fournit du fer de première qualité ; elle commence à se montrer à Magny-sur-Tille (canton de Jenlis), s'étend jusqu'à Crimolois (sur la grande route de Dijon à Auxonne), et alimente les fourneaux de Brazey et de Fauverney. A Charme, dans le canton de Mirebeau ; elle alimente les fourneaux de Bezuotte, Drambon et Noiron. Elle se retrouve encore dans le canton de Fontaine-Française, où on l'extrait pour les fourneaux de Fontaine-Française et de Lycey. *L'autre,* semblable à celle de l'arrondissement de Châtillon, est extraite à Orrain, Sacquenay et environs pour l'approvisionnement des usines de la Tille et de l'Ignon.

ARRONDISSEMENT DE BEAUNE, quatre, savoir : un à *Meix-Beaudaux* (2), commune de Brazey-en-Plaine ; un à *Brazey* (3), canton de Saint-Jean-de-Losne ; un à *Lacanche*, canton d'Arnay, sur la route de Paris à Lyon ; un à *Veuvey-sur-Ouche*, canton de Bligny, et sur les bords du canal de Bourgogne.

---

et des fontes de Drambon, par VAUQUELIN (*Journal des mines,* t. XX, p. 38? et 591), 1806.

(1) Ce fourneau marche au coke ; il a été *autorisé,* ainsi que deux patouillets, par ordonnance du 8 août 1827 (*Annales des mines,* t. IV, p. 152, deuxième série).

(2) Une ordonnance en date du 26 avril 1826, avait *autorisé* la construction d'un haut-fourneau à *Argilly,* à la jonction des rivières de Muzin et Prémeaux, canton de Nuits (*Annales des mines,* t. I, p. 185 ; deuxième série). Une ordonnance du 4 mars 1830 autorise à Brazey-en-Plaine la construction du fourneau d'Argilly (*ibid.,* t. VIII, p. 277 ; deuxième série). Il n'est pas encore construit.

(3) *Autorisé* par ordonnance du 6 septembre 1826 (*Annales des mines,* t. I, p. 549 ; deuxième série).

ARRONDISSEMENT DE SEMUR, trois, savoir : deux à *Buffon* (1), sur l'Armançon, canton de Montbard ; et un dans le même canton, sur la rivière de Serin, au lieu dit *le Moulin-au-Lièvre* (2), commune de Précy-sous-Thil.

Dans la plaine de Saint-Thibaud (Auxois), on trouve des minerais en grains, accompagnés de chaux phosphatée (3). Toutes les montagnes situées entre Avallon et Vezelay présentent, à peu près aux trois quarts de leur hauteur, des plateaux très-peu inclinés sur lesquels s'élèvent de distance en distance des tertres dont les flancs sont escarpés, et dont le sommet est encore un plateau. Sur le sol du premier étage des plateaux, on trouve beaucoup de silex presque résinites, et de minerais de fer, qui appartiennent sans doute au calcaire marneux. Parmi ces minerais, les uns sont en grains, ou oolithiques ; les autres, en masses irrégulières qui ressemblent à un grès fortement mélangé de fer oxidé ou de *fer hydraté ;* quelques-unes de ces masses renferment des cavités remplies de *fer hydraté* pulvérulent (4).

A Varennes, près Beaune, on extrait depuis peu de tems des minerais en grains, qui rendent vingt à vingt-deux pour cent ; ils se trouvent assez éloignés des diverses usines de l'arrondissement, mais ils peuvent arriver facilement au bord du canal du centre à Chagny, et être mis à Torcy, par ce canal, à la disposition des usines du Creusot, qui en tirent déjà sur divers points des environs de Remigny.

De tous côtés, dans le département de la Côte-d'Or, sont des

---

(1) Le premier remonte au-delà de 1769.

Le second a été *autorisé* par une ordonnance du 2 avril 1829 (*Annales des mines*, t. VII, p. 489 ; deuxième série). Il n'est pas encore construit.

(2) *Autorisé*, ainsi qu'un patouillet, par ordonnance du 20 janvier 1830 (*ibid.*, t. VIII, p. 270 ; deuxième série). Il n'est pas encore construit.

(3) *Notice géognostique sur quelques parties de la Bourgogne*, par M. DE BONNARD (*Annales des mines*, t. X, p. 235 et 236, première série).

(4) Suite du même Mémoire. *Ibid.* p. 435 et 436.

patouillets destinés au lavage des minerais en grains ; tels sont ceux
de Sainte-Colombe (1), d'Etrochey (2), de Lamarche-sur-
Saône (3) ; de Villotte (4), de Thoires (5), de Magny-sur-
Tille (6) sur les bords de la rivière de Norge, etc.

Yonne.

Ce département ne comprend que quatre hauts-fourneaux, situés
dans l'

ARRONDISSEMENT DE TONNERRE, savoir : un à *Ancy - le-
Franc* (7) ; celui de *Frangey* (8), commune de Vireaux ; deux à
Aisy-sous-Rougemont (9) ; tous quatre dans le canton d'Ancy-
le-Franc, et sur les bords du canal de Bourgogne. Chacun

---

(1) Autorisés par ordonnance du 6 février 1822 (*Annales des mines,*
t. VII, p. 347 ; première série).

(2) Maintenus par ordonnances des 22 janvier 1823 et 17 août 1825 (*Annales des mines,* t. IX, p. 423, et t. XI, p. 497, première série).

(3) Autorisé par ordonnance du 27 juin 1827 (*ibid.,* t. III, p. 357.
deuxième série).

(4) Maintenu par ordonnance du 28 août 1827 (*ibid.* t. IV, p. 164 ; deuxième
série).

(5) Maintenu par ordonnance du 1ᵉʳ juin 1828 (*ibid.* t. VI, p. 334 ; deuxième
série).

(6) Autorisés par ordonnance du 6 décembre 1829 (*ibid.* t. VIII, p. 252
deuxième série).

(7) *Autorisé* par ordonnance du 30 janvier 1822 (*Annales des mines,* t. VII.
p. 344 ; première série).

(8) *Autorisé* ainsi qu'un patouillet par ordonnance du 5 mai 1824 (*ibid.* t. IX
p 600 ; première série).

(9) Un a été *ajouté* à celui qui y existait déjà, par ordonnance du 17 février
1830 (*ibid.* t. VIII, p. 275 ; deuxième série).

d'eux est muni d'un patouillet (1) pour le lavage des minerais en grains que l'on extrait dans les communes d'Aizy-sur-Armançon , canton d'Ancy-le-Franc ; de Saint-Martin-des-Champs , canton de Saint-Fargeau ; de Saint-Privé , canton de Blenau ; et dans les environs de Tonnerre.

La fonte d'Ancy-le-Franc est de très-bonne qualité (2) ; elle rivalise , dans certains cas, avec les fontes de Franche-Comté; mais elle est inégale.

ONZIÈME ARRONDISSEMENT.

Nièvre.

Les usines à fer de l'ancien Nivernais sont nombreuses. On compte dans ce département vingt-cinq hauts-fourneaux ainsi répartis :

ARRONDISSEMENT DE CLAMECY. Un seul à *Corbelin,* commune de la Chapelle-Saint-André , canton de Varzy , au nord-ouest de Varzy , et sur l'étang de Corbelin.

ARRONDISSEMENT DE COSNE. Neuf, savoir : un à *Champdoux,* commune de Sainte-Colombe-des-Bois , canton de Donzy ; un à *Guichy,* , sur l'étang de Guichy ; un à *Saint-Voitins ,* sur l'étang de Saint-Voitins , tous deux dans la commune de Vielmanay , canton de Pouilly. Viennent ensuite quatre hauts-fourneaux , dépendant du canton de la Charité, savoir : un à *Cramain ,* commune de Chasnay, sur le ruisseau de Murlin ; un à *La Vache ,* et un à *Raveau,* tous deux dans la commune de ce

------

(1) Le patouillet d'Ancy-le-Franc est autorisé par ordonnance du 5 mai 1824 (*Annales des mines,* t. IX, p. 600; première série). Une ordonnance du 15 juillet 1829 autorise l'établissement d'un patouillet à Ravières-sur-l'Armençon , en aval du moulin de Ravières, canton d'Ancy-le-Franc (*ibid.* t. VIII, p. 142; deuxième série).

(2) *Note sur la fonte d'Ancy-le-Franc,* par M. BERTHIER (*Annales des mines,* t. IX, p. 318, première série), 1824.

5

nom ; puis un à *Bourgneuf* (1) ou *Sauvage-Beaumont*, commune de Beaumont-la-Ferrière. Enfin un à *la Ferauderie*, commune de Champlemy, et un à *Premery*, sur la rivière de Vièvre, tous deux dans le canton de Premery.

C'est dans cet arrondissement que, tout près de Saint-Amand, on trouve des tas considérables de scories provenant du travail des anciens, et qui rendent jusqu'à 45 pour o/o. On en observe aussi, mais qui sont moins riches, à Colméry, dans le canton de Donzy. Colméry est un village situé sur un plateau où l'on exploite des minerais de fer en grains très-riches (2).

ARRONDISSEMENT DE CHATEAU-CHINON, trois, savoir : un à *Vandenesse* et un à *Chèvres* (3), tous deux sur le ruisseau de Vandenesse et dans le canton de Moulins-en-Gilbert ; un à *Limanton*, dans la commune et sur le ruisseau de ce nom, canton de Châtillon-en-Bazois.

ARRONDISSEMENT DE NEVERS, douze, savoir : un à *Bizy*, commune de Parigny, sur l'étang de Bizy ; un à *la Blouse*, commune de Poiseux, sur le ruisseau de la Blouze ; un à *Sauvage-Balleray* (4), dans la commune et sur le ruisseau de ce nom ; un à *Chante merle*, commune d'Urzy, tous quatre dans le canton de Pougues, un à *Charbonnière*, commune de Sauvigny, sur le ruisseau de Faye, canton de Nevers ; un à *Azy* ; un à *Cigogne*, commune de la Fermeté, sur l'étang de Cigogne ; un à *Meulot*, commune de Montigny, tous trois dans le canton de Saint-Benin-d'Azy;

---

(1) *Autorisé* par ordonnance du 27 mars 1828 (*Annales des mines*, t. 1 p. 362 ; deuxième série).

(2) *Sur la nature des scories de forges*, par M. BERTHIER (*Annales de Mines*, t. VII, p. 379 et 380; 1ʳᵉ série) 1822.

(3) *Autorisé* par un décret du 6 frimaire an 13 (27 novembre 1804) (*Journal des Mines*, t. XXVIII, p. 251).

(4) Ce fourneau a été reconstruit entièrement en 1825. On lui a donné alors 28 pieds de hauteur. La plupart des fourneaux de France, marchant au bois n'ont que 20 à 22 pieds.

un à *Parence*, sur le ruisseau d'Azy, et un à *Tabourneau*, tous deux dans la commune d'Azy-le-Vif, canton de Saint-Pierre-le-Moutiers; enfin, un à *Druy*, sur l'étang et dans la commune de ce nom, et un à *Crecy* (1), sur le ruisseau d'Acolin, ces deux derniers dans le canton de Decize.

Tous ces hauts-fourneaux sont alimentés par le minerai de *fer hydraté* que l'on extrait sur une foule de points.

En 1796, les fourneaux de Cramain, Charbonnière, Cigogne et Meulot (commune de Montigny) approvisionnaient en partie la forge de la Charnay (Allier) (2) ; aujourd'hui les fourneaux de Cramain, Raveau, Charbonnière, Meulot et Parence sont attachés à la forge de Fourchambault (3).

Cher.

J'ai rappelé, page 16 de cette notice, que le département du Cher forme avec celui de l'Indre l'ancienne province du *Berri*, dont les fers sont justement renommés pour leur qualité. Il renferme dix-sept hauts-fourneaux ainsi distribués :

ARRONDISSEMENT DE SANCERRE. Deux à *Ivoy-le-Pré* (4), canton de la Chapelle-d'Angillon, sur des étangs qui déversent leurs eaux dans la petite Sauldre.

ARRONDISSEMENT DE BOURGES, quatre ; savoir : deux à *Vierzon* (5), sur l'Yèvres, canton de Vierzon et à la limite du dépar-

----

(1) *Autorisé* par ordonnance du 29 juillet 1829 (*Annales des Mines*, t. VIII, p. 143 ; deuxième série).

(2) *Journal des mines*, t. V-VI, p. 149.

(3) Voyez page 69 de cette notice.

(4) Le premier construit en 1721.

Le second *autorisé* par ordonnance du 12 septembre 1826 (*Annales des Mines*, t. 1er, p. 551 ; deuxième série). Ce second fourneau n'a pas été construit.

(5) Ces deux fourneaux de *Vierzon*, joints à ceux de *Lille*, *Bonneau*, et à celui du *Noyer*, tous trois dans l'Indre, forment les cinq fourneaux dont il est fait mention p. 138 de l'*Enquête sur les fers*. In-4°, 1829.

tement de Loir-et-Cher ; ils ont été construits en 1775, et tirent leurs mines en partie à Saint-Florent, en partie à la Magdeleine. Un à *Mareuil*, sur l'Arnon, canton de Charost et à la limite de l'arrondissement de Saint-Amand : il tire aussi ses minerais de Saint-Florent et points environnans ; un à *Precy*, près des sources de la Vauvise, canton de Sancergues : il a été construit en 1652, et se trouve à l'ouest du département, dans la partie où sont concentrées presque toutes les usines du Cher.

ARRONDISSEMENT DE SAINT-AMAND-MONT-ROND, onze, savoir : sept échelonnés dans la vallée de l'Aubois sur la limite du département de la Nièvre, ce sont les suivans : un à *Grossouvre*, commune de la Chapelle-Hugon ; un à *Salles*, construit en 1785 : il appartient à la commune de Laguerche et est alimenté par un étang dont les eaux s'écoulent dans l'Aubois ; un à *Laguerche* ; un à *Chantey*, construit en 1657 sur un étang qui se trouve sur la rive droite de l'Aubois ; deux à *Torteron* (1), commune de Patinges, à une demi-lieue au-dessus de l'embouchure de l'Aubois dans la Loire : ces six fourneaux dépendent du canton de Laguerche. Le septième est celui de *Feularde*, commune de Mine-tou-Couture ; il a été construit en 1650, sur un ruisseau qui, après avoir traversé cinq étangs, se jette dans l'Aubois. Viennent ensuite quatre hauts fourneaux dispersés dans d'autres parties de l'arrondissement, ce sont les suivans : un à *Meillant* ; un à *Champanges* (2), tous deux dans le canton de Saint-Amand et sur le ruisseau d'Yvernet qui afflue dans le Cher, près de Bigny ; un à *Bigny*, commune de Valnay, canton de Chateauneuf, sur le Cher et à trois lieues et demie au-dessous de Saint-Amand : ces trois fourneaux tirent leurs mines à la Peyrisse, proche Dun, sur les bords de l'Auron. Enfin un à *Forge-Neuve*, sur l'Arnon, commune de Saint-Bandel, canton de Lignières.

---

(1) Le premier construit en 1604. Le second *autorisé* par une ordonnance du 16 avril 1828 (*Annales des mines*, t. VI, p. 140 ; deuxième série). Un de ces deux fourneaux a 35 pieds de hauteur.

(2) Construit en 1779.

En 1796, les fourneaux de Precy, Torteron, Feularde, Meillant et Champanges, approvisionnaient en partie les forges de Charenton et de la Charnay, situées l'une et l'autre dans le département de l'Allier (1). Depuis, la destination de ces fontes a changé ; la belle forge de Fourchambault près Nevers est alimentée par dix hauts fourneaux, dont cinq dans le Cher et cinq dans la Nièvre (2) ; les cinq fourneaux du département qui nous occupe, dont les fontes ont cette destination, sont les deux de Torteron, celui de Laguerche, celui de Salles et celui de Feularde (3).

Toutes ces usines sont alimentées par le *fer hydraté*. Il est peu de parties de ce département qui ne recèlent du minerai en grains ou d'alluvion que l'on exploite à de très-petites profondeurs (4). J'ai déjà indiqué quelques-uns des points d'exploitation ; c'est de Pelvezin et de Noirlac (arrondissement de Saint-Amand) que les usines du Tronçais (Allier) tirent une partie de leur mine (5).

Allier.

On compte, dans ce département neuf hauts-fourneaux en y comprenant ceux qui ont été autorisés à Fins, en 1827 ; ils sont ainsi répartis :

ARRONDISSEMENT DE MONTLUÇON, trois, savoir : un à la *Papeterie*, commune de Cosne, canton d'Herisson ; il a été établi en 1792. On y emploie un minerai en grains tiré de la forêt de Dreuil, et un minerai argileux qu'on tire de Tortesais, territoire

---

(1) *Journal des mines*, t. V-VI, p. 146 et 149.

(2) *Enquête sur les fers*, p. 1. In-4° ; 1829. Voyez une ordonnance du 31 décembre 1830 , relative à Fourchambault (*Annales des mines*, t. VIII , p. 313 ; deuxième série).

(3) Voyez, p. 67 de cette notice, les cinq hauts-fourneaux de la Nièvre qui sont dans le même cas.

(4) *Mémoire sur les usines à fer du département du Cher*, par M. DE BARRAL, préfet du département (*Journ. des mines*, t. XXVI, p. 260 et 269) 1809.

(5) Voyez plus bas, arrondissement de Montluçon.

de Villefranche, près Cosne (1). Un à *Tronçais*, commune de Saint-Bonnet-le-Désert, sur un étang formé par la Sologne et par deux autres ruisseaux; il a été construit en 1788, et tire ses minerais en partie du bois de Vaux, territoire de Meaulne, en partie de Pelvezin et Noirlac (Cher) (2), comme je viens de le dire tout à l'heure. Ces minerais sont limoneux et en grains. Un à *Sologne*, commune de Saint-Bonnet-le-Désert, dans le domaine de Saint-Jean-de-Bouis, et à un quart de lieue au-dessous de la forge de Tronçais. Il a été construit en l'an II (1793-1794) (3); il consomme les mêmes mines que celui de Tronçais. On a tiré aussi du minerai en grains dans la forêt de Tronçais; mais on a été obligé d'y renoncer à cause de son peu de richesse (4).

ARRONDISSEMENT DE MOULINS, six, savoir : un à *Messarges*, canton de Souvigny, sur la petite rivière de la Queune, et près de la grande route de Moulins à Montmarault; il a été construit en 1778. Les minerais qui l'alimentent sont de nature limoneuse et hématite; on les tire à Dreuil, Bussière, Lagrue, Meslier et Gypsy, près des sources de la rivière d'Ours dans le canton de Saint-Hilaire (5); trois à *Fins* (6), dans le même canton de Souvigny; un à *Champroux* (7), commune de Pouzy, canton

---

(1) *Statistique minérale du département de l'Allier* (*Journal des mines*, t. V-VI, p. 145) 1796-1797.

(2) *Ibid.*, p. 147.

(3) *Ibid*, p. 148.

(4) *Ibid.*, p. 143

(5) *Ibid.*, p. 143 et 150.

(6) *Autorisés* par ordonnance du 16 février 1827 (*Annales des mines*, t. III, p. 182; deuxième série).

Un seul de ces trois fourneaux a été construit, et, selon toutes les apparences, il ne sera jamais allumé. Non-seulement on n'a pas trouvé le fer carbonaté sur lequel on comptait, mais la houille elle-même ne forme pas une couche, et paraît n'être là qu'en amas assez limité. Fins est un de ces nombreux exemples que devraient toujours avoir devant les yeux les bonnes gens qui, sans savoir ce qu'ils disent, récitent à tout propos la maxime des économistes : « *laissez faire, laissez passer.* »

(7) RÉTABLI par un décret du 20 février 1811 (*Journal des mines*, t. XXIX, p. 238).

de Lurcy-Levy, près de la limite des départemens du Cher et de la Nièvre ; un à *Saint-Voir* (1), canton de Neuilly, sur des étangs qui versent leurs eaux dans l'Allier ; ce dernier s'alimente avec le minerai de Châtel-Perron, canton de Jalligny, minerai connu depuis l'an III (1794-1795), et qui fut dès lors indiqué (2) comme méritant de fixer l'attention.

Saône-et-Loire.

On compte, dans ce département, onze hauts-fourneaux, répartis de la manière suivante :

Arrondissement d'Autun. Six, savoir : un à *Pereuil*, sur les bords du canal du centre, dans le canton de Couches ; celui de *Bouviers*, commune de Saint-Firmin, canton de Montcenis ; et quatre au *Creusot* (3), dans le même canton. Les usines du Creusot

---

(1) *Autorisé* par ordonnance du 27 mars 1822 (*Annales des mines*, t. VII, p. 512 ; première série).

(2) *Journal des mines*, t. V-VI, p. 144 et 145.

(3) Dans le moment où cette usine a produit le plus de fonte brute (en 1830), les quatre hauts-fourneaux étaient en activité.

Voici les quantités de fonte produite au Creusot pendant cinq années consécutives :

En 1826...............	587,005 kilogrammes.
1827...............	565,335
1828...............	2,390,659
1829...............	6,055,393
1830...............	6,684,815

Pour obtenir ces 6,684,815 kilogrammes de fonte en 1830, on a consommé 437,017 hectol. de coke, ou 65.37 par 1,000 kilogr., qui à 0 f. 55 l'un, représentent près de 36 fr. pour la dépense de combustible par 1,000 kilog. de fonte produite dans cet établissement. En comptant chaque hectolitre pour 38 kilog., c'est en poids 2.50 de coke pour un de fonte. Observons qu'au Creusot les circonstances sont défavorables, puisqu'on y traite un mélange de minerais qui ne rend guère que 21 à 24 pour cent.

ont été fondées en 1782; leurs hauts-fourneaux sont les premiers, en France, qui aient marché au coke.

Arrondissement de Charolles ; cinq, savoir : un à *Perrecy*, canton de Toulon. Il est alimenté par des minerais qui paraissent être un fer carbonaté, et qui sont tirés à une demie-lieue de l'usine. La mine est exploitée par puits de 12 à 15 mètres de profondeur, c'est une exploitation fort ancienne dans laquelle on cherche à reprendre les piliers laissés primitivement. Un à *Gueugnon* ; il est en chômage depuis plusieurs années. Un à *Beauchamp* (1), commune de Neuvy, canton de Gueugnon. Un au *Montet*, près Palinges ; c'est un fourneau très-ancien qui avait été démoli et que l'on a reconstruit en 1829 ; il tire ses minerais de Marosts au-dessus de Genelard, sur les bords du canal du centre. Enfin le *Verdrat* (2), sur la Reconce, commune de Changy, à une lieue au sud-ouest de Charolles ; il est alimenté par des minerais que l'on exploite sur divers points des environs de Charolles, particulièrement aux apports et aux mouillettes. Du reste ces minerais sont semblables à ceux de Chalencey, dont je parlerai tout à l'heure en détail.

Arrondissement de Louhans. A la limite du département du Jura, dans le canton de Beaurepaire, on a trouvé des minerais en grains qui paraissent être d'excellente qualité (3).

Arrondissement de Macon. La compagnie des mines de fer de Saint-Étienne a formé une demande en concession, pour exploiter des minerais dont le gisement a été reconnu dans la commune de Villars, sur les bords de la Saône, près Tournus (4).

On voit qu'à l'exception peut-être du fourneau de Perrecy,

---

(1) *Annuaire du département de Saône-et-Loire pour* 1829, p. 341 et 342.

(2) *Autorisé* par ordonnance du 13 avril 1828 (*Annales des mines*, t. V, p. 555 ; deuxième série).

(3) *Annuaire du département de Saône-et-Loire pour* 1829, p. 337 et 338.

(4) *Ibid.*, p. 338.

tous les fourneaux du département de Saône-et-Loire sont alimentés par le *fer hydraté*.

Indépendamment des minérais en grains que l'on extrait à Collonges sous Mont-Saint-Vincent, à Aluze, près Saint-Léger, à Remigny (1), etc., on exploite, *au-dessous du calcaire à gryphites*, à Chalencey, Épinac, Thury, Vellerot, etc., un minerai de *fer hydraté* fort remarquable. La principale exploitation est à Chalencey (2), près Couches, pour les importantes usines du Creusot. Le minerai est un *fer hydraté* oolithique à très-petits grains, répandu avec abondance dans une argile très-chargée d'oxide rouge. Il forme une couche irrégulière de un à deux mètres d'épaisseur (3). On y distingue la *mine en terre* et la *mine en roche*; celle-ci est enclavée entre deux couches de mine en terre. Pendant long-tems on a grillé la mine en roche (4), j'ignore dans quel but. Quant à la mine en terre, on a cessé de la laver (5), parce que l'argile enlevée était, à très-peu près, aussi riche que le minerai lavé restant.

Une mine pareille à celle de Chalencey s'exploite à Villebois (Ain) pour les fourneaux de Saint-Étienne ; j'y reviendrai plus loin. Enfin, d'après une note fournie à M. de Bonnard, par

---

(1) Le minerai de Remigny est celui qu'on lave au patouillet de Chagny, autorisé par ordonnance du 13 août 1828 (*Annales des mines*, t. VI, p. 491; deuxième série).

Voyez p. 63 de cette Notice, ce que j'ai dit du minerai de Varennes.

(2) On peut voir l'analyse des minerais de Chalencey et de Remigny dans le *Journal des mines*, t. XXII, p. 445 et 447 ; 1807.

(3) *Gisement du terrain d'Arkose à l'est de la France*, par M. DE BONNARD (*Annales des mines*, t. IV, p. 399 ; deuxième série), 1828.

(4) *Description d'un fourneau de grillage pour le minerai de fer employé au Creusot et à Vienne*, par MM. LAMÉ et THIRRIA (*Annales des mines*, t. V, p. 391, première série), 1820.

(5) Les lavoirs étaient établis au lieu dit *la Bonne eau*, près Couches, sur la route de Couches à Montcenis.

M. Haussmann, la même mine se retrouve au pied occidental du Hartz, près de Kallefeld et de Villers-Hausen, ainsi qu'à Mark-Oldendorf, près d'Eimbeck.

A Curgy, près d'Autun, on trouve, en filons, dans le calcaire à gryphées, une argile brune avec minerai de fer en grains et nodules de chaux phosphatée, comme à Saint-Thibaud en Auxois (1). L'ensemble des mêmes substances se retrouve près de Châteauneuf, dans le Charollais (2). Enfin, pour terminer, je rappellerai qu'à Chizeuil, Charmes et Pouriols, des exploitations de minerai de fer ont été abandonnées (3).

RÉCAPITULATION.

TROISIÈME DIVISION MINÉRALOGIQUE.

HUITIÈME ARRONDISSEMENT.

Moselle. 11

NEUVIÈME ARRONDISSEMENT (4).

Bas-Rhin. 4
Haut-Rhin. 5
Vosges. 9
Haute-Saône. 36

DIXIÈME ARRONDISSEMENT (5).

Haute-Marne. 60
Côte-d'Or 43
Yonne. 4

A reporter. 175

(1) Voyez le département de la Côte-d'Or, à la page 63 de cette Notice.

(2) *Gisement du terrain d'Arkose à l'est de la France*, par M. DE BONNARD (*Annales des mines*, t. IV, p. 408 et 410; deuxième série).

(3) *Mines et minières métalliques abandonnées, ou qui n'ont pas encore été exploitées en France*, p. 18, 1826.

(4) Cet arrondissement minéralogique comprend en outre le département de la *Meurthe*.

(5) Cet arrondissement minéralogique comprend en outre le département de *l'Aube*.

$$\text{Report.} \quad \dots\dots\dots \quad 175$$

ONZIÈME ARRONDISSEMENT.

Nièvre.	25
Cher.	17
Allier.	9
Saône-et-Loire.	11
Ensemble pour douze départemens.	237
Au commencement de 1826, M. Héron de Villefosse en indiquait, tant en activité que hors d'activité dans la troisième inspection (1).	203 (2)
Différence.	34

Explication de cette différence :

Autorisations *nouvelles*.	27

Omissions de
M. Héron de
Villefosse.

Vosges.	3	
Yonne.	1	7
Nièvre.	3	

Somme égale à la différence.	34

---

(1) La troisième division ou inspection minéralogique comprend en tout quatorze départemens.

(2) En réalité, M. Héron de Villefosse en indique 207 ; mais, comme il en compte 14 dans le département de Saône-et-Loire à une époque où il n'y en avait que dix (puisqu'il y en a eu un autorisé en 1828), j'ai dû défalquer 4 du nombre qu'il a trouvé.

QUATRIÈME DIVISION MINÉRALOGIQUE.

DOUZIÈME ARRONDISSEMENT.

Loire.

Il y a quatorze hauts-fourneaux *autorisés* dans ce département. Tous sont situés dans l'

ARRONDISSEMENT DE SAINT-ÉTIENNE , savoir : trois près Saint-Étienne , à *Janon* (1), commune de Saint-Jean-de-Bonnefont ; trois près de la *Côte-Thiollière* (2) ; trois à *Lorette* (3), commune de Saint-Genis-Terre-Noire, canton de Rive-de-Gier ; deux à *Chavannay* (4) , commune de ce nom, canton de Pelussin , et sur la limite du département de l'Ardèche, enfin trois à *Saint-Julien-en-Jarest* (5), canton de Saint-Chamond.

Beaucoup de ces fourneaux n'existent qu'en projet (6) ; néanmoins c'est à l'établissement de quelques-uns de ceux autorisés qu'est dû le grand développement donné au commerce de *fer hydraté* dans le département de la Haute-Saône. Quelques-uns

---

(1) *Autorisés* par ordonnance du 24 novembre 1821 (*Annales des mines* , t. VII, p. 157 et 158 ; première série).

(2) *Autorisés* par ordonnance de même date (*idem*, t. VII, p. 158 et 159 ; première série).

(3) *Autorisés* par ordonnance de même date (*ibid.*)

(4) *Autorisés* par ordonnance du 18 janvier 1826 (*Annales des mines*, t. XIII. p. 537 ; première série).

Un seul de ces fourneaux avait été construit, et il était déjà abandonné en 1829 (*Enquête sur les fers*, p. 189, in-4°), 1829.

(5) *Autorisés* par ordonnance du 22 février 1826 (*Annales des mines* , t. XIII , p. 539 ; première série).

(6) M. BEAUNIER n'en a cité que deux au Janon, et deux à Saint-Julien (*Enquête sur les fers*, p. 167, in-4°, 1829.)

d'entre eux consomment maintenant du fer oligiste de la Voulte (Ardèche), dont j'aurai occasion de parler tout à l'heure (1).

A Saint-Martin-la-Plaine, près Rive-de-Gier, on trouve le *fer hydraté* en masses isolées dans une terre ocreuse micacée, en couches associées à d'autres couches micacées. Le gisement de ces hydrates n'est pas assez exactement connu pour qu'on puisse affirmer qu'ils font partie du terrain houiller (2). Auprès du village de Latour, situé à peu de distance et au nord de Saint-Étienne, on tire, pour le fourneau du Janon, un minerai assez remarquable : c'est une roche houillère imprégnée d'oxide et d'*hydrate de fer* (3). Il a été découvert en 1824 ou 1825 ; M. Beaunier pense que ce minerai est très-voisin du sol houiller, mais qu'il lui est étranger (4).

On sait qu'à l'époque où furent établis des hauts-fourneaux dans l'arrondissement de Saint-Étienne, on avait compté les alimenter avec le fer carbonaté, que l'on espérait trouver en abondance suffisante ; on sait aussi que ces espérances ont été trompées, et que des recherches nombreuses ont été faites dans l'arrondissement, pour remplacer les minerais que les exploitations de Saint-Étienne ne donnaient pas. Je citerai les gîtes de minerai de fer *connèxes et non connèxes avec la houille*, situés aux environs de Villebœuf et de Fougivieux, communes de la Roche-Molière et de Saint-Genest-de-Lerpt (5), canton du Chambon. Je citerai aussi les mines de fer de Saint-Chamond (6).

---

(1) Voyez le département de l'*Ardèche*.

(2) *Annales des mines*, t. IV, p. 385 ; première série, 1819.

(3) *Notice sur un minerai de fer de Latour-en-Jarest;* par M. S. A. Rabi (*Annales des mines*, t. V, q. 317-319 ; deuxième série), 1829.

(4) *Enquête sur les fers*, p. 169, in-4°, 1829.

(5) Concessionnées par ordonnance du 13 décembre 1829, insérée au *Bulletin des lois*, n° 343, p. 137 ; n° d'ordre, 13,540. — Voyez aussi : *Annales des mines*, t. VIII, p. 257 ; deuxième série).

(6) Concessionnées par ordonnance du 1er février 1831 , insérée au *Bulletin des lois*, n° 55, p. 327 ; n° d'ordre, 1,408. Voyez aussi : *Annales des mines*, t. VIII, p. 444 ; deuxième série.

Haute-Loire.

Arrondissement de Brioude. A Grosmesnil, dans le grès qui appartient au terrain houiller des bords de l'Allier, MM. Berthier et Gueniveau ont trouvé du *fer hydraté* en morceaux globuleux (1).

Treizième arrondissement.

Doubs.

Au commencement de 1826, M. Héron de Villefosse indiquait, dans ce département, huit hauts-fourneaux en activité et quatre en non-activité. En réalité le département du Doubs possède treize hauts-fourneaux, dont trois en non-activité. Ils sont ainsi distribués :

Arrondissement de Montbéliard, deux ; savoir : un à *Pont-de-Roide*, commune et canton de ce nom ; un à *Audincourt*, commune et canton de ce nom, tous deux sur le Doubs.

Dans un rayon de deux ou trois mille mètres autour d'Audincourt, on extrait pour ce fourneau, et à quinze ou vingt mètres au plus de profondeur, des *minerais en grains* (2) sur divers points du canton, particulièrement à Bethoncourt sur les bords de l'Isel, aux Bourbets, à Nomay et à Charmont ; sur la commune de Chamesol, canton de Saint-Hippolyte ; le reste de son approvisionnement provient de l'arrondissement de Baume. Quant au fourneau de Bourguignon, il est alimenté en grande partie par des minerais de la Haute-Saône, mêlés avec des mines de Chamesol et de l'arrondissement de Baume.

---

(1) *Annales des mines*, t. IV, p. 384 et 385 ; première série.

(2) *Rapport sur les usines d'Audincourt*, par M. Brochin (*Journal des mines*, t. XIII, p. 148), 1802. M. Brochin indique ces usines comme appartenant au département du Haut-Rhin. Elles en faisaient en effet partie à l'époque où il a écrit.

Il paraît cependant que ces deux fourneaux consomment, ou ont consommé, un mélange de *fer hydraté* et de fer oligiste de Saulnot (1) (Haute-Saône).

ARRONDISSEMENT DE BAUME-LES-DAMES; trois, savoir : un à *Montagney*, sur l'Oignon, canton de Rougemont; un à la *Grâce-Dieu*, commune de Chaux-les-Passavant, sur la petite rivière de la Landen, canton de Vercel ; un au *Bief-Montot* (2) commune et canton de Clerval, sur le ruisseau dit : des forges.

Les mines exploitées dans cet arrondissement, sont de deux sortes ; les unes comme à Battenans (canton de Rougemont), Vaitte et Laissey (canton de Roulans), sont des mines en roche que l'on trouve disposées en couches dans le calcaire jurassique ; elles servent à compléter l'approvisionnement des trois fourneaux que je viens de nommer qui, du reste, tirent de la Haute-Saône au moins la moitié des minerais qu'ils consomment. Les autres sont des mines en grains que l'on extrait, particulièrement pour le fourneau du Bief-Montot, à Voillans (canton de Baume) sur la route de Clerval à Baume, et à Uzelle (canton de Rougemont); ce sont ces dernières mines qui fournissent aussi aux usines de Bourguignon et d'Audincourt (arrondissement de Montbéliard).

Le fourneau de Montagney, comme ceux d'Audincourt et de Pont-de-Roide, brûle un mélange de fer oligiste et de *fer hydraté* (3).

Je rappellerai ici que c'est de Battenans et de Rougemontot (arrondissement de Besançon) que quelques fourneaux de la Haute-Saône tirent la plus grande partie de leur approvisionnement (4).

---

(1) *Journal des mines*, t. XIII, p. 150. — Voyez aussi *Annales des mines*, t. XI, p. 393; première série.

(2) *Autorisé*, ainsi qu'un patouillet, par ordonnance du 16 juillet 1823 (*Annales des mines*, t. IX, p. 919; première série).

(3) *Annales des mines*, t. XI, p. 593; première série.

(4) Voyez pages 49 et 50 de cette Notice. — Voyez aussi : *Annuaire statistique du Doubs* pour l'an 1830, p. 220

Arrondissement de Besançon. Cinq, savoir : un à *Torpes* (1),
sur le Doubs, commune de Torpes, canton de Besançon ; deux
dans le canton de Quingey et sur la Loue ; savoir : un à *Quin-*
gey (2) et un à *Roche* (3), commune d'Arc, à la limite du département du Jura ; un à *Scey-en-Varrois* (4), sur la Loue,
canton d'Ornans ; et un à *Montcley* (5), commune de ce nom,
canton de Marchaux : ses eaux motrices sont fournies par
l'Oignon.

Cet arrondissement est pauvre en minerais de fer ; aussi les
fourneaux qu'il renferme s'alimentent-ils dans les départemens
voisins. C'est ainsi que Roche et Torpes tirent de l'arrondissement de Dôle (Jura), l'un, la totalité, l'autre la plus grande
partie de son approvisionnement, et que le fourneau de Montcley est alimenté par les minerais en grains de la Haute-Saône, et
particulièrement par ceux de Valesme, qui sont lavés dans la
commune de la Chapelle-Saint-Quillain (6) .Le surplus de l'approvisionnement du fourneau de Torpes, provient d'une couche
de *fer hydraté*, exploitée dans l'oolithe du deuxième étage jurassique sur divers points de [la commune de Vosges, canton de Besançon. C'est aussi dans cet arrondissement et dans le canton de
Marchaux, que se trouvent les exploitations de Rougemontot,

---

(1) *Autorisé* par ordonnance du 1ᵉʳ septembre 1825 (*Annales des mines*,
t. XI, p 503 ; première série).

(2) Ce fourneau n'a pas marché depuis 1766.

(3) Sa remise en activité a été *autorisée* par deux décrets, l'un du 5 thermidor an IX (24 juillet 1804), l'autre du 29 vendémiaire an XI (21 octobre 1802).
(*Journal des mines*, t. XI, p. 349 et 350 ; 1802. — t. XXVIII, p. 241 ;
1810).

(4) Ce fourneau est en non-activité depuis une époque inconnue.

(5) Rétabli par ordonnance du 3 juillet 1822 (*Annales des mines*, t. VII,
p. 629 et 630 ; première série).

(6) *Annales des mines*, t. X, p. 554, première série.

Avilley (1), etc. qui consistent en une couche de *fer hydraté* d'excellente qualité.

Arrondissement de Pontarlier. Trois, dont deux sur le Doubs, savoir : un à *Pontarlier* (2) même, et un à *Rochejean*, commune de ce nom, canton de Mouthe, à trois lieues et demie environ au-dessous des sources du Doubs. Le troisième est celui de *la Ferrière* (3), sur le Jougnenaz, commune de Jougne, et dans le même canton de Mouthe.

Les minérais de fer en grains que l'on consomme dans cet arrondissement proviennent de la Haute-Saône. Au reste, cette consommation se borne à celle du fourneau de Pontarlier, qui en tire à grands frais à peu près le quart de son approvisionnement ; le reste est extrait à Metabief (canton de Mouthe), et sur divers point du canton de Pontarlier, particulièrement à Oye et aux Fourgs. Sur ces trois points on exploite, dans le *Green-Sand* (4), une couche de minerai de *fer hydraté*. Quant au fourneau de Rochejean, il s'approvisionne en totalité à la mine des Zongevilles (canton de Mouthe), où des puits sont ouverts sur le prolongement de la couche de Metabief. Ces minerais s'emploient à Rochejean tels qu'ils sont extraits.

---

(1) Concessionnées aux propriétaires des fourneaux de Larians, Loulans et Fallon par ordonnance du 21 mars 1850, insérée au *Bulletin des lois*, n° 350, p. 254 ; n° d'ordre, 14,068. Voir aussi *Annales des mines*, t. VIII, p. 280 et 281 ; deuxième série.

(2) *Annuaire statistique du département du Doubs pour l'an* 1850, p. 220. Cet Annuaire, au reste, ne donne les noms que de sept fourneaux.

(3) Il est en non-activité depuis une époque inconnue, et le 28 juillet 1812 les propriétaires ont déclaré renoncer à leur droit de haut-fourneau.

(4) C'est le nom que les géologues donnent à l'une des couches, assez indéterminées jusqu'à présent, qui font partie d'un système que l'on observe entre l'étage supérieur des terrains jurassiques et les terrains tertiaires.

Jura.

Il existe dans ce département dix hauts fourneaux (1), dont deux en non activité. Ils sont ainsi répartis :

Arrondissement de Dôle. Cinq, tous distribués sur les bords du canal du Rhône au Rhin, savoir : un à *Foucherans* (2), commune et canton de ce nom, sur le ruisseau de la Blaine ; trois concentrés dans le canton de Dampierre-les-Fraisans, dont un à *Fraisans* (3), sur le Doubs ; un à *Rans*, sur la même rivière ; un à *Dampierre* même, auquel les eaux motrices sont fournies par deux étangs artificiels réunis par un canal ; le cinquième est celui du *Moulin-Rouge*, commune d'Andelange, canton de Rochefort, sur un étang alimenté par le ruisseau de Lavans.

C'est dans cet arrondissement et dans le canton de Dampierre que se trouvent les mines de *fer en grains*, qui alimentent non-seulement les fourneaux de Fraisans, de Rans, de Dampierre et du Moulin-Rouge ; mais encore, dans le Doubs, ceux de Roche et de Torpes. Les exploitations ont lieu particulièrement à Évans, au Rochot, communes de ce nom, et aux Cent-Arpens, commune de Dampierre. Quant au fourneau de Foucherans, il s'approvisionne en presque totalité dans la Haute-Saône ; le surplus de son approvisionnement est tiré dans le canton de Dôle, sur les communes de Biarne et de Parthey.

A l'extrémité méridionale de l'arrondissement et dans le canton de Chaumergy, on exploite sur divers points, et particulièrement dans la commune de Commenaille, un minerai limoneux, que l'on emploie aux fourneaux de Clairvaux et de Baudin (arrondissement de Lons-le-Saulnier).

---

(1) En 1826, M. Héron de Villefosse en a indiqué onze ; l'un des fourneaux de l'arrondissement de Dôle ayant été autorisé en 1827, cet ingénieur en a donc noté deux de trop.

(2) *Autorisé* par ordonnance du 28 août 1827 (*Annales des mines*, t. IV, p. 162; deuxième série).

(3) Il y a, si l'on veut, deux fourneaux à Fraisans, mais ils ne *doivent* marcher qu'alternativement.

(85)

Arrondissement de Poligny. Trois, dont deux dans le canton de Champagnolle et sur l'Ain, savoir : un au *Bourg-de-Sirod*(1), et un au *Pont-du-Navois* (2) ; le troisième est celui de *Montaine* (3), commune de ce nom, canton de Salins, sur la rivière dite la Furieuse.

Les seules mines en exploitation dans cet arrondissement sont . celle de Viousse, commune d'Andeloz, canton de Champagnolle, où l'on extrait un *minerai en grains*, appartenant à la formation oolithique du premier étage jurassique ; et celle de Boucherans, dans le canton de Nozeroy, où l'on exploite un *fer hydraté* disposé en couches dans le *Green-Sand*. Ces deux mines alimentent aujourd'hui le fourneau de Moutaine. Celle de Boucherans alimentait seule autrefois le fourneau de Bourg-de-Sirod. Quant à celui de Pont-du-Navois, il tirait ses mines de Boucherans, de deux mines abandonnées que je nommerai dans le canton de Conliège (arrondissement de Lons-le-Saulnier), et des exploitations ouvertes sur la commune des Faisses, canton de Poligny, exploitations qui aujourd'hui sont également abandonnées.

Arrondissement de Lons-le-Saulnier. Deux, savoir : un à *Clairvaux*, commune et canton de ce nom, sur la petite rivière du Drouvenant ; un à *Baudin*, commune de Toulouse, canton de Scellières, sur le ruisseau de la Brenne ; ce fourneau travaille en sablerie.

Cet arrondissement est assez pauvre en minerais de fer ; cependant il fournit à Clairvaux la plus grande partie de son ap-

____

(1) En non-activité depuis 1806. En ce moment on songe à le reconstruire.

(2) En non-activité depuis 1800.

(3) Un arrêté des consuls, en date du 23 frimaire an x (14 décembre 1801), maintient l'autorisation donnée le 3 nivôse an iii (23 décembre 1794), par un arrêté du comité de salut public, autorisation relative à un fourneau qui devait être construit sur la rivière de Salins, dans un terrain dit la *Grange-de-Vioulle*. (*Journal des mines*, t. XIII, p. 399) 1802—1803. Je pense que cet arrêté se rapporte au fourneau de Moutaine.

provisionnement, qui consiste : en un *fer hydraté* en couche, que l'on extrait à Labiolée (canton de Cousance), dans le deuxième étage jurassique; en minerais limoneux que l'on tire sur divers points du canton de Bletterans, particulièrement dans la commune de ce nom, et au Répos, commune de Larnaut. On tire aussi à Giron, commune de Messin, canton de Lons-le-Saulnier, un minerai pauvre, que l'on emploie comme fondant à ce même fourneau de Clairvaux, qui complète son approvisionnement dans le canton de Chaumergy (arrondissement de Dôle), dont j'ai nommé plus haut les points d'extraction. Quant au fourneau de Baudin, il tire à peu près la moitié de son approvisionnement de la Haute-Saône; le reste provient de Monay (canton de Scellières), où l'on exploite une couche de *fer hydraté*, et des mines de Chaumergy.

Je citerai encore, dans l'arrondissement de Lons-le-Saulnier, les mines des communes de Mirebel et de Verges, toutes deux dans le canton de Conliège, mines qui aujourd'hui sont abandonnées, et qui autrefois étaient en exploitation pour le fourneau de Pont-du-Navois (arrondissement de Poligny).

En jetant un coup d'œil sur les deux départemens que nous venons d'examiner, on verra que le Doubs ne fournit ses eaux qu'à sept hauts-fourneaux, échelonnés sur son cours de la manière suivante : *Rochejean*, *Pontarlier*, *Pont-de-Roide*, *Audincourt*, *Torpes* (dans le Doubs); *Fraisans*, *Rans* (dans le Jura).

Ain.

Dès le commencement de 1826, la compagnie de l'Ain avait demandé l'autorisation de construire un haut-fourneau à Villebois (1). Je n'ai pas appris que cette autorisation eût été accordée,

---

(1) Voir le tableau placé à la page 548 du travail de M. Héron de Villefosse (*Annales des mines*, t. XIII, première série) 1826.

ARRONDISSEMENT DE BELLEY. C'est dans cet arrondissement que se trouvent les mines de Villebois. Elles sont réparties sur divers points du canton de Lagnieux, vers la limite du département de l'Isère. En parlant des mines de Chalencey (Saône-et-Loire (1), j'ai eu occasion de donner quelques détails sur ces mines et de dire sous quel rapport elles sont remarquables. Une ordonnance, en date du 50 août 1826, porte que les mines de fer existant sur le territoire des communes de Villebois, Soudon , Souclin, Saint-Sorlin, Lagnien et Vaux, généralement connues sous le nom de *mines de Villebois*, sont et demeurent divisées en cinq arrondissemens de concession désignés sous les noms de Villebois , Soudon , Souclin, Saint-Sorlin et Vaux (2).

On cite aussi des indices de minerai de fer dans les communes de Lizieux , Tenay , etc., canton de Saint-Rambert (3).

QUATORZIÈME ARRONDISSEMENT.

Isère.

Ce département renferme quinze hauts-fourneaux, dont moitié sont en chômage. Tous, excepté celui de Vienne, sont alimentés par le fer spathique (fer carbonaté); toutefois, pour que le tableau des hauts-fourneaux de la France soit complet, je les nommerai tous ici. Ils sont principalement concentrés dans l'arrondissement de Grenoble, comme on va le voir ; au reste ils sont distribués de la manière suivante :

ARRONDISSEMENT DE VIENNE, un seul à *Vienne*, à la limite

---

(1) *Voyez* p. 73 de cette notice.

(2) *Annales des mines*, t. Iᵉʳ, p. 348-351 ; deuxième série.

(3) *Mines et minières métalliques abandonnées , ou qui n'ont pas encore été exploitées en France*, p. 20 et 21

du département du Rhône. Il dépendait des usines de *Terre-Noire* (Loire) (1), mais il en a été détaché depuis plus d'un an.

ARRONDISSEMENT DE SAINT-MARCELLIN, un seul à *Saint-Gervais*, commune d'Armieu, canton de Vinay, sur les bords de l'Isère. J'ai eu occasion de visiter, en 1822, cette usine, qui renferme une assez belle forerie de canons; le fourneau n'avait pas été mis en feu depuis 1816.

ARRONDISSEMENT DE GRENOBLE, treize; savoir : un à *Saint-Hugon*, canton d'Allevard, sur un torrent qui forme la limite de la France et de la Savoie. Ce fourneau avait été détruit à l'époque de la révolution, il a été rétabli en 1822; deux à *Allevard* (2), près de cette ville et sur la Breda ; un à *Pinsot* (3), sur le même torrent ; un à *Rioupéroux* (4), commune de Livet, canton de Bourg-d'Oisans et sur la rive gauche de la Romanche; un à *Saint-Vincent-de-Mercuse* (5), dans une gorge à une demi-lieue de Touvet, chef-lieu de canton, et à un tiers de lieue des bords de l'Isère ; un à *Allemont* (6), canton d'Oisans ; quatre à *Vi-*

---

(1) *Enquête sur les fers*, p. 83. Terre-Noire est près du Janon.

(2) On peut voir l'analyse de divers produits du fourneau d'Allevard, dans le *Journal des mines*, t. XXIII, p. 181 et suivantes; 1808. En général, un seul des fourneaux d'Allevard est en activité.

(3) La transformation de la forge catalane de Pinsot en un haut-fourneau a été autorisée en 1829.

(4) *Autorisé* par ordonnance du 12 décembre 1821 (*Annales des mines*, t. VII , p. 543; première série). Il est alimenté par les minerais de Vizille et d'Articole.

(5) Maintenu par un décret du 16 mars 1807 (*Journal des mines*, t. XXVIII, p. 326) 1810.

(6) A trois lieues au-dessus d'Allemont, près de la Romanche, il existait, à *Articole*, un fourneau qui chômait déjà depuis long-tems en 1794. Lors de son activité, on y traitait un mélange de fer spathique, de mine hépatique et d'hématite (*Journal des mines*, n° 4, p. 4), nivôse an III. Un décret du 21 septembre 1810 autorise le transfert du haut-fourneau d'Articole à *Allemont* (*Journal des mines*, t. XXVIII, p. 486). Ce fourneau d'Allemont n'a jamais été construit, je le nomme ici *sans le compter*.

zille (1), qui devaient marcher en partie avec l'anthracite de La-
mure (2); un à *La-Combe-de-Lancey* (3), commune de Lancey,
à une demi-lieue de l'Isère, à mi-chemin de Goncelin à Grenoble; il chômait depuis long-tems en 1794 ; un à *Sonnant*,
commune de Sonnant, dans une gorge à deux lieues d'Allevard;
un à la *Grande-Chartreuse*, canton de Saint-Laurent-du-Pont.
Ces deux derniers marchaient encore en 1794 (4).

Les fourneaux d'Allevard, de Saint-Vincent, de Saint-Hugon, de Pinsot et Saint-Gervais, sont alimentés par le minerai
de fer spathique exploité sur vingt concessions, situées dans le
canton d'Allevard. Voici celles de ces concessions qui sont les
plus récentes :

A l'Etellier et champ d'Erland (5), commune d'Allevard; à
Pinsot (6), canton d'Allevard; sur la montagne du Bout (7),
commune de Pinsot et de Laferrière, même canton.

---

(1) *Autorisés* par ordonnance du 24 février 1825 (*Annales des mines*, t. X,
p. 546; première série).

Il avait existé autrefois un haut-fourneau à Vizille, commune de Barthelemi,
sur les bords du Drac, mais il avait cessé de marcher en 1791, et il en reste à
peine quelques traces.

(2) *Annales des mines*, t. VI, p. 109; deuxième série. On trouve aussi des détails
sur l'anthracite de cette contrée dans un mémoire de M. HÉRICART DE THURY
(*Journal des mines*, t. XIV, p. 461) 1803.

(3) Voir le tableau n° 2 joint au *Mémoire sur la fabrication des aciers de
fonte du département de l'Isère, comparée à celle du département de la Nièvre
et de la Carinthie*, par MM. BAILLET et RAMBOURG (*Journal des mines*, n° 4,
p. 3-23) décembre 1794. J'ai puisé dans ce mémoire les détails relatifs aux fourneaux qui ne sont plus en activité.

(4) Les fourneaux de *La-Combe-de-Lancey* et de *Sonnant* n'existent plus
depuis un grand nombre d'années. Celui de la *Grande-Chartreuse* n'a pas été
détruit, mais il ne paraît pas qu'il puisse être remis en activité.

(5) Mines concessionnées par ordonnance du 11 novembre 1829, insérée au
Bulletin des lois, n° 341, p. 95; n° d'ordre, 13,451.

(6) Mines concessionnées par ordonnance du 1er octobre 1830, insérée au
Bulletin des lois, n° 20, p. 352; n° d'ordre, 364.

(7) Mines concessionnées par ordonnance du 5 décembre 1830, insérée au
Bulletin des lois, n° 32, p. 624; n° d'ordre, 665. Voir aussi pour ces trois
dernières concessions: *Annales des mines*, t. VIII, p. 158, 303 et 311;
deuxième série.

Parmi les mines exploitées sur ces divers points, celles que l'on appelle *mines douces* sont essentiellement composées *d'hydrate de fer* (1) , provenant de la décomposition du fer spathique.

Le travail du fer remonte à une époque fort ancienne dans le canton d'Allevard. C'est près de cette ville, au lieu dit le Fayard, que l'on trouve ces scories, connues dans le pays sous le nom de *scories des Sarrasins.* Elles proviennent évidemment du traitemement du fer spathique , et rendent , *à l'essai*, près de 48 pour cent (2).

Drôme.

Ce département a possédé un haut-fourneau, qui aujourd'hui est en ruines ; il était situé dans l'

ARRONDISSEMENT DE VALENCE, à *Saint-Laurent*, sur le ruisseau de Cholet, commune de Saint-Laurent-en-Royans, canton de Saint-Jean-en-Royans. Il est indiqué (3) comme étant encore en activité en 1794. A quelques lieues de Bouvantes, dans le même canton de Saint-Jean, et à la limite du canton de Die (arrondissement de ce nom), on exploitait plusieurs filons produisant de belle mine spathique, demi-transparente , une terre ocreuse jaune, très-abondante, et une mine en roche quarzeuse très-dure. Ces mines n'étaient employées au fourneau que mélangées avec celles d'Allevard (4) et de Vizille. Il paraît que ce fourneau a été détruit peu de tems après 1794, car un décret (5) du 16 frimaire an XIV (7 décembre 1805) autorise sa reconstruction.

QUINZIÈME ARRONDISSEMENT.

Néant.

---

(1) Sur les minerais de fer appelés *mines douces* par M. BERTHIER (*Annales des mines*, t. IX, p. 825 ; première série) 1824.

(2) *Sur la nature des scories de forges ;* par M. BERTHIER (*Annales des mines*, t. VII, p. 379 et 580, première série) 1822.

(3) *Journal des mines*, n° 4, p. 10; décembre 1794.

(4) *Journal des mines*, n° 4, p. 6 et 7.

(5) *Journal des mines*, t. XXVIII, p. 318 ; 1810.

RÉCAPITULATION.

QUATRIÈME DIVISION MINÉRALOGIQUE.

DOUZIÈME ARRONDISSEMENT (1).

Loire	14
Haute-Loire	0

TREIZIÈME ARRONDISSEMENT (2).

Doubs	13
Jura	10
Ain	0

QUATORZIÈME ARRONDISSEMENT (3).

Isère	15
Drôme	1

QUINZIÈME ARRONDISSEMENT (4).

Néant.

Ensemble pour sept départemens	53
Au commencement de 1826, M. Héron de Villefosse en indiquait, tant en activité que hors d'activité, dans la quatrième inspection (5)	33 (6)
différence	20
Explication de cette différence :	
Autorisations *nouvelles*	7
Sept qui étaient *Autorisés* dans la Loire, mais qui n'étaient pas construits, et que M. de Villefosse n'a pas comptés	7
Omissions de M. HÉRON DE VILLEFOSSE. { *Doubs* . . . . 1 *Isère* . . . . 5 }	6
Somme égale à la différence	20

(1) Cet arrondissement minéralogique comprend, en outre, les départemens du *Puy-de-Dôme* et du *Cantal*.

(2) Cet arrondissement minéralogique comprend, en outre, le département du *Rhône*.

(3) Cet arrondissement comprend, en outre, les départemens suivans : *Hautes-Alpes, Basses-Alpes, Vaucluse, Var, Bouches-du-Rhône*.

(4) Cet arrondissement ne comprend que *la Corse*.

(5) La quatrième division ou inspection minéralogique comprend en tout seize départemens.

(6) En réalité, M. Héron de Villefosse en a compté trente-cinq dans la quatrième inspection ; mais comme il en a porté onze dans le Jura, où il n'y en avait que neuf (un a été autorisé en 1827), j'ai dû défalquer deux unités du chiffre qu'il a donné.

CINQUIÈME DIVISION MINÉRALOGIQUE.

SEIZIÈME ARRONDISSEMENT.

Ardèche.

M. Héron de Villefosse note, dans l'Ardèche, un haut-fourneau en non-activité, c'est celui de ....; ce département figurera donc pour cinq dans mes tableaux, car dans l'

ARRONDISSEMENT DE PRIVAS, quatre hauts-fourneaux (1) ont été construits à *la Voulte*(2), canton de ce nom, et sur les bords du Rhône, pour traiter un minerai de fer non hydraté, dont je vais dire quelques mots.

La mine de la Voulte consiste en une hématite rouge de sang passant au fer oligiste. Gensanne avait annoncé (3) depuis long-tems l'existence de cette mine. Elle fut reconnue par Faujas-de-Saint-Fonds en 1795 (4), et bientôt après MM. Laverrière et Ramus firent un rapport sur les travaux à exécuter pour la mettre en activité (5). Elle fut concédée par arrêté du Directoire du 2 fructidor an IV (19 août 1796), à la famille Azema qui la rétrocéda, en 1809, à M. Frèrejean pour son fourneau de Vienne (Isère). Un décret du 21 avril 1810 reconnut

---

(1) Qui dépendent de la forge de Terre-Noire (Loire). Ils tirent leur coke de Rive-de-Gier ; ce coke revenait à 67 fr. 50 c. les 1,000 kilog. avant l'établissement du chemin de fer Seguin, aujourd'hui ce prix doit être baissé de 10 fr. (*Enquête sur les fers*, p. 85, 92 et 93. In-4° ; février 1829). Au Creusot (Saône-et-Loire), 1,000 kilog. de coke ne coûtent que 14 fr. 50 c.

(2) *Autorisés* par ordonnance du 15 août 1827 (*Annales des mines*, t. IV, p. 157; deuxième série). Les deux premiers ont été mis en feu pour la première fois en octobre 1827.

(3) GENSANNE. *Histoire naturelle du Languedoc.*

(4) *Extrait d'un rapport fait le 4 messidor an* II (22 juin 1794), *sur la mine de fer de la Voulte* (*Journal des mines*, n° 1, p. 17) 1794.

(5) *Extrait d'un rapport fait le 30 thermidor an* II (18 août 1794) *sur la mine de la Voulte* (*ibid., ibid.*, p. 25).

M. Frèrejean pour concessionnaire (1), et son privilége s'est étendu à la compagnie (2) qui possède les hauts-fourneaux dont je viens de parler.

La couche de La Voulte est au milieu du calcaire à Belemnites, et n'a pas moins de cinq à six mètres d'épaisseur (3). Le minerai est tantôt compacte, parfaitement pur, tantôt feuilleté et mélangé d'argile disséminée en veines de plusieurs pouces d'épaisseur. La couche affleure à la surface sur un quart de lieue (4) ; il paraît même qu'elle se prolonge vers Chassaigne et dans le territoire de Chalot (5) ; du moins les indices de fer hématite et *hydraté* que l'on trouve sur le prolongement de la direction semblent indiquer que la couche règne sur une longueur de plusieurs myriamètres (6).

Le *fer hydraté* se montre sur quelques points du département. Gensanne (7) indique de la mine de *fer en grains* entre Saint-Péray et Tournon , près de Châteaubourg. On voit dans l'

Arrondissement de l'Argentière, à Malbosc, canton de Vans , dans le voisinage des filons d'antimoine sulfuré, de nom-

---

(1) *Annuaire statistique du département de l'Ardèche pour* 1830, p. 234.

(2) C'est la *compagnie anonyme des fonderies et forges de la Loire et de l'Isère* , compagnie autorisée par ordonnance du 13 novembre 1822.

(3) *Mémoire sur la mine de fer de la Voulte* ; par MM. Thirria et Lamé (*Annales des mines*, t. V, p. 324 ; première série) 1820.

(4) *Mémoire sur l'existence du gypse et de divers minerais métallifères dans la partie supérieure du Lias du sud-ouest de la France ;* par M. Dufrénoy (*Annales des mines*, t. II, p. 366 et 580 ; deuxième série) 1827.

(5) *Statistique minéralogique du département de l'Ardèche* (*Journal des mines*, t. VII-VIII, p. 658-660) 1798.

(6) *Annuaire statistique du département de l'Ardèche* pour 1830, p. 235.

On peut voir quelques essais faits sur le minerai de la Voulte (*Journal des mines*, t. XXVII, p. 420-423) 1810.

(7) Cité dans la statistique minéralogique du département de l'Ardèche (*Journal des mines*, t. VII-VIII, p. 660) 1797-1798.

hreux affleuremens de couches d'*hématite brune* et d'immenses
filons de ce minerai (1).

Gard.

Deux arrondissemens de ce département paraissent destinés à
jouer un rôle important dans l'industrie du fer, c'est celui du
Vigan, et surtout celui d'Alais.

ARRONDISSEMENT D'ALAIS. Dès 1829, il était question de
construire immédiatement six hauts-fourneaux à *Alais* (2).

Cette localité offre cela d'avantageux qu'on y trouve réunis
le combustible, le minerai et la castine ; elle avait, au reste,
été signalée (3) depuis long-tems, et un fourneau, celui de
la Baume (4), y existait en 1766, sur les bords du Gardon,
dans la commune de Coudras. Les hauts-fourneaux sont aujour-
d'hui en construction, et plusieurs mines destinées à les approvisionner ont été concessionnées ; ce sont les suivantes :
Alais (5), Bessèges et Robiac (6), sur le bord de la Cèze, canton de Saint-Ambroix, etc.

ARRONDISSEMENT DU VIGAN, un seul à *Saint-André-de-Majencoules* (7), canton de Vallerangue, et sur la rivière de l'Hérault.

---

(1) *Notice sur l'exploitation et le traitement de l'antimoine sulfuré de Mal
bosc;* par M. JABIN (*Annales des mines*, t. Iᵉʳ, p. 4; deuxième série) 1827.

(2) *Notice sur les fonderies et forges d'Alais*, p. 8, publiée en mars 1829,
par M. BÉRARD, Voir aussi le *Journal du Commerce*, n° du 27 janvier 1829.

(3) AVIS AUX CAPITALISTES sur les mines de fer qui se trouvent dans les
environs de la commune d'Alais (Gard) (*Journal des mines*, n° 13, p. 49),
septembre 1795.

(4) *Ibid., ibid.* p. 50 et 51.

(5) Concessionnées par ordonnance du 16 juillet 1828 (*Annales des mines*,
t. VI, p. 479 et 480 ; deuxième série).

(6) Concessionnées par ordonnance du même jour (*ibid.*, p. 481 et 482).

(7) *Autorisé* par un décret du 19 octobre 1808 (*Journal des mines*,
t. XXVIII, p. 383).

Parmi les mines en exploitation dans cet arrondissement, je citerai : celles des Deux-Jumeaux(1), canton de Sumène, qui avaient
déjà été exploitées en 1809, puis abandonnées peu de tems
après, faute d'avoir traité le minerai par un procédé convenable (2); celles de Mont-Dagout (3), etc. Une ordonnance du 14
janvier 1830 concessionne les mines de fer *de toutes sortes*, comprises dans le polygone de la concession des mines de houille de
Cavailhac (4), près le Vigan.

Ces minerais du département du Gard sont tantôt à l'état limoneux, tantôt sous forme globuleuse, d'autres fois sous forme
d'hématites, ou enfin à l'état spathique, et, dans ce dernier cas,
leur cassure offre l'aspect d'une demi-vitrification (5).

Sur plusieurs points du territoire houiller d'Alais, dit M. Beaunier (6), on trouve de beaux gîtes de fer carbonaté lithoïde, dont
la teneur varie de 20 à 40 pour cent. Mais des ressources bien
plus importantes sont offertes par l'exploitation d'autres minerais
renfermés dans les terrains calcaires qui recouvrent le terrain
houiller; ce sont des *hydrates de fer* en couches ou amas stratiformes très-étendus; leur teneur en métal est de 50 à 55 pour
cent.

---

(1) Concessionnées par ordonnance du 25 mai 1828 (*Annales des mines,*
t. VI, p. 332 ; deuxième série).

(2) *Mines et minières métalliques abandonnées ou qui n'ont pas encore été
exploitées en France,* p. 25; 1826.

(3) Concessionnées par ordonnance du 14 janvier 1830, insérée au *Bulletin
des lois,* n° 347, p. 208 ; n° d'ordre, 13,879. Voyez aussi: *Annales des mines,*
t. VIII, p. 269 ; deuxième série.

(4) Concessionnées par ordonnance du même jour (*ibid.,* p. 268).

(5) *Journal des mines,* n° 13, p. 50.

(6) *Enquête sur les fers,* pages 180 et 181; in-4°, février 1829.

Lozère.

On connaît des minerais de fer au pont de Cachepezoul. Voici dans quels termes M. Marrot (1) donne cette indication :

« A une lieue de Saint-Étienne-de-Valdonnès (canton et arrondissement de Mende), près de la route qui conduit à Florac, les champs sont couverts de fragmens de minerai de fer ; le sol est recouvert d'une couche épaisse de terre végétale extrêmement rouge , qui empêche qu'on ne puisse distinguer le rocher qui est dessous ; on est cependant porté à croire que le terrain est calcaire.

Le minerai qu'on trouve à la surface est de deux sortes : l'une est compacte, un peu celluleuse, a une poussière rouge, et est assez tenace ; l'autre est formée de grains agglutinés ; sa poussière est jaune, elle est friable.

Tout porte à croire qu'il existe dans cet endroit une couche de minerai qui affleure en quelque point, et qui a fourni les fragmens que l'on voit épars sur le sol.

Il n'y a pas de bois dans les environs ; mais cette mine se trouve sur la route de Portes à Mende.

Hérault.

Ce département renferme plusieurs mines de fer qui ne sont pas encore exploitées.

ARRONDISSEMENT DE SAINT-PONS. Je citerai les mines de *la Calmète*, montagne de l'Espinouze ; celles de *Ginnestet*, près du pont de Mouline, au pied de l'Espinouze, canton d'Olargues ; celles de *Ferrals* et d'*Anduze*, commune de Ferrals, canton d'Olonzac, à la limite du département de l'Aude. Celles-ci ont été au-

---

(1) *Notice sur la constitution géologique et sur les richesses minérales du département de la Lozère ; par* M. L. MARBOT (*Annales des mines*, t. VIII p. 485 et 486 ; première série) 1823.

trefois l'objet de travaux peu importans (1) ; celles de *Corniou* ou *Courmion* (2), commune et canton de Saint-Pons-de-Thomières.

ARRONDISSEMENT DE BEZIERS. Dans les environs de Saint-Gervais-la-Ville, canton de ce nom, et sur la limite des départemens du Tarn et de l'Aveyron, se trouve à *Champ-Long* et *Alzon* un dépôt de fer carbonaté qui n'a pas encore été exploité. A la partie opposée de l'arrondissement et sur les bords de la Méditerranée sont situées les mines de *Saint-Gervais* (3), près Agde, dont la concession embrasse plus de quatorze kilomètres carrés.

Pyrénées-Orientales.

Ce département, comme les deux précédens, ne possède pas de hauts-fourneaux, mais il renferme d'abondantes mines de fer qui approvisionnent trente-cinq à quarante forges catalanes, réparties dans le département même, et dans celui de l'Aude. Les mines de fer spathique que l'on exploite à Escaro, Fillols, Taurynia, etc., sont accompagnées d'hématite fibreuse et compacte (4); je vais indiquer les positions de quelques-unes de ces mines.

ARRONDISSEMENT DE PRADES. C'est dans le canton de Prades, et à deux lieues de cette ville, que se trouvent les mines si con-

---

(1) *Mines et minières métalliques abandonnées ou qui n'ont pas encore été exploitées en France*, p. 30 et 31; 1826.

(2) Concessionnées par ordonnance du 20 janvier 1830, insérée au *Bulletin des lois*, n° 550, p. 252; n° d'ordre, 14,051. Voyez aussi · *Annales des mines*, t. VIII p. 272; deuxième série.

(3) Concessionnées par ordonnance du 10 août 1825 (*Annales des mines*, t. XI, p. 491 ; première série).

(4) *Mémoire sur le terrain granitique des Pyrénées*, par M. de CHARPENTIER (*Journal des mines*, t. XXXIII, p. 127 et 128) 1813. Voyez aussi : *Géognosie des Pyrénées*, par le même, p. 463 et 464; in-8°. 1823.

nues de *Fillols* et de *Taurynia* (1). A l'ouest de Fillols et près de Villefranche, on exploite à *Aytua* des mines analogues (2). La concession de *Balaigt* (3) se trouve aussi dans les hauts vallons de Fillols et de Taurynia. Je citerai encore les mines de fer situées sur le territoire de *Torren* (4), commune de Sahorre, canton d'Olette.

On connaît dans cet arrondissement un certain nombre d'exploitations de minerai de fer qui sont abandonnées et paraissent susceptibles d'être reprises; telles sont celles du *Pla-del-Pons*, à Moligt, au nord-ouest de Prades; celles de *Llech*, vallée du même nom, commune de Masos, canton de Prades; celle de *Vallestavia*, vallée de Valmania, canton de Vinça (5).

ARRONDISSEMENT DE CÉRET. C'est dans cet arrondissement que se trouve la *concession des mines de Las-Indis et de Roquesnègres* (6) qui embrasse une partie des mines de la montagne de Catère, commune de Corsavy, canton d'Arles.

---

(1) Concessionnées par un décret du 25 germinal an XIII (15 avril 1805); (*Journal des mines*, t. XXVIII, p. 254).

Voir des détails sur ces mines dans un *Mémoire sur les forges catalanes de Gincla et Sahorre*, par M. COMBES (*Annales des mines*, t. IX, p. 329 et suivantes; première série); 1824.

(2) *Ibid. ibid.*, p. 357.

(3) Accordée par ordonnance du 4 octobre 1826 (*Annales des mines*, t. II, p. 164; deuxième série).

(4) Concessionnées par ordonnance du 21 mars 1830, insérée au *Bulletin des lois*, n° 350, p 254 ; n° d'ordre, 14,069. Voyez aussi: *Annales des mines*, t. VIII, p. 280; deuxième série).

(5) *Mines et minières métalliques abandonnées ou qui n'ont pas encore été exploitées en France*, p. 26 et 27; 1826.

(6) Accordée par ordonnance du 1er avril 1830, insérée au *Bulletin des lois*, n° 357, p. 365 ; n° d'ordre, 14,556. (Voyez aussi : *Annales des mines*, t. VIII, p. 284; deuxième série).

DIX-SEPTIÈME ARRONDISSEMENT.

Basses-Pyrénées.

On compte dans ce département deux hauts-fourneaux nouvellement établis; tous deux sont situés sur l'extrême frontière d'Espagne.

ARRONDISSEMENT DE MAULÉON. Un au lieu dit *Fonderie de Baigorry* (1), canton de Saint-Étienne-de-Baigorry.

ARRONDISSEMENT D'OLERON. Un à *la Herrerie* (2), commune d'Urdos, canton d'Accous.

Une ordonnance (3) du 25 septembre 1829 délimite les mines de fer de Baburet, commune de Louvie-Soubiron, canton de Laruns. Ces mines sont à quatre lieues environ du fourneau de la Herrerie.

Arriège.

Picot de Lapeyrouse (4) et Dietrich (5) avaient décrit depuis long-tems les diverses variétés d'hématites brunes que l'on observe à Rancié. M. de Charpentier (6) a déterminé leur gisement avec la précision qui lui est propre; mais c'est dans un

---

(1) *Autorisé* par ordonnance du 24 février 1825 (*Annales des mines,* t. X, p. 400 ; première série).

(2) *Autorisé* par ordonnance du 15 décembre 1826 (*ibid.* t. II, p. 632 ; deuxième série).

(3) Voyez cette ordonnance (*ibid.,* t. VIII, p. 154—156 ; deuxième série).

(4) *Traité sur les mines de fer et les forges du comté de Foix,* par M. de Lapeyrouse, p. 49 et 203. Toulouse, 1786.

(5) *Description des gîtes de minerais et des bouches à feu de la France,* par M. le baron Dietrich, t. Ier, p. 179 et suivantes. In-4°. Paris, 1786.

(6) *Géognosie des Pyrénées,* par M. de Charpentier, p. 350 et 353. 1823.

travail plus récent que sont donnés les détails les plus circou-
stanciés.

L'importante mine de Rancié (1), près du village de Sem,
dans la vallée de Vic-Dessos, canton de ce nom (arrondissement
de Foix), est, dit M. Marrot (2), un amas qui consiste en *fer
hydraté* et en fer spathique décomposé. On y observe jusqu'à cinq
variétés de *fer hydraté*, et ce minéral peut être considéré comme
formant l'ensemble de l'amas métallifère.

Dans le même arrondissement, M. de Charpentier cite des
couches de mine de *fer en grains*, ou *fer oxidé globuliforme*,
particulièrement dans le canton de Lavelanet, au roc de Cassalet,
vallée de Donctouoire, et auprès du vieux château de Roque-
fixade; puis à la montagne du Sauveur, près de la ville de
Foix (3). En général, dans les minerais de l'Arriège les substances mêlées à l'oxide de fer se composent principalement de
silice, de chaux et d'oxide de Manganèse (4).

Tarn.

Ce département ne renferme qu'un seul haut-fourneau. Il est
situé dans l'

Arrondissement d'Alby, au lieu dit le *Saut-du-Sabot* (5),
commune de Saint-Juéry, canton de Villefranche, sur les bords
du Tarn, et à deux lieues à l'est d'Alby.

---

(1) Elle alimente quarante-cinq feux catalans dans le département (*Annales
des mines*, t. XIII, p. 564 ; première série).

(2) *Mémoire sur le gisement, la nature et l'exploitation des mines de fer de
Rancié*, par M. L. Marrot (*Annales des mines*, t. IV, p. 316, 323 et 324;
deuxième série) 1828.

(3) *Géognosie des Pyrénées*, par M. de Charpentier, p. 463 et 464.

(4) *Annales des mines*, t. VII, p. 383; première série ; 1822.

(5) *Autorisé* par ordonnance du 25 mai 1828 (*Annales des mines*, t. VI,
p. 158; deuxième série).

Il y avait long-tems que le projet de cet établissement existait ; car, en 1796, l'exploitation de la mine de Fraisse fut reprise dans le but d'alimenter une grande fonderie, que l'on devait faire marcher à la houille au Saut-du-Sabot. Les autres mines qui auraient alimenté ce fourneau étaient celles de Raissac, de Saint-Michel, de la Calm, de Bennac, de la Barthe et d'Ambiallet, toutes situées dans des communes dépendantes des cantons d'Alban et de Villefranche (1).

Arrondissement de Castres. A Mériguié-d'Arrifates, Larivière, Montcouyoul, on observe des mines d'hématite brune mamelonnée, de l'espèce de celle que les Allemands nomment *glaskopf*. Ces mines offrent de puissans filons, qui ont été superficiellement fouillés sur une grande étendue. Elles alimentaient les forges à la catalane de Larivière, de Brassac et de Lacaze, qui sont détruites depuis fort long-tems, à cause de la rareté du combustible (2).

A la forge catalane de Monségou, sur la rivière d'Agoût, dans le canton d'Angles, on traitait un fer oxidé brun, hématite ou compacte, mélangé d'un quart à peu près de fer spathique décomposé. On le tirait des mines de Faydel, du Cayla, du passage de la Bessonès, de Belair et du Plot-d'Épinet, canton de Lacaune (3), et aux environs de la ville de ce nom. Ces mines ont été abandonnées vers 1816, parce qu'elles ne produisaient pas un fer d'assez bonne qualité (4).

----

(1) *Mines et minières métalliques abandonné s* ou *qui n'ont pas encore été exploitées en France*, p. 33. Voyez aussi : *Annuaire statistique du département du Tarn,* pour 1829 ; p. 129 et 130.

(2) *Rapport sur les mines de fer du département du Tarn*, par M. Mathieu (*Journal des mines*, t. VII-VIII, p. 865-868) 1798.

(3) *Sur la forge catalane de Monségou*, par M. Cordier (*Journal des mines*, t. XXVII, p. 182); 1810.

(4) *Mines et minières métalliques abandonnées ou qui n'ont pas encore été exploitées en France*, p. 33-34; 1826.

ARRONDISSEMENT DE GAILLAC. On exploite à Penne, canton de Vaour, et à Puycelsy, canton de Castelnau-de-Montmirail, une *mine de fer limoneuse* d'une couleur brune jaunâtre, en petits globules de la grosseur d'un pois (1). Je vais avoir occasion d'y revenir.

Tarn-et-Garonne.

On ne compte que deux hauts-fourneaux dans ce département. Ils se trouvent dans l'

ARRONDISSEMENT DE MONTAUBAN. Aux bords de la Garonne, sur un terrain situé aux environs de Bruniquel, canton de Monclar, territoire qui dépend à la fois des départemens du Tarn et du Tarn-et-Garonne, il existe sur une longueur de douze à quinze kilomètres, du midi au nord, particulièrement à l'est de la ville, de nombreux gîtes de minerai de *fer hydraté*, dont les principaux sont ceux de Cazals (canton de Penne), de Saint-Maurice et de Laval (canton de Puycelsy) (2). Ces minerais se présentent, 1° en grains libres, 2° en grains agglomérés, 3° compactes quarzeux, 4° compactes argileux.

Telles sont les mines qui alimentent les fourneaux de *Courbeval* (5) et de *Cassanus*, situés dans la commune de Bruniquel, près du confluent de la Verre dans l'Aveyron.

Une ordonnance (4) du 24 février 1825 a autorisé la réunion

___

(1) *Journal des mines*, n° 12, p. 11-14 ; 1795. De nombreux détails sur les minerais de fer du Tarn sont donnés dans l'*Annuaire statistique* de ce département pour 1829, p. 126-132.

(2) *Sur les minerais de fer des environs de Bruniquel (départemens du Tarn et du Tarn-et-Garonne*), par M. BERTHIER (*Journal des mines*, t. XXVIII, p. 102) ; 1810.

(3) Construit sur la Verre ; mis en feu pour la première fois en avril 1808 (*ibid.* p. 110) ; et maintenu par ordonnance du 27 novembre 1816 (*Annales des mines*, t. I, p. 523 ; première série).

(4) Voyez cette ordonnance (*Annales des mines*, t. X, p. 544 ; première série.

des fourneaux de Courbeval et Cassanus, sur l'Aveyron , dans la commune de Bruniquel, pour continuer, dit le texte de l'ordonnance , la fonte des minerais de Penne et de Puycelsy.

Ces mines présentent trois points d'exploitation : l'un dit *Clot-Nègre* , sur la rive droite de l'Aveyron, à quatre kilomètres de cette rivière et du bourg de Penne. Les deux autres, dits *Labarrière* et *Laval*, sont placés près de Puycelsy, sur la rive gauche de l'Aveyron , à six kilomètres de la mine de Clot-Nègre (1).

Landes.

M. Héron de Villefosse n'a compté que quatre hauts-fourneaux dans ce département; il en possédait six au commencement de 1826, et aujourd'hui il en possède huit distribués de la manière suivante :

ARRONDISSEMENT DE MONT-DE-MARSAN. Cinq, savoir : deux dans la commune de Pissos, canton du même nom , l'un sur le ruisseau d'*Escoursoules* (2) , l'autre à *Ychoux* (3), sur le ruisseau de Mordonnat; un à *Pontens*, canton de Mimizan ; et deux à *Brocas* (4), sur le ruisseau d'Estrigon, canton de Labrit.

ARRONDISSEMENT DE DAX. Trois, savoir : deux à *Uza*, commune de Lit, près Patue, sur le bord de la mer; un à *Castets* (5): tous trois dans le canton de Castets.

---

(1) *Annuaire statistique du département du Tarn* pour 1829, p. 131.

(2) *Autorisé* par un décret du 30 prairial an XII (19 juin 1804) (*Journal des mines*, t. XXVIII, p. 247).

(3) *Autorisé* par ordonnance du 31 janvier 1818 (*Annales des mines*, t. III, p. 280-282 ; première série).

(4) *Autorisés* par ordonnance du 4 mars 1830 , insérée au *Bulletin des lois*, n° 350, p. 254 : n° d'ordre, 14,063. — Voyez aussi : *Annales des mines*, t. VIII, p. 276 ; deuxième série.

(5) *Autorisé* par un décret du 19 mars 1811; et maintenu par ordonnance du 23 juin 1819 (*ibid.*, t. IV, p. 507 et 508 ; première série).

Arrondissement de Saint-Séver. Dans cet arrondissement on extrait du minerai de *fer hydraté* sur la rive droite de la Midouze, à Carcen, près Tartas, canton de ce nom.

DIX-HUITIÈME ARRONDISSEMENT.

Gironde.

Ce département possède quatre hauts-fourneaux ainsi répartis :

Arrondissement de Bordeaux. Deux, savoir : un à *Beliet*(1); un à *Lugos* (2), sur le ruisseau de Bran : tous deux dans le canton de Belin, et à la limite du département des Landes.

Arrondissement de Bazas. Deux, savoir : un à *Castelnau-de-Mesmes* (3), commune de Saint-Michel, canton de Captieux, à la limite du département de Lot-et-Garonne; un à *Illon* (4), commune d'Uzeste, canton de Villaudrant.

Ces quatre fourneaux sont alimentés par le minerai de *fer hydraté*, dont une partie provient des environs de ces usines, et dont l'autre partie est tirée à grands frais de la Dordogne (5).

Charente-Inférieure.

Dans la petite île d'Aix, près La Rochelle, on trouve de faibles dépôts de *fer hydraté* dans le grès vert (6).

---

(1) Maintenu par un décret du 1ᵉʳ floréal an XII (21 avril 1804) (*Journal des mines*, t. XXVIII, p. 246).

(2) *Autorisé* par un décret du 14 nivôse an XI (4 janvier 1803) (*ibid.*, t. XXVIII, p. 241 et 242).

(3) *Autorisé* par ordonnance du 23 juin 1820 (*Annales des mines*, t. V, p 463; première série).

(4) *Autorisé* par ordonnance du 27 avril 1825 (*idem*, t. X, p. 551 ; première série).

(5) Voyez page 109 de cette notice.

(6) *Gisement des roches dans les deux hémisphères* par M. de Humboldt, p. 293, Paris; 1823.

Charente.

Dans la partie de ce département qui se rapproche de celui de la Dordogne, il y a neuf hauts-fourneaux distribués de la manière suivante :

ARRONDISSEMENT DE RUFFEC. Un seul à *Taizé-Aizie*, près Ruffec. Ce fourneau, comme nous l'avons vu (page 14 de cette notice), tire une partie de son minerai du département de la Vienne.

ARRONDISSEMENT DE CONFOLENS. Quatre, savoir : un à *Cha-telard*; et un à *Montrion* : tous deux, canton de Montambœuf. Un à *Champlorier*; et un à *Puyravaux* : tous deux canton de Saint-Claud.

ARRONDISSEMENT D'ANGOULÊME. Quatre, savoir : un à la *Roche-Andray*, et un à *Puy-Moyen*, territoire de Moutiers, à l'ouest-sud-ouest et près d'Angoulême. A *Ruelle*, près et au nord-est d'Angoulême, il y a sur le ruisseau de Touvre, à une lieue du point où ce ruisseau se jette dans la Charente, deux fourneaux, dont la fonte est employée à couler des canons pour la marine. Buffon proposa, vers 1770, de couler à Ruelle des canons de vingt-quatre, et même de trente-six, avec un seul fourneau (1).

On extrait du *fer hydraté* en roche et en grains sur les bords du Bandiat, dans la commune de Souffraignac, canton de Mont-beron. Mais les hauts-fourneaux de ce département sont approvisionnés en partie par les minerais de la Dordogne, comme nous allons le voir tout à l'heure (2).

---

(1) BUFFON. *OEuvres complètes*, t. V, p. 485 et 486. In-8°; 1824. Voir aussi: MONGE, *Description de l'art de fabriquer les canons*, p. 106 et suivantes. In 4°; an II (1793-1794).

(2) P. 109 de cette notice.

Dordogne.

Les scories (1) que l'on trouve à Saint-Martial (arrondissement de Nontron) témoignent de l'ancienneté du travail du fer dans la Dordogne. Au reste les mines de fer de ce département étaient déjà fameuses du tems de Strabon(2). Elles consistent en *fer hydraté*, qui est tellement abondant qu'on ne peut, en quelque sorte, faire un pas sans en rencontrer. Ce minerai se montre partout à la surface même (3) ; il alimentait dans le seul département de la Dordogne :

  En 1789. . . . . 27 hauts-fourneaux.
  En 1801. 26
  En 1830. . . . . 38 (4).

Ils sont ainsi distribués :

Arrondissement de Nontron. Vingt-un ; savoir : un à *Ethouars* (5), sur les étangs de ce nom, alimentés par la Doue, canton de Bussière-Badil ; un à *Laveneau* (6), commune de Savignac-de-Nontron , et deux à *Jommellière* (7), commune de Ja-

---

(1) A *l'essai*, ces scories rendent 47.50 pour cent. *Sur la nature des scories de forges*, par M. Berthier (*Annales des Mines*, t. VII, p. 379 et 380; 1ʳᵉ série) 1822.

(2) Les *Petrocorii* (les habitans du Périgord), et les *Bituriges-cubi* (les habitans du Berri) possèdent de belles forges à fer. (Strabon, *Géographie*, liv. IV, chap. II, t. II, p. 42 de la traduction française. In-4°, 1809).

Strabon est mort dans un âge très-avancé, vers l'an 26 de Jésus-Christ.

(3) *Observations sur les mines et usines du département de la Dordogne*, par M. C.-N. Allou (*Journal des mines*, t. XXXVII, p. 42 et 47) 1815.

(4) M. Héron de Villefosse n'en a indiqué que trente-cinq en 1826 ; il y a erreur, puisqu'il n'en a pas été autorisé depuis lors dans ce département : et qu'un seulement a été rétabli.

(5) Maintenu par ordonnance du 30 janvier 1828 (*Annales des mines*, t. IV, p. 516 ; deuxième série).

(6) Maintenu par ordonnance du 6 mars 1828 (*ibid.* t. IV, p. 527 ; deuxième serie).

(7) Maintenus par ordonnance du 29 juillet 1820 (*idem.*, t. VIII, p. 143 ; deuxième série).

verlhac, tous trois dans le canton de Nontron, et sur le ruisseau de Bandiat ; un à *Moulin-Neuf* (1), sur le ruisseau de Périgord, commune de Saint-Priest-les-Fougères, et deux à *Bonrecueil* (2), commune de Saint-Sulpice-de-Mareuil, tous trois dans le canton de Mareuil-le-Jeune. Viennent ensuite huit hauts-fourneaux concentrés dans le canton de Jumilhac-le-Grand ; ce sont les suivans : un à *Firbeix* (3), près des sources de la Dronne, et sur la limite du département de la Haute-Vienne. Trois dans la commune de Jumilhac-le-Grand ; ce sont : *le Gravier* (4), *Violette* (5), tous deux sur la rivière de l'Isle ; *Fenières* (6), à la chute de l'étang de ce nom, alimentée par le ruisseau de Périgord, affluent de l'Isle. Un à *Mavaleix* (7), sur la Valouse, commune de Chaleix, près des sources de la Colle ; un à *Labarde* (8), sur la Limouze, commune de Sainte-Marie-de-Frugie ; un à *Montardy* (9), sur la rivière de l'Isle, et un à *Graffenaud*, tous deux dans la commune de Saint-Paul-la-Roche.

---

(1) Maintenu par ordonnance du 12 mars 1829 (*Annales des mines*, t. VII, p. 488 ; deuxième série).

(2) Maintenus par ordonnance du 4 mars 1830 (*idem*, t. VIII, p. 277 ; deuxième série).

(3) Maintenu par ordonnance du 22 mars 1827 (*Annales des mines*, t. III, p. 135 ; deuxième série).

(4) Maintenu par ordonnance du 19 décembre 1827 (*idem*, t. IV, p. 353, deuxième série).

(5) Maintenu par ordonnance du 6 mars 1828 (*Annales des mines*, t. V, p. 363 ; deuxième série).

(6) Maintenu par ordonnance du 27 février 1828 (*Annales des mines*, t. IV, p. 524 ; deuxième série).

(7) Maintenu par ordonnance du 26 décembre 1827 (*Annales des mines*, t. IV, p. 353 ; deuxième série).

(8) Maintenu par ordonnance du 12 décembre 1827 (*Annales des mines*, t. IV, p. 357 ; deuxième série).

(9) Maintenu par ordonnance du 30 janvier 1828 (*Annales des mines*, t. IV, p. 515 ; deuxième série).

Six hauts-fourneaux dépendent du canton de la Nouaille ; savoir : un à *Fayolle* (1), commune de Sarrazac, sur la rivière
de l'Isle. Un à *Miremont* (2) ; un à *Beau-Soleil* (3) , commune
d'Angoisse ; un à *Gaulumas* (4) commune de Dussac ; tous trois
sur la Loue ; enfin un à *Baillot* et un à *Malherbeaux* (5), tous
deux dans la commune de Savignac-Ledrier et sur le Haut-
Vezère.

On extrait des minerais sur une foule de points de cet arrondissement, mais principalement dans le canton de Nontron , sur
les communes de Javerlhac, Saint-Martin-le-Pin, Nontronneau,
Hautefaye, Teyzac, Lussac , Saint-Martial-de-Valette, etc.

J'ai nommé en dernier les usines qui se trouvent à la limite
du département de la Corrèze et sur le Haut-Vezère; en conti-
nuant de descendre cette rivière, on entre dans l'

Arrondissement de Périgueux , où l'on trouve cinq hauts
fourneaux , dont un à *Bord* (6), sur l'étang de ce nom, commune de Saint-Mesmin ; un à *Aulhiac* (7), sur le Haut-Vezère,
commune d'Aulhiac, tous deux dans le canton d'Exideuil ; deux
autres sont alimentés par le ruisseau de la Plume, à *Badefol-*

---

(1) Maintenu par ordonnance du 25 mai 1828 (*Annales des mines*, t. VI,
p. 157 ; deuxième série).

(2) Maintenu par ordonnance du 30 janvier 1831 (*ibid.*, t. VIII, p. 440
et 444 ; deuxième série).

(3) Maintenu par ordonnance du 7 mai 1828 (*ibid.*, t. VI, p. 157; deuxième
série).

(4) Maintenu par ordonnance du 26 août 1829 (*ibid.*, t. VIII, p. 150,
deuxième série).

(5) Maintenu par ordonnance du 11 avril 1827 (*ibid.*, t. III, p. 338; deuxième
série).

(6) Maintenu par ordonnance du 21 août 1827 (*ibid.*, t. IV. p. 159, deuxième
série).

(7) Maintenu par ordonnance du 15 février 1828 (*ibid.*, t. IV, p. 519,
deuxième série).

d'Ans (1), commune de la Boissière-d'Ans, canton de Thenon. Le cinquième est celui de *Lafarge* (2), sur la rive droite de la Loue, commune de Saint-Médard; il appartient, comme les deux premiers, au canton d'Exideuil, et est tout près de cette ville.

On extrait du minerai de *fer hydrate* à Sainte-Eulalie, Nailhac, Granges, etc., canton d'Hautefort; à Saint-Orse, Gabillon, etc., canton de Thenon. Mais c'est à Exideuil que sont les exploitations les plus importantes du département (3).

ARRONDISSEMENT DE RIBERAC, un seul à *Lavaure* (4), commune de Sourzac, canton de Mucidan, sur la rivière de l'Isle. Il tire ses minerais de Saint-Capraise (arrondissement de Bergerac), car l'arrondissement de Riberac renferme aussi du minerai de fer, mais il n'y est pas exploité.

ARRONDISSEMENT DE SARLAT, quatre; savoir : deux à *Vimont-Plazac* (5), sur l'étang de Plazac, commune de ce nom, canton de Montignac; un à *Forge-Neuve* (6), alimenté par les eaux de Reillac, commune de Saint-Sernin-de-Reillac, dans la partie nord du canton de Lebugue, et un à *Beyssac* (7), sur la rive droite du ruisseau de ce nom, communes de Sireuil et de Meyral, canton de Saint-Cyprien.

Dans cet arrondissement, les exploitations ont lieu à Paulin,

---

(1) Maintenus par ordonnance du 27 janvier 1850 (*Annales des mines*, t. VIII, p. 275; deuxième série).

(2) Maintenu par ordonnance du 9 août 1826 (*ibid.*, t. I, p. 345; deuxième série).

(5) *Journal des mines*, t. XXXVII, p. 60; 1815.

(4) *Ibid.*, p. 65.

(5) Maintenus par ordonnance du 2 avril 1828 (*Annales des mines*, t. V, p. 564; deuxième série).

(6) Maintenu par ordonnance du 9 janvier 1823 (*ibid.*, t. IV, p. 356; deuxième série).

(7) RÉTABLI par ordonnance du 9 mars 1826 (*ibid.*, t. I, p. 181 ; deuxième série).

Jayac , Nadaillac-le-Sec, canton de Salaignac ; à Plazac, canton de Montignac ; à Miremont , canton de Lebugue; etc.

Les mines de Nadaillac-le-Sec font partie de ce plateau dont j'ai déjà eu occasion de parler page 13 et 14 de cette notice (1).

Arrondissement de Bergerac , sept, savoir: deux à *Monclar* (2), commune de Clermont-Beauregard; un à *Larigaudie* (3), dont l'eau motrice est fournie par la Cremps, commune de Saint-Hilaire-d'Estissac, tous trois dans le canton de Villamblard; deux à *la Mouline* (4), commune de Sainte-Croix-de-Montferrand; un à *Sainte-Croix-de-Montferrand*, tous trois sur le ruisseau de la Couze et dans le canton de Beaumont ; enfin un à *la Brame* (5), dont l'eau motrice est fournie par le Dropt, commune de Saint-Sernin-de-Biron , canton de Monpazier.

Dans cet arrondissement, des exploitations sont ouvertes sur les bords de la Dordogne, à Saint-Capraise et Lanquais, canton de Lalinde; à Monthydier (6), canton de Bergerac. Sur les bords du Dropt, à Saint-Sernin de Biron, canton de Monpazier. Sur les bords du Candon, à Saint-Georges-de-Monclard, canton de Villamblard.

L'abondance des mines de fer est telle, dans ce département, que non-seulement les exploitations suffisent à alimenter les trente-huit hauts-fourneaux que je viens de nommer, mais encore

---

(1) Voyez au reste *Journal des mines*, t. XXI, p. 467; 1807.

Ibid. t. XXII, p. 8.

Ibid. t. XXVIII. p. 101; 1810.

(2) Maintenus par ordonnance du 2 juillet 1828 (*Annales des Mines*, t. VI p. 489 ; deuxième série).

(3) Maintenu par ordonnance du 12 mars 1829 (*Annales des mines*, t. VII. p. 443 ; deuxième série).

(4) Maintenus par ordonnance du 17 juin 1829 (*Annales des mines*. t. VIII, p. 134 ; deuxième série).

(5) Maintenu par ordonnance du 24 décembre 1828 (*Annales des Mines* , t. VII, p. 161 ; deuxième série).

(6) *Observations sur les mines et usines du département de la Dordogne*, par M. Allou. (*Journal des mines*, t. XXXVII, p. 60.) 1815.

qu'elles alimentent ceux de la *Haute-Vienne*, de la *Corrèze* et en partie celles des départemens de *la Charente* et de *la Gironde*, où l'on opère un mélange avec les minerais extraits dans les landes des environs de Bordeaux, minerais qui seuls produisent une fonte cassante (1).

La seule variété de minerai de fer de la *Dordogne*, variété qui se rencontre aussi dans *la Charente*, *le Lot* et le *Lot-et-Garonne*, est celle qu'on désigne sous le nom de *fer oxidé argileux*, vulgairement *mine en roche*. Elle se trouve disposée d'une manière assez irrégulière et en couches peu distinctes parmi des bancs de sable et d'argile ferrugineuse ; on y trouve aussi, mais rarement, des fragmens d'hématite brune mamelonnée.

La richesse des mines du Périgord est variable ; celles du centre du département, celles qu'on exploite aux environs d'Exideuil, rendent jusqu'à 45 et 50 pour cent ; les autres ne produisent guères que 30 à 33.

Quant à l'exploitation, elle se réduit sur quelques points à ramasser le minerai dans les sillons du labourage ; à Exideuil on l'extrait par des puits qui ont dix-sept à quarante mètres de profondeur (2).

Lot-et-Garonne.

M. Héron de Villefosse a compté quatre hauts-fourneaux dans ce département. Au commencement de 1826 , il en possédait trois qui, réunis à deux autorisés depuis, portent à cinq le nombre de ceux qui y existent aujourd'hui. Ils sont répartis de la manière suivante :

ARRONDISSEMENT DE NÉRAC ; un seul, celui de *Neuffons* (3), sur une forte source, commune et canton de Castel-Jaloux, à

---

(1) *Ibid. ibid.*, p. 51.

(2) *Journal des mines*, t. **XXXVII**, p. 56 , 57 et 60.

(3) *Autorisé* par ordonnance du 4 octobre 1826 (*Annales des mines* , t. II, p. 166 ; deuxième série).

deux kilom. à l'ouest de cette petite ville, ce fourneau travaille en moulerie, et il offre cela de particulier que sa fonte *propre au moulage* ne revient qu'à 104 fr. 70 c. la tonne métrique, tous interêts de fonds compris. Ce résultat est très-remarquable. La presque totalité de son approvisionnement provient des extractions ouvertes dans les Landes du département de la Gironde; toutefois il tire aussi quelques minerais des Landes du canton d'Oueilles (au sud-ouest du département). Ces minerais, gisant dans ou sous le sable des Landes, consistent en *fer hydraté* en grains et en masses.

Arrondissement de Villeneuve-d'Agen ; quatre échelonnés sur la Lémance, et réunis dans le canton de Fumel, à la limite du département du Lot, savoir: un à *Sauveterre* (1), à un kilomètre en amont du bourg de Sauveterre; un à *Grèzes*, et un à demi kilomètre en aval de Sauveterre; un *au Moulinet* (2), à un demi kilomètre au-dessous du précédent: il était comme abandonné depuis dix-huit ans, il a été remis en activité en 1830. Le quatrième est celui de *Cuzorn* (3), situé en face du village de ce nom.

Les minerais que l'on traite dans ces fourneaux sont les mêmes que ceux du département de la Dordogne, comme je l'ai dit, page 109 de cette notice. C'est dans la partie montueuse de l'arrondissement de Villeneuve-d'Agen que sont ouvertes les exploitations, particulièrement dans les communes de Saint-Front et la Sauvetat, canton de Fumel. Des extractions sont ouvertes aussi pour le fourneau de Cuzorn sur divers points du canton de

---

(1) Maintenu par ordonnance du 4 septembre 1822 (*Annales des mines,* t. VII, p. 649 ; première série).

(2) Maintenu par ordonnance du 7 avril 1830, insérée au *Bulletin des lois,* n° 357, p. 565 ; n° d'ordre, 14,537. — Voyez aussi : *Annales des mines,* t. VIII, p. 234; deuxième série).

(3) *Autorisé* par ordonnance du 26 octobre 1828 (*Annales des mines,* t. VII, p. 157 ; deuxième série).

Montflanquin, particulièrement à Larengue. Sur un plateau calcaire, et dans le terrain sableux qui le surmonte, on trouve une grande quantité de géodes et masses de *fer hydraté*, et quelquefois de fer oxidé anhydre. Sur quelques points elles y sont assez abondantes pour donner lieu à une exploitation spéciale qui naturellement a lieu à ciel ouvert. Les minerais consistent, 1º en masses très-pures d'oxide rouge, rendant 50 p. 100; 2º en masses compactes et amorphes de *fer hydraté*, dites *mines dures*, rendant 45 à 50; 3º en morceaux d'*hématite brune*, dite *caillaven* (caillou). Ce minerai est peu abondant; 4º en géodes de *fer hydraté* plus ou moins terreuses, rendant 40 à 45, ces géodes sont très-abondantes; 5º en masses terreuses fortement imprégnées d'*hydrate de fer*; ce sont fréquemment des fragmens de géodes, dites *mines douces*, exclusivement employées aux forges catalanes, qui sont au nombre de trois dans cet arrondissement, savoir, deux à Blanquefont, sur un affluent de la Lémance, et une à Ratis. Les minerais ne reviennent aux fourneaux qu'à 5 ou 6 fr. la tonne (mille kilogrammes).

Lot.

Il n'existe qu'un seul fourneau dans ce département, il est situé dans l'

Arrondissement de Gourdon, à *Bourzolles* (1), sur le ruisseau de la Borrèze, canton de Souillac, à la limite du département de la Dordogne.

Le minerai qu'on y emploie est un oxide de fer argileux, compacte, en grosses masses tuberculeuses et souvent à couches concentriques. Après avoir été lavé, il rend un peu plus du tiers de son poids; on le tire des mines qui sont à la frontière septen-

---

(1) Maintenu par ordonnance du 13 mars 1828 (*Annales des mines,* t. IV, p. 527; deuxième série).

trionale du département, savoir : à Nadaillac-le-Sec, qui dépend de la Dordogne ; à Nespouls, qui dépend de la Corrèze, et à Cressensac, qui appartient au Lot (1).

La mine de *Cressensac* appartient à ce plateau secondaire dont j'ai eu occasion de parler pages 15 et 14 de cette notice (2). Elle dépend du canton de Martel et consiste en une couche d'argile sablonneuse qui contient du minerai de fer irrégulièrement disséminé dans son sein ; il se présente soit en rognons, soit en veines. Les rognons sont des masses tuberculeuses ou arrondies, composées d'oxide de fer argileux compacte et formées ordinairement de couches concentriques de différentes couleurs, savoir : brunes, d'un brun rougeâtre et quelquefois d'un rouge de brique ou d'un jaune d'ocre ; l'exploitation se fait, tantôt à ciel ouvert, tantôt par des puits de sept à huit mètres (5).

On cite, dans le même arrondissement, les mines de *Liobart*, qui sont en partie dans le canton de Gourdon, en partie dans le canton de Salviac ; elles ont été exploitées sur une foule de points pour approvisionner la forge catalane de Groleza ; mais, depuis que cette forge est détruite, l'extraction est abandonnée (4).

Arrondissement de Cahors. Sous le nom de *mines de fer des Arques*, on exploite, à la limite des arrondissemens de Cahors et de Gourdon, dans les communes de Monclera, Saint-André, les Arques, canton de Cazals ; dans celles de Vaisse, Goujounac, Lherm, Canourgues et les Junies, canton de Catus (5), des mines semblables aux précédentes par leur gisement, et composées comme elles d'oxide de fer brun argileux (6). Elles ali-

---

(1) *Statistique minéralogique du département du Lot*; par M. Cordier (*Journal des mines*, t. XXII, p. 8) 1807.

(2) *Journal des mines*, t. XXI, p. 466 et 467.

(3) *Journal des mines*, t. XXII, p. 10-12.

(4) *Ibid, ibid*, p. 25 et 27. Voir aussi : *Journal des mines*, t. XXI, p. 467 et 468; 1807.

(5) *Journal des mines*, t. XXII, p. 21-24.

(6) *Ibid.*, t. XXI, p. 468.

mentent les trois forges catalanes des Arques, de la Butte, et de Péchaurié (1).

Dans cette localité le minerai se présente sous des formes extrêmement variées (2).

Aveyron.

Dès 1806, M. Blavier avait indiqué les divers points (3) où il serait possible d'établir des hauts-fourneaux dans ce département. On n'a songé que vingt ans plus tard à tirer parti des minerais variés qu'il renferme, et en particulier du minerai de *fer hydraté*, qui y paraît assez abondant. Aujourd'hui, neuf hauts-fourneaux sont *autorisés* dans l'Aveyron ; ils sont ainsi répartis :

Arrondissement de Villefranche, huit ; savoir : quatre à *Firmy* (4) et quatre à *Lagrange* (5) ; tous dans le canton d'Aubin.

On exploite pour ces usines des minerais de fer très-variés :

Du fer carbonaté lithoïde, aux mines ouvertes dans le terrain houiller d'Aubin (6) ; aux mines (7) de Trepalon et de Fraux ; Flagnac, Livinhac-le-Haut, et Saint-Santin, canton d'Aubin.

Du fer oxidé rouge, aux mines de Montbazens, Lugan,

---

(1) *Journal des mines*, t. XXII, p. 12-19.

(2) *Analyses des minerais de fer de la vallée des Arques* (département du Lot), *et des scories des forges qu'ils alimentent*; par M. P. Berthier (*Journal des mines*, t. XXVII, p. 193-212) 1810.

(3) *Statistique minéralogique du département de l'Aveyron*; par M. Blavier (*Journal des mines*, t. XIX, p. 36-50) 1806.

(4) *Autorisés* par ordonnance du 26 décembre 1827 (*Annales des mines*, t. IV, p. 355 ; deuxième série).

(5) *Autorisés* par ordonnance du 21 janvier 1829 (*idem*, t. VII, p. 163 ; deuxième série).

(6) Concessionnées par ordonnance du 16 janvier 1828 (*ibid*. t. IV, p. 509 ; deuxième série)

(7) Concessionnées par ordonnance du 25 mars 1830, insérée au *Bulletin des lois*, n° 350, p. 254 ; n° d'ordre, 14,072. Voyez aussi : *Annales des mines*, t. VIII, p. 281, deuxième série.

Roussenac (1) , canton de Montbazens. Là, le fer oxidé rouge se présente en couches superficielles (2).

Du fer hydraté, aux mines de Veuzac (3), près Villefranche, où l'on trouve, dans le calcaire, de petits amas de fer oxidé rouge , et même des grains oolithiques ferrugineux qui , en ce point, forment une couche puissante (4).

Du fer oxidulé, à Combenègre et Bosplo, commune de Morlhon, près Villefranche, sur la rive gauche de l'Aveyron (5).

Arrondissement de Rhodez , un seul aux *Bardels* (6), commune de Muret, canton de Marcilhac.

Je citerai dans cet arrondissement : les minerais ferrugineux de Boutonnet (7), commune du Monastère, canton de Rhodez, et au sud de cette ville ; la concession dite de *Solzac* et *Mondalazac* (8), qui embrasse toutes les mines de fer existant dans la commune de Salles-Comtaux.

A Saint-Cyprien, canton de Conques, il existe, dans un quarz

---

(1) Concessionnées par ordonnance du 6 décembre 1827 (*Annales des mines* , t. IV, p. 176-180 ; deuxième série).

(2) *Mines et minières métalliques abandonnées ou qui n'ont pas encore été exploitées en France*, p. 55 ; 1826.

(3) Concessionnées par ordonnance du 23 janvier 1828 (*Annales des mines*, t. IV, p. 511 ; deuxième série).

(4) *Mémoire sur l'existence du gypse et de divers minerais métalliques dans la partie du Lias du sud-ouest de la France*; par M. Dufrenoy. (*Annales des mines*, t. II, p. 359 ; deuxième série) 1827.

(5) *Considérations générales sur le plateau central de la France, et particulièrement sur les terrains secondaires qui recouvrent les pentes méridionales du massif qui le compose*; par M. Dufrenoy. (*Annales des mines*, t. III, p. 60 et 61, deuxième série) 1828.

(6) *Autorisé* par un décret du 21 brumaire an XIII (12 novembre 1804) (*Journal des mines*, t. XXVIII, p. 250).

(7) Concessionnées par un décret du 13 fructidor an XIII (31 août 1805) *Journal des mines*, t. XXVIII, p. 260).

(8) Accordée par ordonnance du 23 janvier 1828 (*Annales des mines*, t. IV, p. 513 ; deuxième série).

blanc-laiteux, des amas contemporains d'*hématites brunes* (1), analogues à celles de l'Arriège, dont j'ai parlé page 97. Tout près du même point, à Kaymar, commune de Pruines, dans la plaine de Lunel, canton de Marcilhac, on observe un grès parfois tellement chargé d'oxide de fer qu'il donne naissance à une couche de *fer oxidé rouge* de plusieurs pieds de puissance (2). Cette couche, dit l'auteur du Mémoire auquel j'emprunte ces détails, sera d'un grand secours pour les usines à fer actuellement en construction dans le département de l'Aveyron (3).

En rassemblant ce que nous avons dit sur les diverses usines qui emploient les procédés anglais à la production de la fonte, on voit qu'il n'y a pas en France plus de vingt à vingt-cinq fourneaux marchant au coke. Ce sont : les deux de *Janon* (4), les deux de *Saint-Julien* (Loire); les quatre de *la Voulte* (5) (Ardèche); celui de *Vienne* (Isère); ceux de *Firmy* (Aveyron); ceux d'*Alais* (Gard); les quatre du *Creusot* (6) (Saône-et-Loire); à *Moyœuvre* et *Hayange* (Moselle) le dixième de la fonte produite en 1829 était obtenu avec du coke tiré de Sarrebruck au prix de 50 francs la tonne, savoir : 20 fr. d'acquisition et

---

(1) *Mémoire* déjà cité. (*Annales des mines*, t. III, p. 60, deuxieme série) 1828.

(2) *Des formations secondaires qui s'appuient sur les pentes méridionales des montagnes anciennes du centre de la France;* par M. DUFRENOY. (*Annales des mines*, t. V, p. 193; deuxième série) 1829.

(3) En effet, une ordonnance du 13 février 1828 concessionne les *mines de fer de Kaymar* pour les usines de Firmy (*Annales des mines*, t. IV, p. 520; deuxième série).

(4) Au *Janon* le coke fabriqué avec la houille menue revient à peu près à 12 fr. la tonne. — *Description du procédé de carbonisation de la houille employé près Saint-Etienne, à l'établissement du Janon*, par M. DELAPLANCHE (*Annales des mines*, t. XIII, p. 543-514 première série), 1826.

(5) J'ai dit que le coke revenait à *la Voulte* à 57 fr. 50 c. la tonne. Voyez le département de l'*Ardèche*.

(6) Au *Creusot*, mille kilogrammes de coke coûtent de 12 fr. 50 c. à 13 fr.

30 fr. de transport (1). Sept des dix fourneaux qui alimentent la forge de *Fourchambault* (Nièvre) consomment un mélange d'une partie de charbon de bois contre deux parties de coke que l'on tire de Saint-Etienne, et qui revient à 60 fr. les mille kilogrammes (2).

RÉCAPITULATION.

CINQUIÈME DIVISION MINÉRALOGIQUE.

SEIZIÈME ARRONDISSEMENT (3).

Ardèche	5
Gard	7
Lozère	0
Hérault	0
Pyrénées-Orientales	0

DIX-SEPTIÈME ARRONDISSEMENT (4).

Basses-Pyrénées	2
Arriège	0
Tarn	1
Tarn-et-Garonne	2
Landes	8

DIX-HUITIÈME ARRONDISSEMENT.

Gironde	4
Charente-Inférieure	0
Charente	9
Dordogne	38
Lot-et-Garonne	5
Lot	1
Aveyron	9
Ensemble pour dix-sept départemens	91

(1) *Enquête sur les fers*, p. 102 et 105, in-4°; février 1829.

(2) *Ibid.*, p. 3 et 5.

(3) Cet arrondissement comprend en outre le département de l'*Aude*.

(4) Cet arrondissement comprend en outre les départemens de la *Haute-Garonne*, du *Gers*, et des *Hautes-Pyrénées*.

Report.	91	
Au commencement de 1826, M. Héron de Villefosse en indiquait, tant en activité que hors d'activité, dans la cinquième inspection (1).	55	(2)
Différence.	36	

Explication de cette différence :

Autorisations *nouvelles*.	24	
Un RÉTABLI dans la Dordogne en 1826.	1	

Omissions de M. HÉRON DE VILLEFOSSE.	*Gard*. 1	11
	Tarn-et-Garonne. 1	
	Landes. 2	
	Gironde. 1	
	Charente. 3	
	Dordogne. 2	
	Aveyron. 1	

Somme égale à la différence. 36

RÉCAPITULATION GÉNÉRALE.

Première division minéralogique.	72
Deuxième division. . . , ...	86
Troisième division	237
Quatrième division.	53
Cinquième division.	91
Ensemble.	539

---

(1) La cinquième division ou inspection minéralogique comprend en tout 21 départemens.

(2) En réalité, M. HÉRON DE VILLEFOSSE en a compté 56 ; mais il en a noté 4 dans le département de Lot-et-Garonne où il n'y en avait que 3 , à l'époque où il a rédigé son mémoire. J'ai dû défalquer une unité du chiffre qu'il a donné.

Tel était le nombre des hauts-fourneaux *autorisés* en France à la fin de 1830 (1), et répartis dans cinquante départemens, ci. 559

Au commencement de 1826, M. Héron de Villefosse en indiquait tant en activité que hors d'activité. 412 (2)

Différence totale 127

Explication de cette différence :

Première division.	Autorisations *nouvelles*. 11		16
	Omissions. 5		
Deuxième division.	Autorisations *nouvelles*. 14		21
	Rétablissemens. 1		
	Omissions. 6		
Troisième division.	Autorisations *nouvelles*. 27		34
	Omissions 7		
Quatrième division.	Autorisations *nouvelles*. 7		20
	Omissions. 13		
Cinquième division.	Autorisations *nouvelles*. 24		36
	Rétablissemens. 1		
	Omissions. 11		

Somme égale à la différence. 127

---

(1) J'ai cité l'ordonnance du 31 décembre 1830 qui autorise le fourneau d'Eclaron, arrondissement de Vassy, département de la Haute-Marne.

(2) En réalité, M. Héron de Villefosse en a indiqué 427, mais il en a compté 15 que j'ai dû défalquer, savoir :

8 de trop dans l'*Orne*. (Voyez p. 38.)
4 de trop dans *Saône-et-Loire*. (Voyez page 75.)
2 de trop dans le *Jura*. (Voyez page 89.)
1 de trop dans *Lot-et-Garonne*. (Voyez page 109.)

Ensemble 15

Je remarquerai de suite que huit départemens figurent pour plus de moitié dans ce nombre de 539 ; ce sont les suivans :

Haute-Marne	60
Côte-d'Or	43
Dordogne	38
Haute-Saône	36
Ardennes	31
Meuse	26
Nièvre	25
Cher	17
Ensemble	276

Le tableau suivant, disposé par ordre alphabétique, rappelle tous les départemens où j'ai indiqué l'existence du *fer hydraté*, et renvoie à la page de cette notice où sont donnés les détails relatifs à chacun d'eux.

TABLEAU DES DÉPARTEMENS PAR ORDRE ALPHABÉTIQUE.

Départemens où l'on trouve du *fer hydraté*.	Nombre de hauts-fourneaux qu'ils renferment.	(A)	Pages de cette notice.	Départemens où l'on trouve du *fer hydraté*.	Nombre de hauts-fourneaux qu'ils renferment.	(A)	Pages de cette notice.
Ain	0	4ᵉ	84	D'autre part	277	»	»
Allier	9	3ᵉ	69	Loire-Inférieure	6	1ʳᵉ	21
Ardèche	5	5ᵉ	90	Loir-et-Cher	1	1ʳᵉ	11
Ardennes	31	2ᵉ	33	Lot	1	5ᵉ	111
Arriège	0	5ᵉ	97	Lot-et-Garonne	5	5ᵉ	109
Aveyron	9	5ᵉ	113	Lozère	0	5ᵉ	94
Calvados	0	2ᵉ	27	Maine-et-Loire	1	1ʳᵉ	17
Charente	9	5ᵉ	103	Marne	1	2ᵉ	30
Charente-Inſér	0	5ᵉ	102	Marne (Haute)	60	3ᵉ	53
Cher	17	3ᵉ	67	Mayenne	6	1ʳᵉ	18
Corrèze	4	1ʳᵉ	13	Meuse	26	2ᵉ	30
Côte-d'Or	43	3ᵉ	59	Morbihan	6	1ʳᵉ	23
Côtes-du-Nord	4	1ʳᵉ	21	Moselle	14	3ᵉ	39
Creuse	0	1ʳᵉ	14	Nièvre	25	3ᵉ	65
Dordogne	38	5ᵉ	104	Nord	5	2ᵉ	28
Doubs	13	4ᵉ	78	Orne	13	2ᵉ	25
Drôme	1	4ᵉ	88	Pyrénées (Basses)	2	5ᵉ	97
Eure	10	2ᵉ	27	Pyrénées (Orien)	0	5ᵉ	95
Eure-et-Loir	1	1ʳᵉ	11	Rhin (Bas)	4	3ᵉ	42
Gard	7	5ᵉ	92	Rhin (Haut)	5	3ᵉ	43
Gironde	4	5ᵉ	102	Saône (Haute)	36	3ᵉ	47
Hérault	0	5ᵉ	94	Saône-et-Loire	11	3ᵉ	71
Ille-et-Vilaine	7	1ʳᵉ	19	Sarthe	5	1ʳᵉ	19
Indre	15	1ʳᵉ	16	Sèvres (Deux)	1	1ʳᵉ	12
Indre-et-Loire	3	1ʳᵉ	12	Tarn	1	5ᵉ	98
Isère	15	4ᵉ	85	Tarn-et-Garonne	2	5ᵉ	100
Jura	10	4ᵉ	82	Vienne	3	1ʳᵉ	14
Landes	8	5ᵉ	101	Vienne (Haute)	9	1ʳᵉ	15
Loire	14	4ᵉ	76	Vosges	9	3ᵉ	45
Loire (Haute)	0	4ᵉ	78	Yonne	4	3ᵉ	64
A reporter	277			TOTAL	539		

(A) Le chiffre placé dans cette colonne indique à quelle *division minéralogique* appartient chaque département.

Dans le commerce, les fontes et les fers ont conservé les dénominations des anciennes provinces. En jetant les yeux sur le
tableau que j'ai placé à la page suivante, on verra que la presque
totalité des hauts-fourneaux de France sont concentrés dans la
NORMANDIE, la BOURGOGNE, le BERRI, le NIVERNAIS, la CHAM-
PAGNE, la LORRAINE, la FRANCHE-COMTÉ et le PÉRIGORD.

---

(1) Il y a des parties de la Normandie où le travail du fer n'existe plus, mais
où il été pratiqué à une époque reculée. C'est ainsi qu'à moitié chemin de Rouen
à Dieppe (Seine-Inférieure), on trouve des scories qui à *l'essai* rendent jusqu'à 57 pour cent, et qui proviennent d'anciennes forges à bras. — *Sur la nature des scories de forges*, par M. BERTHIER (*Annales des mines*, t. VII, p. 379
et 380 ; première série) 1822.

NORD.

Boulonais et Artois (1)......... 0
Hainaut français et Cambresis (2).. 5
Picardie (3).................. 0
Normandie. Perche (4)......... 23
Ile-de-France. Brie. Gâtinais (5).. 0

OUEST.

Bretagne (6)....... 23
Poitou (7)........ 4
Anjou et Maine (8).. 12
——— 39

CENTRE.

Orléanois (9)................. 2
Touraine (10)................ 3
Bourgogne (11)............... 58
Berri (12)................... 32
Nivernais (13)............... 25
Bourbonnais (14)............. 9
Aunis. Saintonge. Angoumois (15). 9
Marche. Limousin (16)......... 13
Auvergne. Velay (17).......... 0
Forez (18)................... 14
Lyonnais (19)................ 0

EST.

Champagne (20)... 95
Les trois Evêchés (21) 11
Lorraine (22)...... 3
Alsace (23)....... [illegible]
Franche-Comté (24). [illegible]
Bresse. Bugey (25). [illegible]

SUD.

Roussillon et Cerdagne (26)....... 0
Foix. Couserans (27).......... 0
Cominge. Bigorre (28)......... 0
Béarn. Navarre (29)........... 2
Guyenne et Gascogne (30)........ 17
Périgord (31)................ 58
Quercy (32)................. 1
Rouergue (33)............... 9
Languedoc. Vivarais. Gévaudan.
   Albigeois (34)............... 45
Provence (35)............... 0
Dauphiné (36)............... 16
Comtat Venaissin (37).......... 0

Nord (28). Centre (165). Sud (98). 291
Ouest............ 39
Est............. 209

Ensemble......... 539 hauts-fourneaux.

(1) Pas-de-Calais.
(2) *Nord* (*).
(3) Somme.
(4) *Orne, Eure, Calvados, Manche, Seine-Inférieure.*
(5) Aisne, Oise, Seine, Seine-et-Oise, Seine-et-Marne.
(6) *Ille-et-Vilaine, Loire-Inférieure, Côtes-du-Nord, Morbihan, Finistère.*
(7) *Deux-Sèvres, Vienne, Vendée.*
(8) *Mayenne, Sarthe, Maine-et-Loire.*
(9) *Eure-et-Loir, Loir-et-Cher, Loiret.*
(10) *Indre-et-Loire.*
(11) *Côte-d'Or, Saône-et-Loire, Yonne.*
(12) *Indre, Cher.*
(13) *Nièvre.*
(14) *Allier.*
(15) *Charente, Charente-inférieure.*
(16) *Corrèze. Haute-Vienne, Creuse.*
(17) *Cantal, Haute-Loire, Puy-de-Dôme.*
(18) *Loire.*
(19) Rhône.
(20) *Ardennes, Marne, Haute-Marne, Aube.*
(21) *Moselle.*
(22) *Vosges, Meuse, Meurthe.*
(23) *Haut-Rhin, Bas-Rhin.*
(24) *Doubs, Jura, Haute-Saône.*
(25) *Ain.*
(26) Pyrénées-Orientales.
(27) Ariège.
(28) Hautes-Pyrénées.
(29) *Basses-Pyrénées.*
(30) *Gironde, Landes, Lot-et-Garonne, Gers.*
(31) *Dordogne.*
(32) *Lot.*
(33) *Aveyron.*
(34) *Gard, Haute-Garonne, Aude, Hérault, Tarn-et-Garonne, Ardèche, Lozère, Tarn.*
(35) *Basses-Alpes, Bouches-du-Rhône, Var.*
(36) *Hautes-Alpes, Drôme, Isère.*
(37) Vaucluse.
(**)

(*) Tous les départemens écrits en italique sont ceux où il y a des hauts-fourneaux.

(**) Il ne manque ici que la Corse pour avoir les 86 départemens de la France actuelle.

Il résulte de ce qui précède que le seul minerai de *fer hydraté* peut être considéré comme alimentant aujourd'hui (1) environ 425 hauts-fourneaux (2) en France, car il n'y a que ceux qui avoisinent les Alpes et les Pyrénées qui consomment du *fer spathique*. Le nombre de ceux qui ajoutent du *fer oligiste* aux minerais hydratés est très-petit, comme on l'a vu ; et quant au *fer carbonaté lithoïde*, on sait combien il est peu abondant dans les terrains houillers de la France. Je ne parle pas du *fer oxidulé* (fer magnétique) qui n'est, en France, l'objet d'aucune exploitation de quelqu'importance; on en trouve des cristaux isolés dans les terrains volcaniques. Quant au minerai de Saint-Brieuc, dont j'ai parlé page 22, il peut être considéré comme un mélange de fer oxidé magnétique et de silicate d'alumine AS (3).

La différence entre le nombre total auquel je suis arrivé et celui donné par M. Héron de Villefosse, au commencement de 1826, est 127. Mais comme j'ai nommé un certain nombre de fourneaux que cet ingénieur avait omis, cette *différence* n'exprime pas l'*augmentation* des hauts-fourneaux pendant les cinq années de 1826 à 1830. Pour mettre à même de juger ce mouvement avec exactitude, je vais présenter un tableau du nombre des *autorisations données à nouveau* (4) dans chacune des trente dernières années.

---

(1) Ici je ne parle que des hauts-fourneaux *en activité*.

(2) Il pourrait en alimenter un bien plus grand nombre, car pour les usines qui ont peu d'activité, si l'on met de côté quelques exceptions, c'est toujours une question de combustible ou de force motrice qui entrave leur travail.

(3) *Annales des mines*, t. XIII, p. 227 et 228 ; première série.

(4) J'ai eu soin de laisser de côté les décrets ou ordonnances qui *autorisent le rétablissement* de tel ou tel fourneau abandonné depuis un tems plus ou moins long.

ANNÉES.	NOMBRE DE DÉCRETS et ORDONNANCES.	
1800	1	
1803	1	
1804	3	7
1808	(1) 2	
1814	1	
1818	2	
1819	1	
1820	1	
1821	12	40
1822	4	
1823	2	
1824	6	
1825	11	
1826	14	
1827	18	
1828	18	
1829	14	83
1830	13	
Alais (Gard) (2)	6	
Ensemble	130	

(1) Ces deux décrets se rapportent, l'un au fourneau de *Saint-André-de-Majencoules* (Gard) *autorisé* par un décret du 19 octobre ; l'autre au fourneau de *Courbeval* (Tarn-et-Garonne). J'ignore la date du décret qui *autorise* ce dernier , mais cela importe peu ici , puisque nous savons qu'il a été mis en feu pour *la première fois* en avril 1808. (Voyez la note 3, placée à la page 100 de cette notice.)

(2) Je ne connais pas la date de l'ordonnance qui autorise les fourneaux d'Alais.

Maintenant nous sommes en mesure avec ces élémens d'apprécier le nombre des hauts-fourneaux existans en 1830. J'ai trouvé au 31 décembre 1830.   539

D'où il faut défalquer :

Autorisations *nouvelles*.. . . . .   130 ⎫
Différence sur la Dordogne, qui figure pour 38 dans | 141
nos tableaux et qui , en 1801 , ne possédait que 26 |
hauts-fourneaux (1). . . . .   11 ⎭

Donc en 1800 la France en possédait. . . .   398

Si , en outre , l'on considère que dans le tableau ci-dessus je n'ai compris que les autorisations données *à nouveau*, et que dans le nombre de 539 j'ai compris :

1° Quelques fourneaux, comme ceux de *La-Combe-de-Lançay* (Isère) qui, en 1794, étaient depuis long-tems en chômage ; de *Quingey* (Doubs), qui n'a pas marché depuis 1766 ; de *Scey-en-Varrois* (Doubs), arrêté depuis une époque inconnue ; de *Pont-du-Navois* et de *Laferrière* (tous deux dans le Jura), hors d'activité, le premier depuis 1800 ; le second depuis une époque inconnue ;

2° D'autres fourneaux, comme ceux de *Sonnant* et de la *Grande-Chartreuse* (Isère), qui marchaient encore en 1794 , mais qui étaient peut-être détruits en 1800.

3° D'autres encore dont le RÉTABLISSEMENT a été autorisé : en 1804, comme celui de *Roche* (Doubs); en 1805, comme celui de *Saint-Laurent* (Drôme), et qui *certainement* n'existaient pas en 1800 ; d'autres enfin, comme celui de *Champ-*

---

(1) *Observations sur les mines et usines du département de la Dordogne;* par M. C. N. ALLOU (*Journal des mines*, t. XXXVII) 1815.

On peut m'objecter que j'aurais dû citer douze décrets ou ordonnances , soit *d'autorisations*, soit de RÉTABLISSEMENS de fourneaux dans ce département et que je n'ai cité qu'*une* ordonnance de 1826 relative au fourneau de *Beyssac*. Je répondrais que je n'ai aucune raison de suspecter l'exactitude des renseignemens donnés par M. ALLOU.

roux (Allier), RÉTABLI en 1811 ; ceux de *Montcley* (Doubs)
et de *Maranville* (Haute-Marne), RÉTABLIS en 1822 ; ceux de
Bosseneau (Ardennes), et de *Beyssac* (Dordogne), RÉTABLIS en
1826, et qui *peut-être* avaient cessé leurs travaux à une époque
antérieure à 1800;

On verra que, même en supposant quelques omissions, le
chiffre de 398 exprime le MAXIMUM des *hauts-fourneaux existant en France* en 1800. *A fortiori*, ce nombre exprime-t-il le
MAXIMUM des *hauts-fourneaux en activité* à la même époque.

Dans un rapport fait récemment à la *Société du Bulletin universel* par M. PERDONNET, rapport que le *Journal du Commerce*
a donné par extrait dans son numéro du 13 mai 1831 , on porte
à 450 le nombre des hauts-fourneaux qui existaient en 1801 sur
le sol de la France *réduite à son état actuel*, et l'on compte que
420 de ces fourneaux étaient alors en activité.

J'ignore d'après quels renseignemens ce chiffre a été adopté ,
car on n'a aucune donnée précise sur la fabrication du fer en
France à cette époque, et l'on conçoit qu'il devait en être ainsi ,
puisque la France alors sortait à peine d'un état où elle était partagée en provinces plus ou moins étrangères les unes aux autres.
Voici ce qu'on lit à ce sujet dans un travail rédigé en 1794 :

« On ne peut donner sur la fonte et la fabrication du fer , en
France, avant la révolution, que des notions partielles et bornées à quelques-unes des anciennes provinces. La guerre a fait
éclore un grand nombre de nouvelles usines, et, dans toutes,
le travail redouble d'activité (1). »

A la vérité M. HASSENFRATZ annonce (2) que, « sur un registre où sont notés les noms et la situation de toutes les usines
qui existaient en 1792, il a trouvé *environ* 600 hauts-fourneaux » ; et *évaluant* le nombre de ceux qui avaient pu être

---

(1) *Aperçu de l'extraction et du commerce des substances minérales en
France avant la révolution* (*Journal des mines*, n° 1, p. 64), vendémiaire an III
(septembre 1794).

(2) *Sidérotechnie*. Préface, p. v. in-4°, 1812.

ajoutés par suite de l'agrandissement de la France, il portait à 800 *au moins* le nombre de ceux qui existaient au moment où il écrivait. Cependant, en 1810, M. Héron de Villefosse avait dit : (1)

« L'état actuel des mines et usines à fer de l'empire *n'est pas entièrement constaté* ; il résulte cependant des renseignemens recueillis par le conseil des mines que l'administration a connaissance exacte de treize cents usines à traiter le fer ; ces établissemens sont en activité dans soixante départemens de l'EMPIRE ; ils renferment *environ six cents hauts-fourneaux*. »

Ce chiffre se rapproche probablement beaucoup de la vérité ; aussi, au commencement de 1826, M. Héron de Villefosse trouva-t-il dans la France, *réduite à son état actuel*, 412 (2) hauts-fourneaux, savoir :

En activité.	379
Hors d'activité.	25
Isère (colonne d'observations).	8
Ensemble.	412 (3)
J'ai nommé quarante-deux hauts-fourneaux que n'avait pas comptés M. Héron de Villefosse.	42
Autorisations données depuis 1826 inclusivement.	82
Rétablissemens depuis 1826.	2
Total en 1830.	559

(1) *Richesse minérale*, t. I, p. 407. In-4°, 1810.

(2) Voyez l'observation placée au bas de la page 118.

M. Héron de Villefosse a compté, disons-nous.	412
Il a omis.	42
Ensemble.	454
Autorisations de 1800 à 1826 exclusivement. . 47	
Il compte la Dordogne pour trente-cinq, et ce département ne possédait que vingt-six hauts-fourneaux en 1804. Différence. . 9	56
Reste en 1801.	398

Nombre égal à celui que nous avons trouvé page 125.

(3) *Annales des mines*, t. XIII, p. 346 ; tableau n° 1 ; première série.

Mais revenons au rapport de M. Perdonnet.

Le chiffre qu'il a adopté est évidemment forcé, et l'on conçoit pourquoi il s'est laissé entraîner à l'admettre légèrement, c'est qu'il était préoccupé de la pensée de montrer à la *Société du Bulletin* les *progrès* développés par la concurrence (1). Ainsi il a dit : « En 1801, avec quatre-cent vingt fourneaux, il a été produit cent douze milles tonnes (2) de fonte (deux cent soixante-six tonnes par fourneau) ; en 1828, avec trois cent soixante-dix-neuf appareils semblables, on a produit cent quatre-vingt-quatre mille tonnes de fonte (quatre cent quatre-vingt-cinq par fourneau), donc la *concurrence* a déterminé des améliorations nombreuses dans le travail, puisqu'un fourneau, en 1828, a produit presque le double (le rapport exact est celui de neuf à cinq) de ce qu'il produisait en 1801.

D'abord, et en laissant de côté la petite inexactitude des chiffres (5), il eût fallu distinguer *l'activité plus grande* donnée aux divers établissemens et *les progrès de l'art*. De cette distinction il serait résulté que la concurrence a, en effet, poussé chaque fabricant à produire plus qu'il ne produisait ; on aurait vu que le prix toujours croissant du combustible (4) avait déterminé cha-

---

(1) *La concurrence*, dit l'auteur, a réussi beaucoup mieux que n'avaient pu le faire les conseils des gens de l'art, à faire entrer l'industrie du fer dans la voie des améliorations.

(2) La tonne comptant pour 1000 kilogrammes.

(5) Cette inexactitude porte sur ce qu'il n'y avait pas quatre cent vingt fourneaux en activité en 1801, et sur ce qu'il y en avait plus de trois cent soixante-dix-neuf en 1828. M. Perdonnet a pris pour 1828 le même chiffre donné par M. Héron de Villefosse pour 1825 ; or en 1826 et 1827 trente-deux hauts fourneaux ont été *autorisés* ; ajoutons que l'année 1826 a été très-profitable pour les usines à fer, et que plusieurs des fourneaux qui avaient chomé en 1826, excités par ce résultat, ont pu marcher en 1827 et 1828, nous aurons ainsi les causes qui ont induit M. Perdonnet en erreur sur le chiffre de 1828.

(4) En 1785, un double stère de bois de chêne revenait, au fourneau de Massevaux, à 2 fr. 55 c. (Dietrich, t. II, p. 95). Il n'y a aucune exagération à dire que ce prix a quintuplé dans ces dernières années.

cun d'eux à exercer une surveillance un peu plus scrupuleuse sur les consommations ; mais on aurait reconnu aussi que les progrès de l'art avaient été *presque nuls* en France. On conçoit en effet que lorsqu'un fabricant est constamment obligé de *se défendre* et de *veiller à sa conservation*, son esprit se tourne peu vers les perfectionnemens ; *il les craint*, voilà tout.

On assure que cette concurrence effrénée nous procure le fer à bien meilleur marché. Voici un tableau où se trouvent en regard les prix de 1785 et de diverses époques récentes.

PRIX DE 1,000 Kᵉ. DE FER SUR LES LIEUX EN 1785.	PRIX DE 1,000 Kᵉ. DE FER SUR LES LIEUX (7).
Gros fers d'Alsace (1)..... 320 fr.	*Fers de Champagne.*
Fers d'Ulcmain (Lorraine). 290 à 300 (2)	En 1816, 410 f. Prix minimum. 1827, 500 Prix maximum.
Fers du Châtelet (baillage de Neufchàteau (3)........ 270	*Fers du Berri.* 1816, 500 f. Prix minimum. 1827, 680 Prix maximum.
Fers de la forge de l'Hôte du Bois (bailliage de St-Diez) 270 à 280 (4)	*Fers de Normandie.* 1816, 550 f. Prix minimum. 1826, 620 Prix maximum.
Fers de Kastel (bailliage de Schambourg (5)........ 240	*Fonte de Franche-Comté.* 1816, 195 f. Prix minimum. 1826, 300 (8) Prix maximum.
Fonte de Franche-Comté (6) 120 fr.	

(1) DIETRICH, t. II, p. 14, in-4°, 1789.
(2) *Ibid.*, t. III, p. 52. 1799.
(3) *Ibid.*, p. 55.
(4) *Ibid.*, p. 108.
(5) *Ibid.*, p. 115.
(6) *Ibid.*, t. II, p. 18.
(7) *Voyez* le tableau n° 7, de *l'Enquête sur les fers*, in-4°, j'y ai puisé les prix donnés dans cette colonne.
(8) Des marchés ont été faits à 320 fr.

La différence est énorme, et l'inspection de ce tableau dispense de tout commentaire.

Serait-ce que la *main-d'œuvre* a beaucoup varié de prix et que le sort de l'ouvrier a été remarquablement amélioré ?

En 1785, le prix de façon de mille kilog. de fer variait en Alsace de 14 à 16 fr. (1) ; en Lorraine, il était de 16 fr. (2) ; aujourd'hui il varie de 13 à 14 fr. (3).

Tout ici a tourné en faveur *du propriétaire* d'usines et du *propriétaire* de bois.

Les baux se passent à des prix décuples de ce qu'ils étaient il y a trente ans. Les bois ont quintuplé de valeur dans le même tems.

La position du *producteur* ou *fermier* a peu changé ; le moindre des inconvéniens de cette position est d'offrir *l'incertitude* après LE TRAVAIL. Celle du *consommateur* est évidemment plus mauvaise, et pourtant la part de l'*ouvrier* est, à coup sûr, INSUFFISANTE.

En comparant plus haut le prix de façon donné en 1785, et le prix actuel, je ne prétends pas dire qu'en général le prix de la main-d'œuvre n'a pas augmenté, même dans l'industrie métallurgique. Je sais très-bien qu'autrefois un maître fondeur gagnait 30 à 36 fr. (4) par mois, et qu'aujourd'hui il gagne 50 à 60 fr. ; je sais très-bien qu'un journalier gagnait de 0 fr. 80 c. à 1 fr. par jour, et qu'aujourd'hui il gagne 1 fr. 25 c. à 1 fr. 50 ; mais hâtons-nous d'ajouter que cette classe d'hommes est AU MOINS *aussi misérable* qu'autrefois, car le prix des choses nécessaires à la vie a augmenté dans une proportion plus grande que le salaire.

---

(1) DIETRICH, t. II, p. 19, 27, 94 et 96.

(2) *Ibid.*, t. III, p. 10, 52 et 439.

(3) Malgré ce désavantage apparent, le forgeron peut gagner un peu plus aujourd'hui, parce que chaque usine travaille *un plus grand nombre de mois* qu'autrefois. C'est même à cela, pour cette industrie, que se réduisent à peu près les *grands perfectionnemens* que l'on attribue à la concurrence.

(4) DIETRICH, t. II, p. 39, et t. III, p. 58.

On peut même dire que le *salaire* comparé *au prix de vente*, je ne dirai pas du fer, car le prix de façon n'ayant pas varié, j'aurais trop d'avantage ; mais que le salaire comparé au prix de vente de la fonte, par exemple, en était une fraction plus importante qu'aujourd'hui. En effet, supposons qu'un fourneau rende soixante mille kilog. par mois, la main-d'œuvre d'un maître fondeur, payé à 36 fr. par mois, figurait pour 0 fr. 60 c. par mille kilog., c'est-à-dire pour $\frac{1}{200}^{me}$ dans le prix de vente, qui était 120 fr. (1).

Cette main-d'œuvre d'un fondeur, payé à 60 fr. par mois, figure pour 1 fr. par 1000 kilog., c'est-à-dire pour un $\frac{1}{247}^{me}$ dans le prix de vente qui est 247 fr. (moyenne entre 195 et 300 fr.) (2).

Ainsi en 1785, *la part de l'ouvrier* (3) *dans le prix de vente était* PLUS IMPORTANTE *qu'aujourd'hui.*

Elle était de $\frac{1}{200}^{me}$;

Elle n'est que de $\frac{1}{247}^{me}$.

De tout ce qui précède, il résulte que les économistes qui veulent faire l'éloge *de la concurrence*, *des progrès* qu'elle a réalisés, *du bon marché* qu'elle procure aux consommateurs, de la diminution qu'elle tend à amener dans l'*intensité de* L'EXPLOITATION *d'une classe par l'autre*, doivent, à l'exemple de leur maître (M. J.-B. Say), éviter de citer l'industrie du fer. Cette industrie est-elle par là mise hors de cause ? Assurément non. Les faits que je cite ne prouvent qu'une chose ; c'est que *l'économie politique*, telle que l'ont enseignée les *économistes du 18e siècle et leurs successeurs*, est INCOMPLÈTE. Son insuffisance se manifeste de toutes parts, et cependant, telle est la *foi* des industriels éclairés de notre époque dans le *principe de la concurrence,*

---

(1) *Voyez* le tableau placé à la page 129.

(2) *Ibid. ibid.*

(3) Je n'ai pris que le maître fondeur ; la comparaison resterait la même en prenant tous les ouvriers et faisant la somme de leurs salaires.

que les désastres dont ils ont été tant de fois les témoins, et qui chaque jour les menacent, n'ont pu les ébranler. Placés entre la guerre qui naît de la libre concurrence et la paix que donnaient les jurandes, les maîtrises, les corporations, ils ont noblement choisi de *mourir en combattant* plutôt que de *vivre en travaillant* sous l'empire d'une organisation rétrograde et usée; en cela, ils ont servi puissamment la cause du progrès. Mais aujourd'hui que les lisières de l'industrie enfant sont rompues sans crainte de les voir renouer, aujourd'hui que de si nombreuses victimes sont là pour témoigner de l'impuissance du remède employé, n'est-il pas tems d'appeler de tous nos vœux une *organisation nouvelle* plus protectrice et plus large que l'organisation passée, plus active et plus féconde que la concurrence? Pour moi, j'en ai la conviction profonde, et je ne sais que la DOCTRINE DE SAINT-SIMON qui porte en son sein les germes de la puissance qui sera nécessaire pour régulariser un jour l'industrie métallurgique de la France. SEULE, elle donne les moyens de résoudre ce problème, qui n'est qu'un cas très-particulier de l'organisation matérielle prise dans son ensemble. J'engage ceux qui s'occupent de pareilles questions à ne pas se hâter de *juger* avant d'avoir *examiné* une doctrine qui mérite l'attention de tous les hommes éclairés, l'amour de tous les cœurs généreux.

FIN.

EVERAT, imprimeur, rue du Cadran, N° 16.

CHEMIN DE FER

DU HAVRE A MARSEILLE,

Par Paris,

ET DE

STRASBOURG ET BASLE A NANTES,

DEMANDÉ EN CONCESSION

PAR J.-S. BLUM,

DES MINES D'ÉPINAC.

PARIS,

IMPRIMERIE DE DAVID,

BOULEVART POISSONNIÈRE, N° 4 BIS.

—

1832.

CHEMIN DE FER
DU HAVRE A MARSEILLE,
DE STRASBOURG ET BASLE A NANTES,
DEMANDÉ EN CONCESSION PAR J.-S. BLUM.

« Quod nunc ratio est, impetus antè fuit. »

Les grands projets ont la destinée des idées nouvelles. Au premier instant, leur apparition soulève une vive opposition, de toutes parts des voix s'élèvent pour crier à la rêverie, à l'absurdité, et des milliers de condamnations *sans appel* sont déjà prononcées quand les plus audacieux reviennent un peu, approchent, examinent, bientôt annoncent au public épouvanté qu'une trop grande frayeur avait été conçue d'abord, et que, sous des apparences redoutables, l'objet de tant d'alarmes mérite applaudissemens et admiration.

L'établissement d'un Chemin de Fer du Hâvre à Marseille et de Strasbourg à Nantes est, pour *l'époque actuelle,* un projet *gigantesque,* et pour bien des esprits ce mot seul est une objection sans réplique. Il est vrai, ce projet est gigantesque, mais il est conçu pour une nation qui marche à la tête des nations, qui brille par sa richesse et par l'étendue de son territoire, qui comprend de mieux en mieux chaque jour la gloire nouvelle des travaux pacifiques, qui veut être aussi grande dans la paix qu'elle fut redoutable sur les champs de bataille, qui ne veut plus enfin faire trembler ses voisins, mais qui est jalouse de *conquérir* leur affection en leur tendant une main amie. Oui, ce projet est gigantesque, mais il n'offre pas toutes les difficultés que l'on pourrait craindre au premier abord ; et, quant à son importance, elle est plutôt de nature à être sentie qu'elle n'est de nature à être *calculée* aujourd'hui.

Nous ne présentons pas comme une pensée nouvelle la conception d'un Chemin de Fer traversant la France dans sa plus grande longueur, réunissant les deux ports les plus importans des deux mers qui baignent nos côtes, le Hâvre et Marseille, ouvrant une communication rapide entre ces deux villes et celles de Paris, Nantes et Strasbourg, et réduisant à moitié le prix, et au vingtième la durée, de presque tous les transports qui se font en ce moment dans ces deux grandes directions. Cette pensée s'est offerte à tous les Ingénieurs qui ont proposé des projets de Chemin de Fer à exécuter entre les deux points principaux des grandes lignes que nous venons de tracer. Tous ont senti les avantages immenses qu'ajouteraient à chacun de leurs projets les lignes qu'ils ne faisaient qu'apercevoir dans un avenir éloigné et que nous voulons aujourd'hui réaliser.

Remarquons de suite qu'une partie de notre projet n'est que l'ensemble de plusieurs projets particuliers ; ainsi, parmi ceux qui ont été présentés, nous citerons ceux :

Du Hâvre ou Dieppe à Paris ;

De Paris à Orléans ;

D'Orléans à Digoin ;

De Digoin à Roanne ;

De Roanne à Andrezieux (en construction et presque terminé) ;

D'Andrezieux à Saint-Etienne (achevé depuis long-temps) ;

De Saint-Etienne à Lyon (en construction et sur le point d'être terminé) ;

De Lyon à Marseille (latéralement au Rhône) ;

Réaliser le projet que nous présentons, c'est établir un lien entre tous ces projets partiels, c'est les ramener à l'unité pour décupler leur importance. Ainsi rattachés les uns aux autres, offrant *la même voie*, un même système de charriots, un même mode de construction, ils peuvent porter rapidement un waggon depuis Marseille jusqu'au Hâvre sans que les marchandises chargées supportent les moindres frais de transbordement ; leur utilité grandit de toute la différence de l'isolement à l'association, de toute la distance d'efforts individuels à des efforts harmonisés sous l'empire d'une conception générale.

Pour chaque ville, pour chaque village, il existe un plan et un tracé auquel chaque constructeur est tenu de se conformer ; comment ne se hâterait-on pas d'appliquer aux *grandes rues* de la France une vue dont l'utilité est si bien sentie pour le détail du moindre percement dans une ville. Ainsi disparaîtraient toutes ces difficultés (1) qui naissent en foule lorsqu'un projet nouveau est conçu et qu'il s'agit de le rattacher à un autre projet exécuté dans un intérêt purement local ; les tracés ne seraient plus assujétis à être vicieux pour cause d'antécédens incomplets, et à offrir un développement plus grand que le développement nécessaire pour réunir les deux points extrêmes ; les transports ne seraient plus entravés par des chargemens et déchargemens de charriots à chaque changement de chemin ; en un mot, les puissans avantages d'une association *générale* viendraient s'ajouter à l'aiguillon si vif de l'intérêt *particulier* des localités.

Nous appelons l'attention de tous les hommes éclairés sur les considérations que nous venons de présenter en raccourci, nous désirons que chacun lève un instant ses regards sur l'avenir assez rapproché vers lequel toutes les tendances de l'époque nous emportent rapidement, que chacun se demande qu'elles ne seraient pas les

----

(1) Ces difficultés sont tout-à-fait analogues à celles que présentent les jonctions de plusieurs canaux qui n'ont pas une écluse commune ou dont la section est différente.

difficultés qu'il faudrait vaincre, les pertes de toute espèce qu'il faudrait supporter, si, sur beaucoup de points, des projets particuliers s'exécutaient et que plus tard il fallut les rattacher à un plan général. Eh bien ! c'est ce plan général dont nous avons résolu de nous constituer centre dès aujourd'hui, animés de la ferme confiance que, par lui, nous servons puissamment notre pays dans le présent, et que nous lui épargnons de douloureux regrets pour l'avenir.

Telle est, dans tout son jour, la pensée qui nous a guidés en substituant aux divers projets particuliers le grand projet d'un Chemin de Fer du Hâvre à Marseille et de Strasbourg à Nantes, projet qui bientôt, nous n'en doutons pas, recevra tout son développement par le prolongement des deux lignes de Basle et de Strasbourg, l'une pour joindre le Rhin au Danube, l'autre pour suivre le Rhin, et, à travers les petits états de l'Allemagne, aller atteindre la capitale de la Prusse.

Ajoutons encore que si, comme nous le pensons, les bénéfices promis aux entreprises partielles sont assurés, ceux du projet général présentent une garantie bien plus grande encore, car leur certitude sera augmentée de tous les avantages que donnent des communications mieux établies et nécessairement plus fréquentes. D'ailleurs, l'exécution devrait commencer tout naturellement par les portions les plus impor-

tantes de la grande ligne, et lorsqu'on en viendrait à construire les dernières parties, celles, par
exemple, qui suivent les lignes fluviales les plus
fréquentées, les bénéfices pourraient en être
calculés à l'avance avec une rigoureuse exactitude.

Depuis long-temps la jonction des deux mers
qui baignent les côtes de France préocuppe les
esprits ; de nombreux projets ont été conçus
pour résoudre ce beau problême dont nous don-
nons une solution si simple, si féconde en résultats, puisque, par le Chemin de Fer, les provinces
de l'Est et du centre de la France seraient mises
en communication directe avec l'Océan et la
Méditerranée. Par lui, non-seulement les produits
s'échangeraient avec économie et célérité, mais
encore le pays se trouverait soulagé des sommes
énormes dépensées presque infructueusement
pour l'entretien des routes ordinaires, ouvertes
dans les directions voisines des chemins projetés.
Il ne s'agit ici de faire le procès de personne,
mais enfin des plaintes, et des plaintes souvent
fondées, s'élèvent contre nos grandes routes qui
ont, sur celles d'Angleterre, le double désavantage de coûter beaucoup plus et de valoir beaucoup moins après un service très-court. La cause
de ce mal est tout entière dans la fatigue excessive que supportent les routes de France, sil-
lonnées, comme elles le sont, par cette immense
quantité de charriots pesamment chargés et de

voitures monstrueuses surnommées *diligences*. Il est inutile de dire que la voie nouvelle ferait disparaître cette source intarissable de dépenses et les lenteurs désespérantes auxquelles ces dépenses même ne peuvent remédier.

Les capitalistes de toute la France, les propriétaires de tous les départemens traversés par cette grande ligne de communication, entendront notre appel, et formeront une vaste association. Tous voudront concourir avec nous à la réalisation d'un projet dont ils sentent si vivement, pour eux l'importance et l'utilité, pour le pays l'influence civilisatrice et la haute opportunité. Nous ne présenterons, à cet égard, que quelques aperçus.

La quantité de transports qui s'exécutent entre le Hâvre et Marseille, entre Strasbourg et Nantes, Strasbourg et Paris, etc., est considérable. Tout le monde sait combien de voyageurs parcourent péniblement chaque jour ces grandes distances. Nous publierons prochainement, sur ces divers points, quelques calculs statistiques dont l'exactitude sera à l'abri de toute contestation. Qu'il nous suffise de dire aujourd'hui que les transports qui ont lieu en ce moment sur ces lignes par les roulages ordinaires et accélérés seraient plus que suffisans pour offrir un bénéfice au Chemin de Fer projeté, contre lequel ces roulages ne pourraient lutter, ni pour la vitesse, ni pour la modicité du prix.

Les transports qui se font actuellement par terre, malgré l'existence de lignes fluviales en concurrence, sont d'ailleurs les seuls, selon nous, que l'on doive prétendre exécuter par lesChemins de Fer de grande communication. Leur quantité nous semble seulement devoir augmenter dans une proportion que nous ne pouvons assigner. Les cotons d'Egypte, par exemple, expédiés pour l'Angleterre, les autres produits du Levant, toutes les provenances d'Alger et des autres ports d'Afrique, traverseraient probablement la France au lieu de prendre le détroit de Gibraltar et doubler la pointe de la Péninsule. Nous ne devons pas craindre d'avancer que toutes les denrées en destination pour la Suisse et une partie de l'Allemagne prendront naturellement la traversée de la France pour, de Basle et Strasbourg, aller aux lieux de leur consommation ; mais nous sortirions des bornes que nous nous sommes assignées dans cette note en citant d'autres objets dont les transports se font actuellement par les deux mers ou par les rivières, et dont une portion au moins, sans aucun doute, serait expédiée par une voie plus rapide si elle lui était offerte. Nous ajouterons seulement que cette portion de transports dont la direction changerait serait considérable. En effet, la durée du voyage par mer du Hâvre à Marseille et de Marseille au Hâvre est moyennement de 45 jours. Par le Chemin de Fer projeté, les mêmes transports s'exécuteraient en soixante heures au plus, c'est-à-dire en quatre à cinq jours en s'arrêtant la nuit, et en deux ou trois en marchant continuellement. La modicité du prix des transports par eau fera qu'une partie des marchandises très-pesantes et de peu de valeur suivront toujours cette voie.

La quantité de voyageurs ne pourra manquer d'augmenter dans une proportion considérable. Nous pourrions citer le chemin de Liverpool à Manchester, achevé depuis dix-huit mois environ; le nombre des voyageurs entre ces deux villes est déjà quadruplé. Nous pourrions citer l'exemple plus remarquable encore du chemin de Darlington à Stockton; avant sa construction, il n'existait aucune voiture publique entre ces deux villes, tandis que le péage donne maintenant un revenu de plusieurs mille livres sterling. Les bateaux à vapeur sur la Garonne, sur la Saône entre Châlons et Lyon, sur la Loire entre Nantes et Angers, Nantes, Paimbœuf et Saint-Nazaire justifient amplement cette assertion que toutes les fois que l'on augmente les facilités de communication, le nombre des voyageurs croît dans une proportion énorme.

Le tableau suivant offre les moyens de comparer les transports par eau, par le roulage ordinaire et par les Chemins de Fer.

Sur une distance de cent lieues environ et sur une route très-fréquentée, comme celle de Châlons-sur-Saône à Paris, le transport de cent kilogrammes coûte :

ROUTES SUIVIES.	PRIX du TRANSPORT.	DURÉE DU TRANSPORT.
	FR.	
Par les canaux et les voies fluviales.	5o	1 mois 1/2 à 2 m⁶.
Par le roulage ordinaire. . . .	100	12 à 14 jours.
Par le roulage accéléré.	200	7 à 8 jours.

On peut présumer que ces prix baisseront.

Par le chemin de fer, les mêmes transports pourront s'exécuter pour le prix de 40 à 60 fr., suivant la nature des objets : la durée ne sera que de trois jours, en s'arrêtant la nuit, et d'un jour et demi, en voyageant continuellement.

La vîtesse pourra être bien plus grande encore pour le transport des voyageurs ; la distance de 100 lieues sera parcourue en vingt heures. Entre Manchester et Liverpool, la vîtesse est telle que cette distance de cent lieues serait parcourue en douze heures et demie.

Si l'on ne tenait compte que de la durée pour les transports, et que l'on établisse une comparaison à cet égard, on trouverait donc qu'un chemin de fer réduit ces durées, savoir :

Pour les voyageurs, au tiers ou au quart du temps employé actuellement.

Pour les marchandises, au cinquième du temps employé par le roulage accéléré; au dixième du roulage ordinaire; au trentième du temps employé par les voies fluviales.

Le chemin projeté met en communication avec le midi et le centre de la France les contrées manufacturières du Nord, de la Normandie et de l'Alsace, en traversant les vignobles de la Bourgogne, du Beaujolais, des rives du Rhône et de la Loire, les plaines fertiles de la Beauce, de la Brie, de l'Auxois et de l'Alsace; il aggrandit leurs marchés, et leur ouvre un débouché toujours facile et considérable.

Le chemin projeté passe à peu de distance de plusieurs bassins houillers, tels que ceux d'Epinac, du Creuzot, de Saint-Étienne, d'Alais et de Nantes. Il recevra une partie des produits de ceux de Saint-Étienne et de Rives-de-Gier, par le chemin de fer actuellement en construction entre Saint-Étienne et Lyon. Enfin, il donnera un développement nouveau aux nombreuses usines à fer de la Champagne, de l'Alsace, de la Bourgogne et de la Franche-Comté. (*Voyez la carte jointe à cette note.*)

Nous présenterons une dernière considération, la plus importante de toutes aux yeux de quelques hommes qui croient encore pour l'avenir aux douleurs du passé; elle prouvera de quel intérêt est pour toute la France l'exécution des chemins de fer, et que cette entreprise est

vraiment nationale : nous voulons parler de l'importance d'une pareille communication sous le
rapport de la défense du pays.

La plus grande longueur du chemin de fer
pourra être parcourue en quatre jours, avec une
vitesse qui ne serait que la moitié de celle avec
laquelle on parcourt en ce moment la distance
entre Liverpool et Manchester.

On pourrait donc, en peu de jours, transporter
un corps d'armée, artillerie et matériel, d'une
extrémité de la France à l'autre. C'est rester au-
dessous de la vérité que d'avancer que le régiment
qui se serait battu hier à Strasbourg pourrait se
battre demain devant Lyon, et les soldats n'auraient éprouvé aucune fatigue dans une marche
aussi rapide.

En cas d'invasion, le chemin de fer devient
une longue redoute. La ligne qui lui est parallèle est toujours facile à défendre puisqu'elle peut
en un instant être garnie de troupes dont la retraite est toujours assurée. Cette retraite est pro-
tégée par le chemin lui-même, car on sait qu'il
faut des roues d'une construction particulière
pour parcourir le chemin de fer. L'effet que le
chemin de fer produit dans ce cas ne peut donc
pas être comparé à la destruction d'un pont sur
la plus grande rivière. L'art militaire est assez
perfectionné aujourd'hui pour qu'une armée ne
soit arrêtée que pour un temps très-court par un
pareil obstacle. Les chemins de fer d'une grande

communication diminuent donc les chances funestes d'une invasion, ou plutôt ils diminuent les chances de toute guerre, et se présentent ainsi comme le premier pas fait dans l'ère annoncée par ces hommes heureux qui croient profondément au règne de la paix entre les nations civilisées. Sous ce double rapport, les Chemins de Fer seraient la plus utile invention de l'art militaire et à la fois la plus douce espérance des philantropes.

Un matériel nouveau pour l'armée n'est pas à construire, tout pourrait être chargé sur les waggons du chemin qui, en temps d'invasion, devraient être mis à la disposition du gouvernement, ainsi que la condition pourrait nous en être imposée au cahier des charges.

Au reste, cette question si grave qui aurait besoin d'être envisagée sous toutes ses faces, a été traitée avec détail par MM. Lamé et Clapeyron, anciens officiers supérieurs au service de Russie, ingénieurs au corps des Mines de France, dans un Mémoire encore inédit, qui, nous l'espérons, sera prochainement publié. Nous nous dispenserons donc d'entrer à cet égard dans de plus longs développemens.

La somme nécessaire pour la construction du chemin projeté est énorme; elle s'élève peutêtre à 200,000,000 de francs. Une compagnie française pourrait-elle réaliser un capital aussi considérable? Nous faisons à cet égard un appel

à tous les banquiers, capitalistes et grands propriétaires de France, et notre appel sera entendu.
Tous se diront que le génie de la paix doit être
un jour plus puissant que le génie de la guerre.
Les divers gouvernemens de l'Europe ont pré-
levé des sommes colossales et réalisé des emprunts
énormes pour organiser la destruction, pour
porter le fléau de la guerre au sein de populations laborieuses, et nous qui apportons la paix
et le travail au sein de la France sourdement
agitée par la détresse des masses, notre voix
pourrait être méconnue ? Nous refusons de le
croire, car, si l'on nous objecte la garantie que
présentent aux prêteurs les gouvernemens établis, nous répondrons par la confiance bien plus
grande que doit inspirer une compagnie bien
organisée, puissante par sa richesse, dirigée par
les hommes les plus éminens par leurs lumières
et leur probité.

Nous publierons prochainement un projet
d'association qui donnera sous ce rapport confiance aux plus prudens, satisfaction aux plus
exigeans.

Tout est vaste, tout est nouveau dans le projet que nous venons d'esquisser. Notre but aujour-
d'hui n'est pas d'entrer dans plus de détails;
nous ne voulons présenter aucun calcul sur les
transports que l'on peut espérer, ou sur les devis estimatifs du chemin, nous ne pourrions encore donner, pour ainsi dire, que des spécula-

tions. Nous n'avons voulu que jeter notre idée au public dans une note très-succincte et soulever devant lui les grandes questions d'intérêt public que font naître le projet d'un Chemin de Fer qui aboutit aux quatre points cardinaux de la France. Nous publierons plus tard un Mémoire détaillé, dans lequel nous reviendrons sur toutes les questions que nous ne faisons qu'éveiller aujourd'hui.

Une révolution politique que l'on appelle grande vient de s'opérer en France ; après elle survient un malaise qu'elle a, sinon produit, du moins hâté ; là-dessus il n'y a pas de contestation entre les partis. Quelle est sa cause ? où est le remède ? La cause est dans la souffrance morale, intellectuelle et matérielle des peuples ; le remède se trouvera dans une vaste pensée qui saura résoudre ce triple problême. Pour nous, ce que nous savons à coup sûr, c'est que nous apportons un élément de ce grand remède, en donnant à ces peuples livrés à la tourmente un travail qui leur rend l'aisance et une série de communications qui apportent la vie et la lumière. C'est ainsi que notre projet intéresse au plus haut degré toutes les classes de la société, et qu'il se présente comme un moyen de consolider une révolution qui ne comptera plus que des partisans.

Paris, le 30 Mars 1832.

5
6
45
44
emins de Fer achevés ou en construction.
mins de Fer projetés.
nes de houille.
5
6
Imp Lith de Roissy.

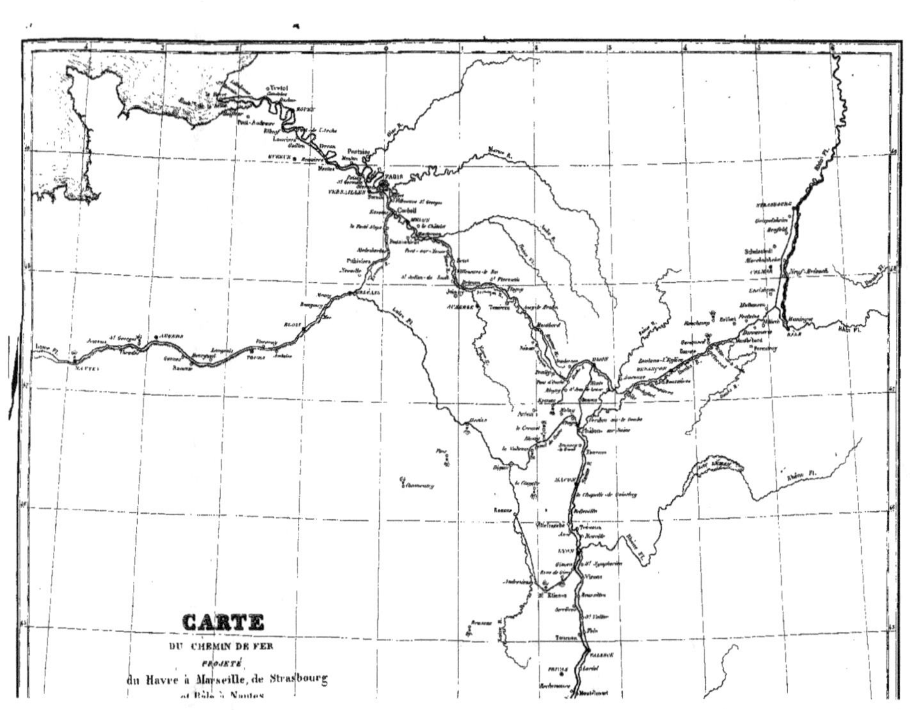

CARTE
DU CHEMIN DE FER
PROJETÉ
du Havre à Marseille, de Strasbourg
et Bâle à Nantes

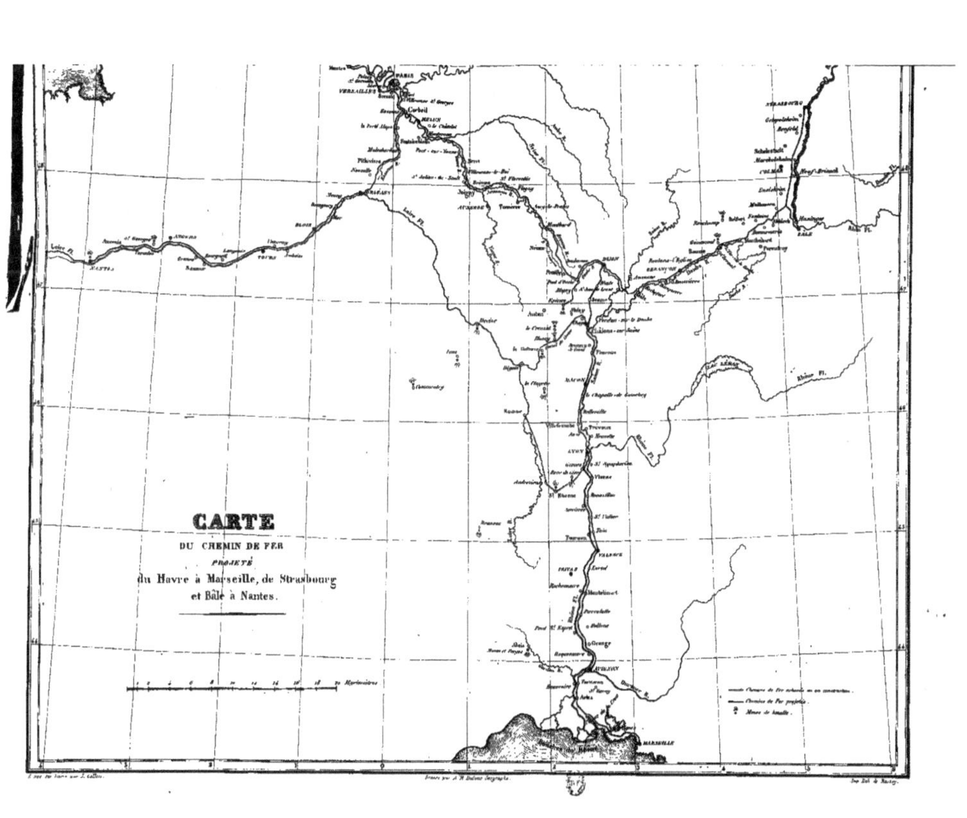

CARTE
DU CHEMIN DE FER
PROJETÉ
du Havre à Marseille, de Strasbourg
et Bâle à Nantes.

DU
CHEMIN DE FER

DU HAVRE A MARSEILLE,

PAR LA VALLÉE DE LA MARNE.

PAR

HENRI FOURNEL,

INGÉNIEUR AU CORPS ROYAL DES MINES; EX-DIRECTEUR DES MINES, FORGES ET FONDERIES DU CREUSOT; MEMBRE HONORAIRE DE LA SOCIÉTÉ HELVÉTIQUE DES SCIENCES NATURELLES.

Une question bien posée est à moitié résolue.

Première Publication.

Paris,

ALEXANDRE JOHANNEAU, LIBRAIRE,
RUE DU COQ-SAINT-HONORÉ, Nº 8 BIS;
L'AUTEUR, RUE CHANOINESSE, Nº 2,
(CLOÎTRE NOTRE-DAME.)

JUIN 1833.

DU

CHEMIN DE FER,

DU HAVRE A MARSEILLE,

PAR

LA VALLEE DE LA MARNE.

IMPRIMERIE DE CARPENTIER-MÉRICOURT
Rue Traînée, N. 15, près St.-Eustache.

DU

CHEMIN DE FER

DU HAVRE A MARSEILLE,

PAR LA VALLÉE DE LA MARNE.

PAR

HENRI FOURNEL,

INGÉNIEUR AU CORPS ROYAL DES MINES; EX-DIRECTEUR DES MINES,
FORGES ET FONDERIES DU CREUSOT; MEMBRE HONORAIRE DE LA
· SOCIÉTÉ HELVÉTIQUE DES SCIENCES NATURELLES.

Une question bien posée
est à moitié résolue.

Première Publication.

Paris,

ALEXANDRE JOHANNEAU, LIBRAIRE,
RUE DU COQ-SAINT-HONORÉ, N° 8 BIS;
L'AUTEUR, RUE CHANOINESSE, N° 2,
(CLOÎTRE NOTRE-DAME.)

JUIN 1833.

INTRODUCTION.

Le Ministre des Travaux publics, en demandant aux Chambres les fonds nécessaires pour *faire l'étude* du Chemin de Fer du Havre a Marseille, a donné la preuve qu'il avait bien compris sur quelle base repose *aujourd'hui* le véritable intérêt du pays. Cet intérêt est tout entier dans un large mouvement industriel, qui ne peut être produit (au moins comme force initiale) que par le perfectionnement des moyens de communication ; il faut que la France sache faire pour *organiser la paix* ce que les Romains, avec leurs *voies*, avaient si bien su faire pour *organiser la conquête*.

La demande du Ministre des Travaux publics renferme implicitement un appel à tous les hommes qui se sont occupés de cette grande question ; c'est un devoir pour ceux-ci de livrer dès ce jour le fruit de leurs méditations, le résultat de leurs travaux, pour que le point central auquel viendront aboutir les diverses études qui seront faites, soit entouré de tous les élémens dont il est nécessaire de tenir compte dans une décision à laquelle se rattachent des intérêts si graves et si variés. Pour moi, j'ai sur la ligne que le tracé général doit suivre, une conviction si profonde ; cette conviction repose sur des considérations tellement dégagées de tout intérêt personnel ; les avantages qui ressortent de son adoption m'apparaissent comme si importans, qu'il me semble impossible que la réunion d'hommes, quelle qu'elle soit, à laquelle il sera réservé de décider en dernier ressort ne soit pas amenée à mon opinion.

Je viens de dire que ma conviction était dégagée de tout intérêt personnel. On ne manquera pas de m'objecter qu'ayant proposé en 1828 et 1829 d'unir la Saône à la Marne par un Chemin de Fer joignant Gray et Saint-Dizier, je me laisse entraîner aujourd'hui à rattacher la grande ligne projetée à mon ancienne conception. Mais en vérité cette objection serait puérile. Des Chemins de Fer ont été proposés dès 1825 et 1826 entre Marseille et Lyon (1), entre le Hâvre et Paris (2), etc.; en

_____

(1) *Observations sur le projet d'établir une grande route en fer latérale au Rhône.* 1825.

(2) *De l'établissement d'un chemin de fer entre Paris et le Hâvre,* par M. Navier, mai 1816.

quoi ces propositions importent-elles au projet actuel? feront-elles qu'il reçoive tel ou tel nom? Le projet de Chemin de Fer du Hâvre à Marseille est une œuvre nationale dans toute l'étendue de ce mot; l'initiative en appartient au gouvernement qui en propose et favorise l'exécution. Aux travaux antérieurs il reste le mérite d'avoir mis sur la voie en faisant ressortir les avantages de pareilles entreprises; mais il y aurait faiblesse à réclamer aucun droit *d'inventeur*, et si le tracé que j'ai proposé, il y a cinq ans, se trouve compris dans le tracé général, je m'en applaudirai par des motifs tout différens de ceux qui font que l'auteur d'un projet se réjouit de son exécution; je m'en applaudirai par toutes les raisons que je me propose d'exposer dans cet écrit.

Le Ministre des Travaux publics aurait pu poser le problême dans ces termes :

« Quel est le Chemin de Fer qu'il faut *pre-*
» *mièrement* construire à travers la France pour
» servir les intérêts industriels les plus nom-
» breux et les plus urgents ; et en même temps
» former le tronc auquel il sera le plus facile
» d'attacher des embranchemens aboutissant
» aux places de commerce les plus capitales? »

Une commission compétente aurait résolu le
le problème ainsi posé, et les fonds accordés
auraient été employés à exécuter la solution
donnée, c'est-à-dire à faire l'étude précise du
tracé dans la direction adoptée.

Mais bien que la question telle que je viens
de la présenter ait un caractère de généralité
qui lui a manqué devant la Chambre, on ne
peut qu'approuver le Gouvernement de l'avoir
circonscrite en nommant le point de départ et
le point d'arrivée. Il a évité par ce moyen de
placer des milliers d'intérêts en présence, il a
été au-devant d'une discussion qui aurait pu
devenir interminable, et il arrive, heureusement, qu'en adoptant le tracé que je propose,
on satisfait à toutes les conditions que le problème embrasse dans ses termes les plus généraux.

C'est ici le lieu de déclarer que, pour moi,
la question est *purement industrielle;* je laisse
de côté toutes les considérations que le génie
militaire, placé au point de vue des batailles
rangées qui se donneront, pourrait faire valoir
en faveur de l'attaque ou de la défense; car à
mes yeux de pareilles considérations sont de-
venues moins que *secondaires.* Chaque jour les

chances de guerre s'affaiblissent ; nous ne sommes plus exposés à l'*invasion*, parce que nous ne rêvons plus *la conquête;* les armées, qui jusqu'à ce jour ont été des *machines de destruction*, tendent à se transformer en *instrumens de production;* la France devenue ambitieuse de toutes les jouissances de la paix, a conçu une autre gloire que celle de l'extermination de ses voisins. Il n'y a plus sur notre sol que 4oo,ooo hommes qui désirent la guerre. Au reste, pour dire, en passant, ma pensée entière sur ce sujet, je crois que le temps approche où ce que l'on appelle *la guerre* et les *travaux publics* seront réunis dans une même main ; qu'alors l'armée, numériquement double ou triple de ce qu'elle est aujourd'hui, sera entièrement employée à d'immenses travaux ; que les manœuvres et le maniement des armes, *considérés comme gymnastique*, y seront exécutés dans une rare perfection, et que si jamais de nouveaux barbares, envieux de nos richesses et de notre prospérité, concevaient la pensée de nous les ravir, le souverain de ce peuple *vraiment grand* n'aurait qu'à froncer le sourcil pour que ses ennemis soient anéantis.

De Marseille à Lyon, et du Hâvre à Paris, il

peut s'élever des discussions *d'art* relatives au tracé, mais ces débats ne sortiront pas du cercle des ingénieurs. Entre Lyon et Paris la question est bien plus élevée, et les considérations d'art deviennent *secondaires ;* je suis bien loin de dire qu'elles sont sans importance, je dis seulement qu'elles ne peuvent être considérées comme *de premier ordre.* Ce qui est certain, c'est que quatre directions se présentent; 1° la Loire; 2° la Seine en remontant vers Dijon; 3° la Seine et l'Yonne en remontant vers Auxerre, et 4° enfin, la Marne que l'on remonterait jusqu'à Saint-Dizier, pour de là joindre Gray et descendre la Saône.

Quels sont les avantages et les désavantages attachés à chacune de ces directions? quelle est celle qui embrasse les plus grands intérêts? telle est la question que je *commence* à examiner dans cette *première publication,* me reservant de compléter cette étude dans les publications suivantes.

DU
CHEMIN DE FER
DU HAVRE A MARSEILLE,

PAR

LA VALLÉE DE LA MARNE.

CHAPITRE PREMIER.

DU TRACÉ.

D'abord je déclare que toutes les études, tous les devis que l'on pourrait présenter *aujourd'hui* sont de valeur presque nulle. Cinq cent mille francs sont demandés pour faire faire, par les ingénieurs, une série d'études détaillées ; ce n'est qu'après ce travail achevé qu'il sera possible de présenter des *chiffres* auxquels il sera permis d'ajouter foi. Les tracés faits à la hâte, les devis arrangés au coin du feu (s'il en était présenté) ne peuvent être d'aucun poids dans la balance. Voilà pourquoi, dans cette *première publication*, je ne traite la question que d'une manière *générale* ; toute autre marche me semblerait une anticipation.

Quelques ingénieurs seront entraînés à se po
ser le problême de la manière suivante :

« On nous demande de tracer un Chemin-de-
» Fer entre le Hâvre et Marseille. Cherchons
» donc quelle est la ligne la plus courte entre
» ces deux points ? »

Toutes choses *étant égales d'ailleurs* ils auraient raison ; mais comme, dans le cas dont il
s'agit, toutes choses sont bien loin d'être égales
d'ailleurs, ils auraient tort. Lorsqu'en mars 1832
M. Blum publia une *première notice* sur le
*Chemin de Fer du Hâvre à Marseille, de Stras-
bourg et Basle à Nantes*, le tracé indiqué sur la
carte jointe à ce travail, faisait passer la ligne
en fer par les vallées de l'Yonne, de l'Armançon et de l'Ouche ; on arrivait ainsi jusqu'à
Dijon, puis on suivait la route ordinaire
pour aller de Dijon à Châlons-sur-Saône.

Au mois de juin suivant *M. Blum* fit paraître
une *seconde publication* dont il confia la rédac-
tion à *M. Bonnet*, ingénieur des ponts et chaussées, aujourd'hui chargé de la construction du
Chemin-de-Fer d'Epinac. Dans ce travail, M. Blum
avait compris que la ligne la plus courte n'é-
tait pas toujours la meilleure, et son premier
tracé s'y trouvait complètement modifié. Je lis
à la page 14 :

« Il ne nous restait plus qu'à nous décider
» entre les vallées de l'Yonne, de la Seine et de
» la Marne ; et entre ces trois directions nous
» devions choisir celle le long de laquelle le be-

» soin de communications se fait le plus vive-
» ment sentir. *Or, s'il pouvait nous rester quelques*
» *doutes à cet égard, ils ont été tous levés par la*
» *lecture du travail récemment publié par M.* FOUR-
» NEL, *sur la nécessité de créer un Chemin de Fer*
» *entre Gray et St-Dizier* (1). *Après avoir lu ce*
» *travail, nous avons été convaincus que la créa-*
» *tion d'une route à travers la Champagne et la*
» *Lorraine serait pour la France d'une utilité in-*
» *calculable, à cause de l'impulsion qu'elle donne-*
» *rait à la fabrication du fer, qui est la principale*
» *industrie de ce pays.* Nous nous sommes donc
» décidés à tracer notre route suivant la vallée de
» la Marne. *Cette direction est presque aussi courte*
» *entre Paris et Lyon, que celle de la Seine et de*
» *l'Yonne,* et ELLE L'EST DAVANTAGE ENTRE PARIS
» ET STRASBOURG. »

C'est qu'en effet c'est rétrécir singulièrement
le problême que de ne regarder aujourd'hui
que Marseille et le Hâvre; il faut avoir constamment devant les yeux les lignes qui devront être
rattachées immédiatement à celle-là, et en particulier la ligne depuis si long-temps désirée
entre le Hâvre et Strasbourg. Or, en ouvrant
la carte que j'ai placée à la fin de ce travail,
on voit dès le premier coup-d'œil qu'avec deux
embranchemens partant de Saint-Dizier et jetés l'un sur Strasbourg, l'autre sur Verdun, on
a établi :

(1) Une brochure *in-octavo*, chez Johanneau, libraire, rue
du Coq, n. 8 bis. Paris, 1831.

1° La communication entre la Méditerranée et l'Océan en donnant la solution du problême posé dès ce jour par le ministre des travaux publics.

2° La communication entre la Méditerranée et la mer du Nord.

3° La communication entre le Hâvre et l'Allemagne.

Les avantages qui ressortent de ces deux grandes lignes sillonnant la France à angle droit, mettant pour ainsi dire en contact le commerce du Hâvre avec celui de l'Allemagne, le commerce de Marseille avec celui de la Belgique et de la Hollande, sont vraiment incalculables et dignes de fixer les méditations d'un homme d'état.

Mais, dira-t-on, votre ligne est plus longue. Oui et non.

Oui, si vous ne regardez que Marseille et le Hâvre, et encore je vais dire tout-à-l'heure *de combien* elle est plus longue.

Non, si à votre *programme* vous ajoutez Strasbourg; car arrivés à la hauteur de Saint-Dizier, vous avez parcouru près des deux tiers de la distance qui sépare le Hâvre et Strasbourg.

Maintenant de combien de lieues ai-je donc *alongé* la route de Marseille au Hâvre? Je vais le dire, et on verra que c'est d'une *quantité insignifiante* pour un aussi long trajet.

Je prendrai pour terme de comparaison la

vallée de la Loire et les Chemins de Fer déjà construits (1).

	Kilomètres.		Lieues.		Total des lieues.
De Marseille à Lyon. . . .	340		85		
De Lyon à Givors.	18	60	5		
De Givors à Roanne par les chemins de fer.	135	»»	34		
De Roanne à Digoin. . . .	55	»»	14		
De Digoin à Briare (2). . .	187	616	47		
De Briare à Orléans. . . .	65	»»	16		
D'Orléans à Paris par Rambouillet et Versailles. . .	145	»»	36		
De Paris au Hâvre.	220	»»	55		
	1166.	216	291.55		291.55

En considérant l'autre ligne nous avons :

	Kilomètres.		Lieues.	
De Marseille à Lyon. . . .	340		85	»»
De Lyon à Châlons.	130	(3)	52	50
De Châlons à Gray	116		29	»»
De Gray à St.-Dizier. . . .	170		42	50
De St.-Dizier à Paris. . .	240		60	»»
De Paris au Hâvre.	220		55	»»
Total.	1,216.		304.	304.

Différence exprimée en lieues, 12 45

(1) Si j'ai choisi la vallée de la Loire pour terme de comparaison, c'est qu'on ne manquera pas de faire valoir en faveur de cette direction les *petites portions* de chemin de fer déjà construites, et que, probablement, cette considération *très faible* en sera une *importante* pour quelques personnes. Quand on en sera à discuter, les raisons à opposer à la vallée de la Loire ne manqueront pas.

(2) C'est le développement donné au *canal latéral* à la Loire. *Dictionnaire de* RAVINET, t. 1er, p. 86. Paris, 1824.

(3) En comptant toutes les sinuosités de la Saône, il y a

Ce qui revient à dire qu'un voyageur parcourant la distance de Marseille au Hâvre serait environ *cinq quarts d'heure de plus en route*. J'aurai à présenter dans le cours de cet écrit les immenses avantages qui compensent ce *grave inconvénient,* mais pour ne parler ici que de la distance, j'observe qu'en suivant la vallée de la Marne, SOIXANTE LIEUES du Chemin de Fer de *Paris à Strasbourg* se trouvent toutes construites, de sorte qu'à ne considérer *que le seul développement,* l'avantage reste encore à cette direction de préférence à toute autre. Et qu'on ne dise pas que je *mêle* ici les questions les unes aux autres, car je serais bien plus en droit de demander que l'on ne *tronquât* pas la *véritable question.*

Une considération qui sera grave aux yeux des ingénieurs, est celle qui est relative aux pentes et à la facilité du tracé. J'affirme à l'avance qu'ils ne trouveront dans aucune autre localité un terrain plus favorable, un cours d'eau plus lent, des matériaux plus faciles à extraire ni plus rapprochés. Quant à la dépense des percemens, dépense qui entraîne par fois si loin, j'appelle toute leur attention sur le col de Chalindrey, situé près des sources de la Marne ; j'ai la certitude que c'est en ce point que doit être franchi le rameau de la chaîne des Vosges

---

140 kilomètres. Or il est évident que le tracé sera moins long que le cours de la rivière. La route de poste a 32 lieues.

qui se prolonge jusqu'en Bourgogne, et qu'on peut passer ce col au moyen d'une simple tranchée pour redescendre de là vers la vallée de la Saône en suivant le cours du Salon.

Quant aux difficultés qui se présenteront au point central, Paris, elles se trouvent les mêmes pour toutes les directions; ainsi il n'y a pas à s'en occuper quand on compare les différentes vallées à suivre.

En parlant tout à l'heure du tracé par la vallée de la Loire, j'aurais pu dire que la seule ville importante que rencontre ce tracé, est Orléans, qui précisément n'est pas un point commercial; tandis que dans l'autre direction on touche Châlons-sur-Saône, Gray, St-Dizier, que l'on pourrait appeler l'entrepôt de tout le commerce de la Champagne et de la Lorraine. Sans doute St-Etienne a une grande importance, mais St-Etienne aboutit au grand tronc par le Chemin de Fer actuellement construit, et ses produits, une fois transportés à Lyon, il lui est assez indifférent qu'ils arrivent à Paris par une vallée ou par l'autre; il y a plus, c'est que le Chemin de Fer qui longerait la Saône, ouvrirait aux mines de St-Etienne un débouché qui a été minime jusqu'à ce jour, et qui deviendrait immense, comme on va le voir dans le chapitre suivant. Je terminerai celui-ci en citant un passage d'un écrit de MM. LAMÉ et CLAPEYRON sur les Chemins de Fer à construire en France.

« Les tracés de Paris à Lyon et de Paris à
» Strasbourg, disent-ils, nous paraîtraient sus-
» ceptibles d'avoir une partie commune, celle
» de Paris à la Saône. Cette partie se dirigerait
» à peu près dans la direction du canal de
» l'Ourcq, jusqu'à la remonte de la Marne, au
» point où elle reçoit le grand Morin. Le Che-
» min, après avoir traversé cette rivière en
» remblai, suivrait la ligne de faîte qui sépare
» le Grand-Morin du Petit-Morin, et viendrait,
» dans les environs de Joinville, suivre la di-
» rection indiquée par M. HENRI FOURNEL, pour
» un Chemin de Fer de Gray à St-Dizier.
» Avant d'arriver à Gray, le Chemin de Fer
» s'infléchirait sur la gauche pour venir, par
» les plaines de Lure et de Béfort, suivre une
» ligne à peu près parallèle au canal du Rhône
» au Rhin, et gagnerait Strasbourg sur la
» droite, et par Gray le Chemin suivrait la
» Saône jusqu'à Lyon. »

CHAPITRE II.

DE LA QUESTION DES FERS EN FRANCE.

Il n'y a pas d'intérêts isolés dans une société, tous se tiennent et s'enchaînent, et ce serait vainement que l'on essaierait de faire de la question des Chemins de Fer une *question à part*. Liée à toutes les industries, elle l'est plus particulièrement aux deux branches qui sont le plus en souffrance, celle des fers et celle des vins. Depuis long-temps les vignobles de la France réclament contre la protection dont la fabrication des fers est couverte comme d'un bouclier représenté par les tarifs prohibitifs qui sont une entrave énorme pour l'exportation des vins, et il ne faut pas se dissimuler qu'il y a un grand fonds de vérité dans cette réclamation. Sous ce rapport, la question des vins est tout-à-fait subordonnnée à celle des fers, et comme j'ai l'intime conviction que le tracé du Chemin de Fer à travers la Champagne et la Lorraine serait une double solution de ce problême tant et si infructueusement étudié jusqu'à ce jour, je vais examiner ici avec attention l'industrie des fers en France, et je montrerai ensuite l'influence du tracé que je propose sur l'ensemble de ces intérêts.

Pourquoi la France ne produit-elle pas le fer à un prix aussi bas que celui auquel on le fabrique en Angleterre? Pourquoi ne *perfectionnons-nous pas nos procédés* de manière à obtenir des résultats *semblables* à ceux qui s'obtiennent près de nous?

Ces demandes, qui sont souvent faites, me rappellent toujours la colère et l'obstination de je ne sais quel préfet de la Lozère qui voulait à toute force que l'on trouvât la houille dans *son* département tout *granitique* ou couvert de roches du même âge; et la raison qu'il donnait, c'est qu'il y avait de la houille dans les départemens voisins, il la trouvait *sans réplique*.

La *réponse* est pourtant bien facile.

En Angleterre, les trois *matières premières*, au moyen desquelles on obtient la fonte (houille, minerai, castine), se trouvent ordinairement *réunies*. En France, là où se trouve la houille, le minérai de fer manque totalement ou bien il est peu abondant, et en général nos minières de fer sont à de grandes distances de nos bassins houillers. La localité d'Alais, dans le département du Gard, paraît faire exception à ce que j'avance, *si* tout ce que l'on en dit est vrai (les résultats le montreront); en tout cas la règle que je viens de poser n'en doit pas moins être regardée comme générale pour la France.

Tel est l'obstacle capital qui, toutes choses égales d'ailleurs, empêchera *toujours* qu'il y ait *égalité*, sous ce rapport, entre les deux pays.

Presque tous les hauts-fourneaux de la Grande-Bretagne sont concentrés dans le Stafforshire et dans le pays de Galles. En plaçant en regard les principaux résultats obtenus dans ces provinces avec ceux obtenus dans les localités de France, *où l'on suit les mêmes procédés*, j'aurai mis en saillie *pour* tous *les yeux* le principe que je viens de poser.

Le tableau suivant offre, pour la France et l'Angleterre, *le prix* auquel reviennent les *matières premières* nécessaires pour fabriquer mille kilogrammes de *fonte pour fer*.

J'ai laissé de côté la main-d'œuvre, les intérêts de fonds, etc.; je n'ai voulu *comparer* que les élémens qui offrent les différences les plus sensibles, les seuls d'ailleurs qu'il importe de considérer pour le but que je me propose ici.

MATIÈRES PREMIÈRES.	ANGLETERRE.				FRANCE.							
	STAFFORSHIRE (1).		PAYS de GALLES (2).		CREUSOT (3) (Saône-et-Loire).		ALAIS (4) (Gard).		St-ETIENNE (5) (Haute-Loire).		FIRMY (6) (Aveyron) 1831.	
	F.	C.	F.	C.	F.	C.	F.	C.	F.	C.	F.	C.
Houille . .	28	30	17	50	30	50	33	»	33	»	41	40
Minerai. .	25	50	37	20	48	50	37	80	99	»	28	75
Castine . .	5	20	1	30	1	50	4	»	16	»	8	55
Totaux.	59	»	56	»	80	50	74	80	148	»	78	70

Voilà des chiffres qui ressortent uniquement des localités, et qui sont *indépendans des procédés* adoptés, puisque là on suit les mêmes procédés de fabrication qu'en Angleterre.

La moyenne des deux localités anglaises est de. . . . . 57 fr. 50 c.

La moyenne des quatre localités françaises, est de. . . . 95 50

Différence. . . . . . . 38 fr. »

(1) *Voyage métallurgique en Angleterre*, par MM. Coste et Perdonnet. Page 45. Paris, 1830.

(2) *ibid.* Page 67.

(3) *Mémoire sur le chemin de fer de Gray à Verdun*, par M. H. Fournel. Page 61. Paris, 1831, chez Johanneau, rue du Coq-St.-Honoré, n. 8 bis.

(4) *Enquête sur les fers.* Page 181. *In-quarto.* Paris, 1829, de l'imprimerie royale.

(5) *Ibid.* Page 172.

(6) *Sur l'usine de Decazeville*, par M. Pillet-Will. Page 98. Paris, 1832.

Observons maintenant qu'avec de la fonte *fabriquée au coke* on ne met guère moins de 1500 kilogrammes de *fonte* pour obtenir 1000 kilogrammes de *fer*, et l'on voit que, sur les seules matières premières que j'ai comparées, voilà déjà une différence de 57 francs qui ressort à notre désavantage par chaque *tonne* (1000 kil.) de fer obtenue.

On a dit souvent : Mais si nous fabriquions le fer à meilleur marché, les *Chemins de Fer* pourraient prendre tout le développement dont ils sont susceptibles ; sans doute ; mais on ne s'est pas aperçu que l'on tournait dans un cercle vicieux ; car les distances entre les matières à mettre en contact étant notre principal obstacle, *nous ne pourrons obtenir le fer à plus bas prix qu'à la condition d'avoir des moyens de communication rapides* ET SURTOUT ÉCONOMIQUES, c'est-à-dire, *qu'à la condition d'avoir des Chemins de Fer.*

Ainsi posée, la question se présente comme ayant deux solutions :

Première solution. Construire un réseau de Chemins de Fer avec des *rails* tirés d'Angleterre et que l'on exempterait *exceptionnellement* des droits énormes qu'ils supportent. C'est la solution *constitutionnelle* ou *de bon marché.*

Deuxième solution. Construire le réseau avec des fers français qui coûteraient *le double*, ou à peu près, mais dont l'exécution rendrait la vigueur à des bras découragés qui sauraient bien compenserplus tard à la France l'*avance*qu'ils en auraient reçue. C'est la solution , je ne dirai pas *nationale*, parce que ce terme mesquin n'est pas dans ma pensée , mais *paternelle*, en ce sens qu'elle est comparable au capital accumulé sur la tête d'un enfant pendant le cours de son éducation.

Toutefois , et malgré les expressions dont je viens de me servir, je ne prononce pas *aujourd'hui* entre ces deux solutions, puisque la discussion des élémens qu'elles renferment, m'éloignerait *inutilement* du sujet que j'ai en vue. Je passe de suite aux conséquences, et je suppose le réseau de Chemins de fer construit. Dans ce cas :

Nous trouverions-nous en position de fabriquer au même prix que les Anglais ?

NON, .

Car, si économiques que puissent devenir des moyens de transport, ils ne peuvent arriver à être nuls.

Devrions-nous *appliquer en tout point* la fabrication anglaise ?

NON, encore,

Car, je le répéterai sans fin, nous sommes placés dans des conditions différentes.

Quel mode général de fabrication est donc le mieux approprié à la France ?

Le voici :

Rien n'est *absolu* en ce monde , et il n'est pas à dire qu'un procédé bon pour un pays, soit nécessairement bon pour le pays voisin. Quant à moi, je regarde comme une erreur d'avoir *calqué* la fabrication anglaise au lieu *de nous la rendre propre,* en lui faisant subir les modifications voulues par la distribution *naturelle* de nos richesses minérales. La France obtiendrait, en ce genre, les meilleurs résultats possibles, en fabriquant SA FONTE *au bois,* et SON FER *à la houille.*

Alors, et sans entrer ici dans des calculs qui varieraient nécessairement avec les localités, le résultat auquel on arriverait serait de fabriquer le fer, en France, à un prix qui se rapprocherait plus ou moins du prix auquel les Anglais peuvent le livrer, et à cette *différence de prix* nous aurions à *opposer* une *supériorité de qualité,* car, *toutes choses égales d'ailleurs,* les fers obtenus avec des fontes fabriquées *au bois,* sont supérieurs aux fers qui proviennent de fontes *au coke.*

En jetant un coup-d'œil sur l'avenir de cette industrie, ainsi envisagée, on voit de suite que 1,400 kilog. de *fonte au bois* suffisant largement pour fabriquer 1,000 kilog. de fer, et que le double (1) de houille, *en poids,* étant nécessaire

---

(1) Il faut compter par 1,000 kilogrammes de fer fini :

Pour le puddlage. . . . . 1,100 kil. de houille.
Pour la chaufferie. 607
Pour cylindre ébaucheur et marteau. . 550
Pour cylindres finisseurs, tailles. . . . 507 50
                                        ———
Ensemble. . 2,764 50 k. de houille.

pour la même opération ; on voit de suite, dis-je, que les fontes seraient transportées près des houillères, où l'on établirait et où il existe déjà de vastes forges anglaises, et qu'on ne transporterait pas la houille sur les lieux où la fonte aurait été produite.

Tel est, dans l'état actuel de nos connaissances sur la fabrication du fer, le procédé général qui me semble le mieux adapté à la France. Je vais dire dans le chapitre suivant pourquoi la Champagne et la Lorraine me paraissent être dans une position *exceptionnelle*, et je tirerai les conséquences de cette position qui se rapportent au tracé du Chemin de Fer projeté.

(*Voyage métallurgique en Angleterre*, par MM. Coste et Perdonnet, page 155. Paris, 1830.)

Au Creusot, pour faire 1,000 kil. de fer fini avec de la *fonte mazée*, je devais compter sur une dépense en combustible de 36 à 40 hectolitres qui, à 75 kilogr. chaque, donnent *en poids* 2,700 à 3,000 kilogrammes. On voit que ces résultats concordent bien avec ceux recueillis en Angleterre.

CHAPITRE III.

DE LA FABRICATION DU FER DANS LA CHAMPAGNE
ET LA LORRAINE. — CONSÉQUENCES IMPORTANTES.

Il est deux provinces, la Champagne et la
Lorraine, qui renferment à elles seules le quart
des hauts-fourneaux (1) *en activité* dans toute l'é-
tendue de la France, et le département de la
Haute-Marne, qui appartient à l'une de ces
provinces est, sans contestation possible, le plus
important des départemens de la France envisagée sous le rapport de son *industrie sidérotech-
nique.*

Depuis quelques années, les maîtres de forges de ces contrées, et particulièrement ceux
de la Haute-Marne, ont adopté, pour leur fabrication, un procédé *mixte,* dont les avantages
évidens, combinés avec l'avantage de la proxi-

(1)

CHAMPAGNE.	*Haute-Marne*	60 hauts-fourneaux.
	Ardennes.	31
	Marne.	1
LORRAINE.	*Meuse.*	26
	Vosges.	9

Ensemble . . 127 hauts-fourneaux.

(*Fragment de statistique minéralogique et métallurgique,*
par H. FOURNEL. Chez JOHANNEAU, libraire. Paris, 1831).

mité de Paris par le cours de la Marne, sont certainement dignes d'attirer l'attention du gouvernement. Ce n'est pas ici le lieu de décrire ce procédé, les seuls points importans à constater, sont : 1° qu'il ne s'agit pas d'une *hypothèse*, mais d'un *fait accompli*; 2° que ce procédé exige l'*emploi de la houille*; 3° que les avantages qui en ressortent se sont manifestés *malgré le prix excessif auquel* L'ABSENCE DE VOIES DE COMMUNICATION ÉCONOMIQUES fait revenir dans ces contrées les houilles de St-Etienne et des bords du canal du centre.

Je n'ai, je crois, besoin que de citer ces faits pour montrer ce que j'ai entendu en disant que ces départemens se trouvaient dans une *position exceptionnelle* et pour que l'on tire avec moi les conséquences suivantes :

Mettre en communication ces contrées industrieuses, d'une part avec St-Etienne pour s'approvisionner d'un combustible devenu indispensable, d'une autre part avec Paris pour écouler les produits fabriqués, c'est non seulement favoriser les perfectionnemens apportés à la fabrication de nos fers; mais c'est amener aussi la possibilité de baisser, *sans inconvénient*, les tarifs qui prohibent les fers étrangers; car Paris pourra être approvisionné de fer à 350 fr. les 1000 kilogrammes, et cela *avec bénéfice* pour le *producteur* dont l'intérêt ne peut pas être séparé de celui du *consommateur*.

La seconde conséquence qui se présente

d'elle-même, c'est que l'exportation de nos vins serait singulièrement facilitée, puisque les causes qui l'entravent aujourd'hui auraient disparu, et que ces deux industries rivales seraient réconciliées.

La troisième conséquence c'est que par le seul fait de cette communication ainsi établie, un immense débouché se trouverait ouvert aux houilles de St-Etienne, puisque la presque totalité du fer champenois et lorrain se trouverait fabriquée par le procédé *mixte* déjà pratiqué partiellement.

Tel est l'ensemble des intérêts généraux qui se rattachent au tracé du Chemin de Fer par la vallée de la Marne. Je me contente d'indiquer les conséquences qui découlent de l'adoption de cette direction, bien plus que je ne cherche à les développer, ce que je ne ferai qu'au fur et à mesure que le besoin de ces développemens se fera sentir.

Si je descends à des considérations *secondaires* comme celles de la concurrence avec les canaux exécutés, comme celles des forêts qui bordent la Marne, et dont les dévastations si connues cesseraient instantanément, comme celles qui tiennent à l'intérêt particulier aux propriétaires de bois, intérêt que j'ai montré ailleurs (1)

______

(1) *Mémoire sur le chemin de fer de Gray à Verdun*, par M. H. Fournel. Chapitre 2, page 15 et suivantes. Paris, 1831.

être en harmonie parfaite avec la présence d'un nouveau combustible ; je trouve que loin d'être opposées aux considérations *générales*, elles s'ajoutent toutes dans le même sens pour donner à la vallée de la Marne une importance que les intérêts particuliers de telle ou telle ville, de telle ou telle entreprise ne sauraient balancer.

Je veux borner ici cette *première publication,* et la terminer par un *résumé* très-court où se trouvent groupées les principales idées que j'ai émises.

RÉSUMÉ.

1° Se proposer de suivre la ligne la plus courte est une idée *secondaire.*

2° A ne considérer que Marseille et le Hâvre, la direction indiquée ici, comparée à celle de la Loire, alonge de 12 lieues sur un trajet de 3oo lieues.

3° Si, au lieu de considérer seulement deux points, on en prend trois : Marseille, le Hâvre et Strasbourg, le développement du Chemin de Fer par la Marne est *plus court qu'aucun autre.*

4° La direction du sud au nord est celle qui est le plus dépourvue de voies de communication.

5° Le tracé indiqué ici ne présente aucune

difficulté grave sous le rapport des pentes et des percemens.

6° L'adoption du tracé par la vallée de la Marne, modifie, pour la perfectionner, l'industrie du fer dans les contrées de la France où cette industrie a reçu le plus d'extension. Il en résulte :

I. L'abaissement des tarifs sur les fers étrangers.

II. Un débouché ouvert *sans inconvénient* à nos vins.

III. Un immense débouché pour les mines de Saint-Étienne.

7° Ce tracé ne fait concurrence à aucun des canaux existans.

CONCLUSION.

Il est de la plus haute importance que la ligne du Hâvre à Marseille, par Châlons-sur-Saône, Gray, Saint-Dizier et la Marne soit étudiée avec attention, et que toute la sollicitude du Gouvernement pour les *intérêts généraux* de la France, soit portée vers ce tracé.

Je ne dis *pas encore* : ADOPTEZ, je dis : EXAMINEZ.

Paris, ce 20 juin 1833.

ARSEILBURG
e R. Fou
NORD
Middelbourg
COLOGNE
Rhin
LILLE
COBLENTZ
ARRAS
eville
TRÈVES
Manheim
Oise
PARIS
ouron

CHEMIN DE FER DU HAVRE À MARSEILLE ET À STRASBOURG
1ère Publication de R. Fournel.

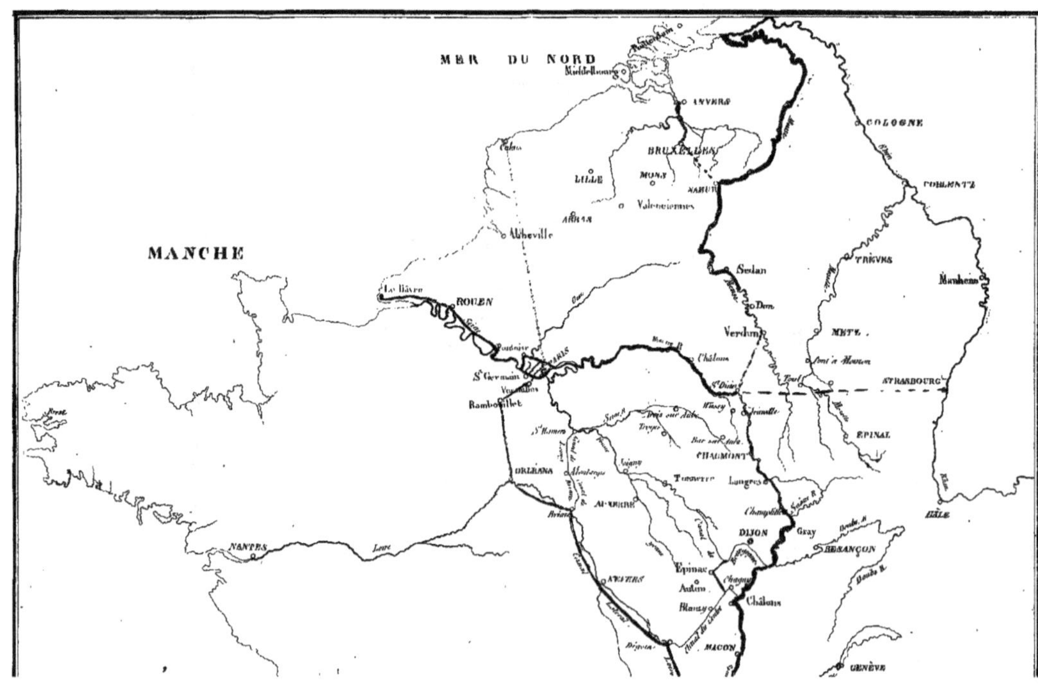

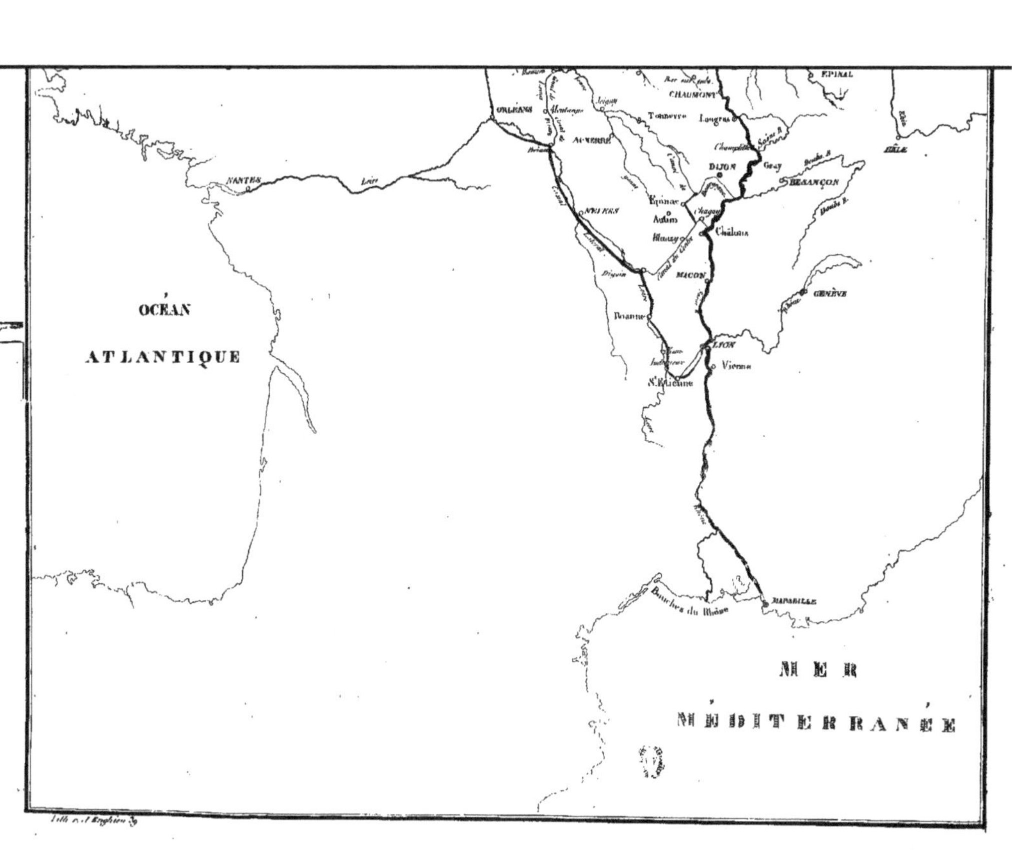

OCÉAN
ATLANTIQUE
NANTES
Loire
ORLÉANS
AUXERRE
NEVERS
Autun
Épinac
Chagny
Châlons
Digoin
MÂCON
Roanne
LYON
Vienne
S.t Étienne
CHAUMONT
Tonnerre
Langres
Champlitte
DIJON
Gray
BESANÇON
Doubs R.
ÉPINAL
BÂLE
GENÈVE
Bouches du Rhône
MARSEILLE
MER
MÉDITERRANÉE

Lith. r. d'Enghien 39